HANDBOOK OF
SHITSUKAN SCIENCE

質感科学
ハンドブック

小松英彦・富永昌二・西田眞也 [編]

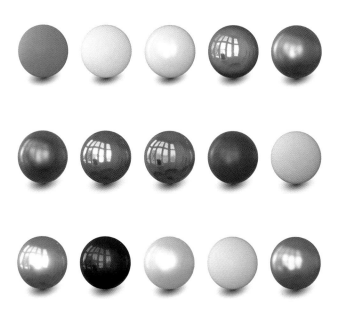

東京大学出版会

Handbook of Shitsukan Science

Hidehiko KOMATSU, Shoji TOMINAGA and Shin'ya NISHIDA, Editors

University of Tokyo Press, 2025

ISBN978-4-13-060325-6

図 2-1-5 (a) BTF 計測装置と，(b) それを用いたレンダリング例（前田ほか，2023）(p. 98)

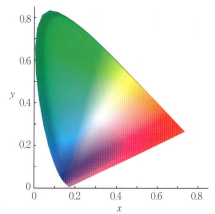

図 2-2-3 *xy* 色度図 (p. 100)

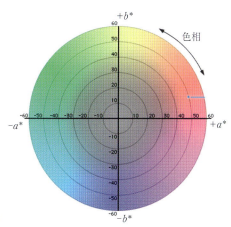

図 2-2-4 *L*a*b** 表色系の色度図 (p. 101)

図 3-2-1 蛍光成分を含む物質例 (p. 166)
鉱石,バナナの皮,玩具,スーパーボール.

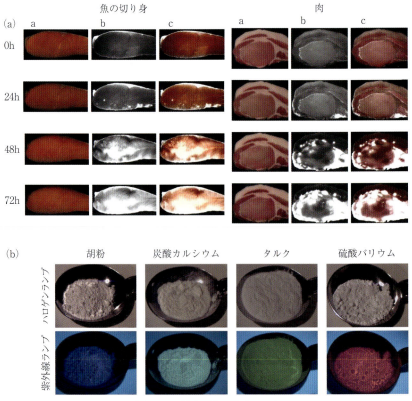

図 3-2-2 蛍光指紋の例 (p. 167)
上段 (a) は生鮮食品(左は魚の切り身,右は肉).下段 (b) は藤田嗣治画伯が用いたといわれる顔料.

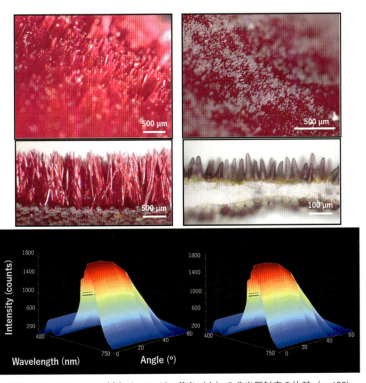

図 3-4-9 ベルベット（左）とパンジー花弁（右）の分光反射率の比較（p. 182）

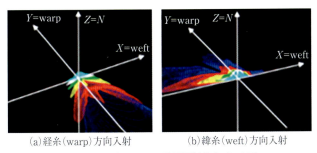

(a)経糸(warp)方向入射　　(b)緯糸(weft)方向入射

図 4-3-5 黒色サテンの鏡面反射分布（p. 225）

図 4-3-7　任意色のサテン（p. 227）

図 4-3-8　唐織の能装束（p. 227）

　　　　(a)　　　　　　　　　　(b)　　　　　　　　　　(c)
図 4-7-2　代表的な植物由来の人工皮革（ヴィーガンレザー）（p. 252）
（a）キノコ根由来のレザー MYLO：https://mylo-unleather.com/　（b）パイナップル皮由来のレザー Piñatex：https://www.ananas-anam.com/　（c）サボテン由来のレザー Desserto：https://desserto.com.mx/home

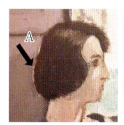
図 5-1-2

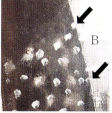
図 5-1-3

図 5-1-4

『待つ』部分図（p. 275）

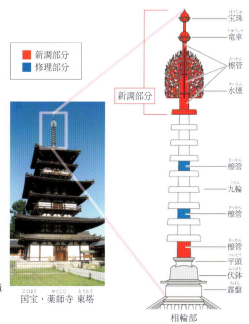

図 5-6-1　国宝薬師寺東塔相輪の構造
（村上, 2021 より改変して引用）
(p. 307)

国宝・薬師寺 東塔

図 5-7-7　絵画"Flower"の面法線ベクトルの着色画像（p. 314）
(a) 推定結果，(b) レーザ変位計による精密計測．

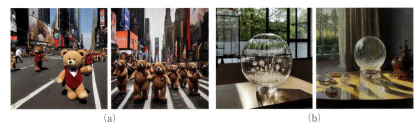

図 6-5-1　テキスト画像生成の例（p. 347）
(a) の 2 枚は「タイムズスクエアをパレードするテディベア」の生成画像．(b) の 2 枚は「テーブルの上に置かれた丸い透明なガラス細工が，色々な方向から照らされて光を反射するさま」．2 枚目はさらに「絵画風」の指定を追加したもの．

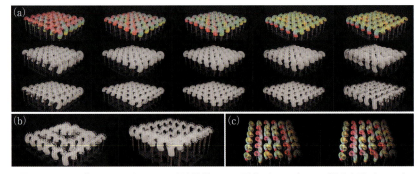

図 6-8-3　3D プリントモジュールの傾斜制御による形状ディスプレイの質感表現（p. 367）
(a) 上から色変化，テクスチャ変化，疎密変化の様子，(b) 形状変化の様子，(c) システムを用いたパターン表示．

まえがき

　絹には絹の，木綿には木綿の，麻には麻の質感があります．それらの糸で織られた布は，見た目において異なり，肌に触れた感じも違います．私たちは用途に合わせ，また好みや気分に合わせて，店でシャツを選んだり，その日に着る服を選びますが，素材が持つ質感が判断の大きな材料になっています．布から服を作る時には素材の特徴を生かすようなデザイン上の工夫がなされます．そして私たちが目にする製品全体は，その元になる素材の質感に加え，製品の機能という情報が加わった独自の質感を持つことになります．もちろん繊維や衣服だけが質感を持つわけではありません．周りを見まわすと，木の家具，紙で作られた本，陶磁器の皿，ガラスのコップ，ステンレスの調理具，などなど様々な素材で作られ，デザインされた人工物に取り囲まれています．また屋外に出ると，日の光を浴びて風にそよぐ緑の木の葉，乾燥して土埃のたつグラウンド，日の光を反射しながら小さく揺れるプールの水面，柔らかそうな雲の浮かぶ青空に昇っていく遠くの工場の煙，などさまざまな物が目に入ります．この場合にもモノから受け取る質感と同じように，環境中の事物についての性質や状態，つまり質感を私たちは感じ取っているのです．

　このように万物は質感を持ちます．私たちが日々の生活の中で感じる世界の豊かさは，そのような多様な質感を感じ取ることで生み出されています．それだけではなく，質感を感じ取る私たちの能力は日常生活を快適にそして健全に過ごす上で欠くことのできないものです．たとえば，食品売り場で野菜や果物を買うときに，表面のわずかなツヤの違いから鮮度の違いを判断して選ぶのも質感認知の働きです．あるいは顔の艶から健康状態を判断したり，化粧をすることで顔の皮膚を生き生きと見えるようにするのも質感が関わる行動です．また，本書でも述べられていますが，高齢者に見られる認知症に伴い質感認知の能力が低下して生活の質を下げることも知られるようになりました．

　質感は生活の質と直結したヒトの認知能力なので，社会的にも産業的にも非

常に重要です．遠い過去にすぐれた技を持つ工人の手によって生み出された人工物の数々が，見事な質感を持つ文化財として現代に伝えられ時代を超えた価値を持っています．また今日のモノづくり産業においても，プロダクトにすぐれた質感を与えることが，消費者の購買意欲を高める上で重要であることはもとより，企業のブランド力の向上につながるために非常に重要です．

　それでは，「質感」とは一体何でしょうか？　何らかのモノを目で見て質感を感じるときには，その質感は物と光の相互作用の普遍的な法則が働いて生み出されているはずです．耳で聞いて質感を感じる場合には，その質感は空気などの振動として伝わってくる音が対象物と相互作用して生み出されます．手や体で触って感じる質感は，皮膚が対象物と相互作用することで生み出されます．いずれの場合においても，対象物が環境とどのように物理的に相互作用するのか，ということが出発点になります．このように，「質感」を理解するためには，モノの性質や環境内の光や音との相互作用について知ることが不可欠です．しかし，もう一方では「質感」はある対象物に対して我々が感じ取る性質でもあります．それは我々の心の中で生み出される何かであり，モノを知覚し認知する心の働きや，それを生み出す感覚器官や脳の働きと切り離すことができません．そのため，質感とは何かを理解するためには，心や脳の働きについて知ることも不可欠です．質感とも密接に関係する色については，理科や美術の授業でも取り上げられるので，誰でも多少の知識を持っています．ところが，質感については，これまでは学校教育の場で取り上げられることもなく，さまざまな分野の専門的な知識や技術として断片的でそれぞれ切り離されたものとして取り扱われてきました．私たちは多様な質感に日常的に接しているにもかかわらず，どのようにそれらの質感が生み出されているのかを知ろうとしても，ひもとくべき本がこれまで存在しませんでした．それは質感の理解には二つの難しさが存在することが理由と考えられます．一つは，質感を理解するためには，モノの性質から心の働きにいたる幅広い観点からの知識が必要であることです．もう一つは，万物が固有の質感を持つために，それぞれのモノの質感を理解するためには，そのモノに固有の説明が必要になることです．質感について特定の観点から語ることはできても，これら二重の難しさが壁となって，質感の全体像を俯瞰しようとする試みを妨げてきたものと思われます．

ii ▪ まえがき

本書は質感の普遍性と個別性に関わるさまざまな問題を，科学および技術の両面から幅広くとりあげ，基礎から実用面までの知識が一冊で得られる質感のハンドブックとなることを目指して作られました．この本が質感に関心を持つすべての人たちの役に立つ座右の書となることを願っています．本書は質感科学のハンドブックとして類例がない第一歩であると自負していますが，同時にこれはそのような試みの始まりに過ぎないと考えています．質感の世界は幅が広く本書で取り上げられなかったモノや現象も多く存在します．また，質感の科学は 2000 年代になってから生まれてきたまだ新しい学際的な分野です．質感が生み出される仕組みについては未知の部分も多く，現在でも研究が活発に進められています．そのような新しい成果を取り入れ，更に幅広い質感を取り上げたハンドブックに将来のいつか引き継がれていくことが期待されます．

　質感について理解を深めることは，すぐれた質感を持つ新しいモノを生み出すことにつながり，それにより生活の質を高めることに役立つでしょう．しかし質感を理解することはそれにとどまらず，我々を取り巻きそこで我々が生活を営んでいる自然・人工環境をより深く知り，それらの環境と自己の関係についての認識を新たにして，より良い関係を結ぶ上でとても重要です．このことは環境が我々にもたらす豊かさを尊重することで持続可能な世界を作っていく上でも，重要な一つの鍵になるに違いないと信じています．本書は質感のさまざまな側面に関わる専門家の力をお借りすることで生み出されました．ご協力いただいた方々に心からお礼を申し上げたいと思います．

編集者一同

編集・執筆者および担当箇所一覧

編集者

小松英彦	玉川大学脳科学研究所客員教授，生理学研究所名誉教授	1-4
富永昌二	NTNU 非常勤教授，長野大学客員研究員，大阪電気通信大学名誉教授	2-2, 2-4, 5-7
西田眞也	京都大学大学院情報学研究科教授	3-7

執筆者（五十音順・敬称略）

網田英敏	京都大学ヒト行動進化研究センター特定准教授	1-12
阿山みよし	宇都宮大学名誉教授，同大オプティクス教育研究センター名誉フェロー	5-5
石川智治	宇都宮大学工学部教授	5-5
伊藤勇太	東京大学情報学環特任准教授	6-1
岩井大輔	大阪大学基礎工学研究科准教授	6-6
岩崎 慶	埼玉大学理工学研究科教授	1-2
鵜木祐史	北陸先端科学技術大学院大学教授	1-5, 2-8
大住雅之	株式会社オフィスカラーサイエンス代表取締役	2-3
太田誠一	京都大学名誉教授，公益財団法人国際緑化推進センター特別顧問	3-1
岡嶋克典	横浜国立大学大学院環境情報研究院教授	2-4
岡谷貴之	東北大学大学院情報科学研究科教授	6-5
岡部 誠	静岡大学大学院総合科学技術研究科准教授	6-3
岡本正吾	東京都立大学システムデザイン研究科情報科学域准教授	1-8
岡本雅子	東京大学大学院農学生命科学研究科特任准教授	1-11
楽 詠灝	青山学院大学理工学部准教授	3-5
筧 康明	東京大学大学院情報学環・学際情報学府教授	6-8
梶本裕之	電気通信大学大学院情報理工学研究科教授	6-7
北田 亮	神戸大学国際文化学研究科准教授	1-10
黒木 忍	NTT コミュニケーション科学基礎研究所主任研究員	1-9
坂本真樹	電気通信大学大学院情報理工学研究科教授	4-5

v

佐藤いまり	国立情報学研究所教授	3-2
澤山正貴	東京大学大学院情報理工学系研究科講師	3-7
鋤柄佐千子	京都工芸繊維大学名誉教授	4-2
鈴木匡子	東北大学大学院医学系研究科教授	4-9
田中弘美	立命館大学客員研究教授，立命館大学名誉教授	4-3
椿 敏幸	玉川大学芸術学部教授	5-3
土橋宜典	北海道大学情報科学研究院教授	6-2
飛谷謙介	情報科学芸術大学院大学メディア表現研究科准教授	4-1
永井岳大	東京工業大学工学院情報通信系准教授	1-3
中内茂樹	豊橋技術科学大学情報工学系教授	3-3
長田典子	関西学院大学工学部情報工学課程教授，感性価値創造インスティテュート所長	4-1
仲谷正史	慶應義塾大学環境情報学部准教授	1-10, 2-9
新實広記	愛知東邦大学教育学部准教授	5-4
西野 恒	京都大学大学院情報学研究科教授	2-5
野々村美宗	山形大学大学院理工学研究科教授	4-8
延原章平	京都工芸繊維大学情報工学・人間科学系教授	2-7
林 孝洋	近畿大学農学部教授	3-4
林 隆介	産業技術総合研究所主任研究員	6-4
日浦慎作	兵庫県立大学大学院工学研究科教授	2-1
藤崎和香	日本女子大学人間社会学部教授	4-6
降旗千賀子	&4＋do キュレーター（元目黒区美術館学芸員）	5-2
古川 茂人	静岡社会健康医学大学院大学教授	1-6, 1-7
堀内隆彦	千葉大学大学院情報学研究院教授	2-6
溝上陽子	千葉大学大学院情報学研究院教授	3-6
南本敬史	量子科学技術研究開発機構グループリーダー	1-12
向川康博	奈良先端科学技術大学院大学教授	1-1
村上 隆	高岡市美術館館長，大正大学招聘教授	5-6
村田航志	福井大学学術研究院医学系部門助教	1-13
森田恒之	国立民族学博物館名誉教授	5-1
山崎陽一	長崎県立大学情報システム学部准教授	4-1
和田有史	立命館大学食マネジメント学部教授	4-4
渡辺修平	株式会社リコー先端技術研究所	4-7
渡辺義浩	東京科学大学工学院情報通信系准教授	6-9

目　次

まえがき　　i

編集・執筆者および担当箇所一覧　　v

第1章　質感情報の基礎 ……………………………………………………1

1-1　光と物の相互作用のモデルと解析 ………………………………………2
1-1-1　物体表面で生じるさまざまな光学現象　2
1-1-2　反射光　2
1-1-3　散乱光　4
1-1-4　コンピュータによる視覚的質感の取り扱い　5
1-1-5　まとめ　6

1-2　光と物の相互作用のレンダリング（CG の世界）………………………6
1-2-1　双方向反射率分布関数（BRDF）　7
1-2-2　レンダリング方程式とパストレーシング　8
1-2-3　双方向散乱面反射率分布関数　11

1-3　質感認識の心理 ……………………………………………………………12
1-3-1　視覚的質感認識と画像統計量　13
1-3-2　複雑な画像的特徴の重要性　13
1-3-3　質感認識における多様な情報の統合と次元性　15
1-3-4　今後の展望　16

1-4　質感認知の脳神経機構──視覚 …………………………………………17
1-4-1　視覚に関わる脳の構造　17
1-4-2　初期視覚系での情報処理　18
1-4-3　質感に関わる視覚特徴の抽出　20
1-4-4　腹側高次視覚野での質感情報処理　22

1-5　音響の物理 …………………………………………………………………23
1-5-1　音響学とは　23
1-5-2　音の表現　24
1-5-3　音の分類　24

■ vii

　　　　1-5-4　音圧と音圧レベル　25

　　　　1-5-5　振幅変調音と周波数変調音　26

　　　　1-5-6　音の伝播特性　27

　　　　1-5-7　伝達特性とフィルタ　29

　　　　1-5-8　室内音響の評価　29

　　　　1-5-9　聴覚系の周波数分解と音の時間振幅包絡線・時間微細構造　31

　　　　1-5-10　音と聴知覚　32

　　1-6　音と質感……………………………………………………………………32

　　　　1-6-1　音色　32

　　　　1-6-2　音の質感に関するその他の音色用語　34

　　　　1-6-3　音の質感に関する音響特徴　35

　　1-7　質感認知の脳神経機構——聴覚……………………………………………38

　　　　1-7-1　聴覚末梢の情報表現　38

　　　　1-7-2　脳幹～皮質の情報表現　39

　　　　1-7-3　大脳皮質における情報処理　42

　　1-8　触感の物理………………………………………………………………43

　　　　1-8-1　粗さ知覚　43

　　　　1-8-2　硬軟知覚　45

　　　　1-8-3　温冷知覚　47

　　　　1-8-4　摩擦知覚　48

　　　　1-8-5　結びに　49

　　1-9　触感の心理………………………………………………………………49

　　　　1-9-1　振動周波数の知覚とその錯覚　50

　　　　1-9-2　粗さの知覚とその錯覚　51

　　　　1-9-3　温度の知覚とその錯覚　52

　　　　1-9-4　テクスチャの知覚とその錯覚　53

　　　　1-9-5　結びに　54

　　1-10　質感認知の脳神経機構——触覚……………………………………54

　　　　1-10-1　末梢神経系における触覚の質感認知　55

　　　　1-10-2　中枢神経系における触覚の質感認知　59

　　　　1-10-3　まとめ　62

　　1-11　質感認知の脳神経機構——嗅覚……………………………………63

　　　　1-11-1　嗅覚と質感　63

　　　　1-11-2　化学構造と匂いの質感　63

1-11-3 匂いを符号化する受容体の仕組み　64

1-11-4 嗅球の「匂い地図」と生得的な匂いの質感　66

1-11-5 梨状皮質と経験依存の匂いの質感　67

1-12 質感認知の脳神経機構──報酬系 ……………………………………68

1-12-1 感性的質感や価値判断に関わる報酬系の働き　68

1-12-2 報酬系の神経基盤
──脳内で見られるさまざまな価値の表現　68

1-12-3 価値の高いものに目を奪われる脳の仕組み　71

1-12-4 価値の高いものを手に入れようとする脳の仕組み（意欲）　72

1-12-5 質感から価値へ──今後の脳科学研究の課題　73

1-13 質感認知の脳神経機構──liking と wanting（味覚も含めて）…………74

1-13-1 味覚認知の脳神経機構　75

1-13-2 脳内報酬系の発見とドーパミンの関与　77

1-13-3 liking と wanting　78

1-13-4 結語──快の情動質感と脳神経機構研究の課題　80

第1章　文献 …………………………………………………………………82

第2章　質感の計測とセンシング ……………………………………93

2-1 光反射計測 …………………………………………………………94

2-1-1 双方向反射率分布関数（BRDF）とその計測　94

2-1-2 双方向テクスチャ関数（BTF）とその計測　95

2-2 色彩計測 ……………………………………………………………98

2-2-1 色の数量化と表示　98

2-2-2 均等色空間による色知覚の表現　100

2-2-3 イメージング系による分光反射率の推定　102

2-3 分光反射計測 ………………………………………………………106

2-3-1 質感と分光反射計測　106

2-3-2 積分球による計測　108

2-3-3 多角度分光反射計測　109

2-3-4 分光イメージング（Spectral Imaging, S. I.）による計測　110

2-4 光沢の検出と評価 …………………………………………………112

2-4-1 光沢度　112

2-4-2 金属光沢と非金属光沢　113

2-4-3 光沢検出モデル　114

目　次 ▪ ix

2-4-4　光沢感　114

2-4-5　光沢知覚の時間特性　116

2-5　質感をとらえる新たな反射モデル　……………………………………118

2-5-1　フレネルマイクロファセット BRDF（FMBRDF）モデル　120

2-5-2　精度評価　123

2-5-3　結びに　124

2-6　テクスチャの検出と編集　…………………………………………………124

2-6-1　テクスチャの計測　125

2-6-2　テクスチャ特徴の検出　126

2-6-3　テクスチャの編集　129

2-7　場の質感理解に向けたカメラによる人物行動計測　…………………130

2-7-1　映像を用いた2次元行動計測　131

2-7-2　映像を用いた3次元行動計測　132

2-7-3　学習用データセットの構築　133

2-7-4　自己教師あり学習によるドメイン適応　135

2-8　音響と計測　…………………………………………………………………136

2-8-1　音響計測とは　136

2-8-2　音源と音環境の音響計測　137

2-8-3　音源特性の測定　137

2-8-4　室内インパルス応答の測定　139

2-8-5　室内音響指標の計算法　141

2-8-6　頭部伝達関数の測定　142

2-8-7　音声の質的な評価　142

2-8-8　音と音環境の質的な評価　143

2-9　触覚のセンシング　…………………………………………………………144

2-9-1　触質感の3要素——モノ・身体・イメージ　145

2-9-2　モノを測る——物性計測　146

2-9-3　身体・界面現象を測る——ウェアラブルセンサによる計測　148

2-9-4　まとめ　151

第2章　文献　……………………………………………………………………152

第3章　自然の中の質感　……………………………………………………157

3-1　土　……………………………………………………………………………158

3-1-1　土の生い立ちとその構成　158

x ■ 目　次

3-1-2　土の質感と表現方法　160

3-2　蛍光色 ………………………………………………………………… 165
　　　3-2-1　世の中に存在する蛍光色　165
　　　3-2-2　反射と蛍光発光のメカニズムの違い　168
　　　3-2-3　Bispectral 観察による反射と蛍光発光の分離　168
　　　3-2-4　蛍光に関するさまざまな技術の開発　171

3-3　構造色 ………………………………………………………………… 171
　　　3-3-1　構造色が発現する仕組み　172
　　　3-3-2　自然のなかの構造色　174
　　　3-3-3　構造色の応用　175

3-4　花の色 ………………………………………………………………… 176
　　　3-4-1　目に入る花弁からの反射光　176
　　　3-4-2　花色に関与する花弁の構成要素　177
　　　3-4-3　典型的な質感　179

3-5　流体 …………………………………………………………………… 183
　　　3-5-1　弾粘塑性　184
　　　3-5-2　連続体の支配方程式　185
　　　3-5-3　構成則　186
　　　3-5-4　混合物の質感と質感の推定　192

3-6　皮膚の質感 …………………………………………………………… 193
　　　3-6-1　皮膚の構造　193
　　　3-6-2　皮膚の質感に関わる測定や解析　194
　　　3-6-3　皮膚の質感再現　195
　　　3-6-4　皮膚の質感の見え　196

3-7　見た目の細かさ ……………………………………………………… 198
　　　3-7-1　細かさの質感と視力　198
　　　3-7-2　表面反射からの細かさの知覚　198
　　　3-7-3　コントラストからの細かさの知覚　200
　　　3-7-4　空間周波数情報からの細かさ知覚　202

　第 3 章　文献 …………………………………………………………… 204

第 4 章　生活の中の質感（衣・食・住） ……………………… 209

4-1　テキスタイルの質感 ………………………………………………… 210
　　　4-1-1　テキスタイルの質感の特徴　210

目　次 ▪ xi

4-1-2　テキスタイルの質感の認知・評価構造　211

　　　4-1-3　視覚的質感の分析と表現　212

　　　4-1-4　触覚的質感の分析と表現　215

　4-2　布の物理計測と質感分析……………………………………………216

　　　4-2-1　布の「風合い評価」に関係する測定機器　216

　　　4-2-2　布の風合いと高級感，美しさ，嗜好の関係　219

　4-3　絹織物の質感……………………………………………………………222

　　　4-3-1　織物表面の幾何形状と光学特性　222

　　　4-3-2　織物の計測　224

　　　4-3-3　織物のデジタル質感再現　226

　4-4　食品の質感と編集………………………………………………………228

　　　4-4-1　食品の質感　228

　　　4-4-2　食品の質感の編集　231

　4-5　紙の質感…………………………………………………………………234

　　　4-5-1　紙の専門家が使うオノマトペ　235

　　　4-5-2　紙の質感を表すオノマトペマップ　237

　4-6　木材の質感………………………………………………………………242

　　　4-6-1　視覚，聴覚，触覚による木の質感知覚　243

　　　4-6-2　木の質感知覚と感覚間協応　249

　4-7　皮革の質感………………………………………………………………250

　　　4-7-1　皮革の構造　250

　　　4-7-2　人工皮革　251

　　　4-7-3　皮革の質感を対象とした最近の研究　252

　4-8　化粧品の質感……………………………………………………………255

　　　4-8-1　視覚——化粧品の光学特性と質感　256

　　　4-8-2　触覚——化粧品の摩擦特性と質感　258

　　　4-8-3　結びに　259

　4-9　高齢者の質感……………………………………………………………260

　　　4-9-1　加齢と感覚機能　260

　　　4-9-2　高齢者の質感認知　261

　　　4-9-3　軽度認知障害・認知症の質感認知　262

第4章　文献…………………………………………………………………265

第5章　文化の中の質感（芸術・工芸・歴史）……………………………271

5-1　絵具と絵画──3次元空間を表現するための技術……………………272

    5-1-1　絵画は2次元表現か　272

    5-1-2　物質としての絵画　272

    5-1-3　彩色の手順　273

    5-1-4　色の明暗が果たす役割　274

    5-1-5　彩色手順のマジック──マチスの場合　274

5-2　色を視る──質感の豊かな色材「赤」をめぐって……………………277

    5-2-1　足もとの土・山の懐にある鉱物の赤　278

    5-2-2　搾る，煮る，染める透明な美しい植物の赤　281

    5-2-3　昆虫が生み出すエキゾチックな赤　282

5-3　陶磁器………………………………………………………………283

    5-3-1　陶磁器の分類　283

    5-3-2　生活の中の陶磁器　285

    5-3-3　まとめ　287

5-4　ガラス………………………………………………………………288

    5-4-1　ガラスの起源　288

    5-4-2　ガラス文化の発展　289

    5-4-3　ガラスと光の芸術　291

    5-4-4　ガラスと科学の発展　293

    5-4-5　まとめ　294

5-5　漆……………………………………………………………………295

    5-5-1　漆手板の作成手順　296

    5-5-2　漆手板の知覚的黒みと質感評価　297

    5-5-3　漆の質感の評価　298

    5-5-4　BRDF測定および質感評価との関係　300

    5-5-5　まとめ　302

5-6　歴史の中の質感……………………………………………………303

    5-6-1　「ものつくり」と「モノづくり」　303

    5-6-2　「時代の質感」を読む　304

    5-6-3　「歴史の中の質感」を見分ける感性を磨く　306

    5-6-4　「時代の質感」の再現に挑む

        ──国宝薬師寺東塔「水煙」の復元　306

5-6-5 「歴史の中の質感」をどう伝えるか　308

　5-7 絵画の質感の計測と再現 ……………………………………………309

　　　5-7-1 絵画の特徴と質感の再現　309

　　　5-7-2 絵画の質感の計測　311

　　　5-7-3 絵画の質感の解析　312

　　　5-7-4 絵画の質感の再現　315

　　　5-7-5 今後の課題　317

　第5章　文献 ……………………………………………………………318

第6章　デジタル技術による質感の再現 …………………………321

　6-1 バーチャルリアリティ ………………………………………………322

　　　6-1-1 バーチャルリアリティとは何か　322

　　　6-1-2 VR技術の発展　323

　　　6-1-3 「バーチャル」と「仮想」の誤解　324

　　　6-1-4 究極のバーチャルリアリティに向けて　326

　6-2 自然環境の質感の再現 ………………………………………………327

　　　6-2-1 手続き的手法　327

　　　6-2-2 物理シミュレーション　330

　6-3 質感画像編集 …………………………………………………………332

　　　6-3-1 画像ピラミッドを用いた質感分析／合成手法　333

　　　6-3-2 複素ウェーブレット係数の結合統計にもとづく質感分析／
　　　　　　合成手法　334

　　　6-3-3 パッチの最近傍探索と最適化にもとづくテクスチャ画像
　　　　　　合成手法　335

　　　6-3-4 画像中の流体のアニメーション　337

　　　6-3-5 例にもとづく3次元流体モデリング　337

　　　6-3-6 動画からの物体消去　338

　6-4 視覚野の神経回路と深層ニューラルネットワーク …………………339

　　　6-4-1 視覚野の神経回路をモデル化した深層ニューラル
　　　　　　ネットワーク　340

　　　6-4-2 対照学習モデルによる視覚野神経回路のモデル化　341

　　　6-4-3 生成モデルによる視覚野神経回路のモデル化　342

　　　6-4-4 Transformerによる大規模データの学習　345

　　　6-4-5 再帰型ニューラルネットワークによる視覚野神経回路

xiv ■ 目　次

のモデル化　345

6-4-6　予測符号化理論・自由エネルギー原理にもとづく視覚野神経回路
のモデル化　345

6-5　ニューラルネットワークの進歩と質感生成 ……………………………………346

6-5-1　画像と言語の対応関係　346

6-5-2　新しい深層生成モデル——拡散モデル　348

6-5-3　テキスト指示による画像生成の限界　351

6-6　ディスプレイ技術 ………………………………………………………………352

6-6-1　質感ディスプレイの要件　353

6-6-2　視覚版チューリングテスト　355

6-6-3　まとめ　356

6-7　触感の再現 ………………………………………………………………………357

6-7-1　振動による触感再現　358

6-7-2　摩擦変調による触感再現　360

6-7-3　硬軟感・温度の再現　361

6-7-4　触感再現の非接触化と高密度化　361

6-8　質感表現とファブリケーション ………………………………………………362

6-8-1　3Dプリントにおける素材による質感表現　363

6-8-2　構造による質感の設計・付与　363

6-8-3　実体の質感を活かす入力インタフェース　365

6-8-4　動的な質感変化の制御と表現　366

6-8-5　まとめ　368

6-9　メタバースにおける質感 ………………………………………………………368

6-9-1　身体　368

6-9-2　行動の変容　370

6-9-3　運動・作業　370

6-9-4　素材　371

第6章　文献 ……………………………………………………………………………372

索引　379

第 1 章

質感情報の基礎

1-1 光と物の相互作用のモデルと解析

▪ 1-1-1 物体表面で生じるさまざまな光学現象

　光源から出た光が物体表面に到達すると，そこでは反射・屈折・透過・散乱などのさまざまな光学現象が生じるため，光の性質が変化する．人間は物体をひと目見ただけで，その色や形状を認識しているが，この光の性質の変化を知覚することで，より多様な情報を読み取っている．たとえば，表面がザラザラしているのかツルツルしているのか，重いのか軽いのか，硬いのかやわらかいのかなどを感じることができ，さらには材質すら推定できる場合もある．図1-1-1 は，同じ龍の形状を異なる材質として描き分けたコンピュータグラフィックスの例である．左から順に，ザラザラとした石膏，ツルツルとした陶器，透明なガラス，乳白色のプラスチックとしてレンダリングされている．我々人間は，光沢の有無や光の透け具合などを総合的に判断して材質を知覚している．無色透明なガラスには色はついていないが，光の屈折によって明るく見えたり暗く見えたりする．しかし，人間はこれを見て，白と黒の模様をもつ物体ではなく，無色透明な物体と認識できることは興味深い．人間は，過去の経験を通して多様な「質感」を感じ取っていると考えられるが，ここでは視覚的に知覚できる質感の違いを，光と物の相互作用という観点から科学的に考えてみたい．

▪ 1-1-2 反射光

　物体表面で観測される反射光は，物体の質感を印象づける大きな要因である．図 1-1-2 に描かれた龍は，表面の反射特性を変えてレンダリングした結果である．左のほうがザラザラしていて，右にいくに従ってツルツルとした印象を受ける．反射光は，図 1-1-3 に示す通り，拡散反射と鏡面反射の和としてモデル化できる．拡散反射は，入射光が表面層内部で乱反射することで生じる成分であり，観測方向に依存せず，あらゆる方向に均一の強度で観測される．レンガや石膏などで観測される反射光は，ほぼ拡散反射成分だけを含む．また，拡散

2 ▪ 第 1 章　質感情報の基礎

図 1-1-1　視覚的に知覚できる質感の違い

図 1-1-2　反射特性の違い

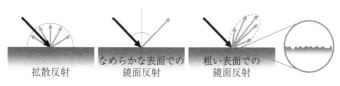

図 1-1-3　拡散反射と鏡面反射

反射の反射率は波長に依存するため，入射光と反射光の波長ごとの強度の比率は変化する．人間はこの変化を物体表面の色として知覚している．

　一方，鏡面反射は，入射光が大気と表面層との境界において反射することで生じる成分であり，光沢感を与える．2色性反射モデルによれば，（非金属の）鏡面反射は物体色の影響を受けずに，光源色となる（Shafer, 1985）．鏡面反射は正反射方向で強く観測されるが，物体表面の微小な凹凸によって広がり方が変化する．なめらかな表面の場合には，ほぼ広がらずに正反射方向のみに反射するため，ツルツルとした見え方となり，鏡のように物体表面に周囲の環境が映り込む．物体表面の微小な凹凸が粗くなるに従って反射光は広がり，ザラザラとした印象となる．この鏡面反射光の広がりを表現するために，いくつかの数式モデルが提案されているが，基本的には表面粗さパラメータで定式化される（Blinn, 1977）．

　なお，表面の粗さだけではなく，物体表面の微小面の向きの偏りによっても見え方の印象は大きく変化する．微小面がランダムに変化する場合には，法線を軸に物体表面を回転させても見え方は変化せず，これを等方性反射とよぶ．

一方，金属製品では，予め細かい筋状に均一に傷をつけることで，独特の質感を与える加工プロセスがある．これはヘアライン加工とよばれ，まるで髪の毛のように方向性があり，法線を軸に物体表面を回転させると見え方が変化することから異方性反射とよばれる．こうした加工は工業製品や装飾品など，身の回りにも多く存在し，独特の高級感を与えている．この異方性の鏡面反射は，筋状の傷の方向に対して平行な軸と直交する軸のそれぞれに異なる表面粗さのパラメータを与えることで定式化できる（Ward, 1992）．

▪ 1-1-3　散乱光

視覚情報から材質を知覚する上で大きな役割を果たすのが散乱光である．散乱光は，光が微粒子と衝突することによって生じるが，その衝突が生じる場所によって体積散乱と表面下散乱に大別することができる．体積散乱は，大気や水中の微粒子に光が衝突する現象であり，霧中や濁った水中で見え方が不鮮明となる原因となる．表面下散乱は，物体表面に到達した光が物体内部に入り込み，光が物体内部の微粒子と衝突する現象であり，物体の透け具合として知覚される．

乳白色のプラスチックなど，強い表面下散乱が観測される物体は半透明とよばれる．大理石，人の肌，石鹸，ロウソクは半透明物体の代表例である．しかし，それは程度の問題であり，金属以外の材質では，多かれ少なかれ表面下散乱光は生じるため，我々の身の回りの材質の大半は半透明であるということができる．表面下散乱の性質は材質によって大きく異なるため，人間が物体を見て材質を推定する際にも大きな手がかりとなる．表面下散乱は，光と微粒子の衝突の起こりやすさを表す散乱係数，光の減衰しやすさを表す吸収係数，散乱方向の偏りを表す位相関数によってモデル化される．図 1-1-4 は，主に吸収係数の値を小さくするに従って，見え方がどのように変化するかを示した例である．右側にいくほど光がより強く散乱し，透き通って見える．形状はまったく同じであるにもかかわらず，表面下散乱が強くなるに従って，物体表面の凹凸が見えにくくなるなどの違いも見られる．

なお，表面下散乱と前述の反射光は，光学現象としてはよく似ている．モデルとしての違いは，図 1-1-5 に示すように入射点と出射点の位置関係である．

図1-1-4　表面下散乱の違い

不透明物体で生じる反射　　　半透明物体で生じる表面下散乱

図1-1-5　反射と表面下散乱

反射光の場合は，入射点と出射点は一致するものとし，物体表面上の各点において独立に考えればよかった．一方，表面下散乱の場合は，ある点に入射した光が物体内部で広がり，別の点で観測されることから，入射点と出射点が異なる現象として考えなければならない．そのため，表面下散乱の特性は，注目している一点だけではなく，物体表面全体，さらには物体内部の状態にも影響を受ける．逆にいえば，吸収係数の値が大きくて入射点のすぐ近くでしか観測されない表面下散乱は，ほぼ拡散反射と同じと考えてよい．拡散反射は，表面層内部のごく浅いところにしか到達しない特殊な表面下散乱ということもできる．

▪ 1-1-4　コンピュータによる視覚的質感の取り扱い

以上のように，視覚としての質感は，主に拡散反射・鏡面反射・表面下散乱の強度や空間的な広がり方の違いとしてモデル化できる．そのため，コンピュータグラフィックスによって質感を表現する場合には，これらのモデルに含まれるパラメータを適切に設定する必要がある．逆に，コンピュータビジョンによってカメラで撮影された画像から質感を定量化するためには，モデルを当てはめてパラメータを推定する必要がある．ただし，複数の光学現象が混在している場合には，パラメータ推定は不安定になりやすい．そのため，画像を解析する際には，事前に光学現象ごとに成分分解されることが多い．成分分解のためには，各成分の光学的な性質の違いが利用される．たとえば，鏡面反射は視線方向に依存すること，物体色の影響を受けずに光源色となること，偏光の性

質を保つことなどが利用される．また，プロジェクタを照明として用いて，細かい格子模様を投影すると，反射光は空間的な高周波成分が残るが，散乱光は空間的に広がって混ざるために高周波成分が消えるなどの違いも利用される（Nayar et al., 2006）．成分分解の後は，成分ごとにモデルを当てはめ，パラメータを推定することとなる．なお，モデルの具体的な定式化は向川ら（2011）を参照されたい．

▪ 1-1-5　まとめ

本節では，視覚としての質感に関係が強い光学現象として拡散反射・鏡面反射・表面下散乱の3現象を取り上げたが，実際にはこれら以外の光学現象も考えなければならない．たとえば，真珠や螺鈿は独特な色彩をもつが，これは多層構造で生じる光の干渉によるものである．干渉をモデル化するためには，光がもつ波としての性質をも考慮しなければならない．光と物の相互作用は，まだ完全にはモデル化できておらず，現在も研究が進められている分野である．

（向川康博）

1-2　光と物の相互作用のレンダリング（CG の世界）

コンピュータグラフィックス（CG）による画像生成（レンダリング）技術は，工業製品や建築物の設計に用いられるデザインソフトウェア分野から，映像制作や CM，ゲームなどのエンターテインメント分野まで，さまざまな応用分野で用いられている基盤技術の1つといえる．デザインソフトウェアや映像制作といった応用分野では，現実と見紛う質感を再現しうる，写実的なレンダリング技術が求められる．現実世界では，光源から放射された光が，光の反射や透過，散乱，吸収といった，光と物の相互作用を経て視点に到達する．そのため，現実と見紛う質感を CG で忠実に再現するためには，光と物の相互作用を計算機でシミュレーションする必要があり，1960年代の CG の黎明期から現在にいたるまで，さまざまな手法が提案されてきた．

6 ▪ 第1章　質感情報の基礎

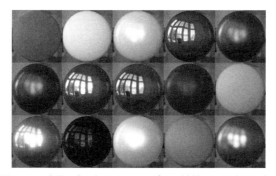

図1-2-1 金属，布，紙などのさまざまな材質のレンダリング例

■ 1-2-1 双方向反射率分布関数（BRDF）

写実的なレンダリング技術においては，描画対象の質感を表す反射モデルが重要な役割を果たす．双方向反射率分布関数（Bidirectional Reflectance Distribution Function, BRDF）は，シェーディング点（描画対象の輝度を計算する点）における入射方向と反射方向の反射率の関数として表現され，さまざまな反射モデルが提案されてきた．CGの黎明期では，すべての方向に均等に反射する完全拡散反射モデル（Lambert, 1760）や，鏡やガラスといった材質に見られる，入射方向に対して単一方向にのみ反射・透過する完全鏡面反射（透過）モデル，プラスチックや金属などの材質に見られる光沢反射を現象学的にモデル化したPhong反射モデル（Phong, 1975）がBRDFとして用いられていた．1981年には，物体表面を微小な面（マイクロファセット）の集合とみなすマイクロファセット理論（Torrance & Sparrow, 1967）にもとづいた，マイクロファセットベースBRDF（Microfacet-Based BRDF）がCG分野に紹介された（Cook & Torrance, 1982）．これらのBRDFは，数式によってBRDFをモデル化したパラメトリックモデルとよばれる．一方，材質の反射率を実際に計測した，データ駆動型モデルとして，計測BRDFが知られている（Matusik et al., 2003）．図1-2-1に，現実世界の金属や布，紙などの反射率を計測した，計測BRDF（Dupuy & Jakob, 2018）を用いてレンダリングした画像例を示す．

現在では，マイクロファセットベースBRDFモデルが，物理則にもとづい

図 1-2-2　法線分布関数の粗さパラメータを 0.01（左）から 0.5（右）まで変更してレンダリングした画像例
粗さパラメータによって鋭い鏡面反射を伴う材質から鈍い光沢反射を伴う材質まで表現することができる．

た反射モデルとして広く用いられている．マイクロファセットベース BRDFは以下の式で表される．

$$f_r(\boldsymbol{\omega}_i, \boldsymbol{\omega}_o) = \frac{D(\mathbf{h})F(\mathbf{h}\cdot\boldsymbol{\omega}_i)G(\boldsymbol{\omega}_i,\boldsymbol{\omega}_o)}{4\cos\theta_i\cos\theta_o} \qquad (1\text{-}2\text{-}1)$$

ここで，$\boldsymbol{\omega}_i$ は入射方向，$\boldsymbol{\omega}_o$ は反射方向，$\mathbf{h}$ はハーフベクトルとよばれ，$\mathbf{h} = (\boldsymbol{\omega}_i + \boldsymbol{\omega}_o)/\|\boldsymbol{\omega}_i + \boldsymbol{\omega}_o\|$ で計算される．θ_i はシェーディング点の法線 $\mathbf{n}$ と入射方向 $\boldsymbol{\omega}_i$ とのなす角，θ_o は法線 $\mathbf{n}$ と反射方向 $\boldsymbol{\omega}_o$ とのなす角である．$D(\mathbf{h})$ は法線分布関数（Normal Distribution Function, NDF）とよばれる関数で，マイクロファセットの法線の分布を表す．F はフレネル反射率であり，ハーフベクトル $\mathbf{h}$ と入射方向 $\boldsymbol{\omega}_i$ とのなす角によって計算される．$G(\boldsymbol{\omega}_i, \boldsymbol{\omega}_o)$ は幾何減衰項（Geometric Attenuation Factor, GAF）とよばれる関数で，マイクロファセットによって入射光が遮蔽されるシャドウィングと，反射光が遮蔽されるマスキングによる光の減衰を表している（Heitz, 2014）．図 1-2-2 に，法線分布関数として現在広く用いられている Trowbridge-Reitz 分布（CG 分野では GGX 分布（Walter et al., 2007）としてよく知られている）を用いてレンダリングした画像を示す．微小面の法線分布をコントロールするパラメータの値を変更することによって，鏡のように滑らかな表面での鋭い鏡面反射（図 1-2-2 左）から，粗い金属表面での鈍い光沢反射（図 1-2-2 右）まで，さまざまな質感を表現することができる．

▪ 1-2-2　レンダリング方程式とパストレーシング

写実的なレンダリング技術において，照明モデルも重要な要素である．CGの黎明期では，計算資源の制限から，輝度を計算するシェーディング点へ光源

から直接到達する光（直接光）のみを考慮する局所照明モデルが用いられてきた．しかし現実世界では，光源から放射された光は，シーンを構成する物体との相互作用（反射や屈折，散乱など）を複数回経て，視点に到達する．そのため，写実的な画像を生成するためには，複数回の相互作用を経てシェーディング点に到達する光（間接光）を考慮した照明モデルである大域照明モデルが必要となる．1980 年代には，大域照明モデルを考慮したレンダリング手法がいくつか提案された．ラジオシティ法は，シーンを構成する物体の表面を，パッチとよばれる面要素に分割し，パッチ同士の光のエネルギーの授受を計算することによって，間接光を考慮するレンダリング手法である（Cohen & Greenberg, 1985; Nishita & Nakamae, 1985）．ラジオシティ法が発表された翌年の 1986 年に，Kajiya は大域照明モデルの基盤となるレンダリング方程式を厳密に定式化した（Kajiya, 1986）．また，レンダリング方程式を解く手法として，パストレーシング法を提案した．パストレーシング法は，光源から視点へ到達する光の経路を追跡することで写実的な画像を生成するレンダリング手法である．パストレーシング法は，現在の映像制作プロダクションで広く用いられている標準的なレンダリング手法となっている．

　図 1-2-3 のように，視点を $\mathbf{x}_0$ とし，物体表面上のシェーディング点を $\mathbf{x}_1$ とする．物体表面上の点 $\mathbf{x}_1$ から視点 $\mathbf{x}_0$ へ向かう方向ベクトルを $\boldsymbol{\omega}_o$ とすると，シェーディング点 $\mathbf{x}_1$ から視点 $\mathbf{x}_0$ に到達する光の輝度 $L(\mathbf{x}_1, \boldsymbol{\omega}_o)$ は，Kajiya によって定式化された以下のレンダリング方程式（Kajiya, 1986）によって記述される．

$$L(\mathbf{x}_1, \boldsymbol{\omega}_o) = L_e(\mathbf{x}_1, \boldsymbol{\omega}_o) + \int_\Omega L(\mathbf{x}_1, \boldsymbol{\omega}_i) f_r(\boldsymbol{\omega}_i, \boldsymbol{\omega}_o) (\mathbf{n}_i \cdot \boldsymbol{\omega}_i) d\boldsymbol{\omega}_i \quad (1\text{-}2\text{-}2)$$

ここで，$L_e(\mathbf{x}_1, \boldsymbol{\omega}_o)$ は発光を表し，点 $\mathbf{x}_1$ が光源上にある場合，光源上の点 $\mathbf{x}_1$ から視点 $\mathbf{x}_0$ へ向かう発光の輝度を表す．点 $\mathbf{x}_1$ が光源上にない場合は 0 を返す．$L(\mathbf{x}_1, \boldsymbol{\omega}_i)$ はシェーディング点 $\mathbf{x}_1$ へ $\boldsymbol{\omega}_i$ 方向から入射する光の輝度，f_r は BRDF，$\mathbf{n}_i$ はシェーディング点 $\mathbf{x}_1$ における法線，Ω は法線 $\mathbf{n}_i$ を鉛直方向とする半球上の方向集合を表す．レンダリング方程式の積分式は，シェーディング点 $\mathbf{x}_1$ での視線方向 $\boldsymbol{\omega}_o$ への反射光の輝度を表している．

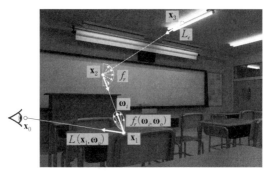

図 1-2-3　光源から視点に到達する光の経路 $\bar{x}_3 = x_0x_1x_2x_3$ の例
パストレーシングでは，視点 x_0 から光源 x_3 に向かって経路をサンプリングする．

　反射光の輝度を表す積分式は，通常解析的に計算することができないため，モンテカルロ積分を用いて積分値を推定することが一般的である．積分値 $I = \int f(x)\,dx$ のモンテカルロ積分における 1 サンプル推定量 $\langle I \rangle_1$ は，以下の式で表される．

$$I = \int f(x)\,dx \approx \langle I \rangle_1 = \frac{f(X)}{p(X)} \qquad (1\text{-}2\text{-}3)$$

ここで p は確率密度関数であり，X は確率密度関数 p に従ってサンプリングされたサンプルを表す．確率密度関数 p はユーザが設計でき，推定量の分散に関係する．分散を削減する技術として，被積分関数 f になるべく比例するように確率密度関数を設計する，重点的サンプリング（importance sampling）が広く用いられている．

　反射光の輝度の積分式は，入射方向 ω_i についての積分式であるため，入射方向 ω_i をある確率密度関数 p を用いてサンプリングし，積分値を推定する．前述したように，確率密度関数は，被積分関数（この場合入射光の輝度と BRDFと余弦項の積）になるべく比例するように設計することが望ましい．しかしながら，入射光の輝度 $L(\mathbf{x}_1, \omega_i)$ はこの時点では未知であるため，BRDF と余弦項の積に比例するように確率密度関数を設計する．次に，入射方向がサンプリングされたら，積分値の推定に入射光の輝度 $L(\mathbf{x}_1, \omega_i)$ が必要となる．そこで，$\mathbf{x}_1$

から $\boldsymbol{\omega}_i$ 方向のレイ（光線）を追跡し，レイとシーンとの交点 $\mathbf{x}_2$ を求め，点 $\mathbf{x}_2$ から点 $\mathbf{x}_1$ への輝度 $L(\mathbf{x}_2, -\boldsymbol{\omega}_i) = L(\mathbf{x}_1, \boldsymbol{\omega}_i)$ を求める．輝度 $L(\mathbf{x}_2, \boldsymbol{\omega}_i)$ は，レンダリング方程式によって記述されるため，$\mathbf{x}_2$ における反射光の積分計算が必要となり，再び方向をサンプリングしてモンテカルロ推定を行う．パストレーシングでは，光源上の点と交差するまで，方向のサンプリングとレイの追跡を繰り返す．図 1-2-3 に，パストレーシングによってサンプリングされた光の経路 $\bar{\mathbf{x}}_3 = \mathbf{x}_0 \mathbf{x}_1 \mathbf{x}_2 \mathbf{x}_3$ の例を示す．このように，光と物体表面の相互作用をモデル化した BRDF は，物体表面の質感を表現するのに直接的に関わるだけでなく，パストレーシングの経路生成時の方向のサンプリングにも用いられており，レンダリング処理にも深く関係している．

▪ 1-2-3　双方向散乱面反射率分布関数

人間の肌や牛乳などの半透明な材質では，物体表面で透過した光が，材質内部の微粒子に衝突して散乱を繰り返し，再び物体表面から出射する．このような光と半透明材質との相互作用は表面下散乱とよばれ，BRDF では表現が難しい，半透明材質の特徴的な質感をもたらす．表面下散乱は，双方向散乱面反射率分布関数（Bidirectional Scattering Surface Reflectance Distribution Function, BSSRDF）を使ってモデル化される．表面下散乱光の輝度は，以下の式を用いて計算される．

$$L(\mathbf{x}_o, \boldsymbol{\omega}_o) = \iint_{A\ \Omega} L(\mathbf{x}_i, \boldsymbol{\omega}_i) S(\mathbf{x}_i, \boldsymbol{\omega}_i, \mathbf{x}_o, \boldsymbol{\omega}_o) (\mathbf{n}_i \cdot \boldsymbol{\omega}_i) d\boldsymbol{\omega}_i\, dA(\mathbf{x}_i) \quad (1\text{-}2\text{-}4)$$

ここで，$\mathbf{x}_o$ はシェーディング点，$\boldsymbol{\omega}_o$ は表面下散乱光の出射方向，$\mathbf{x}_i$ は光の入射点，$\boldsymbol{\omega}_i$ は入射方向，S は BSSRDF，$\mathbf{n}_i$ は入射点 $\mathbf{x}_i$ の法線，Ω は法線 $\mathbf{n}_i$ を鉛直方向とする半球上の方向集合，A は半透明材質の物体表面上の点の集合を表す．2001 年に Jensen らは，BSSRDF をダイポールモデル（dipole model）で効率よく近似する手法を提案した（Jensen et al., 2001）．

表面下散乱光の輝度を計算するためには，入射方向 $\boldsymbol{\omega}_i$ の積分だけでなく，光の入射点 $\mathbf{x}_i$ の半透明材質表面上での積分計算も必要となる．そのため，パストレーシングを用いて半透明材質をレンダリングする場合，入射方向 $\boldsymbol{\omega}_i$ と

図 1-2-4　表面下散乱を考慮して半透明材質をレンダリングした例
(Nabata & Iwasaki, 2022)
左は人間の頭部のレンダリング例であり，右は大理石でできた浴室のレンダリング例である．

入射点 $\mathbf{x}_i$ をサンプリングする必要がある．Jensen らの提案したダイポールモデルでは，BSSRDF はシェーディング点 $\mathbf{x}_o$ からの距離 r に応じて指数関数的に減衰することが知られている．そのため，ダイポールモデルにもとづいて距離 r をサンプリングし，シェーディング点 $\mathbf{x}_o$ から距離 r にある半透明材質表面上の点 $\mathbf{x}_i$ を入射点サンプリングする手法が用いられている．しかしながら，距離 r にある表面上の点をサンプリングする際に，半透明物体の表面を表す三角形メッシュとレイとの交差計算が必要になるため，計算コストが高いという問題がある．著者らの研究グループでは，三角形メッシュをアダプティブに分割し，分割された三角形上を一様サンプリングすることで，この問題を解決している（Nabata & Iwasaki, 2022）．図 1-2-4 に，著者らの研究グループが開発した半透明材質の効率的なレンダリング手法による結果例を示す．眉間や鼻筋，耳などが，表面下散乱光によって明るくなっていることが見て取れる．

〈岩崎　慶〉

1-3　質感認識の心理

　質感に関わる物理現象は非常に多様かつ複雑である．それにもかかわらず，我々ヒトはものを見るとすぐさまその質感を認識することができる．この迅速

な質感認識はどのような仕組みで達成されているのだろうか．その手がかりを探るため，本節では，質感認識の心理的特性について概説する．

■ 1-3-1　視覚的質感認識と画像統計量

一口に「質感」といっても，光沢感や透明感のように素材に密接に関わる質感と，美しさや高級感といった人間の感性も加わった質感では，大きく質が違うと思われる．本節では，主に素材に関わる質感に着目したい．視覚にもとづく質感を考えると，その情報源となる網膜像は，照明環境と物体形状，物体の光学特性が複雑に相互作用することにより作り出される．ここで，質感認識とは，物体の光学特性（たとえば光沢や光透過性）をとらえることだと考えられる．しかし，まったく異なる物体や環境でも，偶然同じ網膜像になる可能性があることから，質感の認識は答えが一意に求まらない典型的な不良設定問題である．

この問題に対しヒトの脳がとる戦略は，ある種の経験則にもとづく「ショートカット」だと考えられており，その経験則はヒューリスティクスとよばれる．たとえば，本吉ら（Motoyoshi et al., 2007）による光沢感知覚に関する研究はよく知られている．彼らは，光沢感の異なる物体を多数用意し，物体画像の輝度ヒストグラム統計量が光沢感知覚とよく相関することを見いだした．その後，光沢感に限らず半透明感，粘性やウェット感など多様な質感に対して，輝度コントラストや輝度勾配のような画像統計量と質感認識の関連性が多く報告されるようになった（e.g. Sawayama & Nishida, 2018; Kiyokawa et al., 2023）．このヒューリスティクスにもとづく質感認識には誤りもしばしば生じるが，その代わりに非常に迅速で，かつ汎用性の高い情報処理が実現されているのだろう．

■ 1-3-2　複雑な画像的特徴の重要性

研究が進むにつれ，質感認識の理解における複雑な画像特徴の重要性が報告されるようになってきた．我々が暮らす世界は3次元であることもあり，3次元的な視覚情報が質感認識に大きく影響する．たとえば，物体画像を鏡面ハイライトと拡散反射成分に分離した後，それらの空間位置の対応関係を回転・並進等により崩してから再合成した画像では，歪度等の2次元的な輝度統計量が

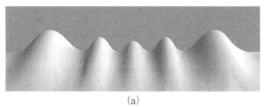

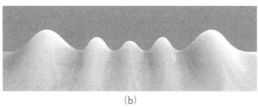

図 1-3-1 物体形状と輝度パターンの関係（Marlow & Anderson, 2021）
(a)が不透明な物体，(b)が半透明な物体．

ほぼ同一でも知覚される光沢感が急激に消失する（Anderson & Kim, 2009）．さらに，物体内部の輝度パターンは同一でも輪郭や両眼視差，運動情報などにより知覚的形状を変えると光沢感が大きく変化する（Marlow & Anderson, 2015）．これらの現象は，3次元形状がもつ物理的制約と輝度パターンの対応関係から光沢感が生起することを示している．3次元形状による影響は半透明感に対しても顕著である（Marlow & Anderson, 2021）．たとえば，図 1-3-1 の (a) は不透明な表面，(b) は半透明な表面の輝度パターンを示している．不透明な表面では法線方向により輝度が決まっている一方で，半透明な表面の輝度は凹部で低く，凸部で高くなっている．この形状と輝度パターンとの対応が半透明知覚の重要な手がかりである可能性がある．

多様な質感認識に大きく影響する画像成分が鏡面ハイライトである．たとえば，鏡面ハイライトの画像的特徴は光沢感をよく説明し（Sawayama & Nishida, 2018），物体画像の輝度成分のうち，鏡面ハイライトを除いた部分の特徴が半透明感と高い相関を示す（Kiyokawa et al., 2023）ことから，鏡面ハイライトの検出は質感認識の基礎をなすと思われる．日常的な視覚情報には，運動成分や両眼視差など鏡面ハイライトを検出するための比較的強い手がかりが存在する（Wendt et al., 2008）．さらに，静止画からでもヒトは鏡面ハイライトを検出できる．この仕組みについては，画像特徴量や深層学習（例：Prokott et al., 2021）による検討が継続的に行われているものの，いまだ十分な理解にはいたっ

っていない.

　方法論という観点からは，近年では質感認識に関わる画像特徴を深層学習から探る試みも増えてきた．たとえば，ヒトの光沢感知覚には系統的な誤りが含まれるが，機械学習モデルの光沢感判別の誤りを検討した結果によれば，機械学習モデルの構造によらず比較的単純な情報表現をしている初期層がヒトと類似した応答を再現しやすい（Prokott et al., 2021）．また，同様な試みにより，多様な深層学習モデルとヒト光沢感の対応を調べると，教師あり学習よりも，教師なし学習の一種である変分オートエンコーダで表現される潜在変数がヒトの光沢感知覚の誤りを最もよく予測できると報告された（Storrs et al., 2021）．これらの結果は，光沢感知覚の仕組みの成立過程や，その情報表現に関して示唆を与えてくれる.

■ 1-3-3　質感認識における多様な情報の統合と次元性

　これまで質感認識に対する画像特徴に着目してきたが，質感はもっと多様な情報が統合されて生起するものである．その1つの観点は，多感覚統合である．たとえば，スティックで物体を殴打するCG動画と，実際の物体を殴打した際に録音した音刺激を，素材についてさまざまに組み合わせて被験者に呈示した実験によれば，同じ視覚刺激でも音刺激により知覚される素材カテゴリが大きく変化する（Fujisaki et al., 2014）．さらに，サルにおいて，さまざまな素材の物体への触経験により，それらの物体画像を観察した際の脳応答が変容する（Goda et al., 2016）．

　もう1つの観点は素材認識との関わりである．たとえば，多数の素材の刺激に対し，光沢感や透明感などの多様な質感属性の知覚量を計測すると，素材カテゴリの明瞭なクラスタが現れることから，質感が素材認識の基礎となっている可能性が示されている（Fleming et al., 2013）．また，素材識別における応答時間とさまざまな質感認識との対応関係を検討したところ，応答時間が短いときには，視覚的な質感（光沢感など）との関係性が強く，応答時間が長いときには，非視覚的な質感（重さ感など）との関係性が強かった（Nagai et al., 2015）．この結果は，視覚的質感と非視覚的質感では素材認識との関わりや知覚処理過程が異なる可能性を示している．さらに，同じ物体表面の画像であっても，そ

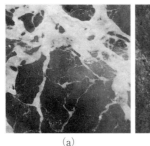 

図 1-3-2 (a)は海面,(b)は大理石の写真 (Cheeseman et al., 2022)

の知覚的スケールを変えるだけで素材認識が大きく変化する (Cheeseman et al., 2022). たとえば,図 1-3-2 は海面と大理石表面の写真であるが,そのパターンは非常に類似している. これらの写真において,距離の認識によりこれらの素材認識が変わることは容易に想像できよう. このように,質感認識を理解するためには,素材の記憶や距離認識等の多様な認識状態の影響を考慮することも重要である.

「質感」の基盤となる心理表現や次元構造を探る研究も増えている. たとえば,あたかも「光沢感」という質感の心理的表現が存在するという前提に立つ研究も多いが,この前提が正しいかどうかは明らかではない. むしろ,光沢感と我々がよぶ感覚が少なくとも鏡面反射の強度とボケ具合に対応する 2 種類の知覚次元から構成されることが以前から指摘されていた (Ferwerda et al., 2001). それだけではなく,鏡面ハイライトを複雑な形や複数の反射パラメータで操作するだけでさまざまな素材認識が生じる (Schmid et al., 2023) ことから,従来考えられていたよりも光沢感という概念が多次元である可能性がある. さらには,質感認識全体を支える情報表現の基盤次元を探るため,多様な刺激画像の類似性判断をクラウドソーシングで収集するという大規模な解析も行われるようになってきた (Schmidt et al., 2022). 質感認識とは一体何なのかという基本的な問いに立ち戻る上でも,質感認識の次元解析は重要になるであろう.

1-3-4 今後の展望

視覚的な質感に着目すると,研究が進むにつれ質感認識に関わる画像特徴が 3 次元形状と密接に関わるなど複雑であることがわかってきた. さらに,質感

認識の特性には経験による影響も大きく（Goda et al., 2016），必ずしも万人が同じ情報処理にもとづいて質感を認識するわけではなさそうである．そのため，「質感認識の仕組みの理解」という観点からは，質感を予測する詳細な画像特徴を追究するよりも，ヒトにとっての質感の役割や，質感認識を獲得する発達・学習過程などといった，認識特性の大きな枠組みを理解するほうが本質的かもしれない．一方，応用的な側面を考えれば，対象とする物体の形状や素材が限られている場面も多く，その範囲内で質感認識に関わる画像特徴が明らかになることに価値がある場合もあるだろう．

　このように研究ごとに目指すべき方向性は多様ではあるが，他分野と連携しながら質感認識の心理特性の理解が進むことを期待したい．

（永井岳大）

1-4　質感認知の脳神経機構——視覚

▪ 1-4-1　視覚に関わる脳の構造

　外界からの情報は末梢の感覚受容細胞で物理的なエネルギーから神経信号に変換される．変換された神経の信号は，感覚神経を通って大脳に伝えられる．頭蓋の大半を占める大脳において，神経細胞の大部分はその表面の大脳皮質に集まっている．大脳皮質は厚さ 2-3 mm の神経細胞がびっしり配列したシート状の構造である（図1-4-1(a)）．大脳皮質は場所ごとに受け取る信号が異なっており，異なる機能に関わっている．また細胞の配列の仕方もよく見ると異なっており，場所ごとに名前がついている．視覚に関係する領域（大脳視覚野）は，大脳皮質の後ろの方の広い部分をしめている．

　質感に関する視覚の情報が感覚器官から大脳にどのように送られるかを見てみよう．光のエネルギーを受け取って神経の信号に変換する視覚の感覚受容細胞（光受容細胞）は目の網膜に存在し，目からの信号は視神経を通って外側膝状体の神経細胞で中継されたあと，大脳皮質に向かう．大脳皮質で最初に視覚

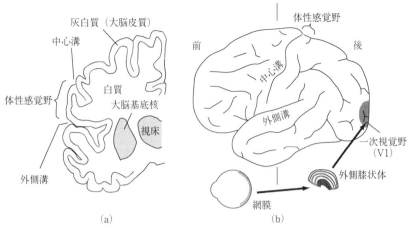

図 1-4-1　大脳皮質の構造と視覚経路
(a)は大脳の前後軸に垂直に切った左半球の断面．断面の位置は(b)に上下の縦線で示す．(b)は大脳左半球の外側面．

の信号を受け取るのは，大脳皮質の最も後部に位置する一次視覚野（またはV1）とよばれる部位である（図1-4-1(b)）．

　視覚処理の出発点である光受容細胞には，薄暗い環境での視覚機能に関わる杆体と明るい環境での視覚機能に関わる錐体の2種類が存在する．錐体は分光感度特性が異なる3種類からなり，異なる種類の錐体の信号の差分を取ることで色覚が生じる．質感を含め形，動き，奥行き，テクスチャなど視知覚に関わるさまざまな属性の情報は同一の光受容細胞の信号の中に含まれており，これより後の情報処理で取り出される．

■ 1-4-2　初期視覚系での情報処理

　網膜の神経回路では隣接する光受容細胞で検出された信号の差分を取ることで明暗や色の情報が取り出される．視覚神経系のそれぞれの細胞が担当する視野の領域（受容野）は網膜から信号を送り出す細胞や外側膝状体の細胞では同心円状の構造をもつ．同心円状の受容野の中心部と周辺部では応答の極性が異なる．たとえばあるタイプの細胞では，中心が光強度の増加に応答（オン応答）する場合，周辺は光強度の減少に応答（オフ応答）する．別のタイプの細

胞では，逆に中心がオフ応答，周辺がオン応答を示す．このように中心と周辺が異なる応答の極性をもつことにより，同心円状の受容野をもつ細胞は受容野上に明るさの変化，つまりコントラストが存在する時の方が，明るさの変化がない場合に比べて強く応答することになる．ただし，網膜や外側膝状体の細胞の応答の強さは，明暗コントラストが視野のどの方向を向いているかには依存しない．一方，一次視覚野には明暗コントラストの視野上での向き（方位）に依存して応答の強さが変化する細胞が多く存在する．物体の輪郭では特定の向きの明暗コントラストが存在するので，これらの細胞は特定の方位の輪郭に強く応答する方位選択性をもつ（福田・佐藤，2002）．

　方位選択性を示す細胞には，オン応答を示す場所とオフ応答を示す場所が視野上で分かれている単純型細胞と分かれていない複雑型細胞が存在する．また方位選択性をもつ細胞の応答は，視野上での明暗のコントラストの変化の仕方にも依存する．たとえば，ある細胞は明暗コントラストが短い距離で変化するパターンに強く応答するが，別の細胞は逆に長い距離でゆっくり変化するパターンに強く応答する．これらの細胞は，明暗コントラストの繰り返しの空間的な周期，すなわち空間周波数にも選択性をもつ，ということである．このように視野の局所の方位と空間周波数の両方に選択性をもつ細胞の集団は，ガボールウェーブレットとして画像を表現しているととらえることができる．また一次視覚野には運動方向選択性，両眼視差選択性，色相彩度選択性など外側膝状体以前の段階では見られない選択性をもつさまざまな細胞が見られる（福田・佐藤，2002）．

　一次視覚野（V1）で処理された視覚の情報は，前方の視覚皮質の領域に送られる．視覚皮質には 30 程度の領域が区別されている．それらの領域には，それぞれ V2 野，V4 野などの名前がつけられている（図 1-4-2）．一次視覚野からの信号の多くはすぐ前方に存在する V2 野に伝えられ，V2 野で処理された情報はさらに前の領域に伝えられるというように，視覚皮質では階層的に処理が行われる．また，V2 野からの信号の行先には前下方の腹側高次視覚野と前上方の頭頂連合野の 2 つの脳高次領域が存在し，それぞれの視覚野はいずれかの行先に向かう経路に位置づけられる．これらの経路は機能的に異なっており，腹側高次視覚野に向かう経路（腹側視覚経路）は物体認識に関わる情報を伝え，

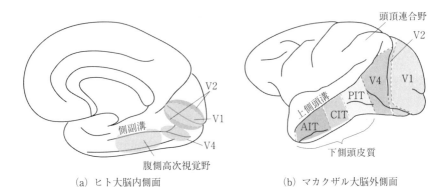

図 1-4-2　ヒトとマカクザルの視覚野
(a)はヒト大脳の内側面，(b)はマカクザルの大脳外側面．腹側視覚経路に含まれる主な領野の位置を示している．AIT：下側頭皮質前部，CIT：下側頭皮質中部，PIT：下側頭皮質後部．

頭頂連合野に向かう経路（背側視覚経路）は空間認知や動きの処理に関わる情報を伝える．これまでの研究から，腹側視覚経路が質感認知に関係するさまざまな情報を伝えることが示されている（Komatsu & Goda, 2018）．V1 細胞の方位選択性はネコを用いた研究で明らかにされたが，その後ヒトと類似の視覚機能をもつマカクザルでの研究が中心となった．マカクザルとヒトは視覚皮質の構成もよく似ていることがわかっており，以降の節で述べる研究はヒトと記載されている場合以外はマカクザルでの知見をもとにしている．

1-4-3　質感に関わる視覚特徴の抽出

我々は見ただけである程度物の素材や表面の状態を判断することができる．これは異なる素材や表面状態に固有の画像の特徴が存在し，それが視覚神経系の処理で取り出されることによると考えられる．視覚的質感を生み出すことに関わる物の特性の1つは表面反射特性（より一般的には光学的特性）である．物の表面が光をどのように反射し，透過するかの特性により光沢感や透明感といった質感が生み出される．これらの光学的特性が生み出す網膜画像上の特徴を明らかにするために，心理物理学的手法を用いた研究が盛んに行われている．その結果，光沢知覚には画像の輝度コントラスト，輝度ヒストグラムの統計量や輝度勾配およびそれらと輪郭の方位や曲率との関係などが寄与することが示

されている（永井，2021; 1-3節参照）．これらの視覚特徴は比較的単純な特徴であり，視覚皮質の初期段階で取り出される可能性が考えられるが，実際の処理についてはまだよくわかっていない．

　視覚的質感のもう 1 つの重要な側面である素材の判断に関わる重要な特徴は，さまざまな素材が種類ごとに備えている特有の表面の模様（テクスチャ）である．たとえば多くの布は織り構造が生み出すテクスチャをもち，樹木の表面には生長に伴って生じる樹皮特有のテクスチャがある．このように多くの素材の表面には素材のカテゴリを判断する手がかりになるテクスチャが存在する．これらのテクスチャは，微視的に見ると表面の場所ごとに細部のパターンは異なっているにもかかわらず，ある程度広い範囲を見ると区別がつかないという興味深い特性をもつ．このことは，テクスチャの識別を行う時に，視覚系が画像の統計的な性質を利用していることを示唆する．すなわち，視覚系においてある程度の広がりをもつ画像の範囲からさまざまな特徴が取り出され，それらの統計量が一致すれば同じテクスチャをもつ画像として知覚されるということである．Portilla と Simoncelli は一次視覚野で表現されるガボールウェーブレット様のフィルタの出力を組み合わせて計算される画像統計量（P-S 統計量）が，テクスチャ知覚に関係する可能性を示した．ガボールウェーブレットの異なるフィルタに対する出力間の関係を示す統計量のセットをそろえると，2 つの画像が同じテクスチャとして知覚されるのである（Portilla & Simoncelli, 2000）．

　マカクザルの視覚野でテクスチャ画像への応答と P-S 統計量の関係が調べられている．前項で述べたように，一次視覚野にはガボールウェーブレット様の受容野特性をもつ神経細胞が多数存在する．これらの細胞は，テクスチャ画像に含まれる方位と空間周波数の成分（低次統計量）に対して応答する．そのため，見かけが異なるテクスチャ画像であっても低次統計量（方位・空間周波数）が元の画像と同じであれば，一次視覚野の細胞は同じように応答する．一方，一次視覚野の次の段階の V2 野の細胞はこのような操作を行うと応答が変化する．低次統計量が同じ画像であっても，異なる方位・空間周波数フィルタの出力を組み合わせた特徴の成分（高次統計量）が違うと応答が弱くなり，高次統計量も一致している画像にはより強く応答する（Freeman et al., 2013）．このことは，V2 野の段階で高次画像統計量の抽出が始まることを示している．

V2 野の次の段階である V4 野では，V2 野に比べてさらに高次統計量に応答する細胞の割合が増える．さまざまなテクスチャ画像に対するこれらの領域の神経細胞の応答を調べると，個々の細胞の応答は高次統計量を含む P-S 統計量の組み合わせで説明できることが示されている．これらのことから，大脳視覚野の中期段階である V2 野から V4 野にかけて高次画像統計量の計算が行われることで素材の判断に関わるテクスチャの識別が行われるものと考えられる（Okazawa et al., 2017）．

■ 1-4-4　腹側高次視覚野での質感情報処理

　大脳視覚野の初期・中期段階で抽出された画像特徴は，腹側高次視覚野に伝えられる．腹側高次視覚野は V4 野の前方部にあり，さまざまな物体，顔や体，文字などの複雑な画像情報の識別に関係する．サルでは下側頭皮質とよばれる脳部位にあたる．下側頭皮質には初期・中期段階に比べて複雑な画像特徴に応答する細胞が多く存在し，視覚皮質の初期段階から下側頭皮質にいたる階層的な情報処理は，物体画像認識に高い能力をもつ人工ニューラルネットワークの処理とよく対応することが示されている（Yamins et al., 2014; 詳細は 6-4 節参照）．一方サルの下側頭皮質の一部の領域には色や光沢などの物体表面の視覚属性に選択的に応答する神経細胞が存在する（郷田，2018）．またヒトが画像を見ている時の脳活動を機能的磁気共鳴画像法（functional Magnetic Resonance Imaging, fMRI）で調べた研究では，腹側高次視覚野の紡錘状回に色や光沢に選択的に応答する活動が見いだされている．これらの結果は，腹側高次視覚野が物体表面反射特性の識別に関わることを示唆する．

　ヒトの fMRI の研究では，腹側高次視覚野の前後軸に沿ってテクスチャや素材の画像に対して強い応答が見られる（Komatsu & Goda., 2018）．多くの物体画像に対するヒトの視覚野の応答を fMRI で計測し脳の微小領域（ボクセル）ごとに解析すると，初期・中期視覚野だけでなく腹側高次視覚野の活動も P-S 統計量の組み合わせである程度説明できる（Henderson et al., 2023）．このことは腹側視覚経路全体を通して画像統計量にもとづく処理が行われることを示唆しており，腹側高次視覚野で見られる複雑な物体画像に対する選択性の形成にも高次画像統計量の抽出が関係する可能性を示すものである．この研究では，

延べ7万枚余りの画像に対して8人の被験者から得られた高解像度の脳活動計測結果のデータベース（Allen et al., 2022）を利用している．脳研究の分野では，計測データの共有化は遅れていたが，近年，世界各地で大規模な脳研究プロジェクトが進められるとともに，脳活動のデータベース化やシェアリングが盛んに行われつつある．複雑で多様な刺激を必要とする質感認知の脳研究において，このような発展はとりわけ効果的に作用することが期待される．

　質感認知に関して視覚皮質の初期段階と高次段階の間に見られるもう1つの重要な違いは，素材識別においてそれぞれの段階が表現する情報にある．さまざまな素材の画像を見せて，脳の活動をfMRIで調べると，初期段階と高次段階のいずれの皮質領野の活動からでも素材の識別は可能である．しかし，素材のもつさまざまな印象（たとえば光沢感，透明感，粗さ感，やわらかさ，など）の違いを反映した活動を示すのは高次段階であり，初期段階の活動は素材間の画像特徴の違いを反映しているにすぎない（Hiramatsu et al., 2011）．また，腹側高次視覚野の素材による活動の違いは，視覚だけでなく触覚の印象（粗い–滑らか，湿った–乾いた，冷たい–温かい，重い–軽い，など）も表現しており，多感覚的な質感認知に関わっているものと考えられる．マカクザルでさまざまな素材でできた物体を見て触る経験を行わせ，その前後で視覚皮質の活動をfMRIで調べて比較すると，素材の知覚的な印象と腹側高次視覚野の活動の相関は実物の視触覚経験後に著しく上昇する（Goda et al., 2016）．このことは多感覚的な質感の学習に腹側高次視覚野が関わることを示唆している．

（小松英彦）

1-5　音響の物理

▪ 1-5-1　音響学とは

　我々の身の回りには，音声や音楽，機械・機器の発する音，動物の鳴き声，雷や雨音などさまざまな音がある．これらの音を科学として取り扱う学術分野

のことを音響学（acoustics）という（鈴木ほか，2011）．音が波（音波）であることを物理学で勉強したことがある人は多いだろう．本節は，音の質感に関係する音響の物理を，特に1-6節の音と質感で利用される音響特徴を中心に，音の表現から音の伝播，聴知覚に関わる部分について概説する．音響特徴の測定法については2-8節も参考にすること．

1-5-2 音の表現

音（sound）は，物理的な意味と心理的な意味で使われることがある．前者は，音波（物理的なもの）であり，後者は音波によって引き起こされた感覚（心理的なもの）である．音の物理的なものにも，音全般を指す音（sound）と，特定の周期をもつ音（tone）がある．

音（音波）は，空気粒子の縦波であり，圧力波（粗密波）である．その圧力変化の伝播する様子を波の伝播として表現すれば，圧力変化を横波（圧力の時間関数）とみなすことができる．音の最も単純な物理表現として，正弦波信号（sinusoidal signal）が利用され，

$$p(t) = A \sin(2\pi f t + \theta) \tag{1-5-1}$$

と定義される．ここで，$p(t)$は音圧の時間変化，Aは振幅，fは周波数，θは位相である．

媒質中を伝わる音波の波長をλ m，音速をc m/s，周波数をf Hzとすると，これらの間には$\lambda = c/f$の関係がある．音速は媒質や温度で変化する．媒質が空気（常温15℃）のときの音速はおよそ340 m/sであるため1 kHzの音波の波長は約0.34 mである．

1-5-3 音の分類

式（1-5-1）のように，音圧が正弦波的に変化する場合，この音は単一の周波数成分からなり，純音（pure tone）という．これに対し，複数の周波数成分からなる音を複合音（complex tone）という．我々の身の回りにある音の多くは複合音であり，純音はほとんど存在しない．複合音の中でも，構成する純音の周波数が最低次音（基音）の整数倍の関係にあるとき，このような音を調

波複合音（harmonic complex tone）といい，次式で定義される．

$$p(t) = \sum_{k=1}^{K} A_k \sin(2\pi k f_0 t + \theta_k) \qquad (1\text{-}5\text{-}2)$$

ここで，f_0 は基本周波数，A_k と θ_k はそれぞれ k 次倍音の振幅と位相である．

一方，すべての周波数成分が均等に含まれ，それらの位相に規則性がないようなものとして白色雑音（white noise）がある．白色雑音の時間平均は 0 で，無相関であるという統計的性質をもつ．また，すべての周波数成分が均等に含まれるが，それらの位相がすべてそろっているようなものとしてインパルス（impulse）がある．これらには，振幅スペクトルの特性は同じであるが，位相に関する規則（バラバラかそろっているか）の違いがある．

白色雑音は電磁気的な雑音としてみられるが，自然界にはほとんど存在しない．むしろ自然界では，高周波数成分ほどパワーが低くなるものが多い．たとえば，環境騒音はピンク雑音（pink noise）に近いといわれている．白色かピンクかにはパワースペクトルが平坦か，あるいは傾斜が周波数に反比例するようなもの（$1/f$，オクターブ周波数あたり $-3\,\mathrm{dB}$ 減衰するもの）か，の違いがある．これらの雑音は定常雑音（統計的性質が時間とともに変化しないもの）とよばれるが，自然界の音はむしろ衝撃音や間欠騒音など時々刻々と変化する非定常雑音が多い．

▪ 1-5-4　音圧と音圧レベル

音圧 P は，ある時間長 T での音の圧力変動 $p(t)$ の実効値（root mean square）

$$P = \sqrt{\tfrac{1}{T}\int_0^T p^2(t)\,dt} \qquad (1\text{-}5\text{-}3)$$

で表される．音圧の単位は Pa（パスカル）である．音圧レベル（sound pressure level）は，音圧の 2 乗と基準音圧の 2 乗の比を常用対数で表したものであり，$10\log_{10} P^2/P_0^2$ で定義される．単位は dB（デシベル）である．ここで，P_0 は基準音圧であり，$20\,\mu\mathrm{Pa}$ である．音圧の 2 乗の値が 2 倍あるいは半分になると，音圧レベルは約 3 dB 増加あるいは減少し，音圧の 2 乗の値が 10 倍あるいは 1/10 になると，音圧レベルは 10 dB 増加あるいは減少する．

たとえば，1 kHz での健聴者の最小可聴値（聴覚閾値）は，音圧レベルが概ね 0 dB，夜の田園地帯では音圧レベルが 20 dB 程度，我々の日常生活の環境で 60 dB 程度，喧噪な環境で 80 dB 程度，ライブハウスのような音環境で 120 dB 近くになる．このように我々は 120 dB のダイナミックレンジをもつ音環境で音を聴いていることになる．音圧の 2 乗の比でいえば，基準音から基準音の 1 兆（10^{12}）倍までの音を，音圧でいえば 20 μPa から 20 Pa までの音を聴いていることになる．

■ 1-5-5　振幅変調音と周波数変調音

信号音の時間変動を表現する特徴として，振幅変調と周波数変調がある．

振幅変調（Amplitude Modulation, AM）とは，搬送波の振幅の強弱変化として情報が表現される変調である．振幅変調音の単純な例として，次式のように正弦波状の搬送波 $C(t) = A_c \cos(2\pi f_c t)$ の振幅 A_c を，周波数 f_m の正弦波状の変調信号 $M(t) = A_m \cos(2\pi f_m t)$ で変化させた音がある．

$$p(t) = (A_C + M(t))\,C(t) = (A_c + A_m \cos(2\pi f_m t))\cos(2\pi f_c t) \quad (1\text{-}5\text{-}4)$$

ここで，2 つの信号の周波数には $f_m \ll f_c$ の関係が求められ，変調度は $m = A_m/A_c$ となる．

例として，図 1-5-1 (a) に $f_c = 100$ Hz，$f_m = 1.5$ Hz，$A_C = A_m = 1.0$ としたときの振幅変調音を示す．図の上段は搬送波 $C(t)$ を，中段は $A_c + A_m \cos(2\pi f_m t)$ を，下段は振幅変調音 $p(t)$ を示す．これらから，搬送波の周波数は変化せず，変調信号がそのまま搬送波の振幅変動として表されること（図の下段の破線を参照）がわかる．

周波数変調（frequency modulation, FM）とは，搬送波の周波数変化として情報が表現される変調である．正弦波を搬送波・変調波とする周波数変調音は，次式のように，搬送波 $C(t) = A_c \cos(2\pi f_c t)$ の周波数 f_c を変調信号 $M(t) = A_m \cos(2\pi f_m t)$ で変化させた音として定義される．

$$p(t) = A_c \cos\left(2\pi f_c t + 2\pi \Delta f \int_0^t M(t)\,dt\right) = A_c \cos\left(2\pi f_c t + \left(\frac{\Delta f}{f_m}\right)\sin(2\pi f_m t)\right)$$
$$(1\text{-}5\text{-}5)$$

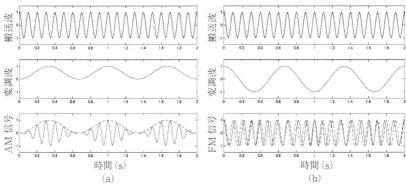

図 1-5-1　振幅変調(a)と周波数変調(b)の関係

ここで，Δf は最大周波数偏移幅であり，変調度は $m = \Delta f / f_m$ となる．

例として，図 1-5-1(b) に $f_c = 100$ Hz，$f_m = 1.5$ Hz，$A_C = A_m = 1.0$，$\Delta f = 1.5$ としたときの周波数変調音を示す．図の上段は搬送波 $C(t)$ を，中段は $A_c \cos(2\pi f_m t)$ を，下段は周波数変調音 $p(t)$ を示す．これらから，搬送波の振幅は変化せず，変調信号がそのまま搬送波の周波数変動として表されること（図の下段の破線を参照）がわかる．

▪ 1-5-6　音の伝播特性

音源（音波の源）は一般に点音源，線音源，面音源に分類することができる．図 1-5-2(a) に示すように，自由空間に置かれた点音源から出た音の強さのレベルは，音源からの距離の 2 乗に反比例する（逆 2 乗則とよばれる）ため，音源からの距離が 2 倍になると 6 dB 減少することになる．このような減衰（attenuation）は，音エネルギーが伝播の過程で一部が熱エネルギーとなり減少することや音源から出た音が広がっていくことに起因する．

音波は，障害物のない均質な媒質中を一定の速度で波面に垂直な方向に伝播する．この波面が性質の異なる媒質あるいは障害物にぶつかると，反射，透過，屈折，回折が起こる．

図 1-5-2(b) に示すように，2 つの異なる媒質（空気と水）を音が伝播すると，その境界面では一部の音は通過するが残りの音は跳ね返される（反射：

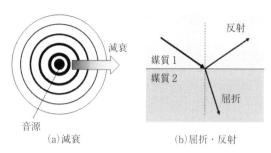

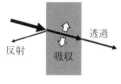

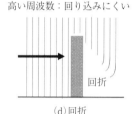

図1-5-2 音の伝播特性（減衰，屈折，反射，透過，吸収，回折）

reflection). 境界面へ入射する音（入射波）は境界面で音速が変わり角度を変えて（屈折：refraction），境界面を超えて伝わる（屈折波）. 入射波の進行と法線がなす角度を入射角, 反射波の進行と法線がなす角度を反射角といい, 入射角と反射角は等しい（反射の法則）. また, 屈折波と法線がなす角度を屈折角といい, 入射角と屈折角の関係（屈折率）は2つの媒質での音速の比が関係する.

一方, 図1-5-2(c) に示すように, 2つの媒質の境界に壁のような障害物がある場合, 音は壁に入射され一部は反射するが, 残りは壁を振動させる. この振動によって壁の裏側（隣接する2つ目の媒質）の媒質も振動され, 音が発生する. これを透過 (transmission) という. このとき壁の内部を伝わる音波に吸収減衰が生じる. これを吸収 (absorption) という.

音の伝播は音の周波数によって違いがある. 音には回り込む性質がある. これを回折 (diffraction) という. 特に周波数が高い音は直進性が強く, 障害物の後ろに回り込みにくいが, 周波数が低い音は直進性が弱く, 障害物の後ろに回り込みやすい. 我々が音を聴くときは, 音が直接耳に入るだけでなく, 頭部や肩などにあたってから回り込んだ音も耳に入る.

1-5-7 伝達特性とフィルタ

音の伝播を，音の入出力関係を表すシステム（音がある系に入力されて出力が得られる）と考える．システムの入出力関係が線形性（同次性と加法性の両方が成り立つもの＝重ね合わせの原理が成り立つ性質）を有し，それが時間に依らない場合，システムは線形時不変システム（linear time-invariant system）とよばれる．この場合，システムの時間特性は，インパルス応答（システムにインパルスを入力して得られる出力）で表され，その周波数特性（伝達特性）は，インパルス応答のフーリエ変換で表される．そのため，システムに任意の音を入力した場合，その応答は音信号にインパルス応答を畳み込むことで得ることができる．

フィルタ（filter）は信号処理の基盤を成すものであり，所望の信号を阻止したり通過させたりするものである．代表的なフィルタの種類は，低域通過フィルタ（low-pass filter），高域通過フィルタ（high-pass filter），帯域通過フィルタ（band-pass filter），帯域阻止フィルタ（band-stop filter）である．フィルタの通過・阻止域は，カットオフ周波数（cut-off frequency）で決められる．システムの伝達特性をフィルタ（filter）で設計することもできる．

たとえば，図 1-5-3 に 3 つの異なる中心周波数（500, 2000, 8000 Hz）をもつ帯域通過フィルタのインパルス応答と伝達特性を示す．図 1-5-3(a) からわかるように，フィルタのインパルス応答の長さはフィルタの帯域幅が広いほど短く，狭いほど長くなる．図 1-5-3(b) に示すフィルタの特性は，通過域を示す 3 dB 帯域幅（＝先端から 3 dB 低下したときのフィルタ形状の幅）やフィルタ形状の先鋭さを示す Q 値（＝フィルタの中心周波数/3 dB 帯域幅）で特徴づけられる．

1-5-8 室内音響の評価

音は，閉空間内にて反射が何度も繰り返されて音が残り，響きをつくる．これは残響音とよばれる．残響音の響きの度合いを表すものが残響時間（reverberation time）であり，音が止まってから 60 dB 減衰するまでの時間の長さをいう．室内の音響特性はインパルス応答を測定することで得られる．そのため，

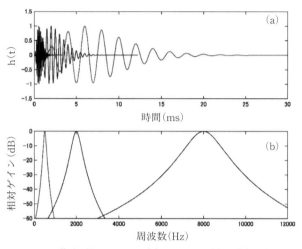

図 1-5-3 帯域通過フィルタの(a)インパルス応答と(b)伝達特性

　室内音響の評価は，インパルス応答の減衰特性やエネルギー比などを評価することで得られる．

　代表的な評価指標として，初期減衰時間（Early Decay Time, EDT）やC値（clarity），D値（Deutlichkeit），G値（sound strength），時間重心，音声伝送指標（Speech Transmission Index, STI）などがある．初期減衰時間は音が止まってから10 dB減衰するまでの時間であり，残響感に関係する．C値とD値は，初期反射音と後部残響音のエネルギー比（初期対後期エネルギー比）で定義される．特に，C_{80}（80 ms 以前と以後のエネルギー比）は音楽で利用され，音の透明性に関係する．D_{50}（50 ms 以前と全体のエネルギー比）は音声で利用され，音の了解性に関係する．G値は，自由空間において音源より10 mの距離で測定した応答で基準化されたエネルギー比であり，音の迫力感に関係する．時間重心は2乗インパルス応答の1次モーメントであり，透明性・明瞭性に対応する．STIは，各オクターブ周波数の2乗インパルス応答の周波数特性（いわゆる変調伝達関数）を正規化して荷重和を取ることで得られるものであり，音声の了解度に関係する．これらは1-6節で説明される音の質感にも関係するが，音そのものの性質ではなく，音の伝播特性に係るものである（2-8節参照）．

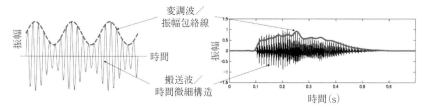

図 1-5-4　信号音の変調波・搬送波と振幅包絡線・時間微細構造の対応

▪ 1-5-9　聴覚系の周波数分解と音の時間振幅包絡線・時間微細構造

　音源から放射された音は空間（室など）を伝播して耳に到達する．その音は聴覚系を経てさまざまな周波数成分に分解され，知覚される．この周波数分解機能は，図 1-5-3 に示した中心周波数が異なる帯域通過フィルタが連続に並ぶような形で構成されるフィルタ群で説明される．この帯域通過フィルタは聴覚フィルタ（auditory filter）とよばれ，そのフィルタ群は，聴覚フィルタバンクとよばれる．聴覚フィルタバンクは，聴知覚モデル（たとえばラウドネスモデルや音質評価モデル）の基盤であり，音の質感認識の特徴表現に重要なものになる．

　聴覚フィルタバンクモデルを利用して，ある任意の音信号 $p(t)$ を周波数分析（時間周波数表現）したものとする．このとき，k 番目の聴覚フィルタの出力は，$A_k(t)\sin(2\pi f_k t + \theta_k(t))$ のように表される．この表現は，図 1-5-4 に示すように，一種のベースバンド信号（通信において送りたい情報をそのまま表した信号の周波数帯域のこと）であり，瞬時振幅 $A_k(t)$ は振幅変調に，瞬時位相 $\theta_k(t)$ は周波数変調に関係する．また，瞬時振幅は時間振幅包絡線（temporal amplitude envelope），瞬時位相を含む搬送波信号 $\sin(2\pi f_k t + \theta_k(t))$ は時間微細構造（temporal fine structure）とよばれる（Moore, 2019）．時間振幅包絡線は，ヒルベルト変換を利用して容易に算出できるが，通信技術における振幅変調の代表的な非同期検波方式（半波整流＋低域通過フィルタ）を利用するほうが，処理方式の類似性から聴覚情報処理（聴神経発火の算出）と整合性が高い．

　聴覚フィルタバンクモデルを利用して原音の再構成も可能である．また，搬送波信号を狭帯域雑音に置き換えて，時間振幅包絡線の情報のみで音を再構成

する雑音駆動音（noise-vocoded sound）もある．

▪ 1-5-10 音と聴知覚

音の基本属性は，音の大きさ（ラウドネス），音の高さ（ピッチ），音色とよくいわれる．これら音の感覚の属性は，上述した音の物理量にある程度対応する．音の大きさは音の強さ（音圧の2乗に比例）に，音の高さは周波数（周期性や調波性）に，音色はそれ以外のさまざまな物理量（たとえば，スペクトル傾斜やスペクトル重心など）に対応づけられる（大串，2019；1-6-1項も参照）．ただし，こういった物理量と感覚的属性との対応関係は，非常に単純化されたものであり，聴覚情報処理モデルや生理学的プロセスの理解なしでは，聴覚を適切に説明することはできない．

たとえば，聴覚フィルタバンクモデルによる音の周波数分析（時間周波数表現）にもとづくと，聴覚フィルタバンク出力から得られる各周波数帯域成分の時間振幅包絡線は音の大きさだけでなく音色にも関係する．また時間微細構造は神経発火の時間パターン（1-7-1項）を介して音の高さの知覚に寄与する．

（鵜木祐史）

1-6　音と質感

「音の質感」がどのような音を対象とし，どのような側面をさすのかは，現状ではあいまいである．このため，本節では，音の質感に類する既存の用語を紹介し，それに関わる音響特徴を概説する．

▪ 1-6-1 音色

「音の質感」に近い概念に「音色」がある．音色は「大きさ（ラウドネス）」「高さ（ピッチ）」と並ぶ，いわゆる音の3要素の1つとされ，音響学で古くから研究や議論の対象となっている．日本産業規格では，音色（timbre）を「聴覚に関する音の属性の1つで，物理的に異なる2つの音が，たとえ同じ音の大

32 ▪ 第1章　質感情報の基礎

きさおよび高さであっても異なった感じに聞こえるとき，その相違に対応する属性」と定義している．ただ，この定義は，暗黙に楽音を想定した定義だと思われ，より一般的な音も含めて我々が真に理解したいポイントを十分に表現していない．このように音色を納得のいく形で定義するのは困難である．その定義はさておくとして，音色には，「音源あるいは音響的事象が何であるかを認識するための手がかりとなる音響特性」（識別的側面）と「その音から受ける主観的な印象」（印象的側面）の2つの側面があるとされる（難波，1993）．

　識別的側面の対象は，たとえば楽器，発話者，車の車種といった音源の区別・同定のみでなく，広義では語音（音素など）の認識も含みうる．さまざまなピッチや強さで演奏されたとしても，質の悪いラジオで聞いたとしても，我々はバイオリンとピアノの音を区別して認識することができる．発話の内容が初めて聞くものであっても我々はその話者を認識できるし，一方で話者が異なっていても，たとえば「あ」という母音は「あ」に聞こえる．我々がこのように知覚できるのは，聞こうとする対象に応じて，複雑かつ多数の音響特徴にある何らかの不変量を手掛かりにしているからであると考えられる．

　印象的側面は，たとえば「明るい音」「濁った音」といった，形容詞で表現されるような音の性質を指すと考えればよい．形容詞で表される音の印象の背後にある構造を抽出するために Semantic Differential 法（SD法）と因子分析を組み合わせた手法がよく用いられる．SD法では，「明るい–暗い」などのような反対語を対としたさまざまな音色評価語対を用意し，聴取者は対象となる音に関する印象を，それぞれの評価語対について複数段階で評価する．この手法により，古くからさまざまなカテゴリの音を対象とした実験や分析が行われている．たとえば，軍艦・潜水艦のパッシブソナー音（Solomon, 1958），さまざまな残響条件下での楽器音（曽根ほか，1962），ヘリコプター音（Namba et al., 1993）などの研究があるが，おおむね音色空間を構成する主要な因子数は3ないし4であるとされている．たとえば曽根らの研究では，「Ⅰ：美的・叙情的，Ⅱ：量的・空間的，Ⅲ：明るさ，Ⅳ：柔らかさ」といった軸を抽出している（曽根ほか，1962）．ただし，これらの因子の説明力は，対象となる音のカテゴリやその範囲によって異なりうる．目的に応じた適切な音色評価語対の選択も含めて，慎重な検討が必要である．

音色の印象を直接問うのではなく，刺激間の音色の類似度に着目することで，対象となる音から構成される多次元の「音色空間」を求めるアプローチもある．対象となるさまざまな音刺激についてあらゆる組み合わせの刺激対を準備し，その各対について類似性判断を行わせる知覚実験を行う．刺激対間の類似度行列（あるいは非類似度行列）を求め，それを多次元尺度構成法で分析する．各刺激の音色空間上の布置は，刺激間の音色の距離を反映する．この布置と対応する物理量を探索することで，音色を規定する音響特徴量の同定が期待できる．また，人の音色知覚を推定するモデルが構築された際に，その妥当性を検証するための参照情報となりうる．

▪ 1-6-2　音の質感に関するその他の音色用語

　音色の印象的側面に類似した用語に「音質」がある．「音色」と「音質」はほぼ同義で用いられる場合もあるが，「音質」には対象音に対する価値判断も含めたニュアンスがある．通信や音響システムから再生される音に対する「音質」は，「良い – 悪い」の軸で表されるシステムの品質・精度を表すことが多い．機械騒音（エンジン音，ドアの開閉音など）に対しては，評価の次元はそれほど単純ではないものの，人にとっての不快感やその改善を意識している．

　近年の質感研究の流れの影響により，音の「テクスチャ」という用語も用いられるようになってきている．視覚的テクスチャとは木材，金属，布などの物体の表面にみられる視覚的パターンによって受ける質感印象であり，特定の対象物の材質に関わるものから，広義には多様・多数の物体の分布（砂利道，草原，群衆の映像）からなるシーンに対する印象までも含みうる．表面やシーンを構成する詳細なパターンを忠実に再現せずとも，ある種の統計量にもとづいて同等の視覚印象を与えるテクスチャが合成できることが示された．聴覚的な対象やシーンに対しても，これと同じ枠組みでテクスチャを定義し，合成できることが McDermott らによって示された（McDermott & Simoncelli, 2011; McDermott et al., 2013）．従来の音色・音質研究が主に特定の音源カテゴリ（楽器音，機械音など）に閉じた中で議論していたのに対し，聴覚的テクスチャ研究は複数の音源や音響イベントから構成される聴覚シーン全体を対象としており，その構成要素である個別の音源やイベントの認識に対しては副次的な

 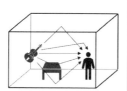 

図 1-6-1　音の質感のさまざまな側面に影響を及ぼす要因

関心しかない．聴覚テクスチャ認識・合成に必要な音響特徴量（統計量）に関する示唆も併せて示され，しかもそれが聴覚神経系に関する既存の知見（1-7節参照）とも整合する点も，音のテクスチャが近年新たに着目されている理由であろう．

　音源や音響イベントの特性に限らず，聴取者がおかれた「場」や「空間印象」に関する聴覚的体験も「音の質感」に含めてもよいだろう．同等の音源が存在する場合でも，自分がいるのが浴室なのか，広い／狭い部屋なのか，屋外なのか等に応じて耳に届く音には特有の残響などが加わる（図 1-6-1; 1-5-8 項も参照）．このことはその音源（音響信号）の音色だけでなく，音源となる物体の「存在感」に影響を及ぼす．それと同時に，聴取者がおかれた場に関する情報や質感を与えてくれる．特にコンサートホールの音響設計においては，その観点からの質感の評価が重要である．

▪ 1-6-3　音の質感に関する音響特徴

　内耳にある基底膜は中心周波数の異なる帯域通過フィルタ（聴覚フィルタ）群とみなされ，そこで入力音についてある種のスペクトル分析が行われる．そして，各フィルタの出力の強度や時間変動が聴神経によって中枢へと伝達される（1-5-9, 1-7-1 項参照）．そう考えると，音響特徴を周波数スペクトルと時間変動の 2 つの側面から整理して考えようとするのが素直だろう．

　たとえば小澤（2010）は，音のスペクトルと時間変動の点から見た音響特徴で規定される音色を「静的音色」「準静的音色」「動的音色」「準動的音色」の

4つに分類して，「基礎的音色」として整理している．「静的音色」とはスペクトルが定常な音について，その振幅スペクトル（場合によっては位相スペクトル）の形状の違いに応じて知覚される音色である．たとえば，楽器や母音の定常部分がそれに対応する．「準静的音色」は，やはりスペクトルが定常な音について，その振幅包絡の時間変化に応じて決まる音色である．後述する変動感やラフネスは特にこの点に着目した音質指標である．また，和音の協和度に関連した音色も，ここに属するといえるかもしれない．周波数差が小さい周波数成分の足し合わせにより，その周波数差に対応した強度の周期的変動（うなり）が生ずる．このうなりで和音の知覚的協和度を説明しようとする理論（Plomp & Levelt, 1965）がある．「動的音色」は振幅包絡とスペクトルがともに変化する部分で特徴づけられる音色である．現実世界で我々が出会う音は，振幅包絡とスペクトルが同時に変化することが大多数である．音色の多次元性，スペクトル・振幅包絡特徴のさまざまな組み合わせを考えると，音色にまつわる課題の大部分はこのカテゴリに入るといえる．「準動的音色」とは振幅包絡が定常である一方で，スペクトルが変化する際の音色に対応するものである．周波数変調（FM; 1-5-5 項参照）を伴うビブラートがこれに対応する．

　産業界では古くから，機械音（自動車の車室内外の騒音など）の快・不快を評価する手法に対する需要があり，この種の音を対象とした音質評価指標が提案されている（岩宮，2010; 2-8-7 項も参照）．ここで音質を構成する尺度の主なものには，ラウドネス（大きさ），シャープネス（鋭さ），フラクチュエーションストレングス（変動強度），ラフネス（粗さ）などがある．現在広まっている音質評価指標（数値化された感覚量）は，物理量から直接計算するのではなく，対象音のスペクトルに応じた聴覚末梢の神経興奮パターンのモデル（べき法則による変換を含む）を介して得られる．ラウドネスは概してその神経興奮の和としてモデル化されている．シャープネスは音の鋭さ，かん高さ，時には明るさの感覚に対応する尺度である．概して音のエネルギーが高周波数帯域に偏るほどシャープネスが高くなるとされ，計算モデルでは，神経興奮パターンの高域側に重みをつけたうえでの重心をシャープネスの推定量とする．さて，音を振幅変調すると，変調周波数が低い場合（数 Hz-20 Hz）には，物理的な強度変動に追従した大きさの変動を知覚するが，それより高い変調周波数では，

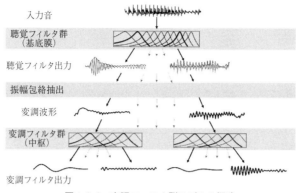

図1-6-2 変調フィルタ群モデルの概略

時々刻々の強度変化に知覚は追従せず,一定の粗いテクスチャを知覚する.フラクチュエーションストレングスは前者(低変調周波数),ラフネスは後者(高変調周波数)に対応する尺度で,大雑把に言うと,大きさの変化を変調周波数で重みづけして計算される.

音の時間変動(振幅包絡)を分析する脳内メカニズムとして,変調フィルタ群モデル(Dau et al., 1997a, 1997b)の考え方が受け入れられている(図1-6-2).末梢の聴覚フィルタ(周波数領域の帯域通過フィルタ)の各出力について,その包絡線(変調波形)に対して適用される変調フィルタ群(変調周波数領域の帯域通過フィルタ群)が中枢に存在するという考え方である(1-7-2項参照).前述の音のテクスチャ合成モデル(McDermott & Simoncelli, 2011; McDermott et al., 2013)は,聴覚フィルタ群と変調フィルタ群の出力に着目している.各フィルタ出力のパワー,およびフィルタ間での出力波形(または出力の振幅包絡)の相関といった要約統計量を再現することで,対象となる音と同等のテクスチャを知覚させる音を合成できるとしている.音色・音質の音響特徴に関する前述の議論は,楽器音や機械音といった個別のカテゴリ(ドメイン)内での有用性に関するものであった.一方,(単純な比較はできないが)このテクスチャ合成モデルは,その有用性が特定のドメインに限定されない点でも特徴的である.

音源から耳に届く音には,音源からの直接音のみでなく,室内の壁等により

さまざまな方向からの幾重もの反射音・残響音が重畳している（図1-6-1; 1-5-6, 2-8-2項）．部屋の大きさ，構造，材質によって反射音の減衰量，到達時間，方向は変わる．反射がなく，直接音のみが聞こえる条件（自由空間）では，左右の耳に届く音は時間差を補正すれば高い相関を示すが，反射音・残響音がある条件では両耳間の相関は低くなる．これらの音響的な変調は，音の空間的な印象・質感（音の存在感や，聴取者がおかれた「場」の知覚など）を決める要因である．

（古川茂人）

1-7　質感認知の脳神経機構——聴覚

　音の質感（または音色，音質，テクスチャ）の認知は複雑で高い次元で構成されている（1-6節参照）．それを安定して（ほかの要素に対して不変（invariant）な形で）表現するような神経機構については，いまだ不明な点が多い．そこで本節では，主に1-6節で紹介した音響特徴に関連した神経機構について解説する．

■ 1-7-1　聴覚末梢の情報表現

　聴覚末梢（内耳）の基底膜では，ある種のスペクトル分析が行われると考えられている．正弦波入力に対する応答として，基底膜上のある1点に着目すると，その点は特定の周波数範囲に対して選択的に振動する（周波数チューニングがある）．つまり，ある種の帯域通過フィルタ（「聴覚フィルタ」）として機能する．基底膜全体は，中心周波数が規則正しく変化するフィルタ群とみなすことができる（フィルタについては1-5-7, 1-5-9項も参照）．基底膜に沿って配列する内有毛細胞では，それぞれが対応する箇所の基底膜振動に応じて膜電位が変化する．なお，基底膜の振動は，外有毛細胞（内有毛細胞と並列する細胞）の作用によって機械的に増幅される．この増幅は圧縮性の非線形特性を持つ（瞬時音圧が低いほど増幅率が高い）．内有毛細胞それぞれに接続する聴神

38 ■ 第1章　質感情報の基礎

経は，この膜電位変化に応じて発火確率が変化する．聴神経発火の頻度や時間パターンは，（基底膜上の機能的な帯域通過フィルタ通過後の）刺激音の強さと波形を表現していると考えてよい．なお，高周波刺激（>1.5-4 kHz）に対しては，この発火確率の波形追従性は消失（波形に追従せずにランダムなタイミングで発火）し，刺激波形の時間微細構造情報（1-5-9 項参照）は失われるものの，振幅包絡波形に対する追従性は残る．

　一般的な入力音に対して，聴覚フィルタの出力（神経興奮）分布を興奮パターンとよび，入力音のパワー・スペクトルを反映する（Fletcher, 1940）．興奮パターンによるスペクトルの表現精度は，聴覚フィルタの周波数選択性（通過帯域の狭さ；チューニングの鋭さ）によって規定される．聴覚フィルタの帯域幅は，その中心周波数（≒特徴周波数）が高くなるほど広くなる（Pickles, 2013）が，単純な比例関係ではなく，音楽で用いられるようなオクターブ（対数）尺度を直接説明はできない．こういった生理学的特性は，心理物理学的にモデル化されており，任意の音に対するパワー・スペクトルの末梢表現（＝興奮パターン）や聴覚フィルタ出力波形を推定することができる（Zwicker & Fastl, 1990; Moore, 2013）．この心理物理学モデルは，1-6 節で紹介した音質評価指標（ラウドネス，シャープネス）やテクスチャ合成モデルのベースとなっている．

▪ 1-7-2　脳幹～皮質の情報表現

　聴神経によって伝達される聴覚末梢の出力信号は，脳幹（または中脳）を経て大脳皮質へと伝えられる．この過程には複数の神経核が存在し，多段階かつ並行に処理が行われている．ほかの感覚モダリティと比較して，この脳幹の処理段階が多いことが聴覚中枢神経系の特徴の１つである．この処理過程で，音の基本的な特徴が抽出されると考えられるが，具体的にどの特徴がどのように抽出されるのかについては，以下の一部を除いて十分に理解されているとは言えない．

　空間知覚・音源定位の手がかりとなる両耳間レベル差，両耳間時間差（位相差）の第１段階の処理はそれぞれ上オリーブ外側核・内側核で行われたのち，より上位のさまざまな階層で情報の抽出・統合が行われている（Palmer et al.,

2002）．両耳間時間差に選択性をもつニューロンの反応は両耳間の入力波形の相関にも影響を受けることから，単一音源の定位のみでなく，1-6 節で述べたような，音の空間的な印象・質感（音の存在感や，聴取者がおかれた「場」の知覚など）にも貢献している可能性がある．

　振幅変調（振幅包絡）もまた音の重要な特徴である．1-6 節で示したように，音の時間変動パターンは音色，音質，テクスチャを規定する要因である．さまざまな脳幹神経核においてそのニューロンが，変調の速さ（変調周波数）に何らかの選択性を示すことが知られている（Joris et al., 2004）．ニューロンの変調周波数選択性を評価するためには，反応に関わる何らかの指標を，変調周波数の関数としてプロットすることが通常である（変調伝達関数，Modulation Transfer Function, MTF）．この指標は大きく分けて 2 種類ある．1 つは，変調波形に対する神経発火の追従性である．周期的な変調波形について，その位相に対する神経発火の同期度によって示される．もう 1 つが，神経発火率（発火頻度）である．ここでは，変調波形への同期の有無は問わない．同期性による指標（前者）は，振幅変調波形（＝瞬時的強度変化）と同形の反応にもとづくのに対し，発火率による指標（後者）は波形情報を前提としない分，抽象度が高い神経表現である．脳幹神経核間でニューロンの変調周波数選択性を比較すると，発火率ベースで選択性を示すニューロンは，ある段階以上の神経核にしか見られない（図 1-7-1）．いずれの指標で評価した場合でも，末梢から中枢に向かうにつれて，低い変調周波数が優位になる傾向が見られる．

　変調周波数選択性の研究としては，下丘中心核ニューロンの反応を体系的に調べた Langner と Schreiner の研究（Langner & Schreiner, 1988）が有名である．彼らは，さまざまな変調周波数（最適変調周波数）に同調した，帯域通過フィルタのような MTF を示すニューロン群があることを示した（同期性および発火率のいずれの指標による評価でも同様）．これは下丘中心核（あるいはほかの神経核）において変調波形に関するスペクトル（変調スペクトル）の分析が「変調フィルタ群」によって行われている可能性を示唆するものである．聴覚末梢においては，音波形に対し聴覚フィルタ群によってスペクトル分析が行われることと対比させるとわかりやすいだろう．なお，下丘中心核のニューロンは音の搬送波の周波数に対しても選択的である．このことから，変調フィ

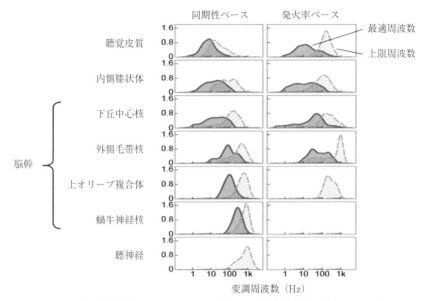

図 1-7-1　聴覚神経経路における最適変調周波数および上限変調周波数のヒストグラム
最適変調周波数とは，変調伝達関数（MTF）が帯域通過フィルタ特性を示すニューロンについて，その反応が最も高い変調周波数である．上限変調周波数とは，MTFが低域通過または帯域通過フィルタ特性を示すニューロンについて，その反応がある基準値よりも高い変調周波数の上限である．同期性ベースおよび発火率ベース（本文参照）で求められたMTFから導出された結果をそれぞれ左と右の列に示す．ヒストグラムが表示されていないのは，該当するタイプのMTFが存在しない（または定義できない）ことを意味する．上村ら（Koumura et al., 2019）のFigure 7を改変．

ルタ群は搬送周波数ごとに存在するとみなせる．この構造が，1-6節で述べた変調フィルタ群モデルの生理学的基盤である．McDermottらのテクスチャ合成モデル（1-6節; McDermott & Simoncelli, 2011）の構成は，上述の末梢聴覚フィルタおよび基底膜の非線形圧縮から，周波数帯域単位の変調フィルタ群までを含んだものとなっている．

　スペクトログラムに代表されるように，音の情報は時間方向と周波数方向の2次元空間上の強度分布として表現できる．前述の振幅変調はこのうち時間方向の変動に着目したものだが，同様に周波数方向の変動（スペクトル変調；スペクトル・リプルともよばれる）に着目するのも妥当であろう．この特徴は，1-6節における（準）静的音色や母音認識の手がかりとしてのフォルマントに対応するものとみなせる．

さらに一般化して，周波数・時間方向の共変動（スペクトル・時間変調）に着目してもよい．スペクトログラムの 2 次元フーリエ変換により，スペクトル変調周波数（単位：cycles/Hz）と時間変調周波数（単位：Hz）の 2 軸で表現される変調パワー・スペクトル（Modulation Power Spectrum, MPS）を得ることができる．Elliott と Theunissen は，この MPS のうち，語音の認識に寄与する領域と話者の性別の識別に寄与する領域が異なっていることを示している（Elliott & Theunissen, 2009）．

特定のスペクトル・時間特徴に選択的に反応するニューロンをある種のフィルタとみなし，それが MPS として表現されるようなスペクトル・時間変調情報の神経処理の基盤になると仮定できるかもしれない．スペクトル・時間変調へのニューロンの選択性は，スペクトル・時間受容野（Spectro-Temporal Receptive Field, STRF）として記述されることが多く，これが脳幹〜皮質のさまざまな神経核で調べられている．ただし，複雑な音刺激に対して非線形な応答を示しうる神経系においては，STRF の導出，ニューロン反応の評価に用いられる仮定にどこまでの妥当性があるかは議論がある（Elhilali, 2019）．

■ 1-7-3　大脳皮質における情報処理

脳幹同様に，大脳皮質の聴覚関連領域内でも何らかの階層的な処理が行われていると考えられるが，その区分や役割は明確ではない．音の質感知覚に結びつくまでに，前述のような要素的な音の特徴が，具体的にどのように統合されるのかは不明である．一次視覚野から前頭連合野にいたる大脳皮質における視覚情報処理においては，対象物の認識（“what”）に関わる腹側経路と，空間情報または視覚・運動制御（“where”）に関わる背側経路が並列し，それぞれの経路のなかで階層的に処理が行われるという（Mishkin et al., 1983; 1-4-2 項）．聴覚情報処理においても，これと同様に腹側と背側の 2 重経路の考え方が当てはまると考えられている（Rauschecker & Scott, 2009）．各経路の具体的な役割については議論があるが（Rauschecker, 2011），概して上側頭回，上側頭溝を含む腹側経路は音の複雑なパターンやオブジェクトの同定（“what”）に寄与しているとされる．この腹側経路が音色の識別的側面（1-6 節）に関連する機能を担っているという示唆が得られている（Alluri & Kadiri, 2019）．この段階

においても，音のスペクトル特徴と時間的特徴に感受性をもつ領域はある程度独立しているようである（Samson et al., 2010）.

（古川茂人）

1-8　触感の物理

触覚情報（触感）は素材の質感を知覚・判断するための重要な手掛かりである．ここでは，触感を構成する主要素（Okamoto et al., 2013）である粗さ知覚・硬軟知覚・温冷知覚・摩擦知覚を支配する物理を解説する．

▪ 1-8-1　粗さ知覚

表面粗さの知覚は，マクロ粗さ知覚とミクロ粗さ知覚に分類される（図1-8-1）．マクロとミクロは，表面の凹凸特徴の幾何学的スケールを意味し，これらに対する知覚原理は厳密には異なる．知覚原理は異なるものの，境界領域で両者は重複し，ヒトはこれら2種類の粗さを単一の知覚次元の情報としてとらえがちである（Okamoto et al., 2013; Lieber & Bensmaïa, 2019）.

1-8-1-1　マクロ粗さ知覚

粗さ面に存在する突起の隆起間隔が数百 μm 以上であるとき，その粗さは指を押し当てることによって知覚可能である．指で粗さ面を擦ったとしても，マクロ粗さの知覚能力が向上するわけではない（Hollins & Risner, 2000）．隆起間隔が 2-4 mm 程度までは，間隔の増加とともに知覚される粗さも強くなるが，それ以上の間隔では知覚強度の増加は鈍化または消失する（Yoshioka et al., 2001）．隆起の高さが小さく，隆起間の溝の底に皮膚が接触するような場合には，間隔の増加につれ，むしろ粗さは小さく（滑らかに）感じられる（Sutu et al., 2013）.

以上の特徴は，マクロ粗さ知覚は，粗さ面に皮膚を押し当てたときの皮膚変形の空間分布特徴により決定されることを意味する．変形の大きい部分がおよそ 2.5-3.0 mm 程度の間隔で分布しているとき，マクロ粗さが特に強く感じら

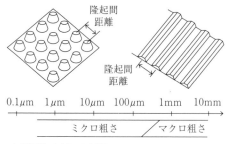

図 1-8-1　マクロ粗さとミクロ粗さ知覚

れる（Weber et al., 2013; Okamoto et al., 2020）．皮膚変形の空間分布特徴は，指腹が粗さ面と接触しているときの皮膚変形の空間周波数スペクトラムで表現される（図 1-8-2）．このスペクトラムの各周波数成分に重みづけをし，線形合成したものが主観的に感じられる粗さとよく一致する（Sun et al., 2022）．皮膚変形特徴（ひずみエネルギー）の分布は，表皮直下に密に分布する機械受容ユニットの一種である遅順応 I 型ユニット（SAI）の活動分布によく対応し（Srinivasan & Dandekar, 1996），SAI ユニットは，その終末組織付近の静的なひずみを感知する．この空間分布に幅もしくは空間波長が 2.5-3.0 mm 程度のガボールフィルタを適用すると，主観的な粗さと対応する値が得られる（Weber et al., 2013）．すなわち，マクロ粗さ知覚とは，接触によって生じる皮膚変形の空間分布特徴の符号化である．

1-8-1-2　ミクロ粗さ知覚

粗さ面に存在する突起の隆起間隔が数百 μm 以下であるとき，その粗さ特徴は，表面を擦ることによって知覚される．SAI ユニットの空間密度よりも細かい表面特徴であるため，指腹を粗さ面に押し当てることにより機能するマクロ粗さ知覚とは知覚原理が異なる．

ミクロ粗さ知覚の原理は，粗さ面と皮膚が擦れることによって発生する，皮膚の振動にある．粗さ面の隆起間隔が小さいほど，それを指で擦ったときに生じる皮膚振動の時間周波数は大きくなる．また，隆起間の溝幅が大きいほど，皮膚振動の振幅が増す．皮膚振動の振幅と周波数の両方が粗さ知覚に影響し，振幅が大きいほど知覚される粗さも大きくなる．このように，ミクロな表面粗

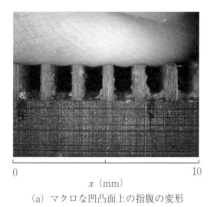 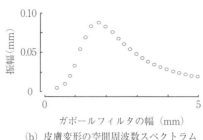

(a) マクロな凹凸面上の指腹の変形　　(b) 皮膚変形の空間周波数スペクトラム

図 1-8-2　皮膚変形の空間分布をもとにしたマクロ粗さ知覚

(b) は (a) の皮膚変形の空間周波数スペクトラム（横軸の単位は，mm であることに留意）．

さの特徴は，それを指で擦ることによって皮膚振動の時間情報へと変換される．すなわち，ミクロ粗さ知覚とは，皮膚変形の時間特徴の符号化である．

皮膚振動は，皮膚内部の機械受容ユニット（速順応 I 型および II 型）によって符号化される．これらのユニットは，それぞれ 30 Hz 付近と 250 Hz 付近の振動に対して応答しやすい．主観的な粗さは皮膚振動の振幅の単調増加関数となる．しかし，振動周波数と粗さ知覚は単純に対応しない．これは，指が粗さ面を擦るときの触察動作（主として速度）の情報によって，受容ユニットからの信号が補正される仕組みが，知覚・認知過程のどこかで機能しているからと考えられている．すなわち，ミクロ粗さ知覚は皮膚振動のみもしくは機械受容ユニットの活動のみの関数とならず，触察動作が密接にその知覚過程に作用する．このような仕組みがなければ，同一のミクロ粗さ面を異なる滑り速度で擦った場合に，異なった粗さが知覚されてしまうが，そのようなことはほとんど生じない．

1-8-2　硬軟知覚

1-8-2-1　いろいろな硬軟

ヒトが感じるやわらかさは機械的な剛性（弾性係数，ばね係数など）の逆数ではない．指で押して変形するようなやわらかい物体の判断は，指で押し込ん

だときに生じる指腹および物体の変形と反力をもとにしている．一方で，指で
押しても変形しないような硬さを有する物体に関しては，ヒトは叩く（タップ
する）ときに生じる振動と反力の応答をもとに，その硬さを判断している．や
わらかさには，変形しやすいという意味のやわらかさや，羽毛や毛布のような
毛状のやわらかさが存在し（Cavdan et al., 2021），これらの知覚原理は異なる
と考えられる．織布においては曲げ硬さがやわらかさ知覚に支配的な物理量で
ある．ここでは，主として，弾性変形しやすいという意味のやわらかさと，タ
ップによる硬さ知覚について説明する．

1-8-2-2　弾性体のやわらかさ知覚

　変形する物体（弾性体）の剛性を表す代表的な物理量に，ばね定数と弾性係
数がある．これらは複合的にやわらかさ知覚に影響する（Bergmann Tiest &
Kappers, 2009）．物体を押し込んだときの物体表面の変位とそのときの反力は，
指などの関節に内在する機械受容器による自己受容感覚として知覚される．反
力と変位の比（反力／変位）からヒトはやわらかさを判断する．この比はばね
定数に相当し，この比が大きいほど物体が硬く感じられる．一方で，皮膚感覚
も重要である．弾性係数の小さい物体を指で押し込むと物体は大きく変形する．
指と弾性体の接触面は大きくなり，その面内で反力は分布するため圧は小さい
（図 1-8-3(a)）．他方，弾性係数の大きい物体を指で押し込んでも物体はあま
り変形せず，接触面は小さい．この小さい面内に反力は分布するため，圧は大
きい（図 1-8-3(b)）．こういった変形情報（面積と圧分布）の触知覚をもとに
して，ヒトはやわらかさを判断している（Bicchi et al., 2000）．

1-8-2-3　タップによる硬さ知覚

　指で物体の表面をタップすると，わずか数十 ms 程度であるが，物体表面は
振動（微小だが高速な変位の繰り返し）する．その周波数と減衰特性は物体と
素材に固有である．この振動は，減衰固有振動とよばれ，ヒトはこれを手掛か
りとして物体の硬さを判断する（Okamura et al., 2001; Higashi et al., 2018a）．
振動に含まれる周波数成分が 1 つだけであるときは，その周波数が高いほど，
物体は硬く感じられる傾向にある．この周波数は，物体の剛性を表すばね定数
の平方根と比例するため，ヒトは振動の周波数から，物体のばね定数に相当す
る剛性を判断しているといえる．また，振動の減衰が早いほど，もしくは，そ

46 ■ 第 1 章　質感情報の基礎

[やわらかい物質との接触]
大きい面内に反力が分散する
(a)

[硬い物質との接触]
小さい面内に反力が集中する
(b)

図1-8-3　接触面の変形状態を知覚することによるやわらかさ判断

れを決定する物体の減衰抵抗が大きいほど，物体は硬いと感じられる（Higashi et al., 2018a）．通常，複雑な形状の物体をタップしたときに生じる減衰固有振動には多数の周波数成分が含まれている．このような場合，振動の各周波数成分の強さを重みづけした線形和が，タップによる硬さ知覚とよく対応することがわかっており（Higashi et al., 2019），ヒトは複数の振動周波数を同時に考慮して硬さを判断する．

振動と同様に，タップの際に生じる反力の動的なパターンも硬さを判断するための情報である（Higashi et al., 2018b）．反力の瞬間最大値が大きいほど硬く感じられる．瞬間最大値は主として一質点モデル（物体を単一の質量，ばねおよび粘性抵抗で表現するモデル）における物体の質量とばね定数の積の平方根に比例することから，ヒトは瞬間最大値から物体の密度や剛性に相当する量を判断しているといえる．さらに，タップ動作によって投入された運動量に比べて，反力の力積が小さいほど硬く感じられる．力積が小さいことは，叩かれた物体が，粘性抵抗によってその変形の過程でエネルギーを熱として消費し，元の形状に直ちに回復しなかったことを意味する．結果として，非常に短時間で生じる反力パターンから，弾性（変形しても元に戻る性質）と粘性（変形すると元に戻りにくい性質）が複合された意味での硬さをヒトは判断している．

1-8-3　温冷知覚

物に触れたときに感じる温冷は，その物の表面温度によって決まるのではない．日常空間にあるほとんどの物体の表面温度はヒトの指の温度（30-32℃ほど）よりも低く，接触時には指から物体へと熱が移動する．接触直後に移動する熱量の平均値または最大の瞬間移動量（熱流束）が，ヒトが感じる温冷とよ

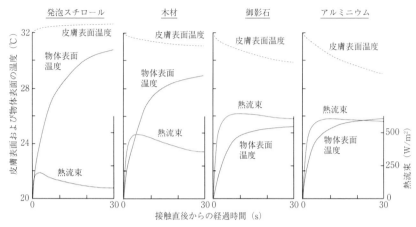

図 1-8-4　皮膚と素材が接触したときの温度変化と熱流束（松井・笠井，1978 より再描画）

く対応する（松井・笠井，1978）．この移動する熱量が小さい場合には，触れた物体を温かく感じる．大きい場合には，冷たく感じる．図 1-8-4 に，4 種類の素材に指が触れたときの温度変化および熱流束の時系列変化を示す．いずれも指の初期温度（32℃）と素材表面の初期温度（20℃）は同じであるが，接触（0 秒）後の温度変化が異なる．指の温度変化の低下がもっとも顕著なのは，御影石とアルミニウムに触れたときであり，熱流束の瞬間最大値も高い．これらは触れたときに冷たく感じられる．発泡スチロールに関しては，指の温度が低下するどころか，ヒト自身の発熱によってむしろ温度が微増し，触れたときに温かく感じられる．木材は，御影石とアルミニウムよりは温かく感じられるが，発泡スチロールよりは冷たく感じられる．

皮膚の中および神経線維には温度変化を検出して温冷感を生じさせる受容体（TRP チャネル）が数種類存在し，それぞれが異なる温度帯域で賦活される．これらの受容体は温度変化に応答するが，わずか数秒で順応し，活動が低下してしまう．すなわち，神経機構の点において，温度そのものではなく，接触直後の刹那的な温度変化が知覚される機序が備わっている．

1-8-4　摩擦知覚

摩擦は材料表面の湿潤状態や肌との親和性を判断するための情報となる．た

とえば，水分が多い肌は摩擦が高く，ヒトは自身の肌に触れて，その摩擦から肌の健康や発汗状態を知りうる．

ヒトは指で触れた素材の摩擦係数の大小を，指先に加わる摩擦力で判断する．この摩擦力は微小であるが，指腹の皮膚をせん断方向に変形させるには十分である．皮膚のせん断変形をスキン・ストレッチと呼び，この皮膚変形の大きさから，摩擦の大小が判断される（Provancher & Sylvester, 2009）．摩擦力が準静的（静摩擦か安定的な動摩擦の状態で，摩擦力の時間変化が大きくない）であるときには，知覚される摩擦の大きさは，スキン・ストレッチの大きさの単調増加関数となる．しかしながら，指で物を擦るときは，静摩擦と動摩擦の差を由来として生じるスティック・スリップ現象として知られるような，摩擦振動が引き起こされ，数十 Hz 以上の動的な摩擦力の変化が生じることが多い．このようなダイナミックな摩擦現象からは，ヒトは静摩擦係数と動摩擦係数，もしくは不快な摩擦振動を引き起こす直接の原因であるこれらの値の差を判断している可能性がある．

▪ 1-8-5　結びに

ここでは，触感を構成する要素を 4 つに分け，それぞれがどの種の物理的な特徴と結びついているかを解説した．材質感の判断は，これらの合成によって行われるが，合成過程の研究例は多くなく，これからの進捗が待たれる．

（岡本正吾）

1-9　触感の心理

指先は素材の質感の細かな違いをとらえることができる（1-8 節参照）．一方で，ちょっと聞くと意外に感じるような区別のつかない触刺激というものも存在する．本節では，物理的に異なるものに対して同じものを知覚してしまう，あるいは，物理的にはまったく同じ入力に対して，異なるものを知覚してしまうといった現象，いわゆる錯覚を手掛かりに，触感に関わる基本的な知覚（振

動周波数，粗さ，温度，テクスチャの知覚）についての心理学的な研究を紹介する．

▪ 1-9-1　振動周波数の知覚とその錯覚

　指先で何かに触れると皮膚が時間・空間的に変形する．この変形は振動波形の組み合わせとして表現することができ，人間は複数の機械受容器 – 神経系を通じて，幅広い帯域（～1 kHz）の振動を検出することができる（Bolanowski et al., 1988; また 1-8, 1-10 節参照）．皮膚は数十 Hz 以下の低い周波数の振動よりも，100 Hz 以上の高い周波数をもつ振動に感度が高く，人間が知覚するのに必要な最小限の振動振幅は高周波のほうが小さい（図 1-9-1）．この傾向は，受容器構造が異なる有毛部と無毛部であまり変わらない（Mahns et al., 2006）．

　皮膚が振動したとき，その強度が十分であれば，振動の時間周波数成分の違いを区別することができる．この周波数弁別能力は，広い周波数帯域において一定であり，ウェーバー比にしておよそ 0.1–0.3 であることが知られている（LaMotte & Mountcastle, 1975; Israr et al., 2006）．振動周波数の知覚は，振動によって生じる神経活動の頻度や，タイミングなどにもとづいて得られているとされる（Ng et al., 2020; Romo & Salinas, 2003）．

　この振動周波数知覚においては，ある部位に与えられた皮膚の振動周波数を推定する際に，体の別の部位で生じている振動の周波数に影響を受けてしまう錯覚が知られている．たとえば，右手の指と左手の指で異なる周波数の振動に触れた状態で，右手の指で感じる振動の周波数を被験者が推定する課題では，本来無視するべき左手の振動に影響を受けてしまい，右手の振動として推定される周波数が左手の振動の値に近づく（Rahman & Yau, 2019）．これは一種の同化現象（assimilation/averaging/ensemble effect）ととらえることができる．この，異なる部位の皮膚で感じる振動周波数が混ざってしまう現象は，振動周波数の差を大きくとり，右手と左手それぞれで低周波振動と高周波振動に触れる（すなわち，異なる受容器 – 神経系を主に活動させる）ような状況においても，生じることがわかっている（図 1-9-2; Kuroki et al., 2017）．振動周波数知覚の同化現象は，複数位置の皮膚変形が引き起こす生の神経活動量が直接干渉しているのではなく，中枢神経系のより高次のメカニズムにおいて，それ

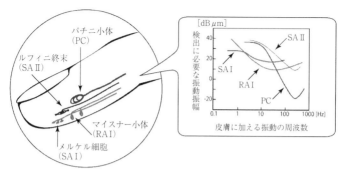

図1-9-1 指先皮膚に存在する複数種類の機械受容器，およびそれらの神経活動の振動に対する応答特性

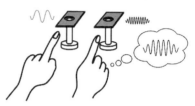

図1-9-2 振動周波数の知覚の錯覚
右手で感じている振動の周波数が，左手で感じている振動の周波数に近づいて推定される．

ぞれの皮膚部位での振動にもとづいて算出された周波数感の間で干渉が生じていることが示唆されている．

1-9-2 粗さの知覚とその錯覚

　皮膚に生じた振動の時間成分や，皮膚変形の空間成分にもとづいて，触れた対象の表面粗さが知覚される（1-8節参照）．人間はこの粗さの区別を非常に得意とし，たとえばナノレベルの表面加工の違いなども区別することができる（Skedung et al., 2013）．また，粗さはある程度恒常性を保って推定される．指を動かして粗さを知覚する際，指のなぞり速度を変化させると指先に生じる変形や振動は大きく変化するが，知覚される粗さは大幅に変化しないことが知られている（Chapman et al., 2002; Lederman, 1983）．

　一方で，粗さの知覚では，どのような状況で対象に触れるかによって感じる粗さが変わってしまうという錯覚も知られている．粗さの異なる触刺激を用意し，異なる指でそれぞれの刺激に同時に触れると，片方を無視してもう片方の

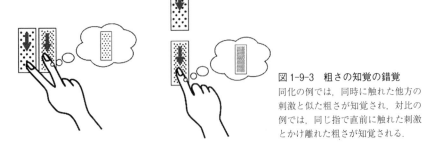

図 1-9-3 粗さの知覚の錯覚
同化の例では，同時に触れた他方の刺激と似た粗さが知覚され，対比の例では，同じ指で直前に触れた刺激とかけ離れた粗さが知覚される．

粗さを推定することは難しい．こうした状況においては，他方の触刺激の粗さに似た粗さを知覚してしまうという同化現象が生じる．反対に，粗さの異なる触刺激に，順番に同じ指で触れた場合には，前に触れた刺激の粗さからよりかけ離れた粗さを知覚してしまうという対比の現象が生じる（図1-9-3; Kahrimanovic et al., 2009）．

1-9-3　温度の知覚とその錯覚

指先で対象に触れると，皮膚と対象物との間で熱交換が起き，皮膚の温度が変化する．この皮膚温の変化する量や速度にもとづいて，対象の温度や，さらには材質感などが知覚される（Ho & Jones, 2006; 1-8節参照）．温度の知覚は，主に無髄で細いC線維の自由神経終末を通じて伝達されるため，太い有髄神経線維を通じて伝達される皮膚の変形や振動の知覚に比べると，刺激に触れてから知覚が生じるまでに時間がかかることが知られている（Ho et al., 2017）．

温度の知覚においても，触れ方によって錯覚が生じることが知られている．3つの温度刺激に3本の指（たとえば，人差し指，中指，薬指）を置き，両端の指で温かい（冷たい）刺激を，中央の指で室温の刺激に触れると，中央の指で触れた刺激も温かく（冷たく）感じる（Green, 1977）．この錯覚では，3つの温度刺激を平均した温度が3本すべての指において知覚されることが知られており（図1-9-4; Ho et al., 2011），同化現象の1つととらえることができる．

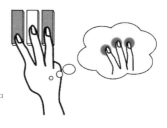

図1-9-4 温度の知覚の錯覚
両端の指が温かい（冷たい）刺激に接触していると，室温の中央の対象物に触れる指にも温度感が生じる．

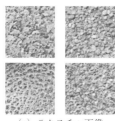 

　　(a) テクスチャ画像　　　　(b) 表面テクスチャ
図1-9-5 テクスチャの知覚の錯覚
(a)の自然画像にもとづいて3D印刷された(b)の表面テクスチャは，4 cm×4 cmの表面に最大深さ2 mmの凹凸パターンをもつ（Kuroki et al., 2021）．目で見ると違いがわかるテクスチャも，指で触れると違いがわからない．

1-9-4　テクスチャの知覚とその錯覚

　物体表面の多様な凹凸のパターン，テクスチャは，その物体が何であるか，またその状態など，重要な情報を含んでいる．粗さ知覚などを通じて，皮膚は目に見えないほど小さな表面テクスチャの違いを区別することができる（Heller, 1989）ことから，触覚はテクスチャ知覚を得意とするとされてきた．一方，近年の研究において，より複雑な凹凸パターンをもたせた刺激を用いた場合に，皮膚では区別できないテクスチャが存在することが示されつつある（Sahli et al., 2020; Tymms et al., 2018）．たとえば，テクスチャ画像をハイトマップとして扱い，輝度値を表面の彫りの深さに変換することで表面テクスチャを3D印刷した触刺激を用いた研究（図1-9-5; Kuroki et al., 2021）では，目で見るとはっきりとパターンの違いがわかるテクスチャ刺激であっても，指で触り分けることができない例が示された．実験で用いられたテクスチャ刺激の凹凸パターンの違いは，皮膚にとって差が検知できないほど細かいものではなかったこ

とから，この錯覚は視触覚の解像度の違いではなく，視触覚におけるテクスチャ情報の脳内処理の違いを反映していることが示唆されている．

▪ 1-9-5　結びに

本節では，振動周波数，粗さ，温度，テクスチャを例に，知覚心理の手法を使って触知覚を調べた研究や錯覚を紹介した．なぜ異なるものの区別がつかないのか，あるいは同じものを違うと感じてしまうのかについて考えることを通して，人間の触覚システムがどのような情報の違いに感度をもち，またどのような情報にはあまり感度をもたないのか，を考えることが可能になる．こうした試みは，効率的な情報提示方法を考えることにも繋がっている．

（黒木　忍）

1-10　質感認知の脳神経機構──触覚

触覚の質感認知に関する脳神経機構については，中枢神経系における触覚信号処理の理解と，末梢神経系における触覚信号の生成機構の理解の両輪が必要となる．この理由は触覚という感覚の特殊性に起因する．身体の外側からやってくる物理刺激（機械刺激・温度刺激）が皮膚の中にある生体触覚センサ（機械受容器・温度受容器）によって感覚神経応答へと変換され，脊髄を介して中枢神経系に触覚情報が伝わってゆく．この一連の流れの中に，皮膚の変形，皮膚の中にある感覚神経に存在するイオンチャネルの応答，感覚神経における神経インパルスの発生，その神経インパルスが脊髄で変調されて，中枢神経系に伝わるなどの多段の変換が生じている．この感覚情報の流れは五感の他の感覚でも同様であるが，皮膚のような弾性体を介して感覚情報が変換される点が特異的である．これがゆえに，触覚の質感認知の過程の理解が多層的になっている．

本節では，まず末梢神経系の働きについて，機械受容器のイオンチャネル生物学に触れながら述べる．その上で，中枢神経系における触覚の質感認知につ

54 ▪ 第1章　質感情報の基礎

いて述べ，その両者をつなぐ研究の必要性を論じる.

■ 1-10-1　末梢神経系における触覚の質感認知

中枢神経系における触覚の質感認知について取り組む研究が増えてきた一方で，実際に対象物体に触れた皮膚とその近傍にある末梢神経系が質感認知に与える影響については，驚くほど研究が少なかった．この理由は，末梢神経系の感覚神経で触覚を検出する原理を科学的に証明できたのが 2014 年頃であることに起因する（Ranade et al., 2014; Maksimovic et al., 2014; Ikeda et al., 2014）．これまで，触覚の感覚神経末端に存在する終末器官（メルケル細胞，マイスナー小体，パチニ小体，ルフィニ終末）が生体触覚センサ（機械受容器）として働いていると考えられてきた．しかし，感覚神経終末そのものに機械受容チャネル（具体的には Piezo 2 チャネル）が発現し，終末器官がなくても感覚神経は触覚情報を検出しうる.

古典的な触覚の末梢感覚神経研究では，4 つの神経終末器官（後述）に対応した，感覚神経応答の関係を示している（図 1-10-1）．これらの応答は，刺激を加えた瞬間の応答（ダイナミック応答）と，刺激を加え続けている際の応答（スタティック応答）の 2 種類を区別する．ダイナミック応答に対して活発に神経インパルスが発射されるが，スタティック応答がほとんど存在しない感覚神経は，即順応性神経（Rapidly Adapting, RA）に分類する．一方で，ダイナミック・スタティック刺激の両方に対して応答する感覚神経は，遅順応性神経（Slowly Adapting, SA）に分類する．この分類に加えて，受容野のサイズによって，タイプ I（受容野のサイズが小さい，十数 mm^2），タイプ II（受容野のサイズが大きい，RA II は百 mm^2 程度，SA II は 60 mm^2 程度）へと分類する.

上述の RA/SA のタイプや，受容野の大きさで分けた I/II の分類については，Piezo チャネルの発見によりその理解が進んだ．本項では，機械受容チャネルである Piezo について下記に概説し，その上で，これらが神経終末で機能する証左を示した研究を述べる．さらに，質感知覚と神経終末の関係について，検討した事例を概説する.

1-10-1-1　機械受容チャネル Piezos によるメカノトランスダクション機構

Piezo チャネルは 2010 年スクリプス研究所の Ardem Patapoutian らの研究

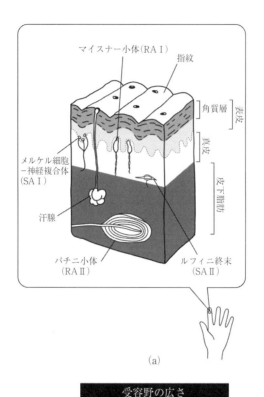

(a)

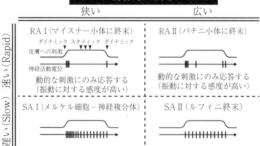

上：指腹部に存在する機械受容器の配置
下：機械受容器に侵入する求心性神経応答の違い

図 1-10-1 皮膚の中の機械受容器の分布（a）とそれらに接続する感覚神経の応答特性（b）

グループが発見した．これまでに，Piezo 1 と Piezo 2 チャネルの 2 種類が見つかっており，触覚の感覚神経を司る後根神経節には Piezo 2 が多く発現している（Coste et al., 2010）．

Piezo チャネルの開閉原理は 2 種類が提案されている．(1)細胞膜が伸張されることで，チャネルポアが開くという説明と，(2)細胞骨格や細胞外マトリックスとチャネルポア部が力学的な相互作用を起こすことで生じるという説明である．Pizeo 1 チャネルの機械受容特性が調べられた結果，(1), (2)の説明の両方の可能性を残す結果であった（Lin et al., 2019）．興味深いのは，Piezo 1 チャネルが脂質ベシクル上で"えくぼ"のような小変形を生じさせることを報告した点である．このことから，Piezo 1 チャネルが細胞膜の伸張に対して応答する機械的なメカニズムが提案されており，生体内で同様のメカニズムが生じているかについての検討が待たれる．

機械受容器で発現している Piezo 2 チャネルは，Piezo 1 チャネルと異なり，機械刺激の中でも押す方向の機械刺激（陽圧や細胞膜を変位させる刺激）に対しては応答するものの，陰圧をかけるような引く方向の機械刺激には応答しない．Piezo 1 と Piezo 2 チャネルの構造の違いが，機械変形の種類によって応答性が異なることを説明する可能性がある（Wang et al., 2019）．今後，Piezo 1/2 の機械的な構造とその応答特性がわかれば，皮膚の機械受容器を効率よく応答させる工学手法の開発につながるものと思われる．

1-10-1-2 　機械受容器におけるメカノトランスダクション機構

古典的な教科書では，皮膚の中にある機械受容器について，4 つの特異な形状をもつ神経終末を示している．形態と皮膚内に存在している深さの違いによりメルケル細胞，ルフィニ終末，マイスナー小体，パチニ小体に分類され，それぞれ SA I，SA II，RA I，RA II（PC とよばれることもある）の応答を示す感覚神経終末とみなされている（図 1-10-1）．この中で，機械受容器として Piezo 2 チャネルの存在が確認されているのはメルケル細胞のみである．その他の神経終末では，感覚神経末端に存在する Piezo 2 チャネルが主として神経活動電位の発生に貢献する．マイスナー小体やパチニ小体の機械構造やその中にあるラメラ顆粒が RA I/II 特有の応答特性（特定周波数の振動刺激に対して選好的に応答すること）に貢献する．ルフィニ終末については，その解剖学的

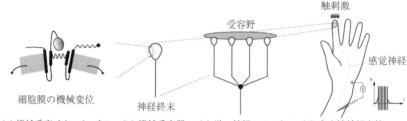

(a) 機械受容イオンチャネル　(b) 機械受容器　(c) 単一神経ユニット　(d) 求心性神経応答

図 1-10-2　末梢神経系における触覚情報の感覚神経エンコーディングの模式図
(a) 機械受容チャネルが開くことで (b) 神経終末が機械受容器として機能する．(c) 機械受容器は複数個が１つの感覚神経に接続して単一ユニットを形成する．(d) 単一ユニットの感覚神経応答はマイクロニューログラフィ法を用いて計測し，皮膚上の物理刺激が感覚神経応答にエンコードされる様子を理解することができる．

構造以外は現在も未解明である（Cobo et al., 2021）．

　図 1-10-2 では機械受容器において触覚情報が感覚神経にエンコーディングされる様子を模式図的に示した．受容野を支配する機械受容器は必ずしも１つではなく，SA/RAⅠでは１本の求心性感覚神経が細く枝分かれして複数個の機械受容器に接続している．

1-10-1-3　皮膚変位に対する機械受容ユニットの応答特性

　人間の手は，接触面の形状情報とテクスチャ情報の両方を検出できる．皮膚の変位（持続刺激）の検出と皮膚の変位の変化（過渡刺激）の検出は，圧知覚と振動知覚を司るそれぞれ別の触覚ユニット系（SA vs RA ユニット）が媒介する．触覚における形状知覚は，感覚神経応答の空間解像度の観点から考えてSAⅠとRAⅠが担うと考えられる（解説は Johnson et al.（2000）が読みやすい）．SAⅠ応答は皮膚変位が大きいほど活発になるが，RAⅠ応答は皮膚変位量には依存しない．これはSAⅠではメルケル細胞が機械変形応答を増幅する機能をもつため，神経終末応答の活動量が増加することによって説明できる．RAⅠの神経終末ではそのようなメカノトランスダクション機構は報告されていない．

1-10-1-4　形状刺激に対する機械受容ユニットの応答特性

　単一プローブで受容野を機械刺激するのではなく，形状をもつ表面で機械刺激するために，エッジや曲率のある面，もしくはエッジ間隔を変化させたグレーティング（格子）構造を用いて単一ユニットの感覚神経応答を計測した研究

がある．これらの研究により，SAⅠはRAⅠよりも空間情報を解像度高くエンコードできることがわかっている．

1-10-1-5　テクスチャ刺激に対する機械受容ユニットの応答特性

皮膚に提示されたテクスチャ刺激の粗さ知覚についての研究は多数あり，人間の粗さ知覚の説明モデルがいくつか存在する．たとえば，ドット間隔を1.3-6.2 mm間隔で変えることで表面粗さの違いを表現した触覚刺激を指先皮膚上で動かしながら呈示して，その際の受容野応答を計測した実験では，SAⅠ応答の空間変動が粗さ知覚を最も説明できている（Johnson et al., 2000）．他方，布のようなキメの細かいテクスチャに対してはRAⅠ/RAⅡが神経発火量によってその情報をエンコードしうる（Weber et al., 2013）．

1-10-1-6　粗いテクスチャ刺激は形状知覚を生じさせうる

以上のように，形状知覚とテクスチャ知覚について述べてきたが，この2つの触知覚が必ずしも別々ではないことを傍証する事例もある．Fishbone Tactile Illusion（FTI）は，触られている表面は物理刺激としてはほぼ平らであるが，くぼんだ形状知覚を生じさせる（Nakatani et al., 2011）．この触錯覚は，平らで滑らかな表面が粗いテクスチャに囲まれる際に生じやすい．この現象は接触面と指先の間に相対運動が存在するときに起こる．この事例は形状知覚を支配的に担うSAⅠの応答だけでなく，運動感覚に関与するRAⅠもまた，形状知覚に影響しうることを物語る．このことは，末梢神経系の受容野応答だけでなく，中枢神経系でSA/RAユニットの情報がどのように統合されて形状やテクスチャ知覚が生じるかのメカニズムについて考える契機を与える（Nakatani et al., 2021）．

■ 1-10-2　中枢神経系における触覚の質感認知

我々は物体表面に触れることで，多様な表面の特徴を知覚することができる．その特徴はおおよそ，粗さ・やわらかさ・温かさ・べとつきといった知覚単位に分類される（Okamoto et al., 2013）．ではこれらの知覚単位は脳でどのように処理されているのだろうか？　手の皮膚にある受容器の情報は，脊髄と視床を経由し大脳皮質に到達する．機械受容器の情報は，後索‐内側毛帯路とよばれる経路を経由し，大脳皮質にある体性感覚野に到達する（図1-10-3(a)）．

1-10　質感認知の脳神経機構——触覚 ■ 59

その一方で，温度感覚，痛みや機械的刺激の一部については，脊髄視床路を経由し体性感覚野とそれ以外の広範な脳部位へ情報が送られる．そのため粗さややわらかさといった質感の情報は後索 – 内側毛帯系，温感については脊髄視床路を経由するものと考えられる．

1-10-2-1　触質感の情報処理

体性感覚野は主に一次体性感覚野（S-I）と二次体性感覚野（S-II）に分けられる（図 1-10-3(b)）．S-I は頭頂葉の前部にあり，S-II は S-I の下部に位置する．これらの領域は互いに解剖学的および機能的に結合し，ネットワークを形成することで質感の認知に関わると考えられる．

S-I には後索 – 内側毛帯系の情報の多くが到達するとされており，粗さややわらかさのような機械的受容器が伝える情報の処理に関わる．たとえばサルのS-I には，指で触れた表面の粗さを表現するニューロンがあるとされる（Jiang et al., 1997; Lieber & Bensmaia, 2019）．他方でヒトでは体性感覚野のニューロンの活動を直接記録するのは難しいため，脳機能イメージング法を用いて調べる必要がある．

たとえば Craig らはポジトロン断層法（PET）を用いた脳活動の計測により，大脳皮質の部位である島（Insula）の活動が温度の変化に関連することを示した（Craig et al., 2000）．この結果は温度感覚が脊髄視床路を通じて大脳皮質に伝わるため，特に不思議ではない．興味深いのは，他の質感の強度情報にも島と S-II の活動が関連することである．たとえば，凹凸からなる表面の粗さ強度を被験者が推定する課題では，表面が滑らかになるほど S-II と島部の活動は高くなることが機能的磁気共鳴画像法（fMRI）を用いた脳活動の計測で明らかになった（Kitada et al., 2005）．この結果は島部と頭頂弁蓋部を圧迫する腫瘍によって粗さ知覚に障害が生じる症例とも一致する（Greenspan & Winfield, 1992）．また最近の fMRI 研究では，S-II と島部の活動は，素材がやわらかいほど活動が高くなるパターンが発見された（Kitada et al., 2019）．

これらの結果は二次体性感覚野や島部は，大脳皮質への情報の伝導経路に関わらず，触質感の処理に重要な役割を果たしている可能性を示している．他方で，S-I の活動は S-II や島のように粗さ強度を表現するかどうかは不明である．ただし S-I 内の活動の空間パターンを用いた解析（多ボクセルパターン分析）

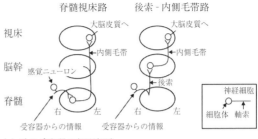

図 1-10-3 体性感覚に関わる中枢神経
(a) 受容器からの情報の処理経路. 手の皮膚にある機械受容器の情報は主に, 後索－内側毛帯路とよばれる経路で伝わる. その一方で温度感覚, 痛みや機械的刺激の一部については, 脊髄視床路を経由する. どちらの経路の情報も大脳皮質にある体性感覚野に到達する. (b) 体性感覚野. 体性感覚野は頭頂葉の前部にある一次体性感覚野と, それより下部の頭頂弁蓋部にある二次体性感覚野から構成される. いずれの体性感覚野もさらに複数の部位に分類される. これらの領域は互いに解剖学的および機能的に結合し, ネットワークを形成する.

(a) 手の受容器の処理経路

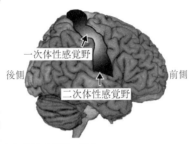

(b) 体性感覚野の構造

では, S-I はやわらかさの情報をもつことが示唆されている (Kitada et al., 2019).

ではS-I・S-II・島は, 触質感の情報処理にどのような役割を果たしているのか？ たとえばHsiaoらの古典的な粗さ知覚のモデルではS-Iが粗さの空間情報を強度情報に変換し, S-IIは強度情報を反映する (Hsiao et al., 1993). またS-IIと島は痛みのような情動的な側面にも関与する. 物体の表面が粗いほど不快に感じ, やわらかいほど心地よく感じる傾向が知られている (Kitada et al., 2012; Kitada et al., 2021). そのためS-IIや島部は, 触質感に含まれる強度情報を情動に変換するのに関わる可能性も考えられる.

1-10-2-2 視触覚による質感の比較

我々は物体に触れることで, 物体表面の物理的な特徴を反映する情報を抽出できる. しかし我々は触れるだけでなく, 物体の表面を見るだけでも, どのような質感なのか推測することがよくある. たとえば表面に凹凸のパターンがあることが観察できれば, その表面はいくらか粗いと推測することができる. 他

方で，わずかな温かさの違いややわらかさの違いは，視覚だけで判断するのは難しいだろう．やわらかさで言えば，触覚ではある一定の力で押した場合に，どのくらい素材が沈み込むかで物理的なやわらかさの特徴をとらえることができる（1-8-2項参照）．しかし素材がもつ光の反射特性が似通っている場合は，その違いは視覚からは区別しにくいだろう．このように触覚と視覚の情報は多くの場合，抽出できる情報が互いに関連していないことが多い（Whitaker et al., 2008）．

では日常生活において，どのように質感を視覚と触覚で比較することができるのだろうか？　1つの可能性としては連合学習が挙げられる．我々は身の回りの素材を触れるだけでなく，同時に観察している．そこで視覚と触覚の関係性を学習し，素材の見た目から触質感を推定するという考えである．この考えに従えば視覚と触覚の物体表面の比較には，連合学習の記憶の想起に関わる脳部位が，関与すると予測される．そこで北田らは皮革・木材・石材・布地の表面に凸状の棒を加えた表面を用意し，視覚と触覚で呈示した（Kitada et al., 2014）．参加者は棒の方位が視覚と触覚で同じかどうかを判断する課題（方位判断課題）と表面の素材が同じかどうかを判断する課題（素材判断課題）を行った．方位判断課題では，視覚でも触覚でも得た情報を何らかの空間座標系で比較することができる．他方で素材判断課題ではこれまでに学習した視触覚の連合の想起が関わると予測した．その結果，素材判断課題では方位判断課題に比べて，記憶に関わる海馬や高次視覚野がより強く活動した．これらの脳部位は，触質感と連合する視覚情報を想起し，実際に呈示されている視覚情報と一致するかどうかを判断するために活動した可能性が考えられる．

▪ 1-10-3　まとめ

触質感に関わる中枢神経系における脳部位は，明らかになりつつある．しかしこれらの部位の役割には不明な点が多く，今後の研究が必要である．また，末梢神経系における触覚情報のメカニズムについて魅力的な仮説はあるが，その仮説を神経生理学によって裏打ちする必要があるなど，研究手法の開発も必要な現状であることを述べた．

（仲谷正史・北田　亮）

1-11　質感認知の脳神経機構——嗅覚

■ 1-11-1　嗅覚と質感

　「質感」を辞書で調べると，「材料の性質の違いから受ける感じ」，「材質がもつ，視覚的・触覚的な感じ」などの定義がなされており，嗅覚には触れられていない．しかし匂いは，果物の熟度や魚の鮮度など，素材の性質に関する「感じ」をもたらす．また，口の中から感じる飲食物の風味のうち「イチゴ味」「バナナ味」といった素材の種別に関わる知覚も，嗅覚によるものであり，加工食品では，その食材らしさを演出するために，香りを添加することが多い．「質感」を広義にとらえれば，嗅覚も材料の性質についての「感じ」をもたらす感覚と考えられよう．そこで本節では，匂いがもたらすさまざまな感じを「匂いの質感」ととらえ，匂いの質感を感じる仕組みの一端を紹介する．

■ 1-11-2　化学構造と匂いの質感

　匂いの元は化学物質で，その多くは有機化合物である．炭素原子はいろいろな原子とさまざまな形で結合できる性質をもつため，有機化合物には膨大な種類数がある．このうち比較的低分子で，揮発性のある物質の一部を，ヒトは匂いとして感知できる．匂いを呈する物質（匂い物質）の総数は不明で，1万（Buck & Axel, 1991）という記載から400億（Mayhew et al., 2022）という試算まである．

　匂いの質感を，物質の化学構造から精密に予測することは，現在の技術では難しい（Lee et al., 2023）．しかし化学構造と匂いの質感の間に関係があることは古くから知られている．図1-11-1に，生活の中で接する匂いと原因物質を例示した．たとえば，鉢植の草花の青臭さやフローラルな感じには，アルコール基やテルペン骨格をもつ物質，果物のフルーティーな感じにはエステル基をもつ物質が寄与する．このほか図には示していないが，生ごみなどが発する腐敗臭には含窒素化合物，含硫化合物，脂肪酸が寄与している．

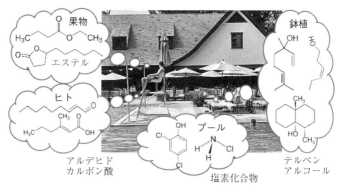

図 1-11-1　匂い物質の例

鉢植からは放線菌に由来する土の匂いや，植物に由来する花や葉の香り，パーラーで供される果物からはフルーティーな香りがする．プールの水の特有の匂いは，ヒトの汗の成分や消毒薬が塩素と反応して生じた塩素化合物に由来する．ヒト自身からも皮脂や汗に由来する，アルデヒド基やカルボン酸基をもつ物質の匂いが，体臭として感じられる．

　図では単純化しているが，実際の匂いは多くの種類の匂い物質が混ざった「混合臭」であり，その組成は匂い源の状態によって変化する．たとえばバナナの香気を分析した研究では，バナナから約60種類の物質が同定されており，緑熟段階の青いバナナではアルデヒド基をもつ物質群が，追熟後の黄色いバナナではエステル基をもつ物質群が支配的であることが示されている（Zhu et al., 2018）．このように匂いの質感は，匂い物質の化学構造と関連があり，さらに匂い源の種類や状態を反映している．

1-11-3　匂いを符号化する受容体の仕組み

　匂い物質は，息を吸うときに鼻先からオルソネーザル経路で，吐くときに喉や口からレトロネーザル経路で，気流に乗って鼻腔内に到達する（図1-11-2右）．レトロネーザル経路は食品の風味を感じる重要な経路である．ヒトでは鼻腔の大部分は呼吸上皮に覆われているが，鼻腔の奥の一部に嗅上皮（図1-11-2A）とよばれる粘膜が存在し，この中に嗅神経が存在する．嗅神経は，嗅上皮にある細胞体から，脳の嗅球（図1-11-2B）の糸球体へ軸索を，鼻腔側へ樹状突起を伸ばしており，樹状突起の先端から出ている繊毛に嗅覚受容体を発現している．

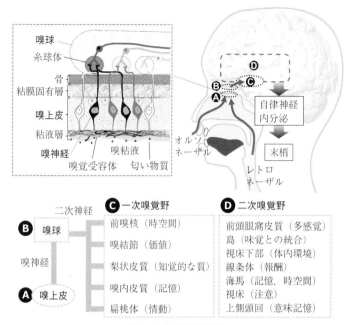

図1-11-2　嗅覚伝導路

匂い物質は嗅上皮にある嗅覚受容体で受容され，その情報は，嗅神経により脳の嗅球へと伝えられる．脳領域名の右側の括弧内は，各領域において知られている機能の一部．

　嗅覚受容体は，ヒトでは約400種類あり，それぞれが匂い物質の化学構造の特定の一部を認識して結合すると考えられている（図1-11-3）．このため，1種類の受容体が，共通の構造をもつ複数種類の匂い物質と結合しうる．また，匂い物質の多くは，化学構造の複数の部位において，それぞれ異なる種類の嗅覚受容体と結合する．このように物質と受容体が「多対多」の組み合わせで符号化されるので，嗅覚受容体の種類数ではなく，その組み合わせによる膨大な種類数の匂い物質を区別して符号化できる．嗅覚受容体と匂い物質は種類数が多いため，各受容体が結合するリガンドの全容を明らかにすることは容易でなく，世界各地で研究が進行中である（Mainland et al., 2015）．嗅覚受容体すべての結合特性が明らかになれば，匂い物質と質感の関係も，より詳しくわかるようになるだろう．

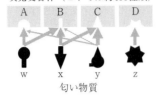

図1-11-3 嗅覚受容体による匂い物質の認識機構の模式図
受容体が認識する化学構造を，図形で表現している．たとえば受容体Aは，丸い形をもつ物質w, yと結合し，物質wは，四角または丸を認識する受容体A, Bと結合する．物質zのように，物質と受容体が1対1の関係にある場合もあるが，まれである．

1-11-4 嗅球の「匂い地図」と生得的な匂いの質感

1つの嗅神経は，嗅覚受容体を1種類のみ発現し，同じ嗅覚受容体を発現している嗅神経は，同じ糸球体へと収束する（図1-11-2左上）．このため嗅球では，どの糸球体に信号が伝わったかによって，どの嗅覚受容体に匂いが結合したかが判別できる．さらに，ウサギやげっ歯類などのモデル動物では，似た化学構造をもつ匂いに応答する糸球体同士が，嗅球内で近傍に位置する傾向があることが示されており，他の感覚の感覚野の機能地図になぞらえて「匂い地図」とよばれることがある（Mori et al., 2006）．

実は，後述の通り，嗅球から投射を受ける下流の領域の多くは，「匂い地図」のような空間構造をもたないことがわかっており，嗅球の「匂い地図」が，匂いの質感の符号化に機能的意味をもつのかは明らかになっていない．ただし「匂い地図」の大まかな構造と，匂いのもつ意味とに関連があることは指摘されている．たとえば，げっ歯類には，天敵の匂いなど，生得的に忌避する匂い物質があることが知られているが，そのような物質を受容する嗅神経は嗅球の背側に投射し（Kobayakawa et al., 2007），そこから忌避的行動の処理に関わる扁桃体の皮質核へ信号が伝達される．これに対しテルペン骨格やベンゼン環をもつ匂いを受容する嗅神経は嗅球の腹側へ投射し，誘因的社会行動に関わる扁桃体の内側核へ信号が伝達される（Miyamichi et al., 2011; Inokuchi et al., 2017）．

ヒトでは，匂い地図の存在も，匂いの生得性も未知である．さらにヒトの嗅球は，糸球体の数がげっ歯類より大幅に多いなど，形態上の違いがある（Maresh et al., 2008）．一方，嗅上皮における嗅神経の分布や，嗅上皮から嗅球への投射には，げっ歯類と類似した空間特異性があることも報告されており（Lapid et al., 2011; Kurihara et al., 2022），嗅球の空間的構造についても，ヒトとげっ歯

類の間に類似点がある可能性は残されている．匂い地図の検証が進めば，ヒト
にとって生得的な意味や質感をもつ匂いが見つかるかもしれない．

■ 1-11-5　梨状皮質と経験依存の匂いの質感

　嗅球からは，一次嗅覚野[*1]とよばれる複数の脳領域へ二次神経が投射し，
さらに一次嗅覚野からは二次嗅覚野へと神経が投射している．各領域の代表的
な機能を図1-11-2下に示す．これらの領域のうち「質感」との関連が最も多
く報告されているのは梨状皮質である．受容体と糸球体が1対1で対応してい
た嗅球とは異なり，梨状皮質では1つの糸球体からの入力を，空間的に分散し
た多数の神経で受容しており，神経集団の活動パターンが匂いの情報をコード
する．げっ歯類において，梨状皮質の活動パターンは，嗅球よりも，より匂い
の知覚を反映することが示唆されている（Pashkovski et al., 2020）．ヒトの梨
状皮質についても，知覚的な匂いの質が似ている物質同士（例：いずれもフル
ーティー）の方が，匂いの質が異なる匂い物質同士（例：フルーティーとウッ
ディー）より，活動パターンが類似することから，匂いの知覚的な質を表象す
ることが示唆されている（Howard et al., 2009）．

　ヒトの官能評価による研究からは，経験や文脈によって，同一の匂い物質か
ら感じる質感が変わることが示されている．たとえば，質感が異なる匂い物質
AとBを混ぜて嗅ぐ経験を重ねると，A,Bを単体で嗅いでも，互いに相手の
匂いの質を感じるようになる．匂いを，砂糖など特定の味と組み合わせて呈示
すると，匂いから「甘い」など味覚のような質を感じるようになる（Stevenson
& Boakes, 2003）．梨状皮質では，このような知覚の変化に伴って，活動パタ
ーンが変わることも報告されている（Qu et al., 2016）．匂いの連合記憶には海
馬，嗅内皮質，前頭眼窩皮質，島，上側頭回（図1-11-2下）などの関与が知
られているが，梨状皮質はこれらの領域とも神経接続しており，情報を統合す
ることにより，経験や文脈を反映した匂いの質感を表象していると考えられる．

　このような経験による質感の修飾は，多数の匂い物質から構成される複合臭
（例：バナナの香り）を1つのまとまりとして感じたり，味と香りをバラバラ

---

*1　嗅覚野のよび方は文献によって異なっており，嗅球を一次嗅覚野，嗅球から直接投射を受け
る領域を二次嗅覚野とする場合もある．

の感覚ではなくひとまとまりの風味として感じたりする上で役立っていると考えられる.

(岡本雅子)

1-12 質感認知の脳神経機構——報酬系

■ 1-12-1 感性的質感や価値判断に関わる報酬系の働き

　我々はリンゴを見て，その形状や色などの特徴から「リンゴ」と認識することができる．これは目から入った視覚情報が脳の視覚野で処理された結果である．同時に，我々はリンゴの艶やかさや新鮮さ，色合いなどの情報を分析することで「美味しそう」と感じ，手を伸ばすことがある．このような視覚などの感覚情報の価値を判断し，行動・意思決定につなげる脳の仕組みは，近年の神経科学の重要な主題の1つである．特に神経経済学という分野では，食べ物や金銭などの報酬，さらには社会的評判にいたるさまざまなものが脳内では「共通貨幣（common neural currency）」という一元的な「価値」にスカラー化されて最適な行動選択に使われているというフレームワークにもとづき，「価値」の視点から学習や行動を説明するモデルが提唱され（Montague & Berns, 2002），「価値」の脳内表現が詳しく調べられてきた．そのなかで，ドーパミン神経が報酬の価値予測とそれにもとづく学習に中心的な関与をする一方，価値が脳内で分散表現されることが示されてきた．

　本節では価値にもとづく行動や意思決定などの報酬系の神経機構について基本的な知識をまず整理し，感覚認知から価値評価や判断にいたる脳の仕組みについて概説する．

■ 1-12-2 報酬系の神経基盤——脳内で見られるさまざまな価値の表現

　目から入った視覚情報は側頭葉でそれが何かが認識されたのち，食べ物や天敵といった生体にとっての意味情報や，快・不快といった正負の価値情報に変

68 ■ 第1章　質感情報の基礎

換される（Kravitz et al., 2013）. これらの情報は脳内で分散処理されるため，脳部位ごとに異なった価値の神経情報表現として見ることができる. このことは，脳の異なる領域がそれぞれ異なる側面や要素を評価し，最終的にそれらが統合されて総合的な価値判断を行っていることを意味する. たとえば，食べ物の価値を評価する際には，感覚情報（味や香り），栄養価，満腹度などが複合的に考慮される. また，価値判断には個々の経験や学習が大きく影響しており，過去の経験から得た知識や，予測と結果の比較によって，脳内の価値はダイナミックに更新される. このプロセスは，行動の最適化やリスクの評価など，現実世界での生存と適応に不可欠である.

　脳内での価値は行動と報酬に関係する神経回路におけるニューロン活動として埋め込まれている. 価値は，我々がどのような刺激や選択肢に対して好意的な反応を示すか，あるいはどの行動を優先的に選ぶかという意思決定の場面で重要である. 価値の神経表現は線条体や前頭眼窩皮質，扁桃体をはじめとする複数の脳領域で見られ，そこで受け取るドーパミン神経投射を介して修飾・調整されている（図1-12-1）. これにより，我々の脳は生存や繁殖などの基本的な生物学的ニーズ，社会的要因といった多様な要素にもとづいて価値判断することができる.

1-12-2-1　ドーパミン

　脳内の価値表現においてはドーパミン神経が中心的な役割を果たしている. ドーパミンは神経修飾物質の1つで，それを産生するドーパミンニューロンは中脳（黒質緻密部および腹側被蓋野）にまとまって存在し，報酬の価値や期待，予測とのずれ（予測誤差）を前頭葉や線条体に伝えることで，ニューロン同士の結合強度を修飾し，脳内の価値評価を変えている（Stuber et al., 2008; Yagishita et al., 2014）. 報酬を受け取ることや，それに伴う快感は，ドーパミンの放出によって促進されることが知られている（Sharot et al., 2009）. また，ある感覚情報が入ってきたときにドーパミンニューロンを人工的に刺激すると，その感覚情報を求めるようになる（Stauffer et al., 2016）など，選好性の神経起源となっている.

1-12-2-2　線条体

　学習によって行動を切り替えるうえで線条体が中心的な役割を果たしている.

1-12　質感認知の脳神経機構——報酬系 ■ 69

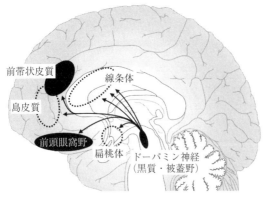

図 1-12-1　価値表現に関連する複数の脳領域
内側面（左右の脳を内側から見た）概略図．価値表現に関わる脳領域とドーパミン神経投射を図示した．点線で囲われた領域は内側面より外側に位置する．

線条体は大脳基底核の一部で，大脳皮質や視床からの入力を受け，淡蒼球内節や黒質網様部に出力することで身体運動や眼球運動を制御している（Hikosaka et al., 2000; Jahanshahi et al., 2015）．大脳皮質から伝えられる現在の環境の状態や次の状況の予期の情報をもとに，線条体は報酬を予測することに関わり，ヒトでは金銭や社会的な賞賛（Izuma et al., 2010），そして嫉妬・妬みからくる他人の不幸の喜びまで（Takahashi et al., 2009），さまざまな報酬に関係するイベントに対して応答する．

1-12-2-3　前頭眼窩皮質

前頭眼窩皮質は，前頭葉の下部，ちょうど眼球が入っている空間（眼窩）の上部に位置し，視覚，聴覚，体性感覚（触覚），味覚，嗅覚の五感すべての感覚情報が集まるとともにドーパミン神経や他の価値システムとの連絡もある極めて特殊な大脳皮質領域である．この部位のニューロンは，多種の感覚情報の好ましさ，つまり「価値」をその活動の強さで表現する（Padoa-Schioppa & Conen, 2017）．「価値が高い」と言われて飲んだ安いワインを「美味しい」と判断するときにこの領域が活性化される（Plassmann et al., 2008）など，価値にもとづく経済的な意思決定や動機付け，感情コントロールに関与している．

1-12-2-4　扁桃体

側頭葉の背内側部に位置する神経核群で，アーモンド（＝扁桃：amygdala）に似た形をしていることから扁桃体と名付けられた．前頭眼窩皮質同様，大脳皮質からすべての感覚情報を受け取るが，視床などからも深い処理をされてい

ない感覚情報を受け取る。扁桃体で処理した情報は，視床下部や脳幹に送られ情動反応，情動行動に深く関わる。扁桃体ニューロンは他者の表情や視線，さまざまな声色などでその活動を大きく変化させるなど，生得的に評価される価値や経験によって獲得された価値を含めた生物的な（生物として重要な）価値評価に中心的な役割を果たしている（Baxter & Murray, 2002）。また，高次感覚野にフィードバックする経路も知られており，視覚では側頭葉での認知情報処理の調整に寄与している。

1-12-2-5 その他の価値表現

　他にも前部島皮質や前帯状皮質，腹内側前頭前野などの辺縁系の大脳皮質領域は内臓感覚を含む内部状態の情報を受け取り，価値情報の表現と情動情報処理を行っている。

▪ 1-12-3 価値の高いものに目を奪われる脳の仕組み

　我々の脳はどのようにして目を向ける対象を決めているのだろうか。線条体の尾状核が損傷されると，視覚的注意が散漫になり，物をぼんやり見つめるなどの行動が現れる（Mendez et al., 1989）。このことから，尾状核が目を向ける対象を決めるのに重要な役割を担っていると考えられる。近年の研究で，尾状核を起点とする回路が視覚情報に価値情報を付加し，視線を制御していることが明らかになった（Amita et al., 2020）。

　高次視覚野から入力を受けている尾状核は，眼球運動を司る中脳の上丘に信号を伝えている。尾状核から上丘に価値の信号が伝わるプロセスには2つの経路が関わっている。1つは「直接路」とよばれる経路で，「高い価値をもつ視覚情報」を上丘に伝え，上丘の神経活動を高めることで価値の高い対象物への視線を誘導している（図1-12-2(a)）。ここでいう高い価値をもつ視覚情報とは，報酬と結びついた視覚刺激や，新奇なもの，個人的に親しい人の顔などである。このような情報が視界に入れば，我々の目は自然とそこに向いてしまう。これとは反対に，対象への視覚的注意を抑制する経路も存在する。それが「間接路」とよばれる経路であり「低い価値をもつ視覚情報」を上丘に伝え，上丘の活動を抑制して対象に目を向けないよう視線を抑制している（図1-12-2(b)）。ここでいう低い価値をもつ視覚情報とは，報酬と結びついていない視覚刺激や

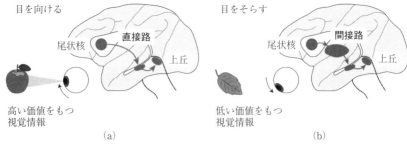

図 1-12-2 視覚刺激に目を向け，目をそらすための脳内メカニズム
(a) 直接路は，尾状核から価値の高い視覚刺激情報を上丘へ送り，目を向ける脳活動を高め，刺激に目を向ける指令となる．(b) 間接路は，尾状核から価値の低い視覚刺激情報を上丘へ送り，その活動を抑えることで，刺激から目をそらすことに関わる．

見慣れたもの，親しくない人の顔などである．これらの視覚刺激が視界に入ってきても我々が普段気に留めることがないのはそのためである．これら2つの経路が協調して働くことにより，多くの視覚情報の中から，我々はすばやく価値の高い対象に目を向けることができると考えられる．視覚情報に価値を付加するプロセスには，ドーパミンが関わっている．ドーパミン細胞は価値情報を尾状核に伝えており，経験にもとづき尾状核の回路を再編している．これにより，脳は価値と結びついた視覚情報を大量に蓄えることができる．

1-12-4　価値の高いものを手に入れようとする脳の仕組み（意欲）

一方，我々の脳は，目にしたものを手に入れるかどうかをどのように決めているのだろうか．目から入った視覚情報がまず何であるかが認識され，次にそのものの価値が判断されて，それが十分高ければ最終的に手を伸ばすという運動指令が発出される．この際，視覚情報の最終的な処理場所である下側頭皮質から始まり，直接あるいは嗅周野を経て，前頭眼窩皮質にいたる経路が，視覚による情報を元にした価値評価に大きく関わっていることがわかっている（図1-12-3）．前述したようにサルの前頭眼窩皮質のニューロンは，価値が高いと強く反応し，価値が低いと弱いというように，その活動の大きさで相対的な価値を表現する．

我々は好きなリンゴをたくさん食べるとしばらくは好きではなくなるというように，同じ視覚刺激であってもその価値は空腹感など生理的欲求の変化に伴

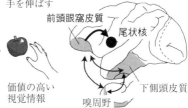

図 1-12-3 価値の高いものを手に入れようとする脳内メカニズム
目にした視覚情報が何であるかの認識が下側頭皮質で行われ，前頭眼窩皮質に送られる．前頭眼窩皮質では，相対的な価値に対応してニューロンの活動の相対的な強さが決まる．さらにそれが尾状核に伝えられ，空腹感などの生理的欲求と照らし合わせて「手を伸ばす・伸ばさない」の判断がなされる．

って変化する（生理的な価値）．また，テーブルの上にならんだ中華料理の品々から次に何を取るかを決める場合にも，相対的な価値情報が使われる（経済的な価値）．前頭眼窩皮質や尾状核の前方部（吻内側尾状核）のニューロン活動は，この生理的／経済的な価値を表現しており（Padoa-Schioppa & Assad, 2006; Fujimoto et al., 2019），この2領域が協調してリンゴに手を伸ばす・伸ばさないといった判断や，より高い価値のものを選ぶ意思決定に関わることがわかっている（Oyama et al., 2022）．

1-12-5 質感から価値へ——今後の脳科学研究の課題

本節では，感覚情報から脳内での価値評価や判断にいたる複雑な神経機構について概説した．一方で，質感認知から価値に脳内でどのように情報が変換されるのかについては，まだ不明な点が多い．今後の脳科学研究において特に着目すべき課題について以下にまとめる．

(1) 神経回路の詳細な解明

神経科学の進展により，脳内の情報処理機構の解明が進んでいるものの，各モダリティーの感覚情報から価値評価への情報処理がどのように行われるか，さらに詳細な解明が必要である．また異なる感覚モダリティーから構成される環境などの統合的な認知が，複数の脳領域での情報処理の結果どのように統合された価値に変換されるのか，脳内統合の仕組みについての研究が重要である．

(2) 個体差と学習・適応

質感認知による価値評価には幅広い個体差が存在し，経験や知識なども含め質感のどの側面を重視するかなどさまざまな要因が関与する．これらの個体差を理解し，適応や学習に焦点を当てた研究が必要となる．さらにその神経メカニズム解明において，動物の種ごとの生態的・生物学的基盤や遺伝学的要因も

考慮したメカニズム探求が重要となる.

(3) 発達と加齢における変化

脳内での価値評価は発達段階や加齢によっても変化する. 子供と大人の違い, 加齢に伴う変化についての研究など, 異なる年齢層における価値評価の理解が求められる. 特に加齢に伴う認知機能の変化は, 価値評価の変化との関連をあわせて理解することが, 高齢者にも優しく豊かな環境を構築するうえでも重要となる.

(4) 疾患との関連

精神・神経疾患, 依存症などの患者では, 価値評価や意思決定に健常者と大きな違いが見られるが, さらに質感認知機能の変容という点についても洞察することが求められる.

(5) 倫理的側面

報酬や価値の脳内機構と質感認知との関係の理解が進むとともに, その理解の産業的な利用については, 個人や社会に対する重要な倫理的側面をはらむ. 今後メタバースなど新技術の発展に伴う倫理的課題についての議論と倫理規範の確立が必要である.

上記課題への取り組みは, 感性的質感と価値判断に関する神経機構についてのより深い理解をもたらすことに加え, その知識を応用した商品開発や広告, 教育, 臨床医療など広い分野において, より実用的なアプリケーションの創出に繋がることが期待される.

(南本敬史・網田英敏)

1-13 質感認知の脳神経機構
——liking と wanting (味覚も含めて)

チョコレートの甘さは中に含まれる糖質の存在を認知させるだけではなく, おいしさと表現される快楽的な情動質感を生じさせる. 快の情動質感には, 栄養価の高い食物を効率よく学習し, その食物を再び獲得できるよう動機づける役割があると考えられる. また, 甘いチョコレートはつい食べ過ぎてしまうよ

74 ■ 第1章 質感情報の基礎

うに，おいしさと欲求は密接に相互連関している．そのため甘味のおいしさが
もたらす「快楽：liking」と，つい食べ過ぎてしまう「欲求：wanting」は同
義的に扱われやすい．近年の神経科学研究は，liking と wanting はドーパミン
神経で構成される脳内報酬系によって形成されること，また両者が形成される
脳神経機構には違いがあることを明らかにしてきた．本節ではまず味覚の神経
機構について概説する．そして liking と wanting の枠組みで脳内報酬系の脳
神経機構を解説する．

▪ 1-13-1　味覚認知の脳神経機構

1-13-1-1　舌および口腔粘膜における味物質の受容

　味覚とは食物に含まれる化学物質の認知をもたらす感覚である．基本五味と
よばれるように，哺乳類は甘味，塩味，苦味，酸味，旨味を区別して認識でき
る．基本五味の受容に対応する味覚受容体とその遺伝子群も同定されている
(Chandrashekar et al., 2006)．これらの受容体タンパク質が味センサとして機
能する．味覚受容体を発現する細胞は味細胞とよばれ，味細胞は味蕾とよばれ
る蕾状の構造を構成する．味蕾は舌の背側面および口腔粘膜の上皮に分布する．
1つの味細胞は原則として基本五味のうち1つの味覚に対応する味覚受容体を
発現する．また1つの味蕾は，異なる味覚受容体を発現する複数種の味細胞で
構成される．そのため，1つの味蕾で基本五味を区別して受容することが可能
である（図1-13-1(a)）．味覚受容体を介して味物質を受容した味細胞では神
経活動が生じ，その神経活動は顔面神経（舌の前方2/3）および舌咽神経（舌
の後方1/3）を通じて脳へと伝達される．

　辛味については，味覚受容体とは異なる受容体で認知される．辛味成分であ
るカプサイシンは，温度センサとしても機能する Transient Receptor Poten-
tial (TRP) チャネルファミリーに属する TRPV1 で受容される．TRPV1 は三
叉神経の神経終末に発現しており，辛味とは三叉神経を経由して脳に伝達され
る温痛覚に類似した感覚である (Simon & Gutierrez, 2017)．

1-13-1-2　末梢神経節から脳へ

　一般に末梢の感覚刺激を中枢に伝達する神経細胞は感覚ニューロンとよばれ，
感覚ニューロンの細胞体は感覚神経節に集合する．顔面神経および舌咽神経を

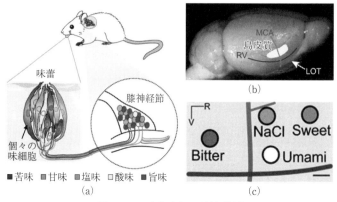

図 1-13-1 味覚受容の脳神経機構
(a) 舌の味蕾を構成する個々の味細胞と膝神経節を構成する個々の感覚ニューロンにはそれぞれ基本五味のうち特定の味刺激の受容と伝達を担当する役割がある．
(b) マウス大脳皮質味覚野（島皮質）の位置．(c) 島皮質の味覚地図．Lee et al., 2017 および Chen et al., 2011 より改変して引用．

構成する感覚ニューロンの細胞体は，それぞれ膝神経節と下舌咽神経節に分布する．膝神経節および下舌咽神経節の感覚ニューロンは，神経突起の一方を舌へと伸ばし，味細胞から味物質受容の情報をシナプス入力として受け取る（図1-13-1(a)）．もう一方の神経突起は脳に入り，延髄の孤束核吻側部へ入力する．

また神経節の感覚ニューロンには基本五味のうち 1 つの味刺激に対応した特化型と，複数の味刺激に対応した汎用型がある（Roper & Chaudhari, 2017）．Zuker らはマウスの舌に味覚刺激を提示した際の膝神経節の感覚ニューロン群の神経活動をイメージングで評価し，多くの感覚ニューロンは 1 種の味刺激に対応した特化型であると報告している（図 1-13-1(a); Barretto et al., 2015）

1-13-1-3　大脳皮質の味覚地図

孤束核吻側に入力して以降，味物質受容の情報は結合腕傍核，視床後内側腹側核を介して大脳皮質の味覚野として知られる島皮質へと伝達される（Yarmolinsky et al., 2009）．なお島皮質の役割は多岐にわたり，味覚情報に加えて内臓感覚の受容野としても知られる．

島皮質には基本五味に対応した味覚地図があると考えられている（図 1-13-1(b)(c)）．Zuker らは島皮質ニューロン群についても味覚刺激提示時の神経活

動をイメージングし，甘味，塩味，酸味，旨味の味覚刺激に対して，島皮質領域ごとにどの刺激に応答しやすいかが異なることを見いだした（Chen et al., 2011）．島皮質からは扁桃体への軸索投射があり，味覚刺激がもたらす情動表出に関わる．島皮質の甘味応答領域と苦味応答領域では，扁桃体の異なる領域へと軸索が投射され，甘味応答領域からは扁桃体基底外側核，苦味応答領域からは扁桃体中心核に軸索が投射される．この軸索投射経路の違いが，甘味がもたらす誘引的質感と苦味がもたらす忌避的質感の形成に関わると考えられている（Wang et al., 2018）．

▪ 1-13-2　脳内報酬系の発見とドーパミンの関与

　快情動の神経科学研究がはじまったきっかけは，1954 年に James Olds と Peter Milner が報告した脳を自己刺激するラットの発見だといえる（Olds & Milner, 1954）．Olds らの実験では，刺激電極がラット脳の中隔野付近に留置され，ラットが実験箱内に設置されたレバーを押すと電極を通じて脳内に微小電流が流された（図 1-13-2; Olds, 1956）．中隔野の自己刺激が可能になったラットはレバー押し行動に休みなく従事した．Olds はラットの行動変化が生じた理由を，電流による脳の刺激が強い報酬感をもたらしたためだと解釈し，脳には「快楽中枢（pleasure centers）」があると表現した（Olds, 1956）．Olds らの報告は，報酬感によって行動を強化する脳内報酬系の存在を示すさきがけとなった．

　Roy Wise は脳内報酬系のカギとなる神経伝達物質がドーパミンであると提唱した（Wise, 1980）．Wise らはドーパミン受容体遮断薬であるピモジド（Pimozide）を用いる行動薬理学実験を実施した．レバーを押して飼料を得られるよう訓練されたラットは，空腹時にはレバー押し行動に従事する．数日にわたって繰り返し実験箱に入れた場合でも，レバー押し行動の回数は通常は減少しなかった．しかし，ピモジド投与後では，ラットは空腹にもかかわらず日を追うごとにレバー押し行動の回数は減少した（Wise et al., 1978）．ピモジドによるレバー押し行動の減少について，Wise らはドーパミンが作用しない状態では，飼料を摂食した際の快楽が生じないためラットは飼料を求めなくなったと解釈した．Olds らの実験についても，今日では中隔野の電極刺激はドーパ

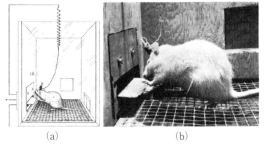

図 1-13-2 脳を自己刺激するラット
(a) 実験箱の概要. ラットがレバーを押すことで脳内に留置した電極から電流が流れる. (b) ラットがレバーを押して脳への電気刺激を受けている様子. Olds, 1956 より引用.

ミンニューロンの神経線維束を効率よく活性化し，側坐核におけるドーパミンの放出を促したと考えられている（Gallistel, 2006）.

このように，ドーパミンには動物の行動を変化させる作用があり，レバー押しへの従事のように特定の行動表出を強化する働きがある. Olds は動物の行動変容（レバー押し行動の正の強化）の要因は電気刺激による快楽的体験（pleasure）だと考察し，Wise はドーパミンが快楽的体験をもたらす神経伝達物質だと報告した. しかし，現在では中隔野の電気刺激やドーパミン放出が快楽的体験をもたらすという考えは支持されておらず，Olds も Wise も後に自らの説に懐疑的であった（Berridge & Kringelbach, 2015; Olds, 1977; Wise, 2008）. その後の研究で，ドーパミンは快楽的体験ではなく報酬を求める行動の表出を担うことが明らかにされた. 次項では，快楽的体験 liking と報酬に対する欲求 wanting の枠組みについて解説する.

1-13-3 liking と wanting

哺乳類は甘味刺激に対する嗜好反応と苦味刺激に対する嫌悪反応を生得的に備えている（図 1-13-3(a); Berridge, 2000）. ラットおよびサルに甘味物質（スクロース）または苦味物質（キニーネ）を提示すると，それぞれ舌を細かく動かし飲水を促進する反応と口を大きく開き飲水を拒絶する定型反応を示す. ヒト新生児でも甘味と苦味に対する同様の反応は見られる. これらの味刺激提示に対する反応を評価するテストは，快楽体験と嫌悪体験の客観的測定指標として用いられてきた（Berridge, 2000）.

Kent Berridge らは，ドーパミン快楽物質説を裏付ける目的で，味刺激反応

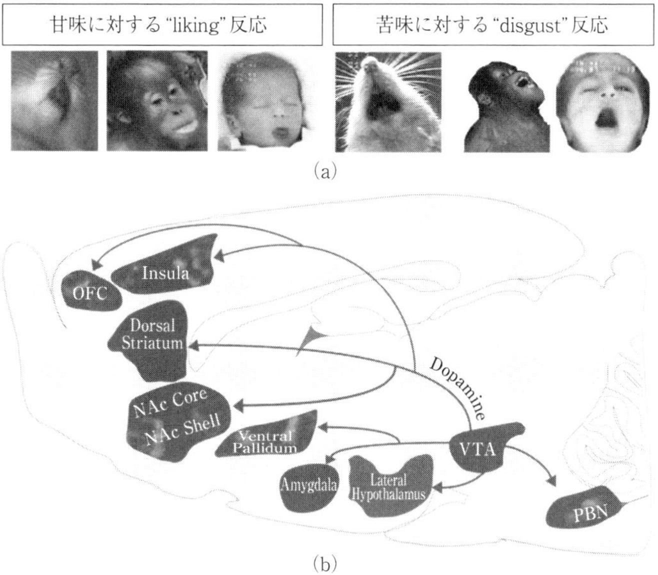

図 1-13-3 "liking" と "wanting" の脳神経機構

(a) 味刺激反応テスト（taste reactivity test）における嗜好反応と嫌悪反応の例．甘味に対しては舌を細かく動かす飲水行動が生じる．この動きを嗜好反応（"liking"）と判定する．一方，苦味に対しては口を開き吐き出すような拒絶行動が生じる．この動きを嫌悪反応（"disgusting"）と判定する．これらの反応はラット，サル，ヒト新生児に共通して見られる．(b) "liking" 反応と "wanting" 表出に関わる脳領域．腹側被蓋野（Ventral Tegmental Area, VTA）のドーパミンニューロンは軸索を広範囲に投射する．これらの領域は自発的接近行動 "wanting" の表出に関わる．一方，"liking" 反応の強化に作用する脳領域は狭い範囲に限局しており，側坐核の前内側シェル領域（Nucleus Accumbens, NAc rostromedial shell），腹側淡蒼球の後側（posterior ventral pallidum），眼窩前頭皮質（Orbitofrontal Cortex, OFC），島皮質（Insula）や結合腕傍核（Parabrachial Nucleus, PBN）の一部領域が該当する．Dorsal Striatum: 背側線条体，NAc Core: 側坐核コア領域，Amygdala: 扁桃体，Lateral Hypothalamus: 外側視床下部．Morales & Berridge, 2020 より改変して引用．

テストを指標にしたドーパミンニューロンの破壊実験を行った（Berridge et al., 1989）．実験では 6-ヒドロキシドーパミンをラットの黒質に投与し，黒質ドーパミンニューロンを破壊した．ドーパミンニューロンが破壊されたラットでは摂食量が低下した一方で，味刺激反応テストでは Berridge らの予想に反し甘味刺激に対する嗜好反応は消失しなかった．Berridge らはラットのドーパミン

ニューロンの電気刺激実験を実施したが，摂食量の増加は見られたものの甘味刺激に対する嗜好反応は増強されなかった（Berridge & Valenstein, 1991）．これらの結果は，レバー押し行動や餌摂食量の増加といった自発的接近行動と，報酬を実際に得たときの快の情動反応には異なる神経機構が関わることを示唆する．

Berridge は，自発的接近行動の表出を欲求 wanting，報酬を得た時の反応の表出を快楽 liking とする枠組みを考案した．この枠組みに従うと，ドーパミンの作用は快楽的体験 liking ではなく，欲求行動 wanting の表出である．その後の研究で，ドーパミンニューロンが投射する広範な脳領域は自発的接近行動 wanting に関わり，嗜好反応 liking に関わる脳領域は側坐核の前内側シェル領域や腹側淡蒼球の後側に限局することが見いだされた（図 1-13-3(b); Morales & Berridge, 2020）．liking は栄養価の高い食物を摂食するような生存に適した状況を動物個体に学習させる情動体験であり，その情動体験をもたらした環境と対象物を再び求めるよう wanting を表出させる．liking と wanting はこのような快の情動体験による学習とその後の行動変容を担う脳神経機構だと考えられる（Berridge & Kringelbach, 2015）．

■ 1-13-4　結語——快の情動質感と脳神経機構研究の課題

Olds による快楽中枢という表現，ならびに Wise によるドーパミン快楽物質説は，快楽的質感が生じる脳神経機構がすでに解明されたかのように思わせる．しかし，ドーパミンは快楽的質感の体験に必須ではなく，ドーパミンが分泌されれば快楽的質感が生じるわけでもない．これまでの研究は，ドーパミンは快楽物質ではなく，動物個体を特定の行動へと動機づける役割をもつ神経伝達物質であることを明らかにした．では快楽的質感を生じさせる脳神経機構とはどのようなものであるか？　快楽的体験の指標に用いられた味刺激への嗜好反応は，それ自体が飲水・摂取という合目的的な意欲行動であるため，動物が体験する主観的な快の強さと嗜好反応の間には依然としてギャップが存在する．Berridge 自身もそのギャップを認識しており，味刺激への嗜好反応は客観的に測定した "liking" であり，引用符をつけることで主観的な快体験としての liking と区別をしている．

80 ■ 第 1 章　質感情報の基礎

動物神経科学実験による快の情動質感の脳神経機構の研究では，味覚刺激を用いて理解が進んできた．我々が食物を味わう際は，舌で感じる味覚だけではなく，口腔内から生じる風味感覚（嗅覚）や歯ごたえ・舌触り（触覚），咀嚼音（聴覚）など複数の感覚モダリティを経由している．食認識は複数の感覚モダリティの統合でもたらされる体験であり，おいしさと表現される快楽的質感が生じる神経機構が"liking"の神経機構とどの程度共通するかは今後の研究課題である．さらには，我々はおいしい食べ物以外にも肌触りの良いブランケットや優れた芸術作品に対して快の情動的質感を体験する．食に限らず多様な感覚モダリティ刺激が我々に喜びや多幸感と表現される快の情動的質感を体験させる脳神経機構の実態の解明には，さらなる研究が必要とされている．

（村田航志）

第1章 文献

欧 文

Allen EJ, St-Yves G, Wu Y, *et al.*（2022）A massive 7T fMRI dataset to bridge cognitive neuroscience and artificial intelligence, *Nat Neurosci* **25**: 116-126.

Alluri V and Kadiri SR（2019）Neural correlates of timbre processing, In: *Timbre: Acoustics, Perception, and Cognition*（Siedenburg K, Saitis C, McAdams S, Popper AN, Fay RR, eds）, pp 151-172. Cham: Springer International Publishing.

Amita H, Kim HF, Inoue K *et al.*（2020）Optogenetic manipulation of a value-coding pathway from the primate caudate tail facilitates saccadic gaze shift, *Nat Commun* **11**: 1876.

Anderson BL and Kim J（2009）Image statistics do not explain the perception of gloss and lightness, *J Vis* **9**(11): 10.

Barretto RP, Gillis-Smith S, Chandrashekar J *et al.*（2015）The neural representation of taste quality at the periphery, *Nature* **517**(7534): 373-376.

Baxter MG and Murray EA（2002）The amygdala and reward, *Nat Rev Neurosci* **3**: 563-573.

Bergmann Tiest WM and Kappers AML（2009）Cues for haptic perception of compliance, *IEEE Trans Haptics* **2**(4): 189-199.

Berridge KC（2000）Measuring hedonic impact in animals and infants: microstructure of affective taste reactivity patterns, *Neurosci Biobehav Rev* **24**(2): 173-198.

Berridge KC and Kringelbach ML（2015）Pleasure systems in the brain, *Neuron* **86**(3): 646-664.

Berridge KC and Valenstein ES（1991）What psychological process mediates feeding evoked by electrical stimulation of the lateral hypothalamus? *Behav Neurosci* **105**(1): 3-14.

Berridge KC, Venier IL and Robinson TE（1989）Taste reactivity analysis of 6-hydroxydopamine-induced aphagia: implications for arousal and anhedonia hypotheses of dopamine function, *Behav Neurosci* **103**(1): 36-45.

Bicchi A, Schilingo EP and De Rossi D（2000）Haptic discrimination of softness in teleoperation: The role of the contact area spread rate, *IEEE Transactions on Robotics & Automation* **16**: 496-504.

Blinn JF（1977）Models of light reflection for computer synthesized pictures, *SIGGRAPH '77*: 192-198.

Bolanowski SJ, Gescheider GA, Verrillo RT *et al.*（1988）Four channels mediate the mechanical aspects of touch, *J Acoust Soc Am* **84**(5): 1680-1694.

Buck L and Axel R（1991）A novel multigene family may encode odorant receptors: a molecular basis for odor recognition, *Cell* **65**(1): 175-187.

Cavdan M, Doerschner K and Drewing K（2021）Task and material properties interactively affect softness explorations along different dimensions, *IEEE Trans Haptics* **14**: 603-614.

Chandrashekar J, Hoon MA, Ryba NJ *et al.*（2006）The receptors and cells for mammalian taste, *Nature* **444**(7117): 288-294.

Chapman CE, Tremblay F, Jiang W *et al.*（2002）Central neural mechanisms contributing to the perception of tactile roughness, *Behav Brain Res* **135**(1-2): 225-233.

Cheeseman JR, Fleming RW and Schmidt F（2022）Scale ambiguities in material recognition, *iScience* **25**(3): 103970.

Chen X, Gabitto M, Peng Y *et al.* (2011) A gustotopic map of taste qualities in the mammalian brain, *Science* **333**(6047): 1262-1266.

Cobo R, García-Mesa Y, Cárcaba L *et al.* (2021) Verification and characterisation of human digital Ruffini's sensory corpuscles, *J Anat* **238**(1): 13-19.

Cohen MF and Greenberg DP (1985) The hemi-cube, a radiosity solution for complex environments, *ACM Computer Graphics* **19**(3): 31-40.

Cook RL and Torrance KE (1982) A reflection model for computer graphics, *ACM Transactions on Graphics* **1**(1): 7-24.

Coste B, Mathur J, Schmidt M *et al.* (2010) Patapoutian A. Piezo1 and Piezo2 are essential components of distinct mechanically activated cation channels, *Science* **330**(6000): 55-60.

Craig AD, Chen K, Bandy D *et al.* (2000) Thermosensory activation of insular cortex, *Nat Neurosci* **3**(2): 184-190.

Dau T, Kollmeier B and Kohlrausch A (1997a) Modeling auditory processing of amplitude modulation. I. Detection and masking with narrow-band carriers, *J Acoust Soc Am* **102**: 2892-2905.

Dau T, Kollmeier B and Kohlrausch A (1997b) Modeling auditory processing of amplitude modulation. II. Spectral and temporal integration, *J Acoust Soc Am* **102**: 2906-2919.

Dupuy J and Jakob W (2018) An adaptive parameterization for efficient material acquisition and rendering, *ACM Transactions on Graphics* **37**(6): 274: 1-274: 14.

Elhilali M (2019) Modulation representations for speech and music, In: *Timbre: Acoustics, Perception, and Cognition* (Siedenburg K, Saitis C, McAdams S, Popper AN, Fay RR, eds), 335-359. Cham: Springer International Publishing.

Elliott TM and Theunissen FE (2009) The modulation transfer function for speech intelligibility, *Plos Comput Biol* **5**: e1000302.

Ferwerda JA, Pellacini F and Greenberg DP (2001) A psychophysically-based model of surface gloss perception, *Hum Vis Electron Imaging Vi* **4299**: 291-301.

Fleming RW, Wiebel C and Gegenfurtner K (2013) Perceptual qualities and material classes, *J Vis* **13**(8): 9.

Fletcher H (1940) Auditory patterns, *Rev Mod Phys* **12**: 47-65.

Freeman J, Ziemba CM, Heeger DJ *et al.* (2013) A functional and perceptual signature of the second visual area in primates, *Nat Neurosci* **16**: 974-981.

Fujimoto A, Hori Y, Nagai Y *et al.* (2019) Signaling incentive and drive in the primate ventral pallidum for motivational control of goal-directed action, *J Neurosci* **39**(10): 1793-1804.

Fujisaki W, Goda N, Motoyoshi I *et al.* (2014) Audiovisual integration in the human perception of materials, *J Vis* **14**(4): 12.

Gallistel CR (2006) Dopamine and reward: Comment on Hernandez et al, *Behav Neurosci* **120**(4): 992-994.

Goda N, Yokoi I, Tachibana A *et al.* (2016) Crossmodal association of visual and haptic material properties of objects in the monkey ventral visual cortex, *Curr Biol* **26**(7): 928-934.

Green BG (1977) Localization of thermal sensation: An illusion and synthetic heat, *Perception & Psychophysics* **22**(4): 331-337.

Greenspan JD and Winfield JA (1992) Reversible pain and tactile deficits associated with a cerebral tumor compressing the posterior insula and parietal operculum, *Pain* **50**(1): 29–39.

Heitz E (2014) Understanding the masking-shadowing function in microfacet-based BRDFs, *Journal of Computer Graphics Techniques* **3**(2): 48-107.

Heller MA (1989) Texture perception in sighted and blind observers, *Percept Psychophys* **45**(1): 49-54.

Henderson MM, Tarr MJ and Wehbe L (2023) A texture statistics encoding model reveals hierarchical feature selectivity across human visual cortex, *J Neurosci* **43**: 4144-4161.

Higashi K, Okamoto S and Yamada Y (2018a) Perceived hardness through actual and virtual damped natural vibrations, *IEEE Trans Haptics* **11**: 646-651.

Higashi K, Okamoto S, Yamada Y *et al.* (2018b) Hardness perception through tapping: Peak and impulse of the reaction force reflect the subjective hardness, Haptics: Science, Technology, and Applications. EuroHaptics 2018, *Lecture Notes in Computer Science* 10893: 366–375.

Higashi K, Okamoto S, Yamada Y *et al.* (2019) Hardness perception based on dynamic stiffness in tapping, *Front Psychol* **9**: 2654.

Hikosaka O, Takikawa Y and Kawagoe R (2000) Role of the basal ganglia in the control of purposive saccadic eye movements, *Physiol Rev* **80**: 953-978.

Hiramatsu C, Goda N and Komatsu H (2011) Transformation from image-based to perceptual representation of materials along the human ventral visual pathway, *Neuroimage* **57**: 482-494.

Ho H-N and Jones LA (2006) Contribution of thermal cues to material discrimination and localization, *Percept Psychophys* **68**(1): 118-128.

Ho HN, Sato K, Kuroki S *et al.* (2017) Physical-perceptual correspondence for dynamic thermal stimulation, *IEEE Trans Haptics* **10**(1): 84-93.

Ho H-N, Watanabe J, Ando H *et al.* (2011) Mechanisms underlying referral of thermal sensations to sites of tactile stimulation, *J Neurosci* **31**(1): 208-213.

Hollins M and Risner R (2000) Evidence for the duplex theory of tactile texture perception, *Percept Psychophys* **62**: 695-705.

Howard JD, Plailly J, Grueschow M *et al.* (2009) Odor quality coding and categorization in human posterior piriform cortex, *Nat Neurosci* **12**(7): 932-938.

Hsiao SS, Johnson KO and Twombly IA (1993) Roughness coding in the somatosensory system, *Acta Psychol (Amst)* **84**(1): 53-67.

Ikeda R, Cha M, Ling J *et al.* (2014) Merkel cells transduce and encode tactile stimuli to drive A β-afferent impulses, *Cell* **157**(3): 664-675.

Inokuchi K, Imamura F, Takeuchi H *et al.* (2017) Nrp2 is sufficient to instruct circuit formation of mitral-cells to mediate odour-induced attractive social responses, *Nat Commun* **8**: 15977.

Israr A, Tan HZ and Reed CM (2006) Frequency and amplitude discrimination along the kinesthetic-cutaneous continuum in the presence of masking stimuli, *J Acoust Soc Am* **120**(5): 2789-2800.

Izuma K, Saito DN and Sadato N (2010) Processing of the incentive for social approval in the ventral striatum during charitable donation, *J Cogn Neurosci* **22**: 621-631.

Jahanshahi M, Obeso I, Rothwell JC *et al.* (2015) A fronto-striato-subthalamic-pallidal network for goal-directed and habitual inhibition, *Nat Rev Neurosci* **16**: 719-732.

Jensen HW, Marschner SR, Levoy M *et al.* (2001) A practical model for subsurface light transport, *Proc of SIGGRAPH* 2001, 511-518.

Jiang W, Tremblay F and Chapman CE (1997) Neuronal encoding of texture changes in the primary and the secondary somatosensory cortical areas of monkeys during passive texture discrimination, *J Neurophysiol* **77**(3): 1656-1662.

Johnson KO, Yoshioka T and Vega-Bermudez F (2000) Tactile functions of mechanoreceptive afferents innervating the hand, *J Clin Neurophysiol* **17**(6): 539-558.

Joris PX, Schreiner CE and Rees A (2004) Neural processing of amplitude-modulated sounds, *Physiol Rev* **84**: 541-577.

Kahrimanovic M, Bergmann Tiest WM and Kappers AML (2009) Context effects in haptic perception of roughness, *Exp Brain Res* **194**(2): 287-297.

Kajiya JT (1986) The rendering equation, *ACM SIGGRAPH Computer Graphics* **20**(4): 143-150.

Kitada R, Doizaki R, Kwon J *et al.* (2019) Brain networks underlying tactile softness perception: A functional magnetic resonance imaging study, *Neuroimage* **197**: 156-166.

Kitada R, Hashimoto T, Kochiyama T *et al.* (2005) Tactile estimation of the roughness of gratings yields a graded response in the human brain: An fMRI study, *Neuroimage* **25**(1): 90-100.

Kitada R, Ng M, Tan ZY *et al.* (2021) Physical correlates of human-like softness elicit high tactile pleasantness, *Sci Rep* **11**(1): 16510.

Kitada R, Sadato N and Lederman SJ (2012) Tactile perception of nonpainful unpleasantness in relation to perceived roughness: Effects of inter-element spacing and speed of relative motion of rigid 2-D raised-dot patterns at two body loci, *Perception* **41**(2): 204-220.

Kitada R, Sasaki AT, Okamoto Y *et al.* (2014) Role of the precuneus in the detection of incongruency between tactile and visual texture information: A functional MRI study, *Neuropsychologia* **64**: 252-262.

Kiyokawa H, Nagai T, Yamauchi Y *et al.* (2023) The perception of translucency from surface gloss, *Vis Res* **205**: 108140.

Kobayakawa, K, Kobayakawa R, Matsumoto H *et al.* (2007) Innate versus learned odour processing in the mouse olfactory bulb, *Nature* **450**(7169): 503-508.

Komatsu H and Goda N (2018) Neural mechanisms of material perception: Quest on Shitsukan, *Neuroscience* **392**: 329-347.

Koumura T, Terashima H and Furukawa S (2019) Cascaded tuning to amplitude modulation for natural sound recognition, *J Neurosci* **39**: 5517-5533.

Kravitz DJ, Saleem KS, Baker CI *et al.* (2013) The ventral visual pathway: An expanded neural framework for the processing of object quality, *Trends Cogn Sci* **17**: 26-49.

Kurihara S, Tei M, Hata J *et al.* (2022) MRI tractography reveals the human olfactory nerve map connecting the olfactory epithelium and olfactory bulb, *Commun Biol* **5**(1): 843.

Kuroki S, Sawayama M, and Nishida S (2021) The roles of lower-and higher-order surface statistics in tactile texture perception, *J Neurophysiol* **126**(1): 95-111.

Kuroki S, Watanabe J and Nishida S (2017) Integration of vibrotactile frequency information beyond the mechanoreceptor channel and somatotopy. *Sci Rep* **7**(1): 2758.

LaMotte RH and Mountcastle VB (1975) Capacities of humans and monkeys to discriminate vibratory stimuli of different frequency and amplitude: A correlation between neural events and psychological measurements. *J Neurophysiol* **38**(3): 539-559.

Lambert JH (1760) *Photometria sive de mensure de gratibus luminis, colorum umbrae*, Eberhard Klett.

Langner G and Schreiner CE (1988) Periodicity coding in the inferior colliculus of the cat. I. Neuronal mechanisms. *J Neurophysiol* **60**: 1799-1822.

Lapid H, Shushan S, Plotkin A *et al.* (2011) Neural activity at the human olfactory epithelium reflects olfactory perception. *Nat Neurosci* **14**(11): 1455-1461.

Lederman SJ (1983) Tactual roughness perception: Spatial and temporal determinants. *Canadian Journal of Psychology/Revue canadienne de psychologie* **37**(4): 498-511.

Lee BK, Mayhew EJ, Sanchez-Lengeling B *et al.* (2023) A principal odor map unifies diverse tasks in olfactory perception. *Science* **381**(6661): 999-1006.

Lee H, Macpherson LJ, Parada CA *et al.* (2017) Rewiring the taste system. *Nature* **548**(7667): 330-333.

Lieber JD and Bensmaia SJ (2019) High-dimensional representation of texture in somatosensory cortex of primates. *Proc Natl Acad Sci USA* **116**(8): 3268-3277.

Lin YC, Guo YR, Miyagi A *et al.* (2019) Force-induced conformational changes in PIEZO1. *Nature* **573**(7773): 230-234.

Mahns, DA, Perkins NM, Saha V *et al.* (2006) Vibrotactile frequency discrimination in human hairy skin. *J Neurophysiol* **95**(3): 1442-1450.

Mainland JD, Li YR, Zhou T *et al.* (2015) Human olfactory receptor responses to odorants. *Sci Data* **2**: 150002.

Maksimovic S, Nakatani M, Baba Y *et al.* (2014) Epidermal Merkel cells are mechanosensory cells that tune mammalian touch receptors. *Nature* **509**(7502): 617-621.

Maresh A, Rodriguez Gil D, Whitman MC *et al.* (2008) Principles of glomerular organization in the human olfactory bulb--implications for odor processing. *PLoS One* **3**(7): e2640.

Marlow PJ and Anderson BL (2015) Material properties derived from three-dimensional shape representations. *Vis Res* **115**: 199-208.

Marlow PJ and Anderson BL (2021) The cospecification of the shape and material properties of light permeable materials. *Proc Natl Acad Sci USA* **118**(14): e2024798118.

Matusik W, Pfister H, Brand M *et al.* (2003) A data-driven reflectance model. *ACM Transactions on Graphics* **22**(3): 759-768.

Mayhew EJ, Arayata CJ, Gerkin RC *et al.* (2022) Transport features predict if a molecule is odorous. *Proc Natl Acad Sci USA* **119**(15): e2116576119.

McDermott JH, Schemitsch M and Simoncelli EP (2013) Summary statistics in auditory perception. *Nat Neurosci* **16**: 493-498.

McDermott JH and Simoncelli EP (2011) Sound texture perception via statistics of the auditory periphery: Evidence from sound synthesis. *Neuron* **71**: 926-940.

Mendez MF, Adams NL and Lewandowski KS (1989) Neurobehavioral changes associated with caudate lesions. *Neurology* **39**: 349-354.

Mishkin M, Ungerleider LG and Macko KA (1983) Object vision and spatial vision: Two cortical pathways, *Trends Neurosci* **6**: 414-417.

Miyamichi K, Amat F, Moussavi F *et al.* (2011) Cortical representations of olfactory input by trans-synaptic tracing, *Nature* **472**(7342): 191-196.

Montague PR and Berns GS (2002) Neural economics and the biological substrates of valuation, *Neuron* **36**: 265-284.

Moore B (2013) An introduction to the psychology of hearing: Sixth edition. In: *An Introduction to the Psychology of Hearing*. Brill.

Moore BCJ (2019) The roles of temporal envelope and fine structure information in auditory perception, *Acoust Sci Technol* **40**(2): 62-83.

Morales I and Berridge KC (2020) 'Liking' and 'wanting' in eating and food reward: Brain mechanisms and clinical implications, *Physiol Behav* **227**: 113152.

Mori K, Takahashi YK, Igarashi KM *et al.* (2006) Maps of odorant molecular features in the Mammalian olfactory bulb, *Physiol Rev* **86**(2): 409-433.

Motoyoshi I, Nishida S, Sharan L *et al.* (2007) Image statistics and the perception of surface qualities, *Nature* **447**(7141): 206-209.

Nabata K and Iwasaki K (2022) Adaptive irradiance sampling for many-light rendering of subsurface scattering, *IEEE Transactions on Visualization and Computer Graphics* **28**(10): 3324-3335.

Nagai T, Matsushima T, Koida K *et al.* (2015) Temporal properties of material categorization and material rating: Visual vs non-visual material features, *Vis Res* **115**: 259-270.

Nakatani M, Howe RD and Tachi S (2011) Surface texture can bias tactile form perception, *Exp Brain Res* **208**(1): 151-156.

Nakatani M, Kobayashi Y, Ohno K *et al.* (2021) Temporal coherency of mechanical stimuli modulates tactile form perception, *Sci Rep* **11**(1): 11737.

Namba S, Kuwano S and Koyasu M (1993) The measurement of temporal stream of hearing by continuous judgments—In the case of the evaluation of helicopter noise, *J Acoust Soc Jpn* (E) **14**: 341-352.

Nayar SK, Krishnan G, Grossberg MD *et al.* (2006) Fast separation of direct and global components of a scene using high frequency illumination, *SIGGRAPH* 2006, 935-944.

Ng KKW, Olausson C, Vickery RM *et al.* (2020) Temporal patterns in electrical nerve stimulation: Burst gap code shapes tactile frequency perception, *PloS One* **15**(8): e0237440.

Nishita T and Nakamae E (1985) Continuous tone representation of three-dimensional objects taking account of shadows and interreflection, *ACM Computer Graphics* **19**(3): 23-30.

Okamoto S, Nagano H and Yamada Y (2013) Psychophysical dimensions of tactile perception of textures, *IEEE Trans Haptics* **6**(1): 81-93.

Okamoto S and Oishi A (2020) Relationship between spatial variations in static skin deformation and perceived roughness of macroscopic surfaces, *IEEE Trans Haptics*, **13**: 66-72.

Okamura AM, Cutkosky MR and Dennerlein JT (2001) Reality-based models for vibration feedback in virtual environments, *IEEE/ASME Transactions on Mechatronics* **6**: 245-252.

Okazawa G, Tajima S and Komatsu H (2017) Gradual development of visual texture-selective properties between macaque areas V2 and V4, *Cereb Cortex* **27**: 4867-4880.

Olds J (1956) Pleasure centers in the brain, *Sci Am* **195**(4): 105-117.

Olds J (1977) *Drives and Reinforcements: Behavioral Studies of Hypothalamic Functions,*

New York: Raven Press.

Olds J and Milner P (1954) Positive reinforcement produced by electrical stimulation of septal area and other regions of rat brain, *J Comp Physiol Psychol* **47**(6): 419-427.

Oyama K, Hori Y, Mimura K *et al.* (2022) Chemogenetic disconnection between the orbitofrontal cortex and the rostromedial caudate nucleus disrupts motivational control of goal-directed action, *J Neurosci* **42**: 6267-6275.

Padoa-Schioppa C and Assad JA (2006) Neurons in the orbitofrontal cortex encode economic value, *Nature* **441**: 223-226.

Padoa-Schioppa C and Conen KE (2017) Orbitofrontal cortex: A neural circuit for economic decisions, *Neuron* **96**: 736-754.

Palmer AR, Shackleton TM and McAlpine D (2002) Neural mechanisms of binaural hearing, *Acoust Sci Technol* **23**: 61-68.

Pashkovski SL, Iurilli G, Brann D *et al.* (2020) Structure and flexibility in cortical representations of odour space, *Nature* **583**(7815): 253-258.

Phong BT (1975) Illumination for computer generated pictures, *Communications of the ACM* **18**(6): 311-317.

Pickles JO (2013) *An Introduction to the Physiology of Hearing: Fourth Edition*. Brill.

Plassmann H, O'Doherty JP, Shiv B *et al.* (2008) Marketing actions can modulate neural representations of experienced pleasantness, *Proc Natl Acad Sci USA* **105**: 1050-1054.

Plomp R and Levelt WJM (1965) Tonal consonance and critical bandwidth, *J Acoust Soc Am* **38**: 548-560.

Portilla J and Simoncelli EP (2000) A parametric texture model based on joint statistics of complex wavelet coefficients, *Int J Comput Vis* **40**: 49-71

Prokott KE, Tamura H and Fleming RW (2021) Gloss perception: Searching for a deep neural network that behaves like humans, *J Vis* **21**(12): 14.

Provancher WR and Sylvester ND (2009) Fingerpad skin stretch increases the perception of virtual friction, *IEEE Trans Haptics*, **2**: 212-223.

Qu LP, Kahnt T, Cole SM *et al.* (2016) De novo emergence of odor category representations in the human brain, *J Neurosci* **36**(2): 468-478.

Rahman MS and Yau JM (2019) Somatosensory interactions reveal feature-dependent computations, *J Neurophysiol* **122**(1): 5-21.

Ranade SS, Woo SH, Dubin AE *et al.* (2014) Piezo2 is the major transducer of mechanical forces for touch sensation in mice, *Nature* **516**(7529): 121-125.

Rauschecker JP (2011) An expanded role for the dorsal auditory pathway in sensorimotor control and integration, *Hear Res* **271**: 16-25.

Rauschecker JP and Scott SK (2009) Maps and streams in the auditory cortex: Nonhuman primates illuminate human speech processing, *Nat Neurosci* **12**: 718-724.

Romo R and Salinas E (2003) Flutter discrimination: Neural codes, perception, memory and decision making, *Nat Rev Neurosci* **4**(3): 203-218.

Roper SD and Chaudhari N (2017) Taste buds: Cells, signals and synapses, *Nat Rev Neurosci* **18**(8): 485-497.

Sahli R, Prot A, Wang A *et al.* (2020) Tactile perception of randomly rough surfaces, *Scientific Reports* **10**(1): 15800.

Samson F, Zeffiro TA, Toussaint A *et al.* (2010) Stimulus complexity and categorical effects in human auditory cortex: an activation likelihood estimation meta-analysis, *Front Psychol* **1**: 241.

Sawayama M and Nishida S (2018) Material and shape perception based on two types of intensity gradient information, *Plos Comput Biol* **14**(4): e1006061.

Schmid AC, Barla P and Doerschner K (2023) Material category of visual objects computed from specular image structure, *Nat Hum Behav* **7**: 1152-1169.

Schmidt F, Hebart MN, Schmid AC *et al.* (2022) Core dimensions of human material perception. doi: 10.31234/osf.io/jz8ks

Shafer SA (1985) Using color to separate reflection components, *Color Res Appl* **10**(4): 210-218.

Sharot T, Shiner T, Brown AC *et al.* (2009) Dopamine enhances expectation of pleasure in humans, *Curr Biol* **19**: 2077-2080.

Simon SA and Gutierrez R (2017) TRP channels at the periphery of the taste and trigeminal systems. In: Emir TLR, editor. *Neurobiology of TRP Channels, Boca Raton* (FL): CRC Press/Taylor and Francis; Chapter 7.

Skedung L, Arvidsson M, Chung JY *et al.* (2013) Feeling small: Exploring the tactile perception limits, *Sci Rep* **3**: 2617.

Solomon LN (1958) Semantic approach to the perception of complex sounds, *J Acoust Soc Am* **30**: 421-425.

Srinivasan MA and Dandekar K (1996) An investigation of the mechanics of tactile sense using two-dimensional models of the primate fingertip, *J Biomech Eng* **118**: 48-55.

Stauffer WR, Lak A, Yang A *et al.* (2016) Dopamine neuron-specific optogenetic stimulation in rhesus macaques, *Cell* **166**: 1564-1571.

Stevenson RJ and Boakes RA (2003) A mnemonic theory of odor perception, *Psychol Rev* **110**(2): 340-364.

Storrs KR, Anderson BL and Fleming RW (2021) Unsupervised learning predicts human perception and misperception of gloss, *Nat Hum Behav* **5**(10): 1402-1417.

Stuber GD, Klanker M, de Ridder B *et al.* (2008) Reward-predictive cues enhance excitatory synaptic strength onto midbrain dopamine neurons, *Science* **321**: 1690-1692.

Sun Q, Okamoto S, Akiyama Y *et al.* (2022) Multiple spatial spectral components of static skin deformation for predicting macroscopic roughness perception, *IEEE Trans Haptics* **13**: 646-654.

Sutu A, Meftah E and Chapman E (2013) Physical determinants of the shape of the psychophysical curve relating tactile roughness to raiseddot spacing: Implications for neural coding of roughness, *J Neurophysiol* **109**: 1403-1415.

Takahashi H, Kato M, Matsuura M *et al.* (2009) When your gain is my pain and your pain is my gain: Neural correlates of envy and schadenfreude, *Science* **323**: 937-939.

Torrance K and Sparrow E (1967) Theory for off-specular reflection from rough surfaces, *J Opt Soc Am* **57**: 1105-1114.

Tymms C, Zorin D and Gardner EP (2018) Tactile perception of the roughness of 3D-printed textures, *J Neurophysiol* **119**(3): 862-876.

Walter B, Marschner S, Li H *et al.* (2007) Microfacet models for refraction through rough surfaces, *Proc, Eurographics Symposium on Rendering*, 195-206.

Wang L, Gillis-Smith S, Peng Y *et al.* (2018) The coding of valence and identity in the mammalian taste system, *Nature* **558**(7708): 127-131.

Wang L, Zhou H, Zhang M *et al.* (2019) Structure and mechanogating of the mammalian tactile channel PIEZO2, *Nature* **573**(7773): 225-229.

Ward GJ (1992) Measuring and modeling anisotropic reflection, *SIGGRAPH* '92: 255-272.

Weber AI, Saal HP, Lieber JD *et al.* (2013) Spatial and temporal codes mediate the tactile perception of natural textures, *Proc Natl Acad Sci USA* **110**(42): 17107-17112.

Wendt G, Faul F and Mausfeld R (2008) Highlight disparity contributes to the authenticity and strength of perceived glossiness, *J Vis* **8**(1): 14.

Whitaker TA, Simões-Franklin C and Newell FN (2008) Vision and touch: Independent or integrated systems for the perception of texture? *Brain Res* 1242: 59-72.

Wise RA (1980) The dopamine synapse and the notion of 'pleasure centers' in the brain, *Trends Neurosci* **3**(4): 91-95.

Wise RA (2008) Dopamine and reward: The anhedonia hypothesis 30 years on, *Neurotox Res* **14**(2-3): 169-183.

Wise RA, Spindler J, de Wit H *et al.* (1978) Neuroleptic-induced "anhedonia" in rats: Pimozide blocks reward quality of food, *Science* **201**(4352): 262-264.

Yagishita S, Hayashi-Takagi A, Ellis-Davies GCR *et al.* (2014) A critical time window for dopamine actions on the structural plasticity of dendritic spines, *Science* **345**: 1616-1620.

Yamins DLK, Hong H, Cadieu CF *et al.* (2014) Performance-optimized hierarchical models predict neural responses in higher visual cortex, *Proc Natl Acad Sci USA* **111**: 8619-8624.

Yarmolinsky DA, Zuker CS and Ryba NJ (2009) Common sense about taste: From mammals to insects, *Cell* **139**(2): 234-244.

Yoshioka T, Gibb B, Dorsch A *et al.* (2001) Neural coding mechanisms underlying perceived roughness of finely textured surfaces, *J Neurosci* **21**: 6905-6916.

Zhu X, Li Q, Li J *et al.* (2018) Comparative study of volatile compounds in the fruit of two banana cultivars at different ripening stages, *Molecules* **23**(10).

Zwicker E and Fastl H (1990) *Psychoacoustics—Facts and Models*. Berlin: Springer-Verlag.

和 文

岩宮眞一郎 (2010) 音質評価指標：入門とその応用（やさしい解説），日本音響学会誌 **66**: 603-609.

大串健吾 (2019) 音響聴覚心理学，誠信書房.

小澤賢司 (2010) 第3章「音色・音質を決める音響的特徴」，音色の感性学：音色・音質の評価と創造，日本音響学会編，岩宮眞一郎編著，64-95，コロナ社.

郷田直一 (2018) 質感認知の神経基盤を探る，日本画像学会誌 **57**: 197-206.

鈴木陽一，赤木正人，伊藤彰則ほか (2011) 音響学入門，日本音響学会編，コロナ社.

曽根敏夫，城戸健一，二村忠元 (1962) 音の評価に使われることばの分析，日本音響学会誌 **18**: 320-326.

東原和成ほか編 生き物と匂い・フェロモンの事典，朝倉書店，近刊.

永井岳大 (2021) 質感認識の心理・脳神経機構，光学 **50**: 314-320.

難波精一郎（1993）音色の定義を巡って，日本音響学会誌 **49**: 823-831.

平原達也，蘆原郁，小澤賢司ほか（2013）音と人間，日本音響学会編，コロナ社.

福田淳，佐藤宏道（2002）脳と視覚：何をどう見るか，共立出版.

松井勇，笠井芳夫（1978）仕上材の感触に関する研究：その1温冷感触，日本建築学会論文報告集 **263**: 21-32.

向川康博ほか（2011）第5章「反射・散乱の計測とモデル化」，コンピュータビジョン最先端ガイド4，アドコム・メディア.

第2章

質感の計測とセンシング

2-1　光反射計測

　1-1 節で述べられているように，物体の光反射特性には拡散・鏡面反射率や鏡面反射の鋭さ，さらには表面下散乱など多様な要素が含まれる．しかし，カメラにより対象を撮影した場合，各画素で観測される輝度は物体の形状や照明条件によっても変化するため，画像から物体固有の光反射特性を推定することは容易ではない．この問題は 1-2 節で述べられたレンダリングの逆問題であるためインバースレンダリングとよばれ，コンピュータビジョン分野の主要な課題の 1 つである．

　表面がなめらかな樹脂成形品など，対象物体が均質でテクスチャがない物体に比べ，質感の計測と再現が課題になる複雑な反射特性を有する物体では，インバースレンダリングにより実用的な結果を得ることが難しいため，かわりに観測方向や照明方向を変化させながら光反射特性を直接的に計測する手法が広く用いられる．

▪ 2-1-1　双方向反射率分布関数（BRDF）とその計測

　拡散反射物体（光沢のない物体）は観測方向によらず見かけの明るさ（輝度）が一定であるが，その輝度は光の入射角により変化する．さらに，鏡面反射光は正反射方向（鏡のように光を反射する方向）で強く観察され，その方向から離れるほど弱くなるので，観測方向により輝度が変化するといえる．よって，物体の光の反射率は，光の入射方向と観測方向の双方の影響を受ける．さらに，磨き傷を一方向に揃えた金属板（ヘアライン仕上げされた金属板）や織物など，物体表面の反射特性に方向性がある物体（非等方性反射物体）も存在する．このようなさまざまな反射特性を数式等によりモデル化することは困難であるため，かわりに光の入射方向と観測方向のすべての組み合わせについて，計測した輝度をそれぞれ独立したデータとして記録することで，その物体の反射特性を表現することを考える．このような方法による反射特性の表現を双方向反射率分布関数（Bi-directional Reflectance Distribution Function, BRDF）

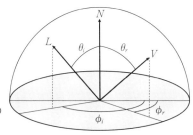

図 2-1-1　BRDF を構成する，方向に関する 4 つの変数

とよぶ（前田・日浦，2023）．この表現は図 2-1-1 に示すように，ある面を照らす光の入射方向 L を 2 つの角 (θ_i, ϕ_i) で表現し，また，その表面を観測する方向（物体から見たカメラや眼球の方向）V を (θ_r, ϕ_r) で表したとき，次のような関数により表面の輝度を表すことができるというものである．ただし θ_i は 90 度以下であるとし，そうでない場合の輝度は 0 になる．

$$I = f_{\mathrm{BRDF}}(\theta_i, \phi_i, \theta_r, \phi_r)\cos(\theta_i)$$

　BRDF による光反射特性の計測と再現において問題となるのは，この BRDF のデータ量が大きすぎることである．たとえば 4 つの角をそれぞれ 1 度刻みで計測するとした場合，計測データ数は約 10^9 個となる．よって，仮に 1 秒間に 30 点を計測しても丸 1 年を要してしまうし，このデータを RGB の 3 原色についてそれぞれ倍精度浮動小数値で表現すると，データ量は約 24 GB にもなってしまう．そこで Matusik らは対象を等方性反射物体に限定した上で，図 2-1-2 のように対象物体を球形に成形し，その像をカメラで撮影することで BRDF を計測した（Matusik et al, 2003）．等方性反射物体の BRDF は 3 つの角により表現され，さらに球体を 2 次元画像として撮影することで，機械的に変化させるべきパラメータはカメラと光源の間のなす角の 1 つだけとなる．一方，向川らは楕円が 2 つの焦点をもつことを利用し，図 2-1-3 のように一方の焦点に計測対象を，他方の焦点にプロジェクタとカメラを配置することで，機械的な動作を伴うことなく高速に BRDF を計測する手法を提案している（向川，2010）．

▪ 2-1-2　双方向テクスチャ関数（BTF）とその計測

　つぎに，表面が均一でない物体について考える．図 2-1-4 に示すように，不

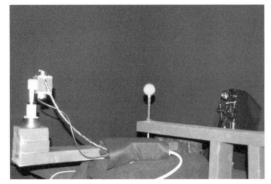

図 2-1-2 均質な等方性反射物体のBRDF計測例（Matusik, 2003）

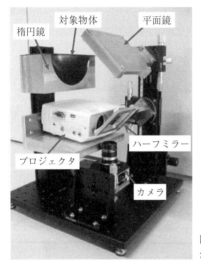

図 2-1-3 楕円鏡を用いたBRDF計測例（向川ほか，2010）

均質な物体は光の入射点により反射特性が異なるため，その違いを独立に表現しようとすると，4変数関数であったBRDFに観測点の座標 (x, y) の2変数を追加した，以下のようなモデルで反射特性を表す必要がある．

$$f_{\mathrm{BTF}}(\theta_i, \phi_i, \theta_r, \phi_r, x, y)$$

これを双方向テクスチャ関数（Bi-directional Texture Function, BTF）とよぶ．

大理石や皮膚のように，物体の内部に光が滲んで拡がり，光を入射した点とは異なる点からも反射光が生じる場合には，入射光の入射点 (x_i, y_i) と，その

図 2-1-4　反射特性の複雑さと質感

光が出射する点 (x_r, y_r) の位置関係を表す必要が生じ，

$$f_{\text{BSSRDF}}(\theta_i, \phi_i, \theta_r, \phi_r, x_i, y_i, x_r, y_r)$$

のような8変数の関数により光反射特性が表される．これを双方向散乱面反射率分布関数（Bi-directional Scattering Surface Reflectance Distribution Function, BSSRDF）とよぶ．このように複雑な反射特性を余さず計測しようとすると，文字通り天文学的な時間と記憶容量が必要であることは数値の例を示さずとも理解されるであろう．

　BTFの計測においても，BRDF計測装置と同様に，対象物体に対し光源方向と観測方向を変化させる装置が必要となる．BRDF計測との相違点としては，輝度を計測する機器が単なる光センサではなくカメラとなることや，対象物体の形状を球形などに変形させることが困難であることが挙げられる．図2-1-5に，著者らが開発したBTF計測装置とそれによるレンダリング例を示す（口絵も参照）．計測対象物体を静置し，それに対し光源とカメラを動かす方法では可動部分の動きが複雑で大きくなるため，この装置では対象物体の姿勢（3自由度）を変化させるようになっている．ただしいずれの方法でも，照明方向と観測方向のなす角は必ず変化させなければならない．この装置ではカメラを固定し，それに対し光源が水平面内で回転するようになっている．また，対象物体の姿勢を変化させるために，通常のジンバル機構を用いることはできない．なぜなら，対象物体に対し光源からの光が浅く入射する場合，装置自体の影が観測面に落ちることがあるためである．この問題を回避するため，この装置では円弧状のレールを用いている．

　BTF計測では対象物体の各点について同じ方向から照明・観測したデータを取得する必要があるが，それを実現するためにはカメラと光源を計測対象から離す必要があり，装置が大型化する．著者らが開発した手法では物体に近い

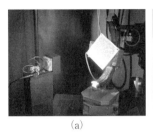 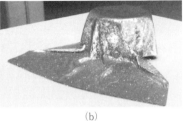

図 2-1-5 (a) BTF 計測装置と，(b) それを用いたレンダリング例（前田ほか，2023）

位置に配置したカメラと光源を用い，得られたデータをもとに深層学習ネットワークに学習させることで，装置を小型化しつつ，少ない観測回数でも高品位な質感再現を行うことが可能になっている（前田ほか，2023）．

（日浦慎作）

2-2　色彩計測

■ 2-2-1　色の数量化と表示

　CIE（Commission Internationale de l'Eclairage, 国際照明委員会）は色を客観的に数量化するための標準的な表示方法を定めている（Wyszecki & Stiles, 1982）．図 2-2-1 は視覚系による物体表面の観測を想定している．分光エネルギー分布 $E(\lambda)$ をもつ光源からの照明光は，分光反射率 $\rho(\lambda)$ の物体表面で反射し，人間の視覚系に入射する．視覚系は等色関数 $\bar{x}(\lambda)$, $\bar{y}(\lambda)$, $\bar{z}(\lambda)$ を有し（CIE 2 度視野等色関数とよぶ），入射光はこれらで重みづけされて 3 成分に分解される．可視光域でのそれらの積分量を物体色の三刺激値とよび，次式で定義される．

$$\begin{bmatrix} X \\ Y \\ Z \end{bmatrix} = K \int E(\lambda)\rho(\lambda) \begin{bmatrix} \bar{x}(\lambda) \\ \bar{y}(\lambda) \\ \bar{z}(\lambda) \end{bmatrix} d\lambda \qquad (2\text{-}2\text{-}1)$$

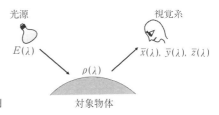

図 2-2-1　視覚系による物体表面の観測

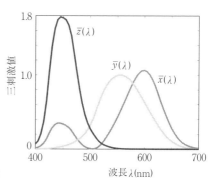

図 2-2-2　CIE 2 度視野等色関数

ここで K は正規化定数で

$$K = 100 \bigg/ \int E(\lambda)\bar{y}(\lambda)d\lambda \qquad (2\text{-}2\text{-}2)$$

で与えられ，$\rho(\lambda)=1$ の完全白色物体に対して $Y=100$ となる．

図 2-2-2 に CIE 2 度視野等色関数を示す．(2-2-1) 式の積分区間は通常可視光の波長域 400-700 nm に設定される．関数 $\bar{y}(\lambda)$ は標準比視感度曲線と定められており，刺激値 Y は視感反射率とよばれる．すなわち Y は物体色の明度情報を表現する．また色度情報は三刺激値を基準化した値

$$\begin{aligned} x &= X/(X+Y+Z) \\ y &= Y/(X+Y+Z) \end{aligned} \qquad (2\text{-}2\text{-}3)$$

で定義され，これらの 2 次元座標 (x, y) で表現する．図 2-2-3 は色度図で，すべての物体色の色度は馬蹄形の閉領域内部にプロットされる（口絵も参照）．周囲の曲線は可視域の単色光による軌跡で，無彩色は閉領域のほぼ中央に位置

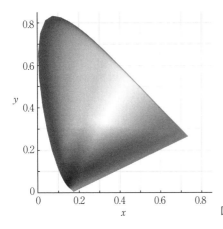

図 2-2-3 xy 色度図

する.

　このように物体色の色光は座標系 (x, y, Y) で表され，この座標系を CIE の XYZ 表色系とよぶ．この表色系は等色性について重要な性質をもつ．もし 2 つの物体色の座標値が $(x_1, y_1, Y_1) = (x_2, y_2, Y_2)$ と一致すれば，たとえ分光反射率が $\rho_1(\lambda) \neq \rho_2(\lambda)$ と異なっていても，それらは同じ色として知覚される．これを等色とよぶ．

　測色は以上のような原理にもとづくが，三刺激値の実際の計測は，①三刺激値直読法と②分光測色法の 2 通りがある．①は上記の XYZ の計算を光学的に実施する．②は分光反射率を分光測定し，三刺激値は (2-2-1) 式の計算で求めるので，①に比べて精度は高いといえる．

▪ 2-2-2　均等色空間による色知覚の表現

　XYZ 表色系は色相，明度，彩度といった心理知覚量を予測するためには都合が悪い．青領域では色度図上の僅かな距離が大きな色差となるが，緑領域ではその逆になる．つまり色度図上の距離は知覚的な色差に対応せず，ユークリッド距離として求めることができない．

　$L^*a^*b^*$ 表色系は CIE が 1976 年に均等色空間の標準化のために規格化した表色系で，現在広く使用されている（CIE, 2004）．$L^*a^*b^*$ 色空間は次の 3 量 L^*, a^*, b^* の直交座標系で定義される．

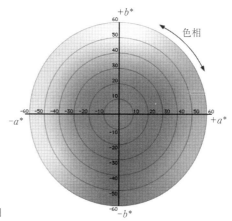

図 2-2-4　L*a*b* 表色系の色度図

$$L^* = 116(Y/Y_0)^{1/3} - 16$$
$$a^* = 500\left[(X/X_0)^{1/3} - (Y/Y_0)^{1/3}\right] \quad (2\text{-}2\text{-}4)$$
$$b^* = 200\left[(Y/Y_0)^{1/3} - (Z/Z_0)^{1/3}\right]$$

ここで X_0, Y_0, Z_0 は標準白色物体に対する三刺激値である．図 2-2-4 に L*a*b* 表色系の色度図を示す（口絵も参照）．2 次元座標系 (a^*, b^*) が色度平面となる．この座標系で心理知覚量として，メトリック色相角 H^*_{ab} やメトリック彩度 C^*_{ab} などが定義されている．

$$H^*_{ab} = \tan^{-1}(b^*/a^*)$$
$$C^*_{ab} = \left((a^*)^2 + (b^*)^2\right)^{1/2} \quad (2\text{-}2\text{-}5)$$

また 2 色 (L_1^*, a_1^*, b_1^*) と (L_2^*, a_2^*, b_2^*) 間の色差はユークリッド距離として計算できる．

$$\Delta E^*_{ab} = \left[(\Delta L^*)^2 + (\Delta a^*)^2 + (\Delta b^*)^2\right]^{1/2} = \left[(L_2^* - L_1^*)^2 + (a_2^* - a_1^*)^2 + (b_2^* - b_1^*)^2\right]^{1/2}$$
$$(2\text{-}2\text{-}6)$$

また CIE は知覚的な均一性をさらに改善した CIEDE2000（delta E00）とよぶ色差式を発表している．これの定義と評価は文献（Sharma et al., 2005）に記

載されている.

■ 2-2-3　イメージング系による分光反射率の推定

2-2-3-1　モデル化

　物体表面の分光反射率は通常分光器を用いて測定するが，近年，汎用のデジタルカメラを用いる方法が開発されている．カメラを用いる利点は測定の厳密性よりも簡便性にあり，さらに各画素点における分光反射率が同時に求まることが大きい．

　図 2-2-5 は RGB カメラを用いたイメージング系の観測モデルを示す．このイメージング系は，分光分布の異なる複数の光源を使用して，分光反射率の推定精度の向上を目指している．たとえば，光源数が M ならば，カメラが 3 チャンネルなので $3M$ 個のカメラ出力が得られる．カメラデータを RAW データとすれば，分光反射率とカメラ出力の間には線形性が成立する．観測値 y_i は次のように記述できる.

$$y_i = g \int_{400}^{700} \rho(\lambda) e_m(\lambda) r_c(\lambda) d\lambda + n_i. \qquad (i = 1, 2, ..., 3M) \qquad (2\text{-}2\text{-}7)$$

ここで，$\rho(\lambda)$ は分光反射率，$e_m(\lambda)$ $(m = 1, 2, .., M)$ は光源の分光分布，$r_c(\lambda)$ $(c = 1, 2, 3)$ はカメラの分光感度関数，n_i はイメージング系のノイズである．ノイズ n_i は平均 0，分散 a の白色ノイズである．また係数 g はゲインパラメータとよび，モデル出力を実際の出力に変換するための係数である．もし観測値を白色物体等で基準化して相対化する場合には，このパラメータは無視できる．ゲインパラメータ g とノイズ分散 a の実際的な求め方は文献（Tominaga et al., 2022）に示されている.

　分光反射率を推定するために，使用したカメラの分光感度関数は必須である．これの測定には，モノクロメータと分光器を使用する測定法が推奨される（Tominaga et al., 2021）．最近では，主な一眼レフカメラおよびスマートフォンカメラの分光感度の測定データが公表されているので，これを利用することができる.

　さて推定アルゴリズムを開発するために，波長域 400-700 nm を N 点（λ_1,

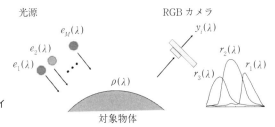

図 2-2-5 RGB カメラを用いたイメージング系の観測モデル

$\lambda_2, ..., \lambda_N$) でサンプルし，分光反射率，照明光分光分布，分光感度を N 次元縦ベクトルで表す．

$$\boldsymbol{\rho} = \begin{bmatrix} \rho(\lambda_1) \\ \rho(\lambda_2) \\ \vdots \\ \rho(\lambda_N) \end{bmatrix}, \mathbf{e}_m = \begin{bmatrix} e_m(\lambda_1) \\ e_m(\lambda_2) \\ \vdots \\ e_m(\lambda_N) \end{bmatrix} (m=1,2,...M), \mathbf{r}_c = \begin{bmatrix} r_c(\lambda_1) \\ r_c(\lambda_2) \\ \vdots \\ r_c(\lambda_N) \end{bmatrix} (c=1,2,3) \quad (2\text{-}2\text{-}8)$$

このとき観測モデルの離散表現は次のような行列形になる．

$$\mathbf{y} = g\mathbf{A}\boldsymbol{\rho} + \mathbf{n}. \tag{2-2-9}$$

ここで $\mathbf{A}$ は（$3M \times N$）の行列で

$$\mathbf{A}^t = \begin{bmatrix} \mathbf{e}_1.^*\mathbf{r}_1, \mathbf{e}_1.^*\mathbf{r}_2, \mathbf{e}_1.^*\mathbf{r}_3, \mathbf{e}_2.^*\mathbf{r}_1, ..., \mathbf{e}_M.^*\mathbf{r}_1, \mathbf{e}_M.^*\mathbf{r}_2, \mathbf{e}_M.^*\mathbf{r}_3 \end{bmatrix} \Delta\lambda \tag{2-2-10}$$

として定義され，$\mathbf{y}$ と $\mathbf{n}$ は次式のような $3M$ 次元縦ベクトルである．

$$\mathbf{y} = \begin{bmatrix} y_1 \\ y_2 \\ \vdots \\ y_{3M} \end{bmatrix}, \mathbf{n} = \begin{bmatrix} n_1 \\ n_2 \\ \vdots \\ n_{3M} \end{bmatrix} \tag{2-2-11}$$

記号（.*），上付き文字（t），$\Delta\lambda$ は，それぞれ，要素ごとの乗算，行列の転置，波長サンプリング間隔を表す．標準的には，サンプリング間隔は 5 nm，つまり $\Delta\lambda = 5$，$N = 61$ とする．

2-2-3-2 推定アルゴリズム

観測値 $\mathbf{y}$ から分光反射率 $\boldsymbol{\rho}$ を推定する統計的な 2 つの手法を提示する．

（1）Wiener 推定法

　分光反射率の推定値を $\hat{\boldsymbol{\rho}}$ と記し，これを $\hat{\boldsymbol{\rho}} = \mathbf{By}$ の形で求める．$\mathbf{B}$ は $(N \times 3M)$ 行列で，この行列は推定値 $\hat{\boldsymbol{\rho}}$ と真値 $\boldsymbol{\rho}$ の平均 2 乗誤差 $J = \mathbf{E}\left[\|\boldsymbol{\rho} - \hat{\boldsymbol{\rho}}\|^2\right]$ を最小にするように決定される．$\mathbf{E}[\mathbf{x}]$ は $\mathbf{x}$ の平均値を表す．これの最小化により推定値は次のように求まる（Tominaga et al., 2022）．

$$\hat{\boldsymbol{\rho}} = g\mathbf{RA}^t(g^2\mathbf{ARA}^t + a\mathbf{I})^{-1}\mathbf{y} \qquad (2\text{-}2\text{-}12)$$

ただし，$\mathbf{R}$ は $\boldsymbol{\rho}$ の自己相関関数の行列，$\mathbf{I}$ は単位行列である．自己相関関数は通常多くの物体表面から得られた分光反射率のデータベースを使用して求める．たとえば，K 個の分光反射率からなるデータベースの場合，$(N \times K)$ 行列を $\mathbf{D} = \begin{bmatrix} \boldsymbol{\rho}_1 \, \boldsymbol{\rho}_2 \dots \boldsymbol{\rho}_K \end{bmatrix}$ とおけば，行列 $\mathbf{R}$ は次式で算出できる．

$$\mathbf{R} = \mathbf{DD}^t/K \qquad (2\text{-}2\text{-}13)$$

（2）LMMSE（線形最小 2 乗誤差）推定法

　この推定量は Linear Minimum Mean-Square Error（LMMSE）推定量とよばれ，理論的に Wiener 推定量よりも精度が高いことが証明されている．分光反射率の推定値は，Wiener 推定よりも一般的な形式で，$\hat{\boldsymbol{\rho}} = \mathbf{By} + \mathbf{b}$ として決定される．ただし $\mathbf{b}$ は N 次元定数行列である．分光反射率は非負なので，$\boldsymbol{\rho}$ と $\mathbf{y}$ の平均値を，それぞれ $\mathbf{E}[\boldsymbol{\rho}] = \boldsymbol{\rho}_0$，$\mathbf{E}[\mathbf{y}] = \mathbf{y}_0 = g\mathbf{A}\boldsymbol{\rho}_0$ とおく．このとき平均 2 乗誤差を最小にする最良推定値は次式として求まる（Tominaga et al., 2022）．

$$\hat{\boldsymbol{\rho}} = \boldsymbol{\rho}_0 + g\mathbf{PA}^t(g^2\mathbf{APA}^t + a\mathbf{I})^{-1}(\mathbf{y} - g\mathbf{A}\boldsymbol{\rho}_0) \qquad (2\text{-}2\text{-}14)$$

ここで，$\mathbf{P}$ は $\boldsymbol{\rho}$ の共分散行列で，$\mathbf{P} = \mathbf{E}\left[(\boldsymbol{\rho} - \boldsymbol{\rho}_0)(\boldsymbol{\rho} - \boldsymbol{\rho}_0)^t\right]$ と定義される．分光反射率のデータベースを使用する場合，

$$\boldsymbol{\rho}_0 = \sum_{i=1}^{K} \boldsymbol{\rho}_i \Big/ K \qquad (2\text{-}2\text{-}15)$$

となり，共分散行列は $\mathbf{P} = \mathbf{R} - \boldsymbol{\rho}_0\boldsymbol{\rho}_0^t$ で $\mathbf{R}$ と関係付けられる．なお，Wiener 推定と LMMSE 推定の誤差をそれぞれ J_1 と J_2 とすれば，$J_1 \geq J_2$ が成立する．

2-2-3-3　適用結果

　ここではスマートフォン Apple iPhone 8 のカメラを用いて，色見本の分光

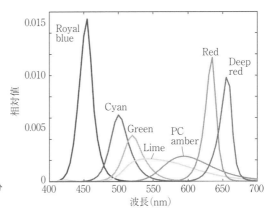

図2-2-6 使用したLED光源の分光分布

図2-2-7 反射率推定の評価に使用した標準白色基準（左）とカラーチェッカー（右）

反射率を推定した結果を示す．カメラの分光感度の数値データは文献（Tominaga et al., 2021）で与えられている．カメラ画像はAdobeのDNGフォーマットで得られた．光源は7個のLEDライトで，これらの分光分布は図2-2-6に示される．使用した色見本はX-Rite Color Checker Passport Photo（図2-2-7）の24色カラーチェッカーである．また観測モデルにあるパラメータgとaを決定するために，図2-2-7左のような標準白色基準（Spectralon）を使用した．

　LMMSEとWiener推定法を適用して推定したカラーチェッカーの分光反射率の推定曲線を図2-2-8に示す．比較のために，分光測色計による反射率の測定結果を破線で描いている．図2-2-8よりLMMSE推定法とWiener推定法は

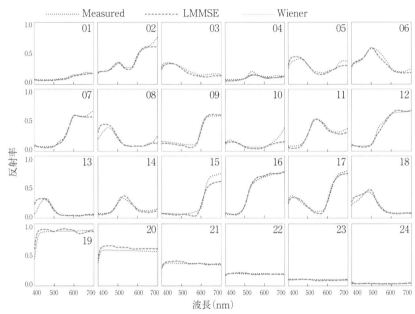

図 2-2-8　LMMSE と Wiener 法を適用して推定したカラーチェッカーの推定結果

ほぼ同等な推定結果であることがわかる．なお図では両者はほとんど重なっており差が見づらいが，推定誤差の数値は，$J_1 = 0.03277$，$J_2 = 0.03224$ となり，LMMSE が優れていることが示されている（Tominaga et al., 2022）．

（富永昌二）

2-3　分光反射計測

2-3-1　質感と分光反射計測

　質感を意識して分光反射を計測する場合，最も重要なポイントは，計測対象への照明と受光に関わる光学幾何条件であり，分光反射計測はさまざまな条件で物体を照射し，そのレスポンスを受光・観察することが基本となる．その際

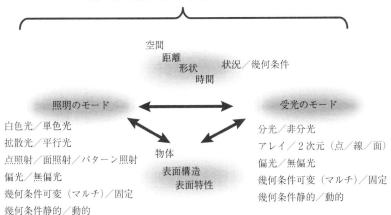

図 2-3-1　物体色の照明および受光のモードの関係性とバリエーション

に，照明と受光それぞれの分光や幾何条件を，特性のモードとして組み合わせると，さまざまなバリエーションの質感に関係する測定方法を，構築することが可能となる（図 2-3-1）．照明のモードについては，白色光・単色光（分光）照明や拡散光・平行光といった違いに加え，点照射・面照射・パターン照射といった違い，偏光の利用，照射角等の幾何条件の可変（複数）性，静的・動的な変化といった，非常に多くのバリエーションが考えられる．これは受光側も同様であり，分光・非分光の受光方法の違いや，アレイセンサーの利用による点・線・面での受光というモードのバリエーションに加えて，偏光の有無，受光の幾何条件の可変・固定のモード，静的あるいは動的なのかといった，さまざまな方法が考えられる．

　たとえば，分光手段に単色光照明を用い，受光側でも分光受光を行えば，2分光計測となり蛍光測定に繋がる．さらに照明がプロジェクターで，パターン照射を行い，かつ2次元受光となると，写像性に関係するパラメータも計測可能で，加えて表面の凹凸計測を同時に行うことにも繋がる．測定機器という観点から考えた場合，照明と物体と受光の3者を俯瞰し，関係性を把握することで，多様な計測対象の目的にかなった計測システムが実現できる．空間配置であったり，距離であったり，形状であったり，動的要素に繋がる時間の把握で

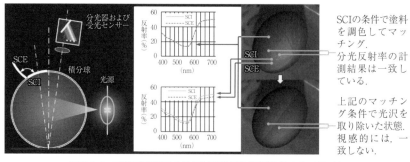

図 2-3-2　積分球照明の分光反射率計測と幾何条件メタメリズム

あったり，計測の過程をよく認識し，定義や校正条件をしっかりと整え，測定を行えばよい．

▪ 2-3-2　積分球による計測

ここでは，物体色の計測幾何条件の中では最も一般的な積分球照明による計測について解説する（図 2-3-2）．積分球による拡散照明は，全方向から測定対象に対して均等に照射することが可能で，産業界では極めて一般的に用いられる幾何条件である．通常は試料面垂直方向に対して 8° 傾けて受光し，その鏡面の位置に光トラップを備え，開閉することで，光沢成分を含んで計測する Specular Component Included（SCI）と，光沢成分を含まないで計測する Specular Component Excluded（SCE）の 2 つのモードで計測する工夫が施されている．両者は表面の光沢によって計測値が異なる（Zorll, 1972）．

たとえば低光沢な見本色試料に対して，光沢のある塗料を用いて SCI の状態でマッチングさせた場合，測定された分光反射率は光沢を含んだうえで見本と一致している．しかし視感では光沢を除いたかたちで色彩の知覚が行われるので，暗い色彩に感じるような結果となる（Viénot & Obein, 2004; Ged et al., 2017; Rabal et al., 2019）．この塗色を SCE で比較すると，調色サンプルは見本サンプルよりも低い反射率となる．

なお，十分に低光沢の状態であれば，光沢成分を含まないので，SCI も SCE も測定される分光反射率は変わらない．物体表面の特性により発生する，幾何条件に関係するメタメリズムを，幾何条件メタメリズム（Geometric Metamer-

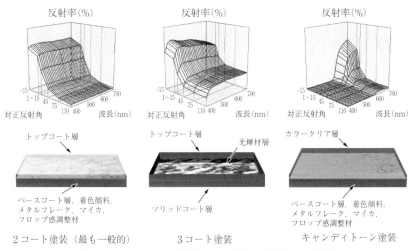

図 2-3-3 ポータブル計測機による自動車外装塗色の計測例

ism）とよぶ．

■ 2-3-3 多角度分光反射計測

次に多角度分光計測について述べる（Rabal et al., 2012）．質感は，先に述べたように照明と受光の幾何条件に依存するのが常である．こうした中，空間的な把握や，特性の把握に繋がる分光反射率の多角度計測は，大変有効な手段といえる．情報量は飛躍的に増大し，多次元的な光学特性を俯瞰することが可能となる．

図 2-3-3 に，近年，比較的に多用されるポータブル型の分光光度計（BYK Gardner, BYK mac i）による計測例を示した．図中にあるのは，自動車外装塗色の典型である 2 コートメタリックシルバー，3 コートパール色，および赤のキャンディトーンの計測結果である．

多角度計測可能なポータブル機器の最大の用途は，自動車の外装塗色の品質管理や，補修の際の調色用途である．45°の入射に対して，その鏡面反射方向を基準に，-15°，15°，25°，45°，75°，110°の 6 角度の計測が可能なシステムが基本となる．また，X-Rite MAT12 のように，照明と受光の幾何条件の関係が逆で，さらに 45°以外に 15°の受光も加えて 12 角度での計測が可能な機種も

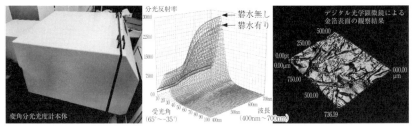

図 2-3-4　村上色彩技術研究所 GCMS-4 型とその金箔の計測例および顕微鏡画像

ある．なお，BYK Gardner の BYK mac i や X-Rite MAT12 は，画像センサーを備えており，自動車外装塗色に多く見られるメタリック・パール色のキラキラ感や粒子感を，Sparkle Index，Graininess Index として計測できる機能を備えている（Kirchner et al., 2015）．これらのインデックスは現在，CIE の JTC12 で，テクニカルレポートの作成を進めている．

さらに，詳細で正確な多角度分光計測を行う場合は，可動式のシステムを用いて計測する．典型的な例として，村上色彩技術研究所の装置がある．本装置では，3 方向の回転自由度を持つ可動式のサンプルホルダーと，1 方向の回転軸を持つ可動式の照明装置により，受光と照明の方向が同じ，あるいは試料面に対し水平に近い方向を除き，任意の幾何条件で計測することが可能である．

図 2-3-4 に測定装置と計測例を示した．この例では，越前和紙の上に金箔を施した平面状のサンプルを作成し，さらにその上に日本画の手法である礬水（ドーサ，明礬を膠水に溶いたもの）を施したものも用意した（荒木, 2009）．表面は，光学顕微鏡で観察すると凹凸が複雑な形状が確認でき，平行光はある程度の広がりをもった反射を引き起こす．本計測例では，試料垂直方向から $-45°$ で入射し，$-35°$ から $+65°$ まで $1°$ おきに計測したものを示した．反射率の高いラインは礬水を施していないもの，低いラインは礬水を施したものである．合わせてデジタル光学顕微鏡で，Focus Stacking を用いて全深度で合焦させた 3 次元画像も示した．

■ 2-3-4　分光イメージング（Spectral Imaging, S. I.）による計測

質感に関わる要素の計測には，イメージングによる手法が必須である．写像

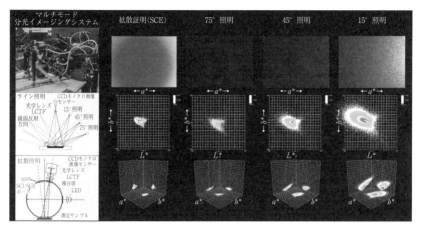

図 2-3-5　S.I.によるさまざまな光学幾何条件下でのCIELAB色空間分布計測例

性や光輝材を含む対象のテクスチャ，編織品や木目，石材といったパターン，表面の凹凸等，その対象は広範囲にわたる．中でも画像を分光して計測可能な分光イメージングは，RGBセンサーでの画像計測と比較して計測色域が広く，干渉性光輝材のような純色に近い分光反射率のプロファイルをもつ対象でも，高い精度を確保できる．

図2-3-5は，試料面垂直方向から15°，45°，75°のライン照明と積分球照明（SCE）で計測可能な，マルチモードの分光イメージング装置を用いた計測例である．測定対象は主に緑色に発色するガラスフレークを基材とした干渉性光輝材を含む塗板であり，各画素のCIELAB色空間におけるa^*-b^*平面，および3次元の各平面上の出現分布を，測定装置の構成とともに示した．

分光イメージングのメリットは，画像計測がもたらす自由度の高さと，分光計測がもたらす計測色域の広さや正確性の高さにある．光の入射や受光のバリエーションを組み合わせると，極めて多くの情報が得られ，画像計測結果を一度に処理することで，さまざまな計測パラメータを得る可能性が開ける．一方で，分光手段に依存する問題点があることも確かであり，これには色収差やフォーカスのずれなど，色彩計測のクオリティを損なう要因が多々存在する．また，数μmから数十μmといった大きさの光輝材を含む塗色の場合，入射光が平行光であれば光輝材の正反射方向への反射の輝点は小さく，極めて高輝度で

光学幾何条件への依存性も高いため，ダイナミックレンジとピクセル分解能の高さも要求される．

分光イメージングは，情報量，正確さ，微小箇所の観察とピックアップ，幾何条件への拡張等，たくさんの測色に対するメリットがあり，得られる情報量も多く，かつ有用である（大住，2021）．一定水準の精度を確保できれば，質感の管理のための多大な知見を得ることが可能となる．何よりも画像は，視覚情報そのものであり，今後の進展に大いに期待したい．

（大住雅之）

2-4　光沢の検出と評価

▪ 2-4-1　光沢度

ヒトは物体表面を見る際，表面に周囲の物体や光源の像が映り込んでいると光沢を感じる．これは物体表面に入射した光が鏡面反射（正反射）した結果である．この程度を表す1つの指標として光沢度がある．日本産業規格（JIS）では，産業標準化のために，平滑な平面物体について光沢度と測定方法をJIS Z 8741で規定している．光沢度計は物体表面の光沢を計測する機器で，入射光に対して鏡面反射のみを検出することで，鏡面反射方向に反射する光のみを受光器で測定する．その際，入射角と受光角は常に一致している．光沢の度合いによって，入射光強度と受光強度の比に差が現れる．

光沢度の測定角度は，JISでは鉛直線から20°，45°，60°，75°，85°と規定している．実際に広く使用されているのは60°であるが，一般に光沢度の高いものは20°のように小さい角度で，低いものは大きい角度で測定する．光沢度の値は，基準値で正規化された相対値で，Gloss Unit（GU）という単位を使う．基準物体は屈折率1.567の黒色ガラス面で，入射角60°の場合は反射率 $\rho = 0.1001$ で，これを光沢度100とする．また入射角20°の場合は反射率 $\rho = 0.0491$ で，これを光沢度100とする．

112 ▪ 第2章　質感の計測とセンシング

物体の光沢，すなわち鏡面反射光の検出は，物理的に偏光を用いて実現できる．たとえば，ある方向の直線偏光を有する照明で測定対象を照らすと，鏡面反射光はその偏光状態が保持されて返っていくが，拡散反射光は物体内部で多重反射してから出てくるため偏光が消失する（ランダムになる）．そこで入射した直線偏光成分とそれと直交する直線偏光成分を別々に測定することで，光沢（鏡面反射光）の検出や拡散反射光のみまたは鏡面反射光のみの画像取得，そして拡散反射光に対する鏡面反射光の比である光沢度を求めることができる．この偏光の手法を用いて，顔画像から鏡面反射光を取り除く（すなわち拡散反射光のみにする）と，見た目の肌年齢が5歳くらい若くなることが実験的に示されており（Arce-Lopera et al., 2012），肌の光沢にはツヤとテカリの2種類があるが，年齢を感じさせるテカリは鏡面反射光であることを示唆している．

光沢度は物理的属性として定義されるが，ヒトが見る「光沢」は物体（表面の法線方向）に対する視線方向や照明（方向や配光等）によって大きく変化する．また，ヒトがその物体に感じる「光沢感」も，光沢の空間分布だけでなく物体表面の凹凸や色等によって大きく異なる．

▪ 2-4-2　金属光沢と非金属光沢

金属と非金属（非均質誘電体）では，光沢の物理的（波長）特性が大きく異なる．（注：非金属光沢として透明材質の光沢を含む場合もあるが，ここでは非透明物質のみを対象とする．）一般に物体の反射光は2色性反射モデル（拡散反射光＋鏡面反射光）で記述できるが，金属の拡散反射光は非常に弱く，また鏡面反射光は物体固有の波長特性を有するため，白色光で照らしても金属固有の鏡面反射光を返す．たとえば，金を白色光で照らすと，鏡面反射光は（照明光の白色ではなく）金色となる．

一方，非金属（非均質誘電体）の拡散反射光は物体固有の色であるが，鏡面反射光は照明光の色となる．たとえば，黄色のプラスチックを白色光源で照らすと，物体の色（拡散反射光）は黄色であるが，鏡面反射光は（照明の色である）白色となる．この鏡面反射光の色の違いから物体材質（金属か否か等）を判別することも可能である．また，金色と黄色は色度的には同じ光であるが，適切な光沢（鏡面反射光）があると黄色ではなく金色として知覚される．

2-4　光沢の検出と評価　▪ 113

▪ 2-4-3　光沢検出モデル

　我々は画像内にある光沢を一瞬に見つけることができる．しかし，画像における光沢の検出は，一般に解くことが困難な視覚の逆問題の1つと考えられている．すなわち，画像中で光沢の出現する箇所は照明光，物体，視線方向の3つの組み合わせで決まり，それらの状況によって光沢の場所も形状も変化する（van Assen et al., 2016）．そのため，それぞれの元情報（照明の位置や物体の形状や反射特性等）を厳密に解いてからでないと，画像中のある画素が光沢の一部か否かを判定できないと考えられるからである．

　これらの各設定を解析的に求めることは非常に難しいが，深層学習を用いて光沢を検出・除去することは可能であり（Fu et al., 2021），教師なし学習によって自発的に画像をクラスタリングする際に，表面の画像を効率的に圧縮して空間的に予測することを学習することで，光沢検出の中間層が生じることが報告されている（Storrs et al., 2021）．

　深層学習を用いない画像中の光沢検出として，2色性反射モデルを用いた手法が提案されている（小曳ほか，2013）．しかしこの手法は，照明光の色のハイライトを光沢と検出しているため複雑なシーンでは検出誤りが増大することが容易に予想される．また，多重受容野を用いた光沢の検出手法（Okajima & Nagata, 2019）も提案されているが，時に光沢以外の明るいパッチも光沢の候補として検出するため，エッジ解析による光沢と非光沢の「ふるい分け」が必要となる．

　さまざまな制約や限界はあるにしろ，これらの手法を用いて画像中の光沢部分を検出できれば，その強度を増減させることで光沢感の制御が可能となる（図2-4-1）．また，深層学習等による画像中の物体認識において，光沢等のハレーションは認識率を低下させるノイズとなるため，光沢の抑制・除去は画像物体認識における前処理としても有効である．

▪ 2-4-4　光沢感

　ここまで物理的に定義可能な「光沢（鏡面反射光）」について説明してきたが，物体全体あるいは画像全体の「光沢感」という「心理的な光沢の度合」と

114 ▪ 第2章　質感の計測とセンシング

光沢減 ←　　　　　　　　　元画像　　　　　　　　→ 光沢増

図 2-4-1　光沢検出後に光沢のみ増減させた画像の例

いう知覚も存在する．画像中に「光沢」が一箇所しか存在しないケースもあるが，通常は画像や物体表面上に多くの光沢が存在し，その総和として物体の「光沢感」を評価している．

1つ1つの光沢の強さも評価できるが，画像全体の各光沢（および光沢ではない箇所）をどのように総合的に評価して1つの「光沢感」を決定しているかについては，画像統計量を手がかりとして用いているという説がある（Motoyoshi et al., 2007）．具体的には，画像統計量の1つである輝度分布の歪度（skewness）が大きいほど光沢感が強い相関関係が存在し，比較的低次レベルの計算で光沢感を算出できる可能性を示した．歪度は式 2-4-1 のように定義される．

$$\frac{n}{(n-1)(n-2)}\sum_{i=1}^{n}\left(\frac{x_i-\bar{x}}{s}\right)^3 \qquad (2\text{-}4\text{-}1)$$

ここで，n は画素数，x_i は画素 i の輝度値，$\bar{x}$ は輝度の平均値，s は輝度の標準偏差である．歪度は，ヒストグラムの分布の左右の偏り（非対称性）を反映する値である．たとえば，右に裾を伸ばし重心が右側にあるヒストグラムの場合は歪度は正の値となる．実際，マカクザルの V4 野に視覚刺激の歪度に反応する細胞が発見されており（Okazawa et al., 2015），マカクザルの IT 野に光沢に選択的に反応する細胞が見つかっている（Nishio et al., 2014）．この歪度を変化させる手法は，画像の光沢感を制御するには大変有効であるが，歪度を変える際の平均値を揃える操作によるアーチファクトであり，視覚系における光沢感知覚メカニズムそのものではないとの反論もある（Anderson & Kim, 2009）．

物体の色によって光沢感は異なり，輝度が同じでも明るさが異なるヘルムホルツ・コールラウシュ（H-K）効果にもとづき，明るく見える色ほど光沢感が

図 2-4-2　光沢刺激の一例

強く（岡嶋・高瀬，2000），H-K 効果は色コントラスト等の影響よりも強く光沢感に影響していることが示されている（Koizumi & Nagai, 2023）．光沢と色は脳内で別々に処理されているが，金属知覚（金や銀等）時において両者が統合され（Matsumoto et al., 2016），光沢や色の条件が適切に満たされたときに（黄色や白色でなく）金色や銀色として知覚される（松本ほか，2016）．表面に細かな凹凸がある光沢物体では，サブバンドコントラストを増強すると光沢感が増加するが，明部か暗部かでその影響が異なる（Kiyokawa et al., 2021）．また，頭部運動に伴う時間的変化や両眼視差を伴う両眼視が，画像中の物体の光沢感を増強させることが報告されている（Sakano & Ando, 2010）．

▪ 2-4-5　光沢知覚の時間特性

　同じ光沢物体を観察しても，呈示時間によってその光沢度は変化する（Nagata et al., 2007）．以下ではその実験内容について具体的に説明する．Phong の反射モデルにもとづき，真上から照明を当てた半径 r の半円柱を真上から見た状態の CG が視覚刺激として作成された（図 2-4-2）．

　図 2-4-2 の横軸の座標を x とする（中央が $x=0$）と，Phong の反射モデルは式 2-4-2～2-4-4 で定式化できる．

$$I_r(x) = K_d I_d(x) + K_s I_s(x), \qquad (2\text{-}4\text{-}2)$$

$$I_d(x) = I_L \cos\left[\arcsin\left(\frac{x}{r}\right)\right], \qquad (2\text{-}4\text{-}3)$$

$$I_s(x) = I_L \cos^n\left[2\arcsin\left(\frac{x}{r}\right)\right]. \qquad (2\text{-}4\text{-}4)$$

表2-4-1 刺激条件

t(ms)	K_d	K_s
33	0.1	0.025
167	0.2	0.05
1000	0.4	0.1
2000		0.2
		0.4

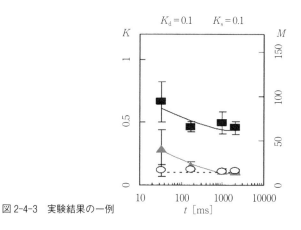

図2-4-3 実験結果の一例

　テスト刺激の条件は呈示時間（t）4種，拡散反射率（K_d）3種，鏡面反射率（K_s）5種が設定された（表2-4-1）．また参照刺激として，拡散反射率$K_d = 0.4$, 鏡面反射率$K_s = 0.4$を2秒よりも十分長く観察させた．実験参加者は参照刺激とテスト刺激を交互に観察し，参照刺激の光沢感を100としたマグニチュード推定法でテスト刺激の光沢感を評価した．次に，テスト刺激の拡散反射率と鏡面反射率にマッチするよう，マッチング刺激（観察時間は2秒以上）のそれぞれを調整した．結果の一例（$K_d = 0.1$, $K_s = 0.1$の場合）を図2-4-3に示す．シンボル■は光沢感の評価値（右縦軸），▲はマッチングした鏡面反射率（左縦軸），○はマッチングした拡散反射率（左縦軸），実線は光沢度と鏡面反射率の呈示時間tの関数である予測式 $M(K_d, K_s, t)$ と $K_s(t)$ の値を示す．

　解析の結果，光沢感はK_sとK_dの線形比でなく，それらの対数値の比で精度よく説明できることがわかった．これは色の見えのモードの状態方程式と類似しており，非線形コントラスト情報が視覚系において使用されていることを

示唆している（岡嶋・池田, 1989）. また図 2-4-3 から, 鏡面反射率は呈示時間が短いほど高いと評価され, 拡散反射率は呈示時間に依存しないため, その結果として光沢感は呈示時間が短いほど強く知覚され, 1000 ms でほぼ定常値に漸近することがわかる. このように, 光沢感は呈示時間に依存して変化し, 数 ms～数十 ms で最大となるが, これは鏡面反射率（反射光）知覚の時間特性で説明できる.

（岡嶋克典・富永昌二）

2-5　質感をとらえる新たな反射モデル

　光の反射が, 我々の視覚世界を作り出す. 太陽や電灯から発せられた光が空間を満たし, さまざまなモノに反射を繰り返した末に我々の目に入り, 我々は周りを見ることができる. 物体表面における光の反射を正確に記述することは, 我々の視覚情報処理を正しく理解するためばかりでなく, 計算機を用いた視覚情報処理, すなわちコンピュータビジョンにおいても根源的な役割を果たす. 物体表面に入射した光はその物体表面の属性, すなわち反射特性および形状を構成する法線, さらには周囲光源環境が織りなす複雑な物理的過程を経て反射光として出射する. 観測された反射光, すなわち画像からこの物理過程を逆にたどることができれば, その周囲環境ばかりでなく, その物体表面固有の凹凸や艶など, まさに質感を具体的数値として定量化することができる.

　しかし, この光の反射の逆過程をたどることは, 単一のスカラー値から複数の変数の値を求める不良設定の逆問題を解くことであり, 非常に難しい. そこで, 物体や周囲光源環境を物理的に正確に表しつつ, より低次元の数理モデルとして反射過程を記述する反射モデルが必須となる. すなわち, 質感を正しく, かつそのパラメタの推定を頑健に行える数理的反射モデルの導出がコンピュータビジョンに欠かせない.

　1 画素内の表面領域における光の反射を表現する双方向反射率分布関数（Bidirectional Reflectance Distribution Function, BRDF）（2-1 節参照）は各画素

における光の反射を記述する抽象関数であり，その数理モデルの導出は特に力が入れられてきた．この各物体表面点における BRDF は，入射光が物体表層に透過したのち出射する内部反射光と，そのまま直接表面において反射する表面反射光に分けてとらえられる．

　内部反射光はあらゆる方向にある程度輝度をもつため，拡散反射ともよばれる．ランバート反射モデル（Lambert, 1760）は，全方向に均一に光を反射すると仮定する内部反射モデルであり，その線形表現が形状復元や反射パラメタ推定などの定式化を簡易にするため，多くの実物体表面において非常に粗い近似となるものの，コンピュータビジョンにおいて広く用いられている．表面反射は鏡面反射ともよばれるが，Torrance と Sparrow は 1 画素内に含まれる表面の微細幾何構造を，さまざまな方向を向いた各々が完全鏡面反射する微小面（マイクロファセット）の集合として表現した（Torrance & Sparrow, 1967）．Oren と Nayar は，これら鏡面マイクロファセットの代わりに，それぞれがランバート反射する拡散マイクロファセットと仮定して微細幾何構造による内部反射をモデル化した（Oren & Nayar, 1995）．

　このような拡散反射と鏡面反射のモデルの線形和をとった反射モデルはその数理的利便性により非常に広く用いられてきたが，大きな問題を抱える．これは，拡散反射と鏡面反射が異なった微細幾何構造にもとづいてモデル化，すなわち一方は完全拡散反射をする微小面の集合を仮定し，もう一方は完全鏡面反射をする微小面の集合を仮定していることに起因する．物体表面の微細幾何構造が同時に 2 つの正反対の反射特性を体現することはありえないため，これは物理的に矛盾しており，現実世界の物体表面の質感表現としては不適切である．

　本節では，これらの問題点を解決する，さまざまな実物体表面を統一的に扱え，その質感解読の基盤となる新たな反射モデルを紹介する（Ichikawa et al., 2023）．このフレネルマイクロファセット BRDF（Fresnel Microfacet BRDF, FMBRDF）モデル（Ichikawa et al., 2023）は，物体表面の微細幾何構造を同じ鏡面マイクロファセットの集合として記述し，各マイクロファセットにおけるフレネル反射とフレネル透過，ならびにマイクロファセット間での光輸送を考えることにより，過去の鏡面反射モデルと拡散反射モデルの両方を内包し，反射光の輝度だけでなく偏光の振る舞いも説明できる，統一された反射モデル

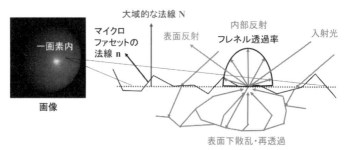

図 2-5-1　鏡面マイクロファセットによる物体表面の微細な幾何構造と，反射光の挙動

である．

■ 2-5-1　フレネルマイクロファセット BRDF（FMBRDF）モデル

図 2-5-1 に示すように，1 つの画素には物体表面の微小領域が投影される．この領域に含まれる表面の微細幾何構造を，完全に滑らかな鏡面であるがさまざまな方向を向いているマイクロファセットの集合として表現する．鏡面マイクロファセットはそれぞれが法線 **n** をもち，集合として 1 つの画素の大域的な法線方向 **N** を形成する．FMBRDF モデルは，これらの鏡面マイクロファセットにおけるフレネル反射とフレネル透過，すなわち界面における光の挙動の基本原理にもとづきモデル化し，その集合としての性質を記述することにより，内部反射と表面反射，さらには輝度と偏光を統一的に表現する．

2-5-1-1　表面反射

表面反射はマイクロファセットの表面で鏡面反射された光の総和である．画像上の 1 つの画素に含まれる表面の領域に入射する光は，その領域内の各マイクロファセットによって鏡面反射される．さまざまな向きのマイクロファセットの中で，視線方向 **V** と光源方向 **L** の二等分線と同じ向きの法線をもつ，マイクロファセットに反射された光が観測される．視線方向 **V** と光源方向 **L** の二等分線は，ハーフベクトル $\mathbf{H}=(\mathbf{L}+\mathbf{V})/\|\mathbf{L}+\mathbf{V}\|$ で表される．ハーフベクトルの方向を向いたすべてのマイクロファセットからの光の総和をとると，表面反射光の輝度 $\mathbf{L}_s$ は

$$\mathbf{L}_s = k_s \frac{R(\theta_d) D(\theta_\mathbf{H}) G(\mathbf{H})}{4(\mathbf{N} \cdot \mathbf{V})} E_o$$

となる（Lambert, 1760）．ここで，$\mathbf{N}$ は 1 画素内に含まれる表面の大域的な法線，k_s は表面反射のアルベド（反射率），θ_d はマイクロファセットに対する入射角，$\theta_\mathbf{H}$ は $\mathbf{H}$ の $\mathbf{N}$ に対する天頂角，D はマイクロファセットの分布関数，G はマイクロファセットでの光の遮蔽を表す幾何減衰項，E_o は表面法線と $\mathbf{L}$ が平行である場合の放射照度を表す．また，分布関数 D を一般化正規分布でモデル化することでより幅広い微細幾何構造を表せるようにする．一般化正規分布は $D(\theta_\mathbf{H}) \propto \exp[-(\theta_\mathbf{H}/\alpha)^\beta]$ で与えられる．

2-5-1-2 内部反射

内部反射は，表面反射されずに物体内部に入った光が，表面下で散乱されて再び物体外部に出ることで観測される．FMBRDF では，表面反射と同じ微細幾何構造にもとづいて表面における光の透過と表面下での光の輸送を考慮した内部反射を記述する．マイクロファセット間での光輸送を考慮するため，1 画素に含まれる表面区画 A_p 内のすべての点の入射点と出射点の組み合わせを考える．まず，A_p 内に存在する法線が $\mathbf{n}$ であるマイクロファセット上の点 $\mathbf{p}$ に注目する．点 $\mathbf{p}$ から出射される大域的な表面法線に投影したときの反射光の輝度 $L_{rp}(\mathbf{p};\mathbf{n})$ を用いて，投影された輝度 $L_{rp}(\mathbf{n})$ は

$$L_{rp}(\mathbf{n}) = \frac{1}{|A_\mathbf{n}|} \int_{A_\mathbf{n}} G_m^b(\mathbf{p};\mathbf{n}) L_{rp}(\mathbf{p};\mathbf{n}) dA_\mathbf{n}$$

と表すことができる．ここで，$G_m^b(\mathbf{p};\mathbf{n})$ は点 $\mathbf{p}$ におけるマイクロファセット同士の遮蔽を表す 2 値のマスキング関数，$A_\mathbf{n}$ は A_p 内で法線が $\mathbf{n}$ であるマイクロファセットの領域，$|A_\mathbf{n}|$ は領域の面積，$dA_\mathbf{n}$ は点 $\mathbf{p}$ の近傍の微小面積である．法線が $\mathbf{n}$ であるマイクロファセットの面積 $|A_\mathbf{n}|$ は $|A_\mathbf{n}| = |A_p| D(\theta_\mathbf{n}) d\omega_\mathbf{n}$ となる．$L_{rp}(\mathbf{p};\mathbf{n})$ は

$$L_{rp}(\mathbf{p};\mathbf{n}) = \frac{d\Phi_r(\mathbf{p};\mathbf{n})}{(\mathbf{n} \cdot \mathbf{N}) dA_\mathbf{n} (\mathbf{N} \cdot \mathbf{V})} d\omega_r$$

2-5 質感をとらえる新たな反射モデル ■ 121

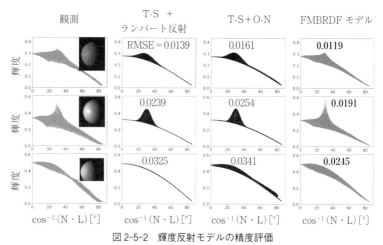

図 2-5-2 輝度反射モデルの精度評価
表面の大域的な法線と光源方向がなす角と輝度の散布図を用いて，観測結果と各反射モデルのフィッティング結果を示す（T-S: Torrance-Sparrow モデル，O-N: Oren-Nayar モデル）．表面の粗さや材質によらず，FMBRDF モデルが最も正確に観測輝度を再現できている．

で定義され，$d\Phi_r(\mathbf{p};\mathbf{n})$ は点 $\mathbf{p}$ から観測者へ向かう放射束，$d\omega_r$ は観測者方向の微小立体角である．放射束 $d\Phi_r(\mathbf{p};\mathbf{n})$ は点 $\mathbf{p}$ における観測者方向に向かう光の輝度 $L_r(\mathbf{p};\mathbf{n})$ を用いて

$$d\Phi_r(\mathbf{p};\mathbf{n}) = L_r(\mathbf{p};\mathbf{n}) \cdot (\mathbf{n} \cdot \mathbf{V}) dA_n d\omega_r$$

と表され，ここでは詳述しないが，$L_r(\mathbf{p};\mathbf{n})$ は，表面の微細幾何構造の他の点から入射して輸送されてきた光の総和であり，FMBRDF はこの光輸送を統計分布により正確にモデル化している．

2-5-1-3 偏光

FMBRDF モデルは同一の微細幾何構造をもとに内部反射と表面反射を統一して表現しているため，光の偏光についても同時に表すことができる．ここでは詳細を省くが，鏡面マイクロファセットにおけるフレネル反射とフレネル透過による偏光状態の変化を丁寧に追うことにより，FMBRDF を用いて表面反射および内部反射の偏光を正確かつ効率よく記述することができる．これにより，通常の輝度画像による観測だけではなく，偏光画像を用いて物体表面の反射特性や幾何形状の復元を実現できる．

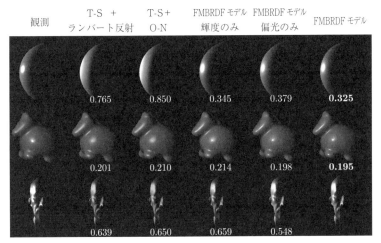

図 2-5-3　一枚の偏光画像からの BRDF の推定精度
新たな光源状況下での観測画像と，推定した BRDF を用いたレンダリング画像を示す．偏光と輝度を用いた FMBRDF の推定は表面反射・内部反射ともに，正確に予測できている．

■ 2-5-2　精度評価

　複数の異なる光源状態で撮影した球の画像を用い，輝度で FMBRDF モデルのパラメタ推定を行い，画像の再現精度を確認することにより，輝度の反射モデルとしての FMBRDF の精度が評価できる．図 2-5-2 に見られるように，既存モデルで採用されているガウス分布によるマイクロファセットの傾き分布表現は実世界の表面を表すには不適切である．また，FMBRDF はランバート反射モデルや Oren-Nayar 反射モデルよりも，正確に輝度反射を表現しているが，これは内部反射も正確に表しているためと考えられる．さらに，一番下の行に示す石膏のように，ランバート反射するような物体表面も FMBRDF が正確に表せており，ランバーシアンなマイクロファセットを仮定することなく，ランバート反射モデルを説明できることがわかる．

　図 2-5-3 では，さまざまな材質・粗さ・形状の物体に対して，推定した BRDF を用いた新たな光源状況下でのレンダリング画像と予測誤差を評価することにより，FMBRDF の反射特性表現としての精度の高さを示している．FMBRDF は直線偏光度と輝度，FMBRDF の偏光のみは直線偏光度のみ，それ以外のモ

デルは輝度のみを用いて BRDF を推定した．輝度のみを用いた FMBRDF を含む輝度のみの BRDF モデルでは，ハイライトが観測画像よりもぼやけており，表面反射を正確に予測できていない．一方，偏光も利用してパラメタ推定を行った FMBRDF でレンダリングした画像は，材質・粗さ・形状によらず正確に再現できている．特に，ハイライト付近で予測精度に顕著な差が見られる．これらの結果より，輝度と偏光の反射モデルを統一することで，正確な反射特性の推定が可能になることがわかる．

▪ 2-5-3　結びに

本節では，さまざまな物体表面での反射を表すことができる，物理ベースの新たな反射モデルについて述べた．鏡面マイクロファセットにおけるフレネル反射とフレネル透過によって，同じ微細幾何構造にもとづいて表面反射と内部反射を記述することにより 1 つの統一したモデルで複雑な輝度反射だけではなく，偏光反射まで説明できる．この新たなモデルによって非常に少ない観測（たった 1 枚の偏光画像）から物体表面の詳細な反射特性や幾何構造を安定して復元できることも示された．これにより，非常に高い精度で現実物体の視覚による質感理解を実現するための反射モデルおよび推定手法を手に入れることができ，さらにはより現実感の高い質感合成にも寄与するものと期待できる．

（西野　恒）

2-6　テクスチャの検出と編集

テクスチャ（texture）とは，物体表面の視覚的な風合いの他に，手触り，舌触り，楽曲の響きなど，さまざまな感覚系の質感表現に使用される単語である．特に，視触覚系においては，模様や柄，幾何学的な図形などが繰り返し複製されたような微細な凹凸からなるパターンを指すことが多く，物体の質感知覚において重要な役割を果たす．コンピュータグラフィックスでは，立体物の表面にそのような図柄を貼り込んで豊かな質感を表現する方法を「テクスチャ

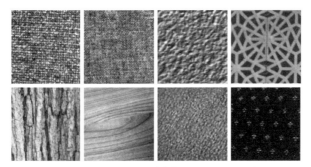

図2-6-1　テクスチャの例（Huang et al., 2020）

マッピング」と呼び，リアルな質感再現のために重要なプロセスの1つとなっている．

本節では，図2-6-1に示されるような視覚的なテクスチャに対象をしぼって，実世界の物体表面にあるテクスチャの検出方法や編集方法を説明する．

▪ 2-6-1　テクスチャの計測

物体表面で観測される微細な反射特性を表す光学モデルとして，双方向反射率分布関数（Bidirectional Reflectance Distribution Function, BRDF）が知られている．BRDFは光源方向からの入射光照度 $L(\theta_d, \phi_d)$ と視線方向への反射光輝度 $R(\theta_r, \phi_r)$ の比率を表すモデルであり，観測輝度 s は

$$s = f_b(\theta_d, \phi_d, \theta_r, \phi_r) \tag{2-6-1}$$

と表現される．これによって，特定の点における反射特性を表現できる．テクスチャのある物体表面は，位置によって異なる反射特性をもっている．BRDFを拡張することによって，複数の反射特性が混在する物体の表面のテクスチャを計測することができ，それらの間の関係式は双方向テクスチャ関数（Bidirectional Texture Function, BTF）とよばれている（Dana et al., 1999）．BTFは，物体表面の各点 (x, y) ごとにBRDFを求めることによって表現でき，BRDFの4自由度に座標を加えた6自由度で表現される．

$$s = f_b(\theta_d, \phi_d, \theta_r, \phi_r, x, y) \tag{2-6-2}$$

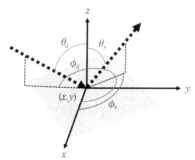

図 2-6-2　BTF 計測のジオメトリ

　図 2-6-2 に，BTF 計測のジオメトリを示す．BTF は，物体の表面における異なる光源方向および視点の組み合わせに対して反射特性を計測することにより，物体の表面の微細な反射特性を包括的にとらえることができ，物体表面のテクスチャの光のふるまいを解析することや，コンピュータグラフィックスにおけるリアルなレンダリングに応用することができる．BTF は微細な光のふるまいを記録することができるが，その計測や記録に特殊な装置や多くのリソースを必要とすることから，特定の用途のみで用いられる．

　そこで，一般的には物体表面をデジタルカメラで撮影し，デジタル画像としてテクスチャを計測・記録する方法が用いられる．このとき注意すべきことは，一般にテクスチャは 3 次元構造を有することが多く，照明に応じて生じる影や光沢によって，計測されるテクスチャ画像が変化しうることである．そのため，目的に応じて設計された照明の配光分布下で，テクスチャを撮影することが重要になる．また，計測した画像の記録時に，画像を圧縮符号化すると不必要なアーチファクトが生じることがあるため，注意が必要である．

　以下では，デジタル画像として計測されたテクスチャを対象として，特徴の検出方法や編集方法を説明する．

■ 2-6-2　テクスチャ特徴の検出

　画像内のテクスチャを定量的に特徴づけるためには，テクスチャ特徴に対する数学的な表現が必要となる．本項では，質感の表現に適した代表的なテクスチャ特徴を紹介する．本項で紹介しきれないテクスチャ特徴量については，文献（Humeau-Heuratier, 2019）などを参照していただきたい．

2-6-2-1　統計にもとづいた特徴量

　画像内の局所領域の統計的なパターンや特徴量によって，テクスチャの特徴量を定義する方法である．特に，実装が簡単でさまざまな応用場面で用いられている手法として，2次統計量を用いたグレイレベル同時生起行列（Gray Level Co-occurrence Matrix, GLCM）がある．GLCMでは，行列 (i, j) の要素 $P(i, j|d, \theta)$；$(i, j=0, 1, 2, ..., G-1)$ は，輝度値 i の画素から θ 方向に距離 d だけ離れた画素の輝度値が j である確率を表しており，G は輝度レベルを表している．テクスチャの特徴量には，隣り合う画素ペア（右方向に1画素離れた画素）で計算した行列がよく用いられる．この行列を利用することによって，Haralick らは14種類のテクスチャ特徴量を定義した（Haralick et al., 1973）．その後，以下に示す5種類で十分であることが示されている（Conners & Harlow, 1980）．

1）エネルギー（Energy）：$\sum_{i=0}^{G-1} \sum_{j=0}^{G-1} P(i, j|d, \theta)^2$

2）エントロピー（Entropy）：$-\sum_{i=0}^{G-1} \sum_{j=0}^{G-1} P(i, j|d, \theta) \log_2 P(i, j|d, \theta)$

3）均質性（Local homogeneity）：$\sum_{i=0}^{G-1} \sum_{j=0}^{G-1} \dfrac{P(i, j|d, \theta)}{1+(i-j)^2}$

4）慣性（Inertia）：$\sum_{i=0}^{G-1} \sum_{j=0}^{G-1} (i-j)^2 P(i, j|d, \theta)$

5）相関（Correlation）：$\dfrac{\sum_{i=0}^{G-1} \sum_{j=0}^{G-1} i \cdot j P(i, j|d, \theta) - \mu_x \mu_y}{\sigma_x \sigma_y}$,

但し

$$\mu_x = \sum_{i=0}^{G-1} \left\{ i \cdot \sum_{j=0}^{G-1} P(i, j|d, \theta) \right\}, \ \mu_y = \sum_{j=0}^{G-1} \left\{ j \cdot \sum_{i=0}^{G-1} P(i, j|d, \theta) \right\},$$

$$\sigma_x^2 = \sum_{i=0}^{G-1} \left\{ (i - \mu_x)^2 \cdot \sum_{j=0}^{G-1} P(i, j|d, \theta) \right\},$$

$$\sigma_y^2 = \sum_{j=0}^{G-1} \left\{ (j - \mu_y)^2 \cdot \sum_{i=0}^{G-1} P(i, j|d, \theta) \right\}$$

その他，2値のテクスチャには，局所バイナリパターン（Local Binary Pattern, LBP）（Ojala et al., 1996）などが，統計的な特徴量として利用されている．

2-6-2-2 変換にもとづいた特徴量

変換にもとづいた特徴量は，テクスチャの特性に密接に関連した空間で特徴量を定義する方法である．たとえば，2次元フーリエ変換の周波数成分をテクスチャ特徴量とする方法がある．テクスチャ画像をフーリエ変換したパワースペクトルを極座標 $P(r, \theta)$ で表したとき，原点を中心とした環状領域内のエネルギーの和 $p(r)$ と扇形領域内のエネルギーの和 $q(\theta)$ を以下の式で求める．

$$p(r) = \sum_{\theta} P(r, \theta), \tag{2-6-3}$$

$$q(\theta) = \sum_{r} P(r, \theta), \tag{2-6-4}$$

ここで $p(r)$ はテクスチャの構成要素の大きさの分布を表しており，$q(\theta)$ はテクスチャの方向性を表している．これらの最頻値，平均値，分散値などの統計量を算出することによって，テクスチャの空間周波数と方向成分を特徴づけることができる．ただし，このテクスチャ特徴量は，テクスチャの局所的な変化を記述できない欠点がある．局所的な変化を記述したい場合には，ウェーブレット変換による空間などにおいて特徴量を定義する方法がある．

2-6-2-3 他の特徴量

他の代表的な特徴量として，数学モデルを用いて直接テクスチャを表現する方法がある．たとえば，フラクタルで表現されるテクスチャは，スケール変化に対して不変な特徴量となる．規則的なパターンの繰り返しによって構成されるテクスチャは，その特徴量を構造的に定義することが有用である．構造的なアプローチは，テクスチャをテクセル（texel）と呼ばれるテクスチャの要素に分解し，その配置ルールによってテクスチャを表現する．したがって，構造的な特徴量はランダム性の高いテクスチャには適していない．局所的な微細パターンの分布に関する情報を表現するためには，局所グラフ構造にもとづいたグラフ特徴量によって定義する方法が有用である．局所グラフ構造は高速に計算

128 ■ 第2章　質感の計測とセンシング

図 2-6-3 テクスチャの凹凸感編集の例. 中央が原画像（Manabe et al., 2022）

でき，照明強度に影響されず，シフトやスケーリングにも不変な特徴をもっている．近年では，畳み込みニューラルネットワークなどの機械学習を用いて，高次のレベルの特徴を自動的に学習するアプローチも提案されている．これらの特徴量は，計算量は多いものの，LBP などのこれまでの特徴量より優れた特徴表現ができることが示されており，今後の発展が期待できる．

2-6-3 テクスチャの編集

前項で算出した特徴量を修正することによって，テクスチャを編集することができる．一般に，テクスチャなどによって表現される実物体の質感は，画像表示したときに変化することが示されている（Tanaka & Horiuchi, 2015）．そこで，画像のテクスチャを編集することによって，画像表示した物体表面の質感を実物から得られる質感に近づけることができる．

Giesel らは，布地画像のテクスチャと空間周波数の知覚的関係を明らかにした（Giesel & Zaidi, 2013）．彼らは，主観評価実験によって，テクスチャの 2-8 cpi（cycle/image）の周波数帯域の成分は布地の起伏，8-15 cpi の成分は布地の厚み，23-53 cpi の成分は布地の粗さの質感にそれぞれ影響することを示した．さらに，対応する周波数帯域のエネルギーを変調させることによって，それらの質感を制御することができ，この編集技術はカラー画像へと拡張された（Katsunuma et al., 2017）．

空間周波数特性と特定の質感の関係は，一般の物体でも明らかにされている．Manabe らは，物体表面の凹凸感に対して主観評価実験を行い，5-65 cpi の周波数成分が凹凸感に影響を与えており，それらの成分を変調することによって，凹凸感を編集できることを示した（Manabe et al., 2022; 図 2-6-3）．さらに，

画像を周波数ごとにサブバンド信号に分解して特徴表現し，周波数，振幅，符号をそれぞれ変調することによって，種々の物体表面テクスチャの質感を編集できることも示されている（Boyadzheiev et al., 2015）.

　本節では，実物体を撮影したデジタル画像に対する編集手法を紹介したが，小さなテクスチャ画像から任意のサイズのテクスチャを生成するテクスチャ合成（Texture synthesis）という研究分野がある．この分野にも機械学習が有効に働くことがわかっており（Gatys et al., 2015），今後，生成 AI にもとづいたさまざまな方法の登場が期待されている.

（堀内隆彦）

2-7　場の質感理解に向けたカメラによる人物行動計測

　ヒトが示す行動や仕草には一定の類似性が存在するものの，細かく見ると決して同一ではない．個々人の普段の生活習慣，同一人物であってもその瞬間の内的状態，またその場の環境などさまざまな要因によって変動しうる．逆にもし精緻にヒトの行動を非接触・非拘束に計測することができれば，その行動を特徴づけたさまざまな要因，つまり本人の内的状態や環境のもつ意味，すなわち場の質感の理解につながるのではないかと期待できる．このような行動計測を行う 1 つの方法として，カメラで撮影された映像を用いる手法が広く知られている.

　映像を用いた行動計測には，腕・脚など大きな部位の運動から，指の動きや顔の表情・視線方向変化といった細やかな部位の動きまでさまざまな対象が挙げられるが，いずれにおいても映像中での動きを得る 2 次元運動計測と，実空間での動きを得る 3 次元運動計測に大別することができる．以下ではこれらのなかから代表的な手法について取り上げるとともに，それらを実現するためのデータセット構築方法，そして実行時環境により最適化された計測を行う手法について述べる.

図 2-7-1 (a) OpenPose (Cao et al., 2021) による骨格，顔，手の計測例 (https://www.youtube.com/watch?v=cPiN2ncuK0Y). (b) CMU Panoptic データセットの例 (Joo et al., 2019)

■ 2-7-1　映像を用いた2次元行動計測

　映像を用いた運動計測では，なによりも対象となる人物を検出すること，そしてその人物の顔や手足といった各部位を同定して映像中での2次元骨格姿勢を得ることが基本となる．コンピュータビジョン分野では古くから HOG (Histogram of Oriented Gradients) 特徴を用いた Deformable Part Model (Felzenszwalb et al., 2010) など数多くの手法が提案されてきたが，近年では深層学習によって大きく性能が向上し，多様な被写体に対して頑健かつリアルタイムに2次元骨格姿勢を得る手法が広く普及した．たとえば OpenPose (Cao et al., 2021; 図2-7-1(a)) では，映像中の複数人物の2次元姿勢を同時に得ることができる．また OpenPifPaf (Kreiss et al., 2019) では，各時刻における2次元姿勢に加えて，時刻間での対応付けを行うことで複数人物の運動をも得ることができる．

　これらはいずれも撮影画像を入力として，人物骨格を構成する肩や肘といった関節点位置を出力する検出器を基本としている．このような検出器を深層学習によって得るためには，さまざまな人物画像に対してその関節点位置を付与した大規模な教師データが必要となるが，そのような教師データを用意することは容易ではない．

　現在はモーションキャプチャによって計測した Human 3.6M (Ionescu et al., 2014)，人手で関節点を付与した MS-COCO (Lin et al., 2014)，また学習済み

の関節点位置検出器と多視点計測を組み合わせたマーカーレスモーションキャプチャによる CMU Panoptic データセット（Joo et al., 2019; 図 2-7-1(b)）などが用いられている．人物骨格姿勢と同様に，目や口といった顔パーツや手の指などについても，同様に人手でその位置を付与したデータセットである WFLW（Wu et al., 2018）などが知られている．CMU Panoptic データセットでは，骨格姿勢と同様に，既存の検出器による推定を手掛かりにマーカーレスモーションキャプチャによって自動的に多視点映像に対して顔パーツや手指の位置情報を付与している（Simon et al., 2017）．

このような教師あり学習にもとづいた手法は，学習データに近い環境では安定して動作することが期待できる一方で，学習データには含まれていなかった環境や被写体での動作は不安定にならざるを得ない．このようなドメインギャップに対処する手段として，後述の自己教師あり学習にもとづく手法が存在している．

■ 2-7-2　映像を用いた 3 次元行動計測

映像から 2 次元骨格運動が得られたとき，各部位についてカメラからの距離を得ることができれば，2 次元骨格運動計測を 3 次元骨格運動計測へと拡張することができる．このような 3 次元骨格運動計測は，従来は Kinect センサ（Zhang, 2012）のように深度カメラによって各部位までの距離を直接計測することによって実現されてきた．この手法は奥行きを直接計測するため 3 次元計測として正確であることが期待できる一方で，通常のカメラ映像に対しては適用することができない．そこで近年では，深層学習によって通常のカメラ映像から直接 3 次元骨格姿勢を推定する手法が提案されており，それらは関節点位置の検出と奥行推定にもとづく手法と，人物 3 次元モデルの当てはめにもとづく手法に大別される．

関節点位置の検出と奥行推定を行う手法では，2 次元骨格姿勢の推定と同様にまず 2 次元関節点位置検出を行い，その映像平面中での配置から 3 次元骨格姿勢を推定する．特に 2 次元関節点の運動情報を用いた手法として XNect（Mehta et al., 2020; 図 2-7-2（a））や VideoPose 3D（Pavllo et al., 2019）などが知られている．

図 2-7-2 (a) XNect によるマーカーレスモーションキャプチャの例（Mehta et al., 2020）．(b) SMPL モデル（Loper et al., 2015）
(a) は，1 台のカメラで撮影された複数人物の 3 次元骨格姿勢をリアルタイムに推定して 3D キャラクターを駆動している．(b) は，多様な体形と姿勢変化を単一の 3D 人物表面形状モデルで表現することができる．

一方で人物 3 次元モデルの当てはめを行う手法では，まずさまざまな人物の 3 次元形状と姿勢をとることができる汎用的な人物モデルを用意し，観測映像に合致するモデル形状・姿勢を推定する．このための人物モデルとして SMPL モデル（Loper et al., 2015; 図 2-7-2(b)）が広く用いられている．SMPL モデルは 6890 個の頂点からなる 3 次元メッシュモデルであり，10 次元の形状パラメータと 72 次元の姿勢パラメータによってさまざまな形状と姿勢をとることができる．したがって SMPL モデルを用いた場合，画像から 82 次元のパラメータを推定することで 3 次元形状と姿勢を得ることができる．

これらの手法には 2 次元運動計測と同様に学習時と推定時のドメインギャップに起因する問題が存在する．また 3 次元モデルを用いる手法の場合には，SMPL のように全身を対象としたモデルでは衣服の変形を扱うことが難しいという問題がある．一方で衣服による形状変化がない部位に限定したモデルとして，顔や手に特化したものも知られている．ただし顔モデルには歯や舌，透明物体である眼球の扱い，手モデルには指が取りうるさまざまな姿勢に起因する複雑な自己遮蔽といった特有の問題も存在する．

2-7-3 学習用データセットの構築

ここまで述べたように現在用いられている手法の多くは機械学習によって実現されており，そのためには入力となる映像に対して期待される出力，たとえ

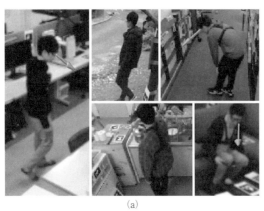

(a)

(b)

図 2-7-3 (a) 俯瞰視点映像を入力とした 3 次元視線方向推定の例（Nonaka et al., 2022）．(b) 俯瞰視点映像を入力とした指差し 3 次元方向推定の例（Nakamura et al., 2023）
(a) は矢印が推定された 3 次元視線方向．(b) は明るい矢印が推定された方向，暗い矢印が真値の方向．

ば関節点位置や視線方向などを付与した教師データが必要となる．教師データが映像中での 2 次元位置の場合には人手で付与することも実際に行われているが，3 次元位置や方向のように画像から正確な値を読み取ることが困難な場合もある．そこで多くの場合，学習データセットの構築段階では何らかの工夫を凝らした計測を行い，推論時はその計測を経ることなく通常の映像から所望の出力を直接得るように学習する手法が採られる．

たとえば骨格姿勢の場合，Human 3.6M データセットではモーションキャプ

チャによって関節の3次元運動計測を行っている．またCMU Panopticデータセットでは，大量のカメラによって同時計測を行って，そのうちの関節位置検出が成功したカメラを用いた三角測量によってマーカーレスモーションキャプチャを行っている．いずれにおいても得られた3次元関節点を撮影画像に投影することで，すべてのカメラに対して映像中の2次元関節点位置やカメラから3次元関節点までの距離などを付与することができる．

　視線方向の場合，Gaze360データセット（Kellnhofer et al., 2019）ではチェスボードのように映像からその3次元位置姿勢を計算可能な参照物体を実験参加者に提示し，参加者から参照物体に向かう方向を視線方向としている．ほかにもGAFAデータセット（Nonaka et al., 2022）では実験参加者がメガネ型の視線計測デバイスを装着し，そのデバイスの内向きカメラによってデバイス視点での視線方向を得ると同時に，外向きカメラによってデバイス自身の位置姿勢を同定することで視線方向の真値を得て，俯瞰視点映像からの視線方向推定を実現している（図2-7-3(a)）．

　またDeePointデータセット（Nakamura et al., 2023）のように指差し動作という個人差の大きなジェスチャーを検出してその方向を得ているデータセットでは，実験参加者自身がジェスチャー中に手にもったボタンを押すことでそのタイミングを記録すると同時に，指差し対象を発声することで指差し方向の教師データを得ている（図2-7-3(b)）．

■ 2-7-4　自己教師あり学習によるドメイン適応

　このようにさまざまな計測時の工夫によって映像に教師データを付与することが可能となるが，学習データを獲得した環境と実際に推論を行う環境の違いに起因するドメインギャップの問題は依然として残っている．たとえば健康な成人のみで学習データセットが構成されている場合，子供や高齢者の運動には適応が難しいかもしれない．この問題は元の学習データセットに含まれなかった対象が判明する度に追加計測を繰り返すことで解決することができるものの，特別な計測を繰り返すことが現実的ではない場合も考えられる．このような問題を解決する手段として，実行時環境で入力された映像自体を手掛かりとした自己教師あり学習によってその環境に対してより最適化された推定器を構成す

る手法が知られている（Lee et al., 2022）.

　たとえば 3 次元骨格運動を対象とした場合に，既存のデータセットで事前学習された単眼 3 次元姿勢推定器の精度が不十分であったとする．もしそのような不完全な推定器であったとしても，相異なる複数の視点から被写体を観測することができたならば，「同じ被写体を同時に撮影している」という事実から，被写体自身を参照物体として視点間の相対位置姿勢を較正することが可能であり，いったん較正できたならば逆に三角測量によって被写体の正確な 3 次元骨格姿勢を計測することが可能となる．こうして得られた 3 次元骨格姿勢を教師データに加えて単眼 3 次元姿勢推定器の追加学習を行えば，結果的に事前学習で用いられたデータセットがもたらすバイアスに起因する誤りを抑えて，実行時環境に最適化された計測を行うことができるようになる．つまり一時的に複数台のカメラによる撮影を許容することで，自動的に実行時の被写体自身から教師データを獲得してその場により適した単眼 3 次元骨格姿勢推定器を獲得し，いったんそのような単眼 3 次元骨格姿勢推定器が得られたならば，追加視点は不要となって 1 台のカメラのみによる 3 次元行動計測が遂行できる．

　このように現在の人物行動計測には深層学習モデルを用いた手法が広く用いられており，その事前学習にはデータセットの整備が不可欠であると同時に，データセットが想定する環境と計測時の環境の間の差異を吸収するための工夫が必要である．逆にこれらの点が解決できるならば，人間に限らず動物などさまざまな被写体に対しても応用が可能であるといえる．

（延原章平）

2-8　音響と計測

▪ 2-8-1　音響計測とは

　音響計測とは，音源や音環境に関して音量や音質を測定・評価するために，音圧レベルや周波数特性といった物理量を計測することである．本節では，音

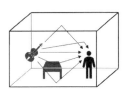

図 2-8-1　音源・伝達経路・聴取者の流れからみた音の質感に係る測定項目

の質感に係る音響計測を概説するとともに，音の質感に係る音響特徴あるいは客観評価指標を利用した音源と音環境に関する質感評価に関して概説する．また，音声の質感に関係する指標についても紹介する．

▪ 2-8-2　音源と音環境の音響計測

　図 2-8-1 に示すように，音源から発せられた音は，直接音として聴取者の耳に届くだけでなく，室内の壁や物などに当たって反射し，それらが幾重にも重畳され，反射音・残響音として聴取者の耳に届く．また，これらの音は，直接，あるいは聴取者の胸や肩などで反射し，顔・頭部を回折して耳に届く（1-6 節も参照）．我々はこのような過程を経て耳に届いた音を聴いて質感を認識する．そのため，質感に係る音響計測を行う場合，音源の特性，音環境の伝達特性（室内の特性），室内における聴取者の特性を切り分けて，別々に知る必要がある．

　音源の特性を知るためには音の収録が，室の伝達特性を知るためには室内インパルス応答（Room Impulse Response, RIR）の測定が，室内における聴取者の特性を知るためには頭部伝達関数（Head-Related Transfer Function, HRTF）の測定が重要な作業になる．次項以降ではこれらの測定作業ならびに関連する評価指標について概説する．

▪ 2-8-3　音源特性の測定

　音の質感に係る音源特性の測定において重要になることは，音データの録音

環境と，録音で必要となる情報，録音機器の選定である（榊原ほか，2020）．

　まず，音の理想的な録音は，無響室（自由音場）で音源から直接，音のデータを録音することである．無響室を使えない場合は，防音室やレコーディングスタジオといった遮音性能・吸音性能を有する部屋を利用する．現在，音データの録音は，録音後のコンピュータでの利用を考え，デジタル形式の利用が主流であるため，アナログ／デジタル変換（A/D 変換）によって生じる雑音や歪みにも注意が必要である．対象が人なのか，楽器なのか，機械なのか，あるいは自然そのものなのかによっても音源の特性が異なることにも注意が必要である．

　次に，録音で必要となる情報については，次の4点を収集しておくことが重要になる．

(1) 音源に関する情報

　音源が人の場合は，発話者の情報（性別，年齢，母語など）を，楽器の場合は，楽器の情報（器種，奏法など）を，機械の場合は，機器の情報（機種，製造番号など）を記録する．音源の音響的性質を左右する情報や再現性に係る情報を記録することが重要である．

(2) 録音の手続きに関する情報

　録音で利用する使用機器（機器名，シリアル番号，可能であれば周波数特性といった機器特性を入手しておく），機器の配置，日時，場所などを記録することが重要である．

(3) 録音データの音圧レベルに関する情報

　録音された音の音圧レベルを知るために，国際規格 IEC 6162-1 に従ったサウンドレベルメータ（精密騒音計 sound level meter）を利用して計測する．ここでは，周波数重み特性として Z 特性（全周波数で平坦）を，時間重み特性として，騒音計測であれば Fast 特性を，人の知覚を意識する場合は Slow 特性を利用する．

(4) 録音環境の音響情報

　録音した音データには，録音環境で生じる音や外部からの環境騒音が含まれる．これらを録音時に切り分けて取り扱うことは難しいため，暗騒音として記録する．音の録音では，音信号と暗騒音の信号対雑音比（Signal-to-Noise Ratio,

SNR）を記録しておくことが重要である．

　最後に，音源特性の測定では次の3点に注意して録音機器を選定することが重要である．

（1）マイクロホンの選定

　変換器の構造や方式によって，ダイナミックマイク，コンデンサマイク，MEMSマイクなどに大別される．分析対象となる周波数帯域にあわせて，マイクの周波数特性が極力平坦なものを利用する．またマイクには指向性（方向に依存した感度特性）があり，録音対象と測定位置を考慮して，無指向性（全指向性）か指向性を選択して利用する．

（2）プリアンプ・A/D変換器の選定

　PCにUSBなどで接続するオーディオインタフェースは収録音を直接データとして書き込みできる．プリアンプとA/D変換器と記録メディアが一体となったリニアPCMレコーダは携帯性に優れ，電池駆動であるため電気雑音の混入が少ない．プリアンプにはAGC（Auto Gain Control）やノイズキャンセラといった前処理機能が含まれているが，質感の評価に意図しない影響を与える可能性があるため，収録時はこれらの機能を使用しない．

（3）データフォーマットの選択

　標本化は時間の離散化，量子化は振幅の離散化である．質感評価としてヒトの可聴範囲を考慮して，標本化周波数は44.1 kHz以上とし，量子化ビット数は16 bits以上とすることが推奨される．録音時の記録メディアのフォーマットは圧縮しないリニアPCMを利用すべきであり，MP3やAACといった不可逆圧縮フォーマットで記録することは避けたほうがよい．

■ 2-8-4　室内インパルス応答の測定

　室内音響指標の定義と測定法は国際規格ISO3382-1として整理されている．室内音響指標の多くは室内インパルス応答（RIR）から算出できる．室内インパルス応答のもつ意味は，システム理論，波動音響学，幾何音響学の各観点から次のように解釈される（羽入，2020）．

　システム理論による解釈では，点音源から発せられる音圧波形を入力，受音点で観測される音圧波形を出力として，音場を線形時不変システム（図2-8-2,

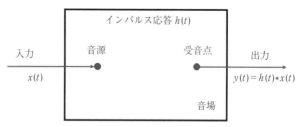

図 2-8-2 室内インパルス応答の測定系

1-5-7 項参照）と考える．ここで入力 $x(t)$ を単位インパルス $\delta(t)$ としたときの出力 $y(t)$ がインパルス応答 $h(t)$ である．これをフーリエ変換することで，音源−受音点間の伝達関数を得る．実際には，室内の気流・気温の空間分布の変化により，完全な線形時不変システムではないし，インパルス応答はあくまで音源−受音点間の特性にすぎない．これに対し，波動音響学による解釈では，特定の音源・受音点に限らず，モード理論にもとづいて室内音場を無数の減衰する固有振動の重ね合わせで表すものである．幾何音響学による解釈では，室内音響のインパルス応答を直接音と無数の反射音の重ね合わせで表すものである．

室内インパルス応答は，図 2-8-2 に示すような系で測定される．音源では 12 面体スピーカを，受音点では全指向性をもつマイクを利用するのが一般的である．音源位置は室内の通常利用で代表的と考えられる 2 点以上，受音点位置は，聴衆エリアを代表する複数点（6-10 点，それぞれ 1-2 m 離れる）とする．受音点の高さは聴衆の耳の高さに相当する 1.2 m とする．ここでは，インパルス応答の SNR が十分に確保されるように注意し，音源として M 系列信号（音場に時変性が高い場合）あるいは TSP（Time Stretched Pulse，掃引正弦波ともいう）信号（音場に時変性が低い場合）を利用する．測定時の聴覚保護や SNR 確保のため，原理にあるように実際に音源としてインパルス信号（衝撃音）を使うことは少ない．

室内インパルス応答は，主に，室内音響指標の算出（2-8-5 項）と可聴化といった 2 つの目的をもって測定される．前者の場合，測定周波数範囲と分析帯域は 125-4000 Hz のオクターブ帯域，あるいは 100-5000 Hz の 1/3 オクターブ帯域とするのが一般的である．スピーカの周波数特性は，各帯域で平坦である

ことが望まれ，音源の再生レベルは 45 dB の SNR を確保する必要がある．後者の場合，測定周波数範囲はヒトの可聴帯域（20 Hz-20 kHz）として，スピーカの周波数特性は，広範囲の周波数帯域で平坦であることが望まれる．音源の再生レベルは，60 dB 以上減衰する残響音を再現するために十分な SNR を確保する必要がある．

▪ 2-8-5　室内音響指標の計算法

室内音響指標は，室内の音響効果を評価するために定義された物理量である（1-5-8 項参照）．残響時間（reverberation time）は最も基本的な指標である．特に音が止まってから 60 dB 減衰するまでの時間の長さとしての残響時間（T_{60}）は，インパルス応答 2 乗積分法を利用して算出された残響減衰曲線（最大値が 0 dB）の -35--5 dB の 30 dB レンジで傾斜を評価し，60 dB 減衰する時間として算出される．残響感を表す指標として初期減衰時間（Early Decay Time, EDT）があり，残響減衰の初期の 10 dB 部分の減衰傾斜から算出される．

音の明瞭性に関連する経験的指標として，初期音対後期音のエネルギー比である，C 値（clarity, C_{80}）と D 値（Deutlichkeit, D_{50}）がある．前者は音楽の明瞭性に対応し，80 ms を境界とした後期音に対する初期音の比を対数表示したものであり，後者は音声の明瞭性に対応し，全体の音に対する初期音（50 ms 内）の比を表したものである．また，時間重心 T_S も明瞭性の説明に利用される．これらの指標は次式から算出される．

$$C_{80} = \frac{\int_0^{80\text{ms}} h^2(t)\,dt}{\int_{80\text{ms}}^{\infty} h^2(t)\,dt}, \qquad D_{50} = \frac{\int_0^{50\text{ms}} h^2(t)\,dt}{\int_0^{\infty} h^2(t)\,dt}, \qquad T_S = \frac{\int_0^{\infty} t\cdot h^2(t)\,dt}{\int_0^{\infty} h^2(t)\,dt}$$

音声伝送指標（STI）は，各オクターブ周波数の，正規化された 2 乗インパルス応答の周波数特性の荷重和で得られる．STI は，音声の特徴を信号強度の時間変化を表す振幅包絡線として考え，音源位置で発せられた音声波形の包絡線が，受音位置でどれだけ保存されるかを表す物理的評価指標で，変調伝達関数（Modulation Transfer Function, MTF）にもとづいたものである．STI は 0.0-1.0 で指標化され，Bad（0.0-0.30），Poor（0.30-0.45），Fair（0.45-0.60），Good（0.60-0.75），Excellent（0.75-1.00）で評価される．

▪ 2-8-6 頭部伝達関数の測定

　頭部伝達関数（HRTF）は，自由音場における音源から受聴者の両耳（鼓膜近傍ないし外耳道入口）までの音響伝達関数のことである．図 2-8-2 に示すように，受音点に聴取者がいた場合，音源から発せられた音は頭部伝達関数を経て聴取者の耳に到達する．そのため，音源から聴取者に到来する音の伝達特性を正確に表現するためには，室内の伝達特性だけでなく，頭部伝達関数も測定する必要がある．

　HRTF は，受聴者の外耳道入口にマイクロホンを設置してインパルス応答を測定することで頭部インパルス応答（Head-Related Impulse Response, HRIR）を求め，それをフーリエ変換して伝達関数を導出することで得られる．ここで得られた伝達関数には，測定環境（室内）の伝達特性も含まれることから，この伝達特性を，聴取者がいない状況で，聴取者の頭部中心がある位置で測定した伝達特性で除することで正確な HRTF が得られる．また，音源の位置を制御して HRFT を測定することで，受聴者からみた音源方向（水平角・仰角）に関して，空間知覚や音源方向定位に係る特性を得ることができる．この特性には頭部や耳介による音波の反射や回折の影響が含まれる．

▪ 2-8-7 音声の質的な評価

　声の音質評価の 1 つに国内臨床の場で活用されている GRBAS 尺度がある．これは，日本音声言語医学会発声機能検査法委員会で作成された聴覚心理的評価法である（牧山，2012）．GRBAS とは，Grade（嗄声の全体的な重症度を設定する尺度），Rough（粗ぞう性，ガラガラ声やダミ声などの印象），Breathy（気息性，カサカサ声やハスキーボイスといった印象），Asthenic（無力性，弱々しい印象），Strained（努力性，力を入れて無理に声を出そうとしている印象）の頭文字をとったものである．いずれも声帯振動の不均一性や声門の閉鎖不全，声門閉鎖が弱く声帯抵抗が小さい，重症ポリープ様声帯のような声帯抵抗が大きい場合などに生じる．ASHA（American Speech-Language-Hearing Association）が推奨する声の聴覚心理的評価（Consensus Auditory-Perceptual Evaluation of Voice, CAPE-V）というものもある．これらは聴覚心理

142 ▪ 第 2 章　質感の計測とセンシング

的評価法であるが，声の質感を評価する尺度として利用できる．

一方，音声の言語情報の評価の1つとして，音声明瞭度・了解度の評価がある．これらは正しく聞き取れた正答率を指すものであり，前者は無意味な音声（音節）に対するもの，後者は意味のある音声（単語・文章）に対するものである．これらに関係する音響特徴として，音声特有の情報（基本周波数やフォルマント）が知られるが，最近では，音声の時間振幅包絡線情報が重要な特徴であることが報告されている．特にその周波数情報（変調スペクトル）の4Hz付近にみられるピークが重要であることも知られている（Atlas et al., 2007）．2-8-5項で述べた音声伝送指標（STI）は室内の特性から得られるものであるが，変調スペクトルと変調伝達関数という関係から，音声の質を評価する意味で親和性の高い指標であるといえる．

音声の非言語・パラ言語情報の評価の1つとして，感情音声認識における感情空間表現法がある．従来，感情認識はカテゴリとしてとらえていたが，近年ではVAD（Valance あるいは Evaluation, Arousal あるいは Activation, Dominance）空間表現としてとらえ，感情認識が議論されている．これも音声の質感評価の1つと解釈できる．これらに関係する音響特徴として，音声の時間振幅包絡線情報やその変調スペクトルが重要であるという報告もある．音声の言語・非言語情報の理解という意味では，時間振幅包絡線情報に質感評価に係る重要な特徴が含まれていると考えられる（Unoki & Zhu, 2020）．

▪ 2-8-8　音と音環境の質的な評価

我々は，音源の性質に音環境の特性があいまったものを聴いている．たとえば，ある音環境における音声了解度は，音源（音声）の変調スペクトル（音声の振幅包絡線情報の周波数成分）と室内の音響特性（変調伝達関数：正規化された室内の2乗インパルス応答の周波数特性）に関係しているといえる．これは，音の時間変動（振幅包絡）を分析する脳内メカニズムとして，変調フィルタ群モデルの考え方（1-6節参照）とも整合がとれており，図2-8-1に示したような聴取者の感じる質感は，音源と音環境のそれぞれの質感に切り分けて説明できることを意味するものと考えられる．

一方，我々の感覚（主観量）を数値で表す尺度に音質評価指標（sound quality

metrics）がある（1-6-3項も参照）．この指標には，ラウドネス（loudness）のほか，音色属性のものとして，シャープネス（sharpness），ラフネス（roughness），フラクチュエーションストレングス（fluctuation strength）が知られる．ラウドネスは主観的な音の大きさに対応する指標，シャープネスは主観的な音の鋭さや甲高さに対応する指標，ラフネスは主観的な音の粗さに，フラクチュエーションストレングスは主観的な音の変動感の強さに対応する指標である．

　これらについては主観量と物理量の関係や聴覚の情報処理過程に関する基礎研究の成果をもとに計算モデルが提案されている（高田，2019）．音質評価指標はラウドネスの計算モデルにおけるラウドネス密度（聴覚フィルタごとに計算されるラウドネス）の周波数方向の重心や時間方向の変調度として計算される．これらは，音の質感の定量評価の1つと解釈できる．主に，サウンドデザインに活用されており，たとえば，音の快・不快の定量評価や快音化，機器等の異常音検知などに利用されている．

　音源を含めた音環境の調査としてサウンドスケープ（soundscape）の研究がある．国内ではそれほどでもないが，国際的には活発に研究が行われている．サウンドスケープとは「聴覚的景観」や「聴取者を取り巻く音環境」というように定義される．サウンドスケープの調査では，「人間が音環境を知覚する方法を考慮したものであるべき」という立場から，室内外でダミーヘッドを利用した音響分析ならびに室内音響評価指標や音質評価指標の計算を行うことが重要となる．これもまた音源と音環境の質感評価の1つと考えることができる．

（鵜木祐史）

2-9　触覚のセンシング

　対象物体の触質感を計測することは，基礎研究のみならず，企業研究でも喫緊の課題である．それは製品の品質保証の観点からだけでなく，新しく開発した製品が過去の製品とどう異なるのかを何らかの数値で示すニーズがあるから

144 ■ 第2章　質感の計測とセンシング

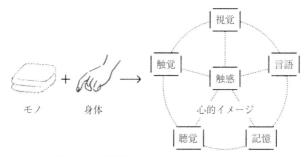

図 2-9-1　触質感の3要素（仲谷ほか，2016）

である．一方で，定量化した数値が本当に触質感を担保できているのかについては，検証の必要が存在する．定量化した数値が表現しているのは我々が日常的に体験する「ありありとした質感」のごく僅かな部分であることも多く，特に身体が接触することで得られる触質感は五感の中で個人差が大きい．

　本節では触感を規定する要素を3つに分類する概念についてまず述べる．その上で，物性計測を含めて触質感を定量化するためのいくつかの考え方について述べ，その事例研究を紹介する．これらを通して，触質感の計測を概説する．

2-9-1　触質感の3要素──モノ・身体・イメージ

　触質感をはじめとして，「私が感じているこの感覚」は主観的な体験である．触覚科学が得意として取り扱うことができるのは，皮膚の内部にある生体触覚センサの構造や，末梢神経系における感覚神経の応答特性，物理刺激に伴って生じる脳における神経表現，触質感を得る際に人間が行う触探索動作や，触質感の言語による表現のように外部から観察可能な対象である．これらを計測量として，主観体験の定量化を試みる心理評価結果とを組み合わせることで，触質感を定量化する試みが進められている．

　触質感をセンシングするのが五感の他の感覚と比較して容易ではない理由の1つに，触質感の表出にさまざまな感覚や認知プロセスが関与している点が挙げられる（仲谷ほか，2016）．言い換えると，触質感は，皮膚からの感覚（触覚）のみで形作られるとは限らない．五感の他の感覚（視覚・聴覚・嗅覚・味覚）によっても，触質感は想起されうる．これに，言語や記憶のような高次の

認知機能が組み合わさることで，総体としての触質感イメージを得ている（図2-9-1）.

こうした事情から，本節では主に，触質感を提示する対象物であるモノを計測すること，ならびにその対象物を触れる身体に取り付けたセンサで対象物との物理相互作用を計測することに焦点をあてるが，五感のうちの触覚以外の感覚や言語，記憶が触質感を想起する点については，本書の多感覚相互作用や感覚間協応（crossmodal correspondence，質感を言語で表象する手法）を述べた節（4-6 節など）を参照されたい.

▪ 2-9-2　モノを測る──物性計測

1-8 節で議論したように，触質感の代表的な 5 次元があると考えるとそのセンシングについて見通しが良くなる（Okamoto et al., 2013）. この 5 次元とは，2 種類の表面粗さ（マクロ・ミクロ）・硬さ・温冷・摩擦である（図 2-9-2）. この 5 次元は触質感の典型的・代表的なものであり，これらの触質感を与えるであろう物理量を計測することは，触質感センシングの実現に貢献する.

表面粗さは，対象表面の凹凸情報を取得し，それを表面粗さ指標で表現する. 過去には，対象物の表面の高さを細いプローブでなぞりながら計測する方法が一般的であった. もしくは，共焦点顕微鏡の原理を用いて焦点面を変化させながら画像データを複数取得し，それらの画像から焦点の合う面を検出し，この情報を組み合わせて微細な高さプロファイルを合成していた. しかしこれらの計測を実施するためには，安定性に優れたステージとプローブや計測面を操作するアクチュエータが必要となり，計測装置が大規模になる. そのため最近では，柔軟体を対象物に押し付け，その変形の様子を光学的に観察して表面粗さを取得する方法が提案されている（Li & Adelson, 2013; Yuan et al., 2018; Lambeta et al., 2020）. これらの方法は計測プローブを小型化することができ，ロボットフィンガにも搭載しうる.

硬さは，ゴム硬度計のようにプローブを対象物体に押し込んで計測する方法が直感的にわかりやすい. 一定の荷重を負荷している際に対象物が示す変位を計測することで，物理的硬さを推定する. この方法では，ゴムから軟質プラスチックまでの範囲で物理的硬さを指標化できるが，我々が日常生活で体験する

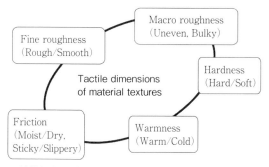

図 2-9-2　触覚を通して得られる質感の 5 つの次元（Okamoto et al., 2013）
Tactile dimensions of material textures：材質感の触覚次元
Fine roughness：微細粗さ（粗い／なめらかな）
Macro roughness：粗い粗さ（平坦でない，かさばっている）
Hardness：硬さ（硬い／柔らかい）
Warmness：温冷（温かい／冷たい）
Friction：摩擦（湿っている／乾いている，粘着のある／滑りやすい）

皮膚のように柔らかい対象物の計測は対象外である．この課題を克服するため，プローブが接触した瞬間の力 - 変位カーブの傾きを推定することで，対象物体の硬さ指標（ヤング率）を推定する方法にもとづいたセンサも市販されている．このセンサでは，豆腐やトマトのような食品でも計測可能としている．

　温冷は，対象物体と発熱物体の間で生じる熱移動（吸熱量）により計測される．一定の温度であるプローブを計測対象物に当てて，その際に生じる温度時間変化の様子から，対象物体の吸熱特性を計測する．この計測手法は，対象物体がヒトに呈する冷涼感の指標化にも使われている．

　摩擦によって生じる触質感については，野々村らの一連の研究がある（Kikegawa et al., 2019）．摩擦計測時には，恒温恒湿の条件下で計測対象物にプローブを当て，それらの間で相対運動を起こし，計測した力の時系列データから，静止・動摩擦係数を推定する．このような計測を利用して，水の触感が特徴的であることを報告した研究がある（Nonomura et al., 2012）．

　触質感を物理量として計測する装置は，上述の表面粗さ・硬さ・温冷・摩擦の物理量をそれぞれ別の装置で計測している．一方で，同時にこれらの物理量を計測できないかと考えたセンサも開発されている（Lin et al., 2009）．BioTac は触質感を支配するであろう物理量を，網羅して計測できるようにし

た触覚センサの一例である．後述する触探索動作の分類にもとづいてセンサプローブの動かし方を変えて対象物の物理特性を計測する．摩擦係数を推定したい場合にはセンサプローブを対象物の上で擦過し，硬さを計測する際にはセンサプローブを押し込む．センサプローブの内には温度を一定にするサーミスタが備わっていて，接触対象物の吸熱特性を計測可能にする．利用の際には，対象物体に軽く押し当ててしばらく待つようなセンサプローブの操作が必要になる．

　いずれの物理量も計測プローブの材質が変わってしまうと，計測できる物理量が厳密には変わってしまう．このため，1つのセンサプローブで複数の物理特性を計測する試みは一考の価値がある．他方，これらの計測量と人間が主観的に体験する触質感とを関連づけて議論するための統計学手法としては，多変量解析を通して相関関係を解析する研究が支配的である．このため，物理計測は実施できたとしても，計測量が人間の触質感を何％程度説明できているのかの確証は五感の他の感覚と比較しても得難い．視覚や聴覚と比較して，計測できる触対象のサンプル数を数万サンプルのように多く取ることが現実的でなく，またそのような仕組みが視覚や聴覚と比較して発達していないことも，物理計測と主観的な触質感の関係について明快な説明モデルが構築されていない理由である．

▪ 2-9-3　身体・界面現象を測る──ウェアラブルセンサによる計測

　触質感を得るためには，観察者自らが対象に触れる「身体」を伴う．触質感には代表的な5つの次元に対応するように，ウェアラブルセンサを身体に取り付けて，触動作中の身体と界面の間で生じる物理現象を計測することで，触質感の定量化を試みた事例も研究されている．この方法の利点は，物理計測をしている最中に，人間が体験している主観的な触質感についても回答させることで，両者の同時定量が可能なことである．

　表面粗さを指に取り付けたセンサで計測する試みでは，指先に治具を取り付け，磁気変動を検出するホール素子を配置するとともに，指腹部にマグネットを貼り付けた．計測対象の表面に実験参加者が自ら一定の押し付け圧で荷重をかけて静止させた後，計測対象表面を水平に動かすことで計測がなされた

（Bensmaïa & Hollins, 2005）．FFT（高速フーリエ変換）による周波数解析を行った結果，実験参加者が異なっても，同一の計測対象表面からは同様のパワースペクトラムが得られた．この結果は，人間の指が計測対象の表面からそれぞれ特徴的な振動周波数の組み合わせをもつ物理刺激を得ていることを示す．表面粗さから生じた摩擦振動を指上で計測する試みも行われている（Tanaka et al., 2015）．

対象物体の硬さを計測する試みとしては，指と対象物体との接触面積を計測する方法がある（Hauser & Gerling, 2018）．この研究では大きな装置が用いられているが，接触面積をウェアラブルセンサで推測することができれば，装置の小型化が可能になる．指の変形を計測して接触力を推定する研究事例はいくつかあるが，主観的な柔らかさの推定は今後の研究課題である（Mascaro & Asada, 2001; Grieve et al., 2015; Nakatani et al., 2011; Kristanto et al., 2018）．

指と接触対象物の間で生じる熱移動を実測する研究例もある．指に細い温度計を取り付けて，対象物体に触れた結果，生じた温度変化を計測する事例がある（Ho & Jones, 2006）．皮膚の熱伝導率のデータにもとづくシミュレーションでは，皮膚表面だけでなく内部の温度変化や温度勾配についても推定可能であるが，指紋の凹凸や押し付け圧など考慮すべき項目も多いため，実測による現象把握が望ましい．

触質感の5次元を計測するだけでなく，触り方そのものを計測する研究もある．Lederman と Klatzky は，対象物から何か特定の触感を得たいときに，観察者はある典型的な触動作を示すことを報告した（Lederman & Klatzky, 1987）．これは触探索動作（Exploratory Procedure）とよばれている．代表的な触動作を表 2-9-1 に示す．

Lederman らの実験では，目隠しをされた実験参加者に基準となる素材を触らせた上で，テクスチャが同じもの，硬さが同じもの，温度が同じものを，机の上から探し出す実験タスクを課した．その触探索動作を撮影し，テクスチャ・硬さ・温度を一致させるタスクでそれぞれどの触動作が引き起こされるのかを事後に確認した．その結果，テクスチャを感じたいときには素材表面を横になでる，硬さを感じたいときには素材を押し込む，温度を感じたいときには素材に手を置いて静かにする，という典型動作が観察された．この結果は，あ

表 2-9-1　触動作の分類（Lederman & Klatzky, 1987 より抜粋）

ターゲットとする触感	触動作
テクスチャ	表面をなでる
硬さ	圧をかけて押し込む
温度	手を置いて静かにする
重さ	手のひらで受ける
全体の形	両手で包み込むように触れる
細かな形（エッジ）	輪郭をなぞる

る特定の触感を得たい場合には，ある特定の触動作が観察できることを示す．触対象が化粧品の場合にも同様の現象が見られている（Arakawa et al., 2021）．

　上の研究結果は，触動作が決まれば実験参加者が体験する触感が決まりうることを示唆している．Kappers らの研究は，触動作の要素を詳細に記録しておけば，触動作を自動認識できることを示した（Sander et al., 2013）．この研究では，5 つの触要素が代表的な触動作を記述できることを示した（表 2-9-2）．

　この知見が意味するのはこれら 5 触要素の存在によって，どの触動作をしているのかを推定できる可能性である．Lederman らが行った触動作の分類は，撮影した動作を観察し評定することで行っていた．Kappers らの研究により，触動作の要素を詳細に記録すれば，触動作を自動認識でき，結果としてどのような触質感を得ているのかをも推定できることが示された．

　Kappers らは後段の実験で，ある 2 つの素材の触感が同じか違うかを比べさせる課題を実験参加者に課した．実験者は，2 つの素材の中で比べるべき触感（硬さ・粗さ・温度・形）の要素を操作できるが，実験参加者は何を比べるべきかについての教示は受けない．このため，実験参加者は触質感を通して自らどの触動作を行うかを決める必要が生じる．

　このような実験条件下であっても，実験参加者は上述の 5 大特徴をその触動作に示すことが確認できた．また，この 5 大特徴からどの触動作を行っているのかを推定した結果，それらは実験者の決めた触感（硬さ・粗さ・温度・形）を抽出するために必要な動作（素材を押し込む・素材をなでる・素材の上に静かに手を置く・輪郭をなぞる）を予想しうることを示した．このことは，触動作から何の触質感次元を評価しているのかの推定可能性を示唆する．

150 ■ 第 2 章　質感の計測とセンシング

表 2-9-2　触動作を規定する触要素（Yuan et al., 2018 より抜粋）

触要素	相関の高い触動作
手の平均速度	表面をなでる／輪郭をなぞる
最大押し付け力	押し込む／包み込む
探索範囲の面積	輪郭をなぞる／表面をなぞる
中心から人差し指までの平均距離	輪郭をなぞる／包みこむ
人差し指の曲げ量	包み込む／輪郭をなぞる／押し込む

　ここで示した触動作の5大要素は，ある触感を得たいときに観察者が最適に触れるための方略とも解釈できる．たとえば，同じ用途の対象物に対しては，たいていほぼ同じ使い方（＝触り方）をすることになる．触り方が同じなのであれば得られる触質感は似たものになるはずである．もし触質感に特徴を出すのであれば，素材の物理特性を変えるだけでなく，触り方を変えさせることも1つの選択肢である（Yokosaka et al., 2020）．最近の研究は，Ledermanと Klatzkyの分類した触探索動作は素材の機械的特性によってはもっと種類が多い可能性も指摘している（Dövencioğlu et al., 2022）．

▪ 2-9-4　まとめ

　本節では，触質感を支配するであろう，3要素（対象物体，身体，心的イメージ）について述べた．その上で，対象物体を特定の手法で計測する方法を述べた．また，観察者が触質感を得る際に示す身体の動作を計測することで，触質感を計測できる可能性を示した．

　古典的な先行研究は，具体的な対象物を計測することで，その範囲内で観察者が得るであろう触質感を推定することを試みてきた．しかし，一般的な対象物に触れた際に観察者が得るであろう触質感すべてを網羅して計測することは，容易な作業ではない．その理由は，触質感が五感の触覚以外の感覚や認知プロセス（言語による触質感の表象や対象物体に触れる文脈，そして記憶が想起する触質感）にも影響を受け，それを言語で表現する多重の認知プロセスを経る主観体験の多重性によるものと理解できる．この特性を考慮に入れた上で，触質感のセンシングを行う必要がある．

（仲谷正史）

第2章 文献

欧 文

Anderson BL and Kim J (2009) Image statistics do not explain the perception of gloss and lightness, *J Vis* **9**(11): 10, 1-17.

Arakawa N, Watanabe T, Fukushima K *et al.* (2021) Sensory words may facilitate certain haptic exploratory procedures in facial cosmetics, *Int J Cosmet Sci* **43**(1): 78-87.

Arce-Lopera C, Igarashi T, Nakao K *et al.* (2012) Effects of diffuse and specular reflections on the perceived age of facial skin, *Optical Review* **19**(3): 167-173.

Atlas L, Greenberg S and Hermansky H (2007) The modulation spectrum and its application to speech science and technology, Interspeech 2007, Tutorial.

Bensmaïa S and Hollins M (2005) Pacinian representations of fine surface texture, *Percept Psychophys* **67**(5): 842-854.

Boyadzhiev I, Bala K, Paris S *et al.* (2015) Band-sifting decomposition for image based material editing, *ACM Trans. Graphics* **34**: 1-16.

Cao Z, Hidalgo G, Simon T, Wei S-E *et al.* (2021) OpenPose: Realtime multi-person 2D pose estimation using part affinity fields, *IEEE Trans Pattern Anal Mach Intell* **43**(1): 172-186.

CIE (2018) Colorimetry, 4th ed, Technical Reports, No. 15, CIE, Paris.

Conners RW and Harlow CA (1980) A theoretical comparison of texture algorithms, *IEEE Trans Pattern Anal Mach Intell* **2**: 204-222.

Dana KJ, Ginneken BV, Nayar S *et al.* (1999) Reflectance and texture of real-world surfaces, *ACM Transactions on Graphics* **18**: 1-34.

Dövencioğlu DN, Üstün FS, Doerschner K *et al.* (2022) Hand explorations are determined by the characteristics of the perceptual space of real-world materials from silk to sand, *Sci Rep* **12**(1): 14785.

Felzenszwalb PF, Girshick RB, McAllester D *et al.* (2010) Object detection with discriminatively trained part-based models, *IEEE Trans Pattern Anal Mach Intell* **32**(9): 1627-1645.

Fu G, Zhang Q, Zhu L *et al.* (2021) a multi-task network for joint specular highlight detection and removal, *IEEE/CVF Conference on Computer Vision and Pattern Recognition* (*CVPR2021*): 7748-7757.

Gatys LA, Ecker AS and Bethge M (2015) Texture synthesis using convolutional neural networks, *Proc Int'l Conf Neural Info Process Syst*, **1**: 262-270.

Ged G, Obein G, Himbert M *et al.* (2017) Does the visual system extracts more information than gloss in the specular direction? *Proceedings of the Conference at the CIE Midterm Meeting*, CIE x044: 2017, 396-403.

Giesel M and Zaidi Q (2013) Frequency-based heuristics for material perception, *J Vis* **13**: 7.

Grieve TR, Hollerbach JM and Mascaro SA (2015) 3-D fingertip touch force prediction using fingernail imaging with automated calibration, *IEEE Transactions on Robotics* **31**(5): 1116-1129.

Haralick RM, Shanmugam K and Dinstein, I (1973) Textural features for image classification, *IEEE Trans Syst Man Cybern* **3**: 610-621.

Hauser SC and Gerling GJ (2018) Imaging the 3-D deformation of the finger pad when interacting with compliant materials, *IEEE Haptics Symp*: 7-13.

Ho HN and Jones LA (2006) Contribution of thermal cues to material discrimination and localization, *Percept Psychophys* **68**(1): 118-128.

Huang Y, Qiu C, Wang X *et al.* (2020) A compact convolutional neural network for surface defect inspection, *Sensors* 20.

Humeau-Heuratier A (2019) Texture feature extraction methods: A survey, *IEEE Access* **7**: 8975-9000.

Ichikawa T, Fukao Y, Nobuhara S *et al.* (2023). Fresnel microfacet BRDF: Unification of polari-radiometric surface-body reflection, in *Proc. of Conference on Computer Vision and Pattern Recognition CVPR'23*,

Ionescu C, Papava D, Olaru V *et al.* (2014) Human3.6M: Large scale datasets and predictive methods for 3D human sensing in natural environments, *IEEE Trans Pattern Anal Mach Intell* **36**(7): 1325-1339.

Joo H *et al.*, (2019) Panoptic studio: A massively multiview system for social interaction capture, *IEEE Trans Pattern Anal Mach Intell* **41**(1): 190-204.

Katsunuma T, Hirai K and Horiuchi T (2017) Fabric appearance control system for example-based interactive texture and color design, *ACM Trans Applied Perception* **14**: 16.

Kellnhofer P, Recasens A, Stent S *et al.* (2019) Gaze360: Physically unconstrained gaze estimation in the wild, *IEEE/CVF International Conference on Computer Vision*: 6911-6920.

Kikegawa K, Kuhara R, Kwon J *et al.* (2019) Physical origin of a complicated tactile sensation: 'shittori feel', *R Soc Open Sci* **6**(7): 190039.

Kirchner E *et al.* (2015) Visibility of sparkle in metallic paints, *J Opt Soc Am* **32**(5): 921-927.

Kiyokawa H, Tashiro T, Yamauchi Y *et al.* (2021) Spatial frequency effective for increasing perceived glossiness by contrast enhancement, *Front Psychol* **12**, Article 625135.

Koizumi K and Nagai T (2023) The dominating impacts of Helmholtz-Kohlrausch effect on color-induced glossiness enhancement, *J Vis* **23**(1): 11, 1-19.

Kreiss S, Bertoni L and Alahi A (2019) PifPaf: Composite fields for human pose estimation, *IEEE/CVF Conference on Computer Vision and Pattern Recognition*: 11969-11978.

Kristanto H, Sathe P, Schmitz A *et al.* (2018) A wearable three-axis tactile sensor for human fingertips, *IEEE Rob Autom Lett* **3**(4): 4313-4320.

Lambert J (1760) *Photometria sive de mensura de gratibus luminis colorum et umbrae*, Augsburg.

Lambeta M *et al.* (2020) DIGIT: A novel design for a low-cost compact high-resolution tactile sensor with application to in-hand manipulation, *IEEE Rob Autom Lett* **5**(3): 3838-3845.

Lederman SJ and Klatzky RL (1987) Hand movements: A window into haptic object recognition, *Cogn Psychol* **19**(3): 342-368.

Lee S-E, Shibata K, Nonaka S *et al.* (2022) Extrinsic camera calibration from a moving person, *IEEE Rob Autom Lett* **7**(4): 10344-10351.

Li R and Adelson EH (2013) Sensing and recognizing surface textures using a GelSight sensor, *2013 IEEE Conference on Computer Vision and Pattern Recognition*, Portland, OR, USA: 1241-1247.

Lin CH, Erickson TW, Fishel JA *et al.* (2009) Signal processing and fabrication of a biomimetic tactile sensor array with thermal, force and microvibration modalities, *2009 IEEE*

International Conference on Robotics and Biomimetics (*ROBIO*), Guilin, China: 129-134.

Lin TY, Maire M, Belongie S *et al.* (2014) Microsoft COCO: Common objects in context, *European Conference on Computer Vision:* 740-755.

Loper M, Mahmood N, Romero J *et al.* (2015) SMPL: A skinned multi-person linear model, *ACM Transactions on Graphics* **34**(6): 1-16.

Manabe R, Tanaka M and Horiuchi T (2022) Bumpy appearance editing of object surfaces in digital images, *J Imag Sci Tech* **66**: 05403-|1-15|.

Mascaro SA and Asada HH (2001) Photoplethysmograph fingernail sensors for measuring finger forces without haptic obstruction, *IEEE Trans Rob Autom* **17**(5): 698-708, Oct.

Matsumoto T, Fukuda K and Uchikawa K (2016) Appearance of gold, silver and copper colors of glossy object surface, *International Journal of Affective Engineering* **15**(3): 239-247.

Matusik W, Pfister H, Brand M *et al.* (2003) Efficient isotropic BRDF measurement, *Proc. 14th Eurographics workshop on Rendering* (*EGWR '03*): 241-247.

Mehta D, Sotnychenko O, Mueller F *et al.* (2020) XNect: Real-time multi-person 3D motion capture with a single RGB camera, *ACM Transactions on Graphics* **39**(4): 82: 1-82: 17.

Motoyoshi I, Nishida S, Sharan L *et al.* (2007) Image statistics and the perception of surface qualities, *Nature* **447**: 206-209.

Nagata M, Okajima K and Osumi M (2007) Quantification of gloss perception as a function of stimulus duration, *Optical Review* **14**(6): 406-410.

Nakamura S, Kawanishi Y, Nobuhara S *et al.* (2023) DeePoint: Visual pointing recognition and direction estimation, *IEEE/CVF International Conference on Computer Vision*: 20577-20587.

Nakatani M, Kawasoe T, Shiojima K *et al.* (2011) Wearable contact force sensor system based on fingerpad deformation, *IEEE World Haptics Conference*, Istanbul, Turkey: 323-328.

Nishio A, Shimokawa T, Goda N *et al.* (2014) Perceptual gloss parameters are encoded by population responses in the monkey inferior temporal cortex, *J Neurosci* **34**(33): 11143-11151.

Nonaka S, Nobuhara S and Nishino K (2022) Dynamic 3D gaze from afar: Deep gaze estimation from temporal eye-head-body coordination, *2022 IEEE/CVF Conference on Computer Vision and Pattern Recognition:* 2182-2191.

Nonomura Y, Miura T, Miyashita T *et al.* (2012) How to identify water from thickener aqueous solutions by touch, *J R Soc Interface* **9**(71): 1216-1223.

Ojala T, Pietikäinen M and Harwood D (1996) A comparative study of texture measures with classification based on featured distributions, *Pattern Recog* **29**: 51-59.

Okajima K and Nagata M (2019) Gloss-detection image filter based on center-surround receptive fields, *Perception* **48**(2) Suppl. 38.

Okamoto S, Nagano H and Yamada Y (2013) Psychophysical dimensions of tactile perception of textures, *IEEE Trans, Haptics* **6**(1): 81-93.

Okazawa G, Tajima S and Komatsu H (2015) Image statistics underlying natural texture selectivity of neurons in macaque V4, *Proc Natl Acad Sci USA* **112**(4): E351-E360.

Oren M and Nayar SK (1995) Generalization of the Lambertian model and implications for machine vision, *Int J Comput Vision* **14**: 227-251.

Pavllo D, Feichtenhofer C, Grangier D *et al*. (2019) 3D human pose estimation in video with temporal convolutions and semi-supervised training, *2019 IEEE/CVF Conference on Computer Vision and Pattern Recognition*: 7745-7754.

Perceptual Computing Laboratory (2017) Multi-Person Face/Body/Hand Keypoint Detection, https://www.youtube.com/watch?v=cPiN2ncuK0Y (date accessed: 2023-10-31)

Rabal AM, Ferrero A, Campos J *et al*. (2012) Automatic gonio-spectrophotometer for the absolute measurement of the spectral BRDF at in- and out-of-plane and retroreflection geometries, *Metrologia* **49**: 213-223.

Rabal AM, Ged G and Obein G (2019) What is the true width and height of the specular peak according to the level of gloss? *Proceedings of the 29th Quadriennal Session of CIE*, CIE x046: 2019, OP88.

Sakano Y and Ando H (2010) Effects of head motion and stereo viewing on perceived glossiness, *J Vis* **10**(9): 15, 1-14.

Sander EM, Bergmann Tiest WM and Kappers AML (2013) Identifying haptic exploratory procedures by analyzing hand dynamics and contact force, *IEEE Trans Haptics* **6**(4): 464-472.

Sharma G, Wu W and Dalal EN (2005) The CIEDE2000 color-difference formula, *Color Res. Appl.* **30**: 21-30.

Simon T, Joo H, Matthews I *et al*. (2017) Hand keypoint detection in single images using multiview bootstrapping, *IEEE Conference on Computer Vision and Pattern Recognition*: 4645-4653.

Storrs KR, Anderson BL and Fleming RW (2021) Unsupervised learning predicts human perception and misperception of gloss, *Nat Hum Behav* **5**: 1402-1417.

Tanaka M and Horiuchi T (2015) Investigating perceptual qualities of static surface appearance using real materials and displayed images, *Vis Res* **115**: 246-258.

Tanaka Y, Nguyen DP, Fukuda T *et al*. (2015) Wearable skin vibration sensor using a PVDF film, *2015 IEEE World Haptics Conference* (WHC), Evanston, IL, USA: 146-151.

Tominaga S, Nishi S and Ohtera R (2021) Measurement and estimation of spectral sensitivity functions for mobile phone cameras, *Sensors* **21**: 1-22.

Tominaga S, Nishi S, Ohtera R *et al*. (2022) Improved method for spectral reflectance estimation and application to mobile phone cameras, *J Opt Soc Am A* **39**: 494-508.

Torrance KE and Sparrow EM (1967) Theory for off-specular reflection from roughened surfaces, *J Opt Soc Am* **57**(9): 1105-1114.

Unoki M and Zhu Z (2020) Relationship between contributions of temporal amplitude envelope of speech and modulation transfer function in room acoustics to perception of noise-vocoded speech, *Acoust Sci & Tech* **41**(1): 233-244.

van Assen JR, Wijntjes MWA and Pont SC (2016) Highlight shapes and perception of gloss for real and photographed objects, *J Vis* **16**(6): 6, 1-14.

Viénot F and Obein G (2004) Is gloss recognized as a surface property? *Proceedings of MS 2004, 1st International Workshop on Materials and Sensations*, Pau, France, 77-82.

Wu W, Qian C, Yang S *et al*. (2018) Look at boundary: A boundary-aware face alignment algorithm, *IEEE/CVF Conference on Computer Vision and Pattern Recognition*: 2129-2138.

Wyszecki G and Stiles WS (1982) *Color Science*, 2nd ed., John Wiley & Sons.

Yokosaka T, Inubushi M, Kuroki S *et al.*（2020）Frequency of switching touching mode reflects tactile preference judgment, *Sci Rep* **10**(1): 3022.

Yuan W, Mo Y, Wang S *et al.*（2018）Active clothing material perception using tactile sensing and deep learning, *2018 IEEE International Conference on Robotics and Automation*（*ICRA*）, Brisbane, QLD, Australia: 4842-4849.

Zhang Z（2012）Microsoft Kinect sensor and its effect, *IEEE MultiMedia* **19**(2): 4-10.

Zorll U（1972）New aspects of gloss of paint film and its measurement, *Progress in Organic Coatings* **1**: 113-155.

和 文

荒木恵信（2009）在外日本美術品，特に絵画に関する保存修復室の現地調査報告，金沢美術工芸大学紀要 **53**: 41-51.

大住雅之（2021）測色の過去と将来，日本色彩学会・色材協会 測色研究会予稿集，8-13.

岡嶋克典，池田光男（1989）白色光における輝面色モードと表面色モードの見えの定式化，光学 **18**(10): 558-564.

岡嶋克典，高瀬正典（2000）色の光沢感と明るさ知覚の関係，映像情報メディア学会誌 **54**(9): 1315-1318.

小曳尚，野中亮助，馬場雅裕（2013）画像に輝きを与える光沢制御技術，東芝レビュー **68**(9): 38-41.

榊原健一，河原英紀，水町光徳（2020）利用価値の高い音声データの収録手順，日本音響学会誌 **76**(6): 343-350.

高田正幸（2019）音質評価指標の計算法と適用事例，日本音響学会誌 **75**(10): 582-589.

仲谷正史，筧康明，三原聡一郎ほか（2016）触楽入門，朝日出版社.

羽入敏樹（2020）室内音響におけるインパルス応答測定と評価，日本音響学会誌 **76**(3): 156-163.

前田涼汰，日浦慎作（2023）透視投影カメラと近接点光源を用いた双方向テクスチャ関数の計測，Visual Computing 2023, 4 pages.

牧山清（2012）嗄声の聴覚心理的評価（GRBAS 尺度），日本耳鼻咽喉科学会会報 **115**(10): 930-931.

松本知久，福田一帆，内川惠二（2016）金，銀，銅色知覚を生起するための要因の解明，日本感性工学会論文誌，**15**(3): 387-397.

向川康博（2010）反射・散乱の計測とモデル化，情報処理学会研究報告コンピュータビジョンとイメージメディア Vol. 2010-CVIM-172，1-11.

第3章

自然の中の質感

3-1 土

　ここで扱う「土」は土木材料としての土ではなく土壌学が定義する「生きた土」＝「土壌」を意味する．土壌は無機物粒子と有機物（腐植）を骨格とし，これら粒子の間の空隙を水や空気が満たし，そこには多様な小動物や無数の微生物が生息している．土の質感は，これらの構成要素がさまざまな様式で混在することによって形作られている．本項では土＝土壌の生い立ち，構成要素，代表的な質感とその表現方法について概観する．

■ 3-1-1　土の生い立ちとその構成

3-1-1-1　土はどのようにつくられるか

　ジェニー（Jenny, 1941）は，土壌の生成過程を表す以下の概念式を提唱した．

$$土壌生成 = f（気候・生物・地形・母材・時間・（人為））$$

　この式は，土壌が，異なる岩石（母材）を材料として，さまざまな気候条件の下で，異なる地形面（標高，傾斜，凹凸，方位等）において，植生や土壌生物等の影響を受けつつ，異なる経過時間の下で，時に人為の影響を受け，生成されることを示している．その結果，世界的には極めて多様な土壌が生成・分布し，それぞれ異なった質感をもつにいたる．土の色だけに着目しても，赤色，褐色，黄色，黒，白・灰色，青色など多様な土壌が生成し，さまざまな地理的スケールで混在分布している．こうした土壌の多様性は，その性質・機能を通じ，地域・場所に固有の動植物相や農林業，人々の暮らしや文化のありようと密接に関連している．そして，土壌の性質・機能はその質感と密接に結びついており，土の質感は土壌を評価・判定するための重要な目安となっている．

3-1-1-2　土を形作る物

　上述の土壌生成過程において，地殻最表層の岩石は，さまざまな化学的，物理的，生物的プロセスによる風化や「粘土化プロセス」を経て，礫，砂，シルト（微砂），粘土へ姿を変え土壌の構成要素が作られてゆく．風化・粘土化プ

158 ■ 第 3 章　自然の中の質感

ロセスは高温・湿潤の気候下でより迅速に進行するが，生成された粘土もまた長時間の風化を経ればその結晶構造は崩壊し，最終的に可動性の低い鉄やアルミニウム，チタンなどの酸化物や水和酸化物が残留するにいたる．

　一方で土壌中のミミズやトビムシ，ヤスデ他の土壌動物や，無数の土壌微生物は植物の落ち葉や脱落した根などを分解し，その過程で「腐植」とよばれる土壌に固有の有機物が作られ土の構成要素に加入する．粘土や砂などの無機物に，生物によって作られた「腐植」が加わり，土壌が生成されていく．

(1) 砂，シルト（微砂），粘土

　泥炭土等有機質を除けば，土壌の固相部分の大部分は大小さまざまな無機物粒子で構成されている．これらの連続的に大きさが変化する粒子は，我が国では国際法（FAO, 2006）に準じ，その粒径に従い以下の画分に区分される．

　　粒径区分
　　　礫　：2 mm 以上のもの
　　　粗砂：2 mm 未満〜0.2 mm 以上のもの
　　　細砂：0.2 mm 未満〜0.02 mm 以上のもの
　　　微砂：0.02 mm 未満〜0.002 mm 以上のもの
　　　粘土：0.002 mm 未満のもの

　粘土画分は粘土鉱物粒子で構成される．粘土鉱物は土壌のさまざまな機能を担う重要な要素であるが，単に岩石が細かく砕けたものではなく，一次鉱物（造岩鉱物）の変性や風化により新たに合成された多種の土壌に固有の珪酸塩鉱物であり二次鉱物ともよばれる．カオリナイトやバーミキュライト等，大部分の粘土鉱物は層状の格子構造をもつ珪酸塩鉱物であるが，特殊な例として火山灰に由来する非晶質のアロフェン粘土が存在する．

　一方，砂〜シルト画分は，岩石が風化を経て細粒化した一次鉱物粒子と風化の最終産物である鉄やアルミニウムなどの酸化物・水和酸化物の粒子・集合体で構成される．一次鉱物は種類によって色が異なり，風化抵抗性の高い石英や長石類が白色であるのに対し，風化しやすい輝石，角閃石，黒雲母などは有色鉱物とよばれ暗色を呈する．

(2) 遊離酸化物

　風化プロセスが最終局面にいたれば，ナトリウム，カリウム，カルシウム，マグネシウム等の元素は消失してやがてケイ素まで流亡し，可動性の低い鉄やアルミニウム，重金属類などが酸化物として残留する．これらを一次鉱物から遊離した生成物という意味で遊離酸化物と総称する．特に色との関係では遊離酸化鉄の組成や結晶構造，その量が重要であり，土に赤色，褐色，黄色など多様な色彩を与えているのが遊離酸化鉄である．遊離酸化鉄は化学組成や結晶構造の違いによりさまざまな種類があり，たとえば，含水酸化鉄は赤褐色，フェリハイドライトは赤色，ゲータイトは黄褐色〜黒褐色，ヘマタイトは鮮赤色，レピドクロサイトは橙色とさまざまな色を呈する．また酸化マンガンは黒色を呈する．これらの遊離酸化物はいずれも岩石の風化で解放された鉄やマンガンが土壌環境中でそれぞれ異なる化学組成や結晶構造をもった化合物として生成したものである．

(3) 腐植

　動植物遺体の形で土壌へ供給された有機物の大部分は微生物分解を経て水，二酸化炭素，アンモニアへと変換されるが，一部は微生物分解を免れ多様で複雑な生物的・化学的プロセスを経て，土壌に固有の暗色無定型の高分子有機物＝「腐植」へと合成される．土に黒〜暗色味を与えるのが腐植である．

3-1-2　土の質感と表現方法

3-1-2-1　土の色（土色）

　土の色は遊離酸化鉄（黄色，茶色，オレンジ色，赤色），2価鉄（青），腐植（暗色），酸化マンガン（黒色），石英や長石（白）などの構成成分が混じり合うことによって発現する．

　土壌学では「マンセル土色帳」（Munsell Color Company, 1975）を用いて土色を記述する．マンセル土色帳では色を色相（hue），明度（value），彩度（chroma）の3属性に分け，それらの組み合わせにより数量的に表現する（FAO, 2006）．

　「色相」は色組成の尺度で，マンセルシステムでは，赤（R），黄（Y），緑（G），青（B），紫（P）の5つの主色相を設け，さらにこれら主色相の各ペア

間の中間を表す中間色相として黄赤（YR），緑黄（GY），青緑（BG），紫青（PB），赤紫（RP）の5つを設け，全部で10個の色相名が設定されている．さらにこれら各色相を4分割し，たとえばYRは，2.5YR，5YR，7.5YR，および10YRに細分される．マンセル土色帳は，10Rから5Yまでの色相カードで構成され，これに無彩色のチャート（N）に加えて灰色系統の色をカバーするため彩度の低い灰色の色片が掲載されている．

色相は土壌の風化程度，母材の造岩鉱物に含まれる鉄やマンガンなどの多少，酸化還元状態を反映して変化する．土色帳の色相Y（黄色）→YR（褐色）→R（赤）の序列は大まかには遊離酸化鉄の量的な増加，結晶化度の上昇，加水度の低下などを反映している．アフリカの熱帯地域で広く見られるR系統の代表的な土壌であるフェラルソルやプリンソル（Ferralsols, Plinthosols（Deckers et al., 1998））は鉄を含む母材が長期間の風化を経て生成したもので，我が国でも更新世の温暖期に強い風化を経て作られた赤い土を見ることができる．特に玄武岩など鉄を多く含む塩基性岩が風化されると多量の遊離酸化鉄が残留濃縮しR系統の土壌が生成する．ブラジルのテラロッサはその例である．

一方YR系統は我が国はじめ温帯が主要な分布域であり，R系統の土壌にくらべ相対的に若い土壌であるカンビソル（Cambisols）がその中心であるが，熱帯でも鉄の少ない酸性岩地域ではYR系統のアクリソルやアリソル（Acrisols, Alisols）とよばれる土壌が広く分布する．Y系統は風化が進んでいない土壌で主に観察される（レゴソル：Regosols）．

灰色〜青灰色系統の色は，冷涼・多湿な亜寒帯や温帯の高山などに分布するスポドソル（Spodozols）において有機物の分解が抑制されて生成した有機酸等が腐植や鉄を洗脱・脱色することで珪酸など無色鉱物の色が現れ発現する他，グライソル（Gleysols）などで地下水や停滞水により作られる還元環境下では鉄が還元されて生成した2価鉄化合物のため青色味を帯びる．

一方，石英や長石などを多く含む母材が強く風化されると，風化抵抗性の最も高い石英が残留し灰色〜白色の砂土となる（アレノソル：Aresols）．また乾燥気候下でナトリウムやカルシウムが多量に残留・析出する場合も土壌は白味を帯びる（ソロネッツ，ソロンチャク，カルシソル：Solonetz, Solonchaks, Calcisols）．

明度は主に腐植物質の多少を反映し，暗色の有色鉱物や酸化マンガンなどの量が影響する場合もある．温帯気候下の火山周辺には黒色のアンドソル（Andosols）が分布するが，火山灰土に含まれるアロフェン粘土や遊離アルミナがイネ科草本由来の腐植と難分解性の複合体を形成し，土壌中に大量に安定的に蓄積したためである．我が国のクロボク土はその典型である．また火山周辺以外でもウクライナ，北米等，半乾燥気候の草原地帯とその周辺に広く分布する土壌（チェルノーゼム，カスタノーゼム，ファエオゼム：Chernozem, Kastanozem, Phaeozems）の黒褐色も草本植物由来の腐植が半乾燥のため土壌に残留したカルシウムと結合し大量に蓄積した結果である．さらに湿地の還元環境下で有機物の分解が抑制されて堆積した泥炭＝ピート（ヒストソル：Histosls）も暗色を呈する．明度は1（暗い）〜8（明るい）に区分する．

　彩度はスペクトル色の相対的な純度または強度であり，遊離酸化物（鉄やマンガン）の量やその結晶化度・加水度などの存在様式に加え，母材や風化程度の違いを反映する．彩度は1（淡い）〜8（鮮やか）に区分する．

(1) 土色の判定（FAO, 2006）

　土色の判定ではまず色相を決め，次に明度および彩度を決定し，7.5YR5/6（色相7.5，明度5，彩度6）のように表記し，これに加え，土色帳見開き左ページに記載されている標準的なマンセル色名（7.5YR5/6の場合は「明褐色」）を記載する．

　現地調査での土色の判定は，原則として湿った土塊をマンセル土壌帳の色片と照合して行う．土色は土の状態と光源の質と強度に依存するため，野外での土色帳による判定は，朝夕を避け日中に直射日光を避け標準的な光の強度と質の下で行う．また土塊の色はその表面的状態で変化するため，色とともに試料の状態（「土壌断面から取り出した自然土塊（ペッド：ped）」，「砕いた土塊」，「指で押しつぶした土塊」，「押しつぶし滑らかにした土塊」）を記録する．乾燥粉砕試料では表面を平滑にし「乾燥，粉砕，平滑化」と注記する．土色は水湿状態にも大きく影響され，土が湿ると明度が下がるため，土色の記載には「湿潤」か「乾燥」かを示す．土色判定における乾燥状態は自然乾燥しさらに乾燥させても色が変化しない状態を，湿潤状態は適度〜非常に湿っておりさらに湿らせても色が変わらない状態を指す．我が国の湿潤気候下での土色は「湿潤」

状態で，一方乾燥気候地帯では「乾燥」状態での記載が標準的である．

3-1-2-2　土の手触り──土性とコンシステンシー

土の手触りにはさまざまな側面が存在する．触感の中心的な性質は，構成する粘土，シルト，砂の割合によって決まる土性であり，それに加えて指や掌による外力に応じて感知される動的質感としてのコンシステンシー（consistency）が存在する．

(1) 土性（FAO, 2006）

2 mm 以下の画分の土壌を「細土」とよび，粘土がどれほど含まれるかが土壌の性質を決める重要な特徴となる．このため土の「粗さ／細かさ」を，細土に占める粘土・シルト・砂の割合にもとづいて設けた 12 種類の区分で構成される「土性」という概念で表す（図 3-1-1）．「土性」は風化や粘土生成の程度，さらに母材の鉱物学的特徴に支配されるが，土壌の機能と密接に関係すると同時に，土の質感のうち手触りや色と密接に関連している．手触りについては下で述べるが，土色との関連では大きくいえば砂質であるほど明度が高く，埴質であるほど遊離酸化物の量も多いため彩度が高くなる傾向にあるといえる．

土性の正確な判定は粒径組成分析にもとづいて行うが，訓練すれば判定基準に従い野外でもかなり正確な判定が可能である．これは各層位から採取した小土塊を湿った状態で親指と人差し指の感覚を使って，砂のまじり具合や粘土のねばり具合などの触感により土性を判定する方法である．粘土，シルト，砂はそれぞれ以下の質感を有する．

粘土：指が汚れるが，粘着性があり，成形可能で，可塑性が高く，指でひねると表面に光沢が見られる（ただし，スメクタイト粘土は可塑性が，カオリナイト粘土は粘着性が高いため，前者では粘土含有量が過大に，後者では過小に評価される可能性がある（Schlichting et al., 1995））．
シルト：指が汚れるが，粘着性がなく，成形性が弱く，指で絞ると表面がざらざらして壊れ，非常に粉っぽい感じになる（タルカムパウダーのような）．
砂：成形できず，指が汚れず，非常にザラザラしている．

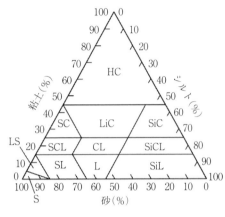

図 3-1-1 土性の三角図（出典：広辞苑）
HC：重埴土，SC：砂質埴土，LiC：軽埴土，SiC：シルト質埴土，SCL：砂質埴壌土，CL：埴壌土，SiCL：シルト質埴壌土，SL：砂壌土，L：壌土，SiL：シルト質壌土，S：砂土，LS：壌質砂土

さらに細かい判定を行うための具体的な判定基準が作られており（FAO, 2006），最も埴質な重埴土（Heavy Clay：HC）と最も砂質な砂土（Sand：S）を例に挙げれば下記のような質感によって判定される．

重埴土：土壌を手でこねて直径 3 mm のヒモ状に成形でき，さらにそのヒモで直径 2-3 cm ほどの輪を作れる，可塑性が高く光沢がある（粘土含量＞45％）．

砂土：手でこねて直径 7 mm のヒモ状に成形できず，手に汚れが付着せず，指紋の溝に微細な粒子が残らない（粘土含量＜5％）．

(2) コンシステンシー（consistency）（FAO, 2006）

外力に応じて発現する土の質感はその水分状態に支配されるため，コンシステンシーは土壌の水分状態ごとに表現される．土壌が乾燥状態（dry）の場合は親指と人差し指で押して土塊を砕き，硬さを 6 段階（粗：Loose―軟らかい：Soft―やや固い：Slightly hard―固い：Hard―頗る固い：Very hard―極度に固い：Extremely hard）に区分する．湿潤状態（moist）では同様に指で押さえて砕けやすさを 6 段階（粗：Loose―頗る砕けやすい：Very friable―砕けやすい：Friable―硬い：Firm―頗る硬い：Very firm―極度に硬い：Extremely firm）に区分する．

さらに，粘着性と可塑性については土が最大の粘着性と可塑性を発現する状態まで土を湿らせ，粘着性は親指と人差し指で土塊を押しつぶし土壌物質が手に付着する程度に応じて（粘着性なし：Non sticky—やや粘着性あり：Slightly sticky—粘着性あり：Sticky—非常に粘着性あり：Very sticky）の4段階に，また可塑性は湿状態の土を手で捻ってヒモ状になるかどうかにより4段階（可塑性なし：Non plastic—やや可塑性あり：Slightly plastic—可塑性あり：Plastic—非常に可塑性あり：Very plastic）に区分する．

これらコンシステンシーは農耕作業における耕耘の難易と密接に関わっており，コンシステンシーを構成する質感には土性と含まれる粘土鉱物の種類，腐植の量が強く関わっている．

（太田誠一）

3-2 蛍光色

▪ 3-2-1 世の中に存在する蛍光色

物体表面の色，明るさは照明条件により大きく変化する．照明条件による物体の多様な見えの変化がコンピュータビジョン技術による物体の認識を難しくする大きな要因ともなっている．これに対し，色恒常性（照明光の条件が変わっても照明光の色の影響を受けることなく，同じ物体は安定して同じ色として知覚される現象のこと）の研究分野では，照明の影響を除去し，物体色を推定するためのさまざまなアルゴリズムが提案され（Agarwal et al., 2006），画像合成の研究分野では，複雑な光源環境下で物体の見えを正確に生成するためのさまざまな技術が提案されてきた（Johnson & Fairchild, 1999）．

一方，物体の見えや色の推定に関わる画像処理技術の多くは，対象となる物体表面が反射成分のみにより構成されることを仮定している．すなわち，物体表面の色は，照明光の分光分布（各波長に対する光の強度分布）と物体表面の分光反射率（入射光の各波長に対する反射の割合を示す）の積として考慮され

図 3-2-1　蛍光成分を含む物質例
鉱石，バナナの皮，玩具，スーパーボール．左側の画像は自然光のもとで観察される物体の見えを，右側の画像は，紫外光を含むブラックライトのもとで観察された蛍光発光を示す．

ている．我々の身の回りに目を向けてみると，たとえば白紙，塗料，染料，植物など，反射成分のみならず蛍光成分を含む物体が多数存在し（図 3-2-1，口絵も参照），無作為に選んだ物体の 20% に蛍光成分が含まれていたということが報告されている（Barnard, 1999）．蛍光は物体表面で反射する反射光とは入射光とのインタラクションが大きく異なり，物体表面で反射するのではなく入射光を吸収して発光する．反射光は入射光と同じ波長での現象であるが，蛍光は吸収光の波長よりも長波長側の光を出力するという複雑なメカニズムをもつ．そのため，蛍光は入射光の色変化の影響を受けず蛍光物質が出力する波長は一定であり，照明色の影響を受けないという特性をもつ（たとえば，青い光源の下でもオレンジの蛍光発光を常に見せる）．

たとえば，多くの珊瑚種が特定の水面に注がれる光のもと，色とりどりの鮮やかな蛍光色を発することが知られている．具体的には珊瑚の組織内に存在する蛍光タンパク質によって発生し，紫外線や青い光を吸収して，緑色・黄色・赤色などの光を放出する．このように特定の波長の光（たとえば紫外線）を吸収し，特定の波長の光を発する（たとえば，赤色）照射光と発光色の関係は蛍光指紋とよばれ，食品および製品の品質管理，偽装品の検出，成分分析などに利用される（図 3-2-2，口絵も参照）．

蛍光指紋が品質特定に利用される例には以下のようなものが挙げられる．

オリーブオイル：エクストラバージンオリーブオイルと他の植物油を識別可能

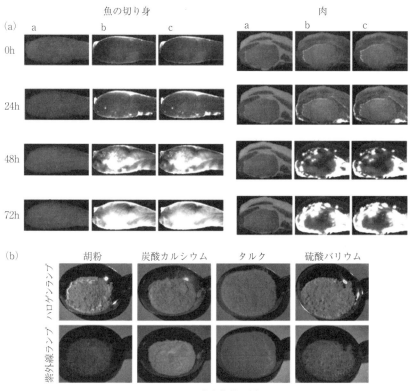

図 3-2-2　蛍光指紋の例

上段（a）は生鮮食品（左は魚の切り身，右は肉）．24，48，72時間と時間が経過するにつれて，蛍光発光の強度が強まり，空間的に広がっていく様子がわかる（bが蛍光強度，cは参考として対象の色を付加したもの）．下段（b）は藤田嗣治画伯が用いたといわれる顔料．ハロゲンランプのもとでは同じ白色であるが，紫外線ランプのもとでは青，緑，赤に光ることがわかった．

- ワイン：ワインの品種，生産地，熟成過程などを識別可能
- 宝石（ダイアモンド，ルビー，サファイア，フローライト，オパールなど）：蛍光の色と強度を考慮することで，宝石が天然か合成かの区別，品質と価値の評価が可能
- 魚介類・肉・乳製品の鮮度：保存状態や処理方法によって蛍光特性が変化することが知られる
- 酒：ワインやウィスキーなどの多くの種類の酒類で蛍光指紋が品質・産地・熟成過程などを識別するのに役立つことが知られる

芸術作品：絵画に使用される顔料の種類と年代を特定できる．たとえば，有名なフェルメールの青は天然鉱石ラピスラズリを粉砕してつくられる顔料であり，美しい青色の蛍光発光を見せる．最近になり，乳白色の肌表現が有名な藤田嗣治画伯が用いた白色顔料（破壊検査で種類を特定）も異なる蛍光発光を見せることが判明した

▪ 3-2-2　反射と蛍光発光のメカニズムの違い

3-2-1 でも説明したように，反射光とは異なる吸光・発光特性をもつ蛍光は吸収の波長よりも長波長側の光を出力するという複雑なメカニズムにより発生し，蛍光物質が出力する波長は一定であり，照明色の影響を受けないという特性をもつ．

図 3-2-3 にある素材の反射と蛍光特性の例を示す．図 3-2-3（a）「反射光と蛍光発光の波長特性」の上段のグラフは横軸が波長，縦軸は各波長で観察される光の強度に対応する．蛍光素材に単一波長の光が入射したとき（グラフ中の入射光），観測される光は同じ波長の反射光に加えて，より長い波長に広帯域のスペクトル分布をもった発光が観察されるのがわかる．より長い波長に広がる成分が蛍光発光による成分である．

図 3-2-3(b)「画像合成への応用」の上段は白色照明下および緑色照明下での実画像を示し，下段は反射のみおよび反射と蛍光の双方を考慮して再現された画像を示す．波長シフトといった蛍光発光メカニズムにもとづきシーンの見えを再現することで，緑色照明下でも黄色，オレンジ，ピンク色といった豊かな色彩が再現できることがよくわかる．

▪ 3-2-3　Bispectral 観察による反射と蛍光発光の分離

前項で説明したように反射光は照射波長と同じ波長で計測されるのに対し，蛍光は長い波長に広帯域のスペクトル分布をもって観察される．蛍光物体は反射と発光の双方の特徴を有することが多く，その分光特性は bispectral radiance factor により表現される．bispectral radiance factor は入射光波長と観察波長の双方を変化させる（たとえば 5 nm または 10 nm ごと）ことで計測でき，これにより蛍光物体の任意照明下での見えを予測することができる（CIE,

168 ▪ 第 3 章　自然の中の質感

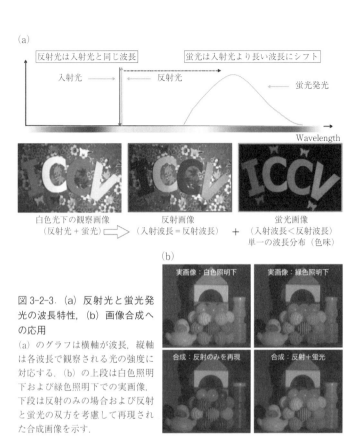

図 3-2-3. (a) 反射光と蛍光発光の波長特性, (b) 画像合成への応用

(a) のグラフは横軸が波長, 縦軸は各波長で観察される光の強度に対応する. (b) の上段は白色照明下および緑色照明下での実画像, 下段は反射のみの場合および反射と蛍光の双方を考慮して再現された合成画像を示す.

2007; 岡島ほか, 2018). この性質を利用して, 反射光と蛍光を画像から分離することが行われている. たとえば, 単波長により構成される照明下で観察する場合 (たとえば, 光源色が青), 反射成分は照明と同じ波長にのみ観察される (光源色が青であれば, 青色の反射のみが観察される). これに対し, 蛍光は吸収光の波長よりも長波長側の光を出力する (光源色が青の場合, 緑色や赤色の蛍光が観察される). このような入射光の波長に対する出力波長の性質の違いを利用することで反射光と蛍光発光を画像から分離することができる.

図 3-2-4 に青色の光源下で観察されたカッターナイフの RGB 画像を示す. このカッターナイフは, 反射・蛍光成分により構成されるため, 光源と同じ色, すなわち画像の B チャンネルのみを取り出すと反射成分のみが, G と R のチャ

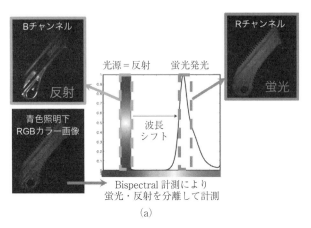

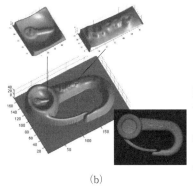

図 3-2-4 (a) 出力波長の違いを利用した反射成分と蛍光成分の分離例，(b) 照明方向の変化にともない観察された蛍光発光の強度変化にもとづき推定された対象物体の形状
(a) は光源と同じ波長で観察すると反射成分，長い波長を観察すると蛍光成分を分離して観察することができる．

ンネルのみを取り出すと蛍光成分のみを観察することができる．図 3-2-4(a) 左（B チャンネルの画像）では，物体表面の艶，すなわち鏡面反射のみが観察され，図 3-2-4(a) 右（R チャンネルの画像）では蛍光発光のみをとらえている様子がわかる．蛍光成分は，照射光より長波長側の光を返し，照射方向による発光強度の違いは拡散反射と同じであることが知られている（法線の方向から照射したときの発光強度が最も強くなり，法線となす角度が 90°に近づくほど，発光強度も弱くなる）．これに従い，照明方向の変化にともない観察された蛍光発光の強度変化にもとづき対象物体の形状を推定することも可能である（図 3-2-4(b)）．

▪ 3-2-4　蛍光に関するさまざまな技術の開発

　ここまで紹介した技術以外にも，自然科学や工学分野において，蛍光の計測や画像生成に関してさまざまな研究がなされており，いくつかを紹介する．

　自然科学の研究分野では，蛍光成分の発光により出力される波長を特殊な光学デバイスを用いて計測するための方法が研究されており，文献（Springsteen, 1999）には必要な手順が紹介されている．また，CGの研究分野において，Hullinらは蛍光成分の見えを表す関数として，双方向反射率分布関数（Bidirectional Reflectance Distribution Function, BRDF）に入射光の波長の影響を加え，Bispectral Bidirectional Reflectance and Reradiation Distribution Functions（BBRRDF）を定義した．Hullinらはさまざまな照明下で計測された分光データにもとづきBBRRDFを効率良く獲得し画像生成に用いる手法を提案している（Hullin et al., 2010）．その他にも，分光分布が既知の複数照明下で観察された分光データにもとづく蛍光成分の特性をモデル化する手法も提案されてきた（Haneishi & Kamimura, 2002; Nakashima & Tominaga, 2010; Tominaga et al., 2013）．他方，画像合成の研究分野においては，蛍光成分を考慮した見えの生成手法についての研究が進められてきた．JohnsonとFairchildは，蛍光発光の分光領域における生成モデル式を示し，与えられた照明環境のもとで蛍光成分と反射成分の見えを計算し画像生成を行う技術を発表している（Johnson & Fairchild, 1999）．

（佐藤いまり）

3-3　構造色

　自然界に存在するさまざまな色は基本的に色素（pigment），生物発光（bioluminescence），構造色（structural color）によるものに分類することができる．なかでも構造色は，昆虫や鳥の羽，魚などに見られ，目に飛び込んでくる鮮やかな色合いもさることながら，構造色を生み出す仕組みに謎が多いことから，古くから多くの研究者の関心を集めてきた（Kinoshita & Yoshioka, 2005）．

たとえば，古くはニュートンが著書『光学』において構造色である孔雀の羽の色について既に言及しており[1]，孔雀の羽の色が，特定の波長を吸収・反射する色素とは異なり，薄膜干渉に似た仕組みによることを見抜いている（Newton, 1952）．その後，電子顕微鏡など光学計測の技術が発展したことから，構造色に対する関心はますます高まり，飛躍的に研究が進展した．

▪ 3-3-1　構造色が発現する仕組み

色素による反射・吸収は照射される光との間でエネルギーのやり取りがあるのに対して，構造色は対象物の構造が契機となって現れる光の性質に起因するものであり，そこにはエネルギー交換はない（木下ほか，2002）．図3-3-1に示すように，構造色が発現する仕組みは大きく薄膜干渉，多層膜干渉，回折格子に分類される（Kinoshita & Yoshioka, 2005）．

たとえば，シャボン玉に現れる虹色は，図3-3-1(a) に示す薄膜干渉による構造色である．屈折率 n_0 の媒体を進む光が入射角 θ_0 で厚さ d_1，屈折率 n_1 の薄膜に入射するとき，一部の光は薄膜の上面で反射し，残りの一部が薄膜下面で反射する．その際，これらの反射光の光路差が波長 λ の整数倍であれば強められ，半波長の奇数倍の場合は弱められることで，反射光が色付いて見えることになる．屈折率の関係によって，境界面での反射が固定端反射あるいは自由端反射となることを考慮すれば，強められる波長 λ は光の入射角 θ_0，薄膜の厚さ d_1，整数 m によって以下のように決まる（Kinoshita et al., 2008）．

$$n_0 > n_1 \text{ の場合}：2n_1d_1 \cos \theta_1 = \left(m + \frac{1}{2}\right) \lambda$$

$$n_0 < n_1 \text{ の場合}：2n_1d_1 \cos \theta_1 = m \lambda$$

したがって，照射する光が白色であっても，観察する角度と薄膜の厚さに依存してさまざまな色が見えることになる．

図3-3-1(b) に示した多層膜は薄膜が繰り返し積み重なった構造としてとら

---

[1] *"The finely colour'd feathers of some birds, and particularly those of peacocks tails ... therefore their colours arise from the thinness of the transparent parts of the feathers"* (Part III, Prop. V).

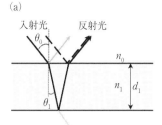
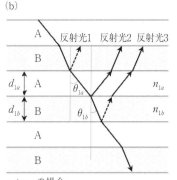

$n_{1a} > n_{1b}$ の場合.
B-A 境界で位相反転が起こり（破線）
A-B 境界では起こらない（実線）

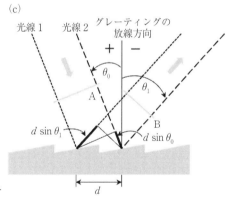

図 3-3-1 構造色が発現する仕組み
(a) 薄膜干渉, (b) 多層膜干渉, (c) 回折格子

えることができる．図 3-3-1(a) の1層薄膜が厚さ d_{1a} の薄膜 A と厚さ d_{1b} の薄膜 B の2層で構成され，それが周期的に繰り返す構造（周期的多層膜構造）を考える．このとき，反射光1と反射光3の干渉は，$n_{1a} > n_{1b}$ と仮定すると，B-A の境界で位相反転が生じることを考慮すれば

$$2(n_{1a}d_{1a}\cos\theta_{1a} + n_{1b}d_{1b}\cos\theta_{1b}) = m\lambda$$

を満たす波長で強められることになる．一方，反射光1と反射光2の干渉については，A-B の境界では位相反転が生じないため，強められる波長は次式で与えられる．

$$2n_{1a}d_{1a}\cos\theta_{1a} = \left(m' + \frac{1}{2}\right)\lambda$$

ここで，光が垂直に入射し（$\theta = 0$），$m = 1$，$m' = 0$ の場合を考えると，$n_{1a}d_{1a} = n_{1b}d_{1b}$ のときに強め合う波長がともに $n \cdot d = \lambda/4$ となって一致し，最も干渉の効果が強まる（Kinoshita et al., 2008）．こうした構造は理想多層膜構造（ideal multilayer）とよばれる．

図 3-3-1(c) に示した回折格子では，表面形状が非常に細かな周期構造を有していることで干渉が生じる．光線 1 と 2 の光路差を考えれば，入射角 θ_0，反射角 θ_1 に対して，干渉によって強められる波長 λ は次式を満たす．

$$d(\sin\theta_0 + \sin\theta_1) = m\lambda$$

たとえば入射角と同じ反射角方向（$\theta_0 = \theta_1$）では

$$2d\sin\theta = m\lambda$$

を満たす波長 λ が強調された光が見えることになる．

▪ 3-3-2　自然のなかの構造色

マイクロあるいはナノサイズの微細構造によって生み出される構造色は，昆虫や鳥などの動物から植物まで幅広い生物に見られる．薄膜干渉によって現れている構造色はたとえばハエの翅に見られる．いくつかのイエバエの翅は単一の薄膜として機能し，層の厚さの違いの結果として，さまざまな色をもっているように見える（Sun et al., 2013）．また，キジバト，アオジなどの羽が虹色に見えるのも薄膜干渉による．キジバトの首の羽の 2 色（緑と紫）が，見る角度がわずかにずれただけで見え方が変化することも同じ理由による（Kinoshita et al., 2008）．

美しいコバルトブルーで知られるモルフォ蝶は，鱗粉の表面に筋状に並んだ棚構造があり，これが構造色の鍵を握っている．この構造を多層膜と見做し，垂直入射時の最大反射波長をモデル計算により求めたところ約 480 nm となり，特徴的なコバルトブルーと整合する結果が得られている（Kinoshita et al., 2002）．

マダラチョウの一種であるオオゴマダラ（*Idea leuconoe*）は，黄金色の蛹で知られている（木下ほか，2002）．蛹になった直後には光沢はなく，黄色に見えるが，数日のうちに金属光沢が現れ，金色に見えるようになるという（Kinoshita & Yoshioka, 2005）．このような金属光沢を感じさせるものは他にもタマムシ（*Japanese Jewel Beetle*），ハナムグリ（*Flower Beetle*）などが知られている（Sun et al., 2013）．こうした金属光沢は，1）それぞれが特定の波長にチューニングされた規則的な多層膜構造，2）「チャープ」スタックとよばれる深さに応じて膜厚が系統的に変化する多層膜構造，3）「カオス」スタックとよばれる膜厚が無秩序に変化する多層膜構造，で現れることが知られている（Parker, 2000）．

上述の干渉とは異なり，回折現象にもとづく構造色も自然界に存在する．たとえば，ジャノメチョウの一種（*Lamprolenis nitida*）は，同じ鱗片上の別々の成分によって，異なる方向に2つの異なるパターンの虹彩発光を示すことができるが，これは鱗片表面に形成された回折格子に由来することが知られている（Ingram & Parker, 2008）．回折格子による構造色は植物にも見られる．ハイビスカス・トリオナム（*Hibiscus trionum*）やメンツェリア・リンドリー（*Mentzelia lindleyi*）の花に見られる虹色の輝きは，花弁の表皮細胞の上にあるクチクラが回折格子として機能することで発現している（Sun et al., 2013）．

▪ 3-3-3 構造色の応用

構造色は色素と異なり，褪色などによる劣化がないこと，環境負荷が低いことから，人工的に構造色を作り出すための応用研究も盛んに行われている．なかでも代表的な人工多層膜は養殖真珠であろう．真珠は，核の周りに厚さ0.4μm程度の炭酸カルシウム結晶の膜が1,000層ほど積層した真珠層で多層膜干渉が生じ，独特の色合いが現れる（Ozaki et al., 2021）．ただし，真珠は人工多層膜ではあるが，アコヤ貝の養殖という自然環境の影響を大きく受けることから，思い通りの構造色を発現させることは極めて難しい（青木ほか，2021）．

屈折率が空間的に数百nm周期で変化する構造体はフォトニック結晶（photonic crystal）とよばれる．自然界に存在するフォトニック結晶としてオパールがよく知られており，内部には直径200nm程度の球状のシリカ微粒子が規則的に並んでいる．多層膜が1次元的であるのに対して，オパールは3次元的

な周期構造をもつ（吉岡・大貫, 2021）. 現在では, フォトニック結晶の構造を人工的に制御し, 所望の機能をもたせるような応用研究も数多く行われている（不動寺ほか, 2022）.

　構造色の発現原理については多くのことがよくわかってきたが, なぜそのような構造になっているのか, 発色との関連がよくわかっていないものも自然界には多い. これらの謎を解明することは, 自然の知恵を活かした新しい色材や発色技術に繋がる可能性がある.

（中内茂樹）

3-4　花の色

　花の色は多種多様である. 花は観賞植物として盛んに育種も行われているので, 原種だけでなく園芸品種までを対象に含めると, その色彩はさらに多様なものとなる.

　物の色の形容には色の3属性, すなわち色相・明度・彩度が用いられるが, 花弁には特徴的な質感があるため, その形容には質感を具体的にイメージできる物やオノマトペのような言葉がさらに必要となる. たとえば, ラメのようにキラキラした赤い花, のような表現である. ここでは, 色と質感を合わせたものを広義の花色と定義する.

▪ 3-4-1　目に入る花弁からの反射光

　図3-4-1に典型的な花弁の構造と光源から照射された光がどのような経路をたどって目に入るのかを示した. 光は大きく4種類に分けられ, そのうち①表面反射光, ②色素による選択反射光, および③柔組織による散乱反射光が花弁からの反射光として目に入る. 表面反射光は弱いながらも表皮細胞表面における全反射なので, 光源と同じスペクトルをもつ. 太陽光であれば, 白色光である. 選択反射光は, 色素によって吸収されなかった光が反射したものである. 色素であるアントシアニンは, 赤以外の光を吸収し, 赤の光を反射するので赤

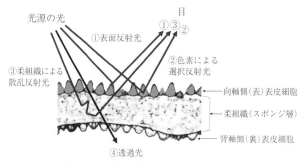

図 3-4-1 花弁の構造と目に入る光の内訳

く見える．表皮細胞の色素含有量が少ない場合，すなわち白色や色が薄い花弁では，多くの光が花弁内部にまで到達し，細胞間隙が大きく色素を含まない柔組織で散乱される．柔組織はスポンジ層ともよばれる．可視光線の波長はおよそ 380-760 nm であるが，花弁の微細な構造と含有色素がこの波長域の光を複雑に反射・吸収するので，花弁からの反射光（①＋②＋③）は特徴的な色と質感としてヒトの目には認知される．

3-4-2 花色に関与する花弁の構成要素

花弁の色について，色相は含有色素の種類によって，色調（明度と彩度）は表皮細胞の形状と色素の含有量によって概ね決まる．

花弁に含まれる主要な色素は，水溶性のフラボノイド類と油溶性のカロテノイド類である．フラボノイドは表皮細胞の液胞に含まれ，主として紫色，青色，赤色を呈する．前述したアントシアニンはフラボノイドの一種である．カロテノイドは表皮細胞の有色体に含まれ，黄色，橙色を呈する．まれに緑色の花があるが，この色素はクロロフィルである．

表皮細胞の形状は多様で，平面状，ドーム状，乳頭状，円錐状のものがある（図 3-4-2）．野田らは色素の含有量が同じであっても，表皮細胞の形態が異なると色調が異なって見えることをキンギョソウ *mixta* 変異株で示した（野田，1997; Noda et al., 1994）．たとえば円錐状の尖った細胞は，平坦な細胞に比べて表面反射光が少なく，より多くの光が色素によって吸収されるので，相対的

平面状　　　　ドーム状　　　　乳頭状　　　円錐状

図 3-4-2　表皮細胞の多様な形状

に濃い（暗い）色調になることを示した．また，種によっては，花弁表皮細胞上に筋状の微細構造（striation: エピクチクラワックスの結晶）をもつ花があるが，この構造は表面反射光の強度を低下させると考えられる（Key & Daoud, 1981）．小山（2005）が striation をもつバラともたないカーネーションで花弁表皮の分光反射率を比較したところ，バラの方が反射率は低かった．同じ赤色でも，色調が明るく感じられるカーネーションに対して，バラは深みのある赤色に見える．微細構造ではあるが，可視光線の散乱に影響する大きさであるため，表皮細胞表面の striation も花弁の色の見え方に影響する．

　花弁の質感については，それを生み出す花弁の光学的特性のみならず，ヒトの視覚機能の面からも考察を進める必要がある．結論から述べると，質感の実体は，花弁上で周りよりも相対的に明るく見える斑点（ハイライト）の集まりである．質感発現には，目の分解能に対して実体の大きさが関係する．園芸的に重要な質感である①ダイアモンドダストは多くの人にとって肉眼ではっきりと見える大きなハイライトであり，②メタリックと③ベルベットは形が見えない小さなハイライトである．以下は視力の定義から計算されるおおよその大きさの関係であるが，質感発現の量的関係を理解する上で重要である．

　視力 1.0 の人の目の分解能は 1/60 度である．目を凝らしたときによく見える正視距離（250 mm）で対象を見ると仮定する．250 mm×2π×1/360×1/60≒73 μm であるので，この人は正視距離にある 73 μm 離れた 2 つの点を 2 点として認知できる．下限である 73 μm よりも小さなハイライトの集まりは，はっきりと形は見えないが，この人には質感として認知される．ハイライトの大きさは，花弁に対する光の入射角によって変化し，およそ 30 μm よりも小さくなると，質感さえ認知できなくなる．視力 1.0 の人にとって，このおよそ 30 μm から 73 μm の間の，視覚の閾値以下の領域（サブリミナル領域）に入るハイライトの集まりは，特徴的な質感として認知されるのではないかと推察される．

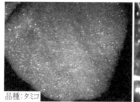

図 3-4-3 ダイアモンドダストを
発現した花弁とその顕微鏡写真
RL: 表面反射光, SL: 散乱反射光　品種:タミコ

3-4-3 典型的な質感

3-4-3-1 ダイアモンドダスト

　気温の低い地域で空気中の水分が凍って氷晶となり，キラキラと輝く現象をダイアモンドダストというが，まさに花弁にダイアモンドの粉をふりかけたようにきらめく形質を花弁のダイアモンドダストという．これはカトレア，アイリス，クレマチスなど多くの花で観察される．

　図 3-4-3 はセントポーリア花弁に現れたダイアモンドダストとその顕微鏡写真である．花弁への冷光照射の強度と角度を変えてダイアモンドダストの光り具合を詳細に観察すると，きらめきには大きく2つ，①形は不揃いであるが大きく，入射光の角度にかかわらず輝きが強いものと，②大きさは小さいが一様で，入射光の角度によって輝きの強さが変化するものが認められた．前者は花弁内部からの散乱反射光（SL）で，後者は花弁の表面反射光（RL）であった．ダイアモンドダストのきらめきは花弁内部からの強い散乱反射光であることが観察された．

　このハイライトが生じるメカニズムを示したのが図 3-4-4 である．ドーム状の表皮細胞が入射光を集光し，それらを高い反射率をもつスポンジ層が反射していると考えられた．針で表皮細胞あるいはスポンジ層の細胞を破壊するとダイアモンドダストは消失することから，ドーム状の表皮細胞と細胞間隙の多いスポンジ層はダイアモンドダストの生成必要条件と考えられる．

　ダイアモンドダストは，セントポーリアの中では淡い色の品種でしか起こらないことから，色素含量の低いことが質感の発現条件である．図 3-4-5 は，ダイアモンドダストが発現する様相をコンピュータでシミュレーションした結果である．モデルの花弁においても，強いハイライトが生じることが示された．

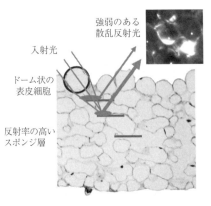

図3-4-4 強く,大きなハイライトを生じるメカニズム

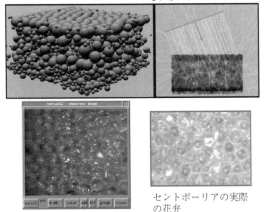

図3-4-5 ダイアモンドダスト発現様相のシミュレーション

3-4-3-2 メタリック

　厳密には花弁ではないが,斑入りの葉を楽しむ観葉植物がある.ベゴニア・レックス(*Begonia rex*)は緑色ではない,白い斑入りの部分がヒトの目には金属のような光沢に見える.緑色の部分と斑入りの部分の境目を,マイクロスコープによって拡大する(図3-4-6)とともに,縦断切片を作成して両組織の細胞の形状や色素の入り具合を調べると,斑入りの部分は,葉であるにもかかわらず,柵状細胞の発達が悪く,クロロフィルの含有量も少ないことがわかる

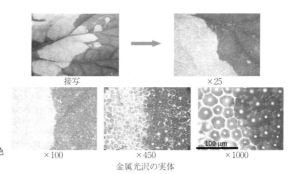

図 3-4-6 金属光沢域と緑色域の拡大写真

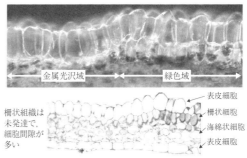

図 3-4-7 金属光沢域と緑色域の組織構造

（図 3-4-7）．また，緑色部分に比べて斑入り部分は細胞間隙の割合が高い．斑入り部分では，入射光の多くがクロロフィルの吸収を受けずに葉内に到達し，細胞間隙で散乱され，細胞壁内を透過して向軸側表皮に抜け出てきているとみられる．小さな斑点の表面反射光と細胞間隙によって作られる網目状の散乱反射光が形作るハイライトは，大きさ的にはサブリミナル領域に入り，明確な形ではなく，金属光沢のような質感として認知されるようである．

3-4-3-3 ベルベット

　パンジーの花弁は白い部分が紙のような質感に，色の濃い着色した部分が布のベルベットのような質感に見える．2つの部分をマイクロスコープで拡大するとともに，その境目の縦断切片を作成して細胞の形状と色素の含有具合を比較すると，その違いは，表皮細胞が色素を含むか，含まないかだけであった（図 3-4-8）．質感の実体は表皮細胞斜面の表面反射光であった．

　パンジーの表皮細胞は円錐状で背が高く，表面反射光は相対的に細長く大き

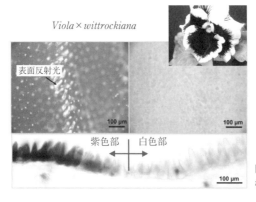

図 3-4-8 紫色部および白色部の組織構造とハイライトの拡大写真

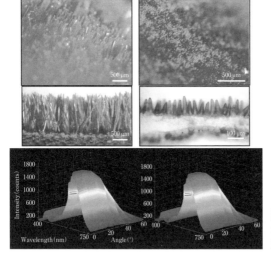

図 3-4-9 ベルベット（左）とパンジー花弁（右）の分光反射率の比較

い．表皮細胞が色素を多く含んでいると背景とのコントラストが強く，斜面のハイライトの集まりがベルベットのように見えるようである．白い部分にも同様の表面反射光が認められるが，背景も白くてベルベット様な質感は認知されない．ちなみに，ベルベットの布地とパンジー花弁の分光反射率は図 3-4-9（口絵も参照）のように酷似していた．

ダイアモンドダストで紹介したセントポーリアには，ベルベットの質感をもつ品種もある．セントポーリアは表皮細胞が大きく，色素を含まなければダイ

図 3-4-10　ベルベットを発現した花弁とその顕微鏡写真
RL：表面反射光
品種：トモコ

アモンドダストになり，色素を含めばパンジーと同様のメカニズムでベルベットになる（図 3-4-10）．こうした知見は園芸品種の多様な質感の育種に応用できる．

（林　孝洋）

3-5　流体

　潤滑油，乳液やクリームなどの化粧品，色とりどりのペンキ，サラダドレッシングやパスタソースなどの食べ物，我々の体内を巡る血液などのように，我々の身の回りには流れるものがありふれている（図 3-5-1）．乳液はサラサラとしている一方で，クリームはより粘り気があり，パスタソースにはドロドロしたものもある．本節では文献（Yue et al., 2015; Nagasawa et al., 2019; Hamamichi et al., 2023）にもとづいて，さまざまな複雑流体の流動（動き）の質感を扱うためのアプローチを説明する．

　複雑流体を，マイクロやナノメートルスケールのミクロなレベルで見ていくと，背景流体に混じって，糖やタンパク質などの鎖状の分子や，コロイド粒子が存在する（図 3-5-2）．これら内部の構成要素の存在によって，流れが発生すると構成要素間に摩擦が生じたり，構成要素間の絡み合いがほどけたり，逆にさらに絡み合いが複雑になったりして，我々の目に見えるマクロスケールの印象としては，粘り気が減少したり，逆に増したりするように感じられる．たとえば食べ物には，後述のように飲み込む際に粘度が下がって流れやすくなるものが多くある．物理のレオロジー分野では，ミクロな要素から出発してマクロ

図 3-5-1　さまざまな複雑流体の例

図 3-5-2　複雑流体の概念図

な挙動を説明することが研究されているが，本節では，ミクロなレベルには立ち入らずに，我々が普段目にするマクロなスケールでの流動性の基本的な性質を，連続体力学の枠組みで表現する方法を考える．

▪ 3-5-1　弾粘塑性

　ケーキの生クリームのデコレーション（図3-5-3）は，数十分から数時間そのままにしておいても（水とは異なり）形を保っている．また，ごくわずかな力でつっつけば，クリームは一時的に形を変えるものの，力を取り除くと元の形に戻る．元の形に復元できる効果は，バネ（弾性体）によってモデル化できる．一方で，十分に大きな力で押した場合，力を取り除いても元の状態には戻らない塑性変形が起こる．直感的な理解としては，図3-5-4のように，構成要素同士の接触関係が変化し，新しい構成要素と結びつくことによってバネの自然状態が変化する（降伏する）．また，接触関係が変化する際に，構成要素間に摩擦が生じることによって，マクロにはダンパーで見られるような粘性が現れる．

図 3-5-3 生クリームのデコレーション

図 3-5-4 塑性変形の模式図

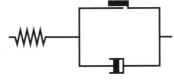

図 3-5-5 マクスウェルモデルの模式図
左はバネ，右上は降伏素子を表し，降伏時のみ右下のダンパーが働く．

マクロレベルでこうした弾粘塑性 (elasto-viscoplasticity) をモデル化するには，①これらの構成要素間の関係性を定め (たとえばバネとダンパー，降伏素子で構成される図 3-5-5 のマクスウェルモデル)，②さらに各構成要素の具体的な性質 (関数系) をモデル化し，③実際の物体の挙動を計測することによってモデル (関数) のパラメータを定める．①〜③を定式化したものを構成則という．バネの強さを適切に設定すれば，物質のプルプル感が，そして粘性を適切に設定すれば，サラサラやトロトロ，ドバドバといったさまざまな流動性を表現できる．

▪ 3-5-2 連続体の支配方程式

連続体としてモデル化するには，まず以下の支配方程式を用いる．

$$\begin{cases} \dfrac{d\rho}{dt} + \rho \nabla \cdot \mathbf{u} = 0 & \text{(質量保存)} \\ \rho \dfrac{d\mathbf{u}}{dt} = \nabla \cdot \boldsymbol{\sigma} + \rho \mathbf{b} & \text{(運動量保存)} \\ \boldsymbol{\sigma} = \boldsymbol{\sigma}^\top & \text{(角運動量保存)} \end{cases}$$

ここで，ρ は密度，$\mathbf{u}$ は速度，σ は応力テンソル，$\mathbf{b}$ は（重力などの）体積力（body force）である．ρ，$\mathbf{u}$，σ，$\mathbf{b}$ はいずれも空間と時間の関数（スカラー場やベクトル場，テンソル場）である．また，d/dt は全微分であり，時間と空間の関数 $A(t, x)$ に対して $dA/dt = \partial A/\partial t + (\mathbf{u} \cdot \nabla)A$ となる．応力テンソルとは，物体内部で方向 $\mathbf{n}$ に生ずる力 $\mathbf{T}$ を対応づける際に現れるもので，コーシーの応力原理（Cauchy's postulate）により，$\mathbf{T} = \sigma \mathbf{n}$ と与えられる．

グラフィックス分野では，近年連続体のシミュレーションに，物質点法（Material Point Method, MPM）（Sulsky et al., 1994; Sulsky et al., 1995; Stomakhin et al., 2013）とよばれる格子と粒子を組み合わせた方法がよく利用されている．物質量の保持や移流を粒子が担い，力の計算で生じる空間微分（応力テンソルの発散）を格子が担うことで，それぞれの長所を生かした計算ができる．MPM で弾粘塑性体を扱う方法については文献（Yue et al., 2015; Hamamichi et al., 2023）を参考にされたい．

▪ 3-5-3 構成則

上述の支配方程式では，未知変数 ρ，$\mathbf{u}$，σ は 3 次元の場合合計 13 成分あるのに対して，式の数は質量保存，運動量保存，角運動量保存の計 7 本しかなく，式が不足している．構成則はこの不足分を補い，物体の内部変形状態と応力テンソルを対応づけ，変形状態の時間変化を記述し，物体の物性や質感を特徴づける．

3-5-3-1 1次元の場合

議論を簡単にするため，まず単純化した 1 次元のモデルを考える．1 次元棒では，方向 $\mathbf{n}$ として，物体内部を向く方向を左端で $+1$，右端で -1 とすると，右端での力 T は $T = -\sigma$ と表せる．バネとダンパー，降伏素子の関係については図 3-5-5 のマクスウェルモデルを仮定する．1 次元棒の歪（自然状態からの変位）を ε とし，その（バネ由来の）弾性成分と（ダンパー由来の）塑性成分を ε_e と ε_p と書き，$\varepsilon = \varepsilon_\mathrm{e} + \varepsilon_\mathrm{p}$ とおく．力が十分弱い場合，σ_Y を閾値（降伏応力）として，$|\sigma| \leq \sigma_\mathrm{Y}$ のときにはバネだけが働くとして，その際の力学応答をフックの法則を用いて $\sigma = \mu \varepsilon_\mathrm{e}$ と表すことにする（$T = -\sigma$ なので，これは線形バネのモデル $f = -kx$ に相当する）．ここで，μ は弾性定数である．σ_Y を

186 ▪ 第 3 章　自然の中の質感

超えて大きな応力が生じた場合，物質が降伏してダンパーの粘性による追加応力 σ_{ex} も発生するとして，$\sigma = \sigma_Y + \sigma_{ex}$ と表す．σ_{ex} の例として，粘性係数 η を用いた $\sigma_{ex} = \eta\dot{\varepsilon}_p$ というモデル化を考えることができる．$\dot{\varepsilon}_p$ は ε_p の時間微分であり，歪速度（の塑性成分）とよばれる．一般に，バネによる力は位置の差分（歪）の関数となるのに対して，ダンパーによる力は位置差分の時間微分（歪速度）の関数となる．また，バネはエネルギーを保存するのに対して，ダンパーはエネルギーを散逸する．

上記のモデルの下では，1 次元棒の右端を十分に大きい一定の歪速度 $\dot{\varepsilon}$ で引っ張り続けた場合，応力は σ_Y に到達した後に，一定の（オーダー η/μ の）緩和時間を経て $\sigma_\infty = \sigma_Y + \eta\dot{\varepsilon}$ という終端応力に収束する（Hamamichi et al., 2023）．なお，$\sigma = \sigma_Y + \eta\dot{\varepsilon}_p$ と $\sigma_\infty = \sigma_Y + \eta\dot{\varepsilon}$ を比べると，終端状態では $\dot{\varepsilon}_p$ と $\dot{\varepsilon}$ を区別する必要はないが，（弾性がある場合には）途中状態に微妙に違いがあって，$\dot{\varepsilon}$ は外的要因を表すのに対して，$\dot{\varepsilon}_p$ は内部変化を表す．歪速度 $\dot{\varepsilon}$ ないし $\dot{\varepsilon}_p$ への依存性のある塑性のことを rate-dependent plasticity（歪速度依存性がある）という．$\eta \to 0$ の極限では，塑性歪は瞬間的に発生するとともに，歪速度への依存性がなくなり，この場合 rate-independent plasticity（歪速度依存性がない）という．サラサラしている流体は，歪速度への依存性が低いと考えることができる．

応力 σ が降伏応力 σ_Y を超えたとき，バネによる応力が σ_Y で，ダンパーによる応力が $\eta\dot{\varepsilon}_p$ であるととらえることもできるが，その代わりに，応力を発生させるのはバネだけ（つまり，降伏の有無にかかわらずいつでも $\sigma = \mu\varepsilon_e$）で，弾性歪が塑性歪に変化するととらえて，$\varepsilon_e$ の時間発展を適切に設定して弾性歪を縮小することで，まったく同等の方程式系を表すアプローチをとると，弾性歪を追跡するだけでシミュレーションできるようになり便利である．

3-5-3-2　3次元の場合

3 次元を考える場合，まず変形に複数のモードがあることに注意する．2 次元以上の場合には，体積を変える等方的な変形と，体積は一定だが形が変化するせん断変形（ある軸に伸びて別の軸に縮む）とがある．流動では，せん断変形が主役である．

変形を記述するには，物体に対して，基準状態と現在状態の 2 つの座標系を

3-5　流体 ▪ 187

導入し，同一の点に対して，基準状態の座標 $\mathbf{X}$ と現在状態の座標 $\mathbf{x}$ を対応づける．この対応関係 $\mathbf{x} = \boldsymbol{\phi}(\mathbf{X})$ を表す関数 $\boldsymbol{\phi}$ は配置関数，また，その微分である $\mathbf{F} = \partial \mathbf{x}/\partial \mathbf{X}$ は変形勾配とよばれ，$\mathbf{dx} = \partial \mathbf{x}/\partial \mathbf{X}\, \mathbf{dX}$ という関係性によって，接ベクトルの変化を通じて方向依存の伸び縮みを表す．$\mathbf{F} = \mathbf{I}$ のときは変形がないことに対応する．また，変形の弾性成分と塑性成分への分解には，$\mathbf{F} = \mathbf{F}_\mathrm{e}\mathbf{F}_\mathrm{p}$ という乗法分解を用いる．変形勾配 $\mathbf{F}$（や $\mathbf{F}_\mathrm{e}$, $\mathbf{F}_\mathrm{p}$）によって，局所的な変形情報がすべてエンコードされるが，計算時には座標普遍性（frame indifference）を有する変形指標を用いる必要がある．すなわち，計算に使う座標系（観測者視点）を取り替えても，（観測者によらない）物体変形量に関する記述は不変である必要がある．特に rate-dependent plasticity では，弾性歪の時間発展，すなわち歪速度の座標普遍性に気をつける必要がある．

　適切な変形指標については長い間議論があり，さまざまな提案がなされているが，文献（Simo & Hughes, 1998）によれば，$\mathbf{b}_\mathrm{e} = \mathbf{F}_\mathrm{e}\mathbf{F}_\mathrm{e}^\top$ という左コーシーグリーンテンソル（の弾性部）を弾性歪の指標として用い，そのリー微分 $\mathcal{L}_\phi \mathbf{b}_\mathrm{e}$ によって弾性歪の時間変化を扱うと，座標普遍性を担保できる．リー微分とは，流れ場に応じて受動的に生ずる歪（の弾性変化）を基準にして，塑性歪に変化していく量を表すものである．

　3次元の弾粘塑性をモデル化するには，弾性部分として非線形な超弾性（hyperelasticity）モデルを採用することが多い．超弾性は線形弾性に比べて大変形に対応でき，等方的な体積変化とせん断変形に対応する位置エネルギー $\psi(\mathbf{b}_\mathrm{e})$（歪エネルギーや蓄積エネルギーともよばれる）を定義し，それを元に応力を導出する．また，弾性と塑性の境界は降伏関数 $\Phi(\boldsymbol{\sigma}; \sigma_\mathrm{Y})$ によって表し，$\Phi(\boldsymbol{\sigma}; \sigma_\mathrm{Y}) > 0$ の際に降伏して不可逆的な変形を伴う塑性流動が起き，$\Phi(\boldsymbol{\sigma}; \sigma_\mathrm{Y}) \leq 0$ の場合は弾性変形のみが起きるとモデル化する．$\Phi(\boldsymbol{\sigma}; \sigma_\mathrm{Y}) = 0$ となる応力 $\boldsymbol{\sigma}$ の集合は降伏面とよばれる．塑性流動のモデルには，流動則（flow rule）として $\mathcal{L}_\phi \mathbf{b}_\mathrm{e}$ の式を具体的に定める．このように，3次元の場合の構成則は，歪エネルギー，降伏関数，流動則の3つによって記述できる．

　超弾性の位置エネルギー $\psi(\mathbf{b}_\mathrm{e})$ は，たとえば neo-Hookean モデルの一種の式（Hamamichi et al., 2023 の式(12)）で表すことができる．また，降伏関数としては von-Mises のモデルにもとづき，$\Phi(\boldsymbol{\sigma}; \sigma_\mathrm{Y}) = \sigma_\mathrm{s} - \sigma_\mathrm{Y}$ と表すことがで

きる．$\sigma_s = 1/\sqrt{2}\,\|\sigma_s\|_F$ は応力 σ のせん断部分（せん断応力）σ_s の大きさを表しており，$1/\sqrt{2}$ は σ_s の対称成分の二重カウントを防ぐために付けられている（Hamamichi et al., 2023）．$\mathcal{L}_\phi\mathbf{b}_e$ の定め方として，塑性流はエネルギーを最も散逸するように生じる（maximum plastic dissipation とよばれる（Simo, 1988））と仮定する方法がある．その結論によれば，$-1/2(\mathcal{L}_\phi\mathbf{b}_e)\mathbf{b}_e^{-1} = \lambda\mathbf{N}$ の形となる．$\mathbf{N}$ は $\mathbf{N} = \partial\Phi/\partial\sigma$ で与えられ，流れが降伏面に垂直な方向に生じることを表す．流れが降伏面に垂直の方向に生じるモデルを関連流れ則（associative flow rule）という．λ は流量（flow rate）で変形状態（ないし応力）の関数であり，後述のように観測結果と合うように定める．

3-5-3-3　フローカーブ

　流体の流量 λ は，条件が整えば，回転式レオメータによる測定結果から定めることができる．回転式レオメータでは，（理想的には）測定時に試料に一様な単純せん断流を発生させることで，せん断速度とせん断応力との関係（フローカーブ）を得る．せん断速度はずり速度ともいう．単純せん断流とは，図3-5-6 のように，ある方向（回転式レオメータの回転方向）に平行に流れが生じており，流れに垂直な方向に一定のせん断速度（流速勾配）$\dot\gamma$ が生じているものである（$\dot\gamma$ は 1 次元の場合の終端状態での $\dot\varepsilon$ や $\dot\varepsilon_p$ に対応する）．単純せん断流では，適切に座標系を選べば，対称化した流速勾配（$\nabla\mathbf{v} + \nabla\mathbf{v}^T$），せん断応力テンソルともに，$\begin{pmatrix} 0 & 0 & \dot\gamma \\ 0 & 0 & 0 \\ \dot\gamma & 0 & 0 \end{pmatrix}$, $\begin{pmatrix} 0 & 0 & \sigma_s \\ 0 & 0 & 0 \\ \sigma_s & 0 & 0 \end{pmatrix}$ という具合に対応する位置にある一組の非対角項にのみ非ゼロ成分が現れる．この性質を利用して，回転式レオメータでは，σ_s と $\dot\gamma$ の関係（フローカーブ）を測定する．

　フローカーブは，水やハチミツなどのニュートン流体では，せん断応力とせん断速度の間に $\sigma_s = \eta\dot\gamma$ という比例関係があり，η は前述の粘性係数である．なお，ニュートン流体のモデルに加えて非圧縮性を仮定すれば，連続体力学の支配方程式はナビエ・ストークス（Navier-Stokes）方程式に帰着する．より一般的な流動性を表すモデルに，降伏応力とべき乗則を加えて $\sigma_s = \sigma_Y + \eta\dot\gamma^n$ とした Herschel-Bulkley モデルがあり，広範な物質のフローカーブは Herschel-Bulkley モデルでフィッティングできる（図3-5-7）．Herschel-Bulkley モデルは，$\sigma_Y = 0$ とすると $\sigma_s = \eta\dot\gamma^n$ というべき乗則モデルを含み，また，$n = 1$ とす

3-5　流体　■　189

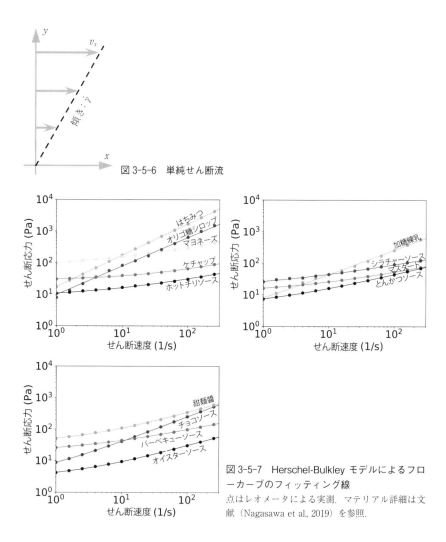

図 3-5-6 単純せん断流

図 3-5-7 Herschel-Bulkley モデルによるフローカーブのフィッティング線
点はレオメータによる実測. マテリアル詳細は文献（Nagasawa et al., 2019）を参照.

れば $\sigma_s = \sigma_Y + \eta\dot{\gamma}$ というビンガム（Bingham）流体モデルを，$\sigma_Y = 0$ かつ $n = 1$ とすればニュートン流体を包含する．

　ニュートン流体では，粘性係数 η は，せん断応力 σ_s とせん断速度 $\dot{\gamma}$ との間の比（定数）であり，一般の（非ニュートン）流体についても，せん断応力とせん断速度との比である（せん断速度の関数となる）実効粘性を考えることが

図 3-5-8 中濃ソース，ローション，甜麺醬

できる．実効粘性の定義には異なる方法があるが，$\Phi = \sigma_s - \sigma_Y$（超過せん断応力）と$\dot{\gamma}$との比を用いる場合，Hershcel-Bulkleyモデルの実効粘性は$\eta\dot{\gamma}^{n-1}$となる．$n=1$では，実効粘性は定数となり，$n>1$では，せん断速度あるいは応力の増大とともに実効粘性が上昇する shear thickening（ずり粘稠化），逆に$n<1$では，せん断速度あるいは応力の増大とともに実効粘性が低下する shear thinning（ずり流動化）効果を表現できる．

　Shear thickening 流体はダイラタンシー流体ともよばれ，一般には固体粉末粒子と液体（たとえば大量の片栗粉と水）の混合物であり，急激な変形に対しては固体的に振る舞い，ゆっくりとした変形に対しては流動性を示す流体である．Shear thinning 流体は，その機能性から，我々の身の回りに広く存在する．たとえば，ペンキは刷毛に取るときや壁に塗りつけるときには，ペンキ缶から刷毛に，そして刷毛から壁に流れてほしいが，刷毛についているときや壁に塗った後には流れてほしくない．大きい力がかかるときだけ流れてほしいわけである．これは，歯磨きペーストや髭剃り泡等でも同様である．また，我々が食べ物を食べるとき，飲み込む際に喉で食べ物に力がかかるが，このときに実効粘性が下がって流れやすいものの方が飲み込みやすい．

　図 3-5-8 に 3 種類の shear thinning 流体の例を示す．中濃ソースは 3 つの中では比較的サラサラ流れ，ローションは中くらいで甜麺醬（テンメンジャン）が最も粘っこい．甜麺醬は流れ落ちるときに座屈（buckling）しながらコイルを巻くように（coiling）溜まっていき，ローションでは落下点付近に盛り上がったコブが見られる．中濃ソースでは，逆に落下点付近に凹みが見られる．

　Hershcel-Bulkleyモデルを利用してシミュレーションする場合，流動則で$\lambda = (\sigma_s - \sigma_Y/\eta)^{1/n}$とすれば，単純せん断流の場合に（終端状態で）回転式レオメータで得られるσ_sと$\dot{\gamma}$の関係を再現することが示せる（Hamamichi et al., 2023）．

図 3-5-9 文献（Hamamichi et al., 2023）の方法によって，実際のおかゆの映像からその Hershcel-Bulkley モデルの 3 つのパラメータを推定し，連続体シミュレーションによってアニメーションを作成した例

▪ 3-5-4　混合物の質感と質感の推定

　調理では，さまざまなソースを混ぜ合わせて新しいソースを調合したりするが，このような混合物を扱う場合，混合比に応じた流動性の変化が興味の対象となる．おもしろいことに，混合比に応じて流動性が非線形に変化する場合がしばしばある．たとえば，マヨネーズとはちみつを混ぜ合わせていくと，単体ではそれぞれ降伏応力と粘性が高いために流れにくいが，混合物は流れやすいという現象がある．このような流動性の変化について，混合での諸性質に関する仮定を（混合）演算子の性質としてとらえることで，単体のパラメータと混合比をもとに，混合物のパラメータをモデル化する方法が開発されている（Nagasawa et al., 2019）．

　また，おかゆや種々のサラダドレッシング，パスタソースについては，目に見える混入物が流体中に含まれているために，回転式レオメータではそのフローカーブを必ずしも高い信頼性で測定できないが，実物の動画映像と，シミュレーションを活用した最適化手法によって，混入物がある場合のフローカーブを推定する方法（Hamamichi et al., 2023）が研究されており，図 3-5-9 に示すようなアニメーション制作に利用できる．

　なお，本節でカバーしていない流動性（たとえば，物性の時間依存性であるチキソトロピー）もいろいろあることに注意されたい．

（楽　詠灝）

3-6　皮膚の質感

　我々は，皮膚，特に顔の肌の色や質感から，年齢，健康状態，印象，審美性など，さまざまな情報を読み取っている（Samson et al., 2010）．皮膚の質感は日常生活におけるコミュニケーションにおいて重要であるだけでなく，画像・CGや化粧品等の分野でも肌の質感表現は幅広く必要とされている．しかし，皮膚は複雑な構造および反射特性をもつことから，質感に関わる物理特性の分析は困難な課題である．肌の質感に関わる要素として，皮膚色，色素斑，ニキビ，しわ，きめ等の肌の色やテクスチャ，皮膚の表面下散乱等が知られている．また，皮膚（肌）の質感に関わる表現として，色，明るさ，きめ，ハリ，均一性，透明感等，さまざまなものがある．しかし，人間がどのように肌の質感を認識しているのかという「見え」と皮膚の物理特性との関係については，まだ体系的に解明されているとはいえない（五十嵐，2018）．ここでは，皮膚の構造，皮膚の質感に関わる測定や解析，皮膚の質感再現，皮膚の見えとそれらが与える情報について概説する．

▪ 3-6-1　皮膚の構造

　図3-6-1の模式図に示すように，皮膚は，表皮，真皮，皮下組織の3層から成り立つ．表皮は，皮膚の一番外側にある薄い層である．表皮の多くは角層，顆粒層，有棘層，基底層の4層で構成され，外的刺激から皮膚を守るバリア機能を果たす．表皮内の水分と油分がバランスよく保たれているとみずみずしい滑らかな肌といわれる．また，表皮の基底層では，肌の黒み・茶色みの原因や色素斑（シミ）の元になるメラニン色素が生成される．真皮は，表皮の下にある，コラーゲンやエラスチン等のたんぱく質で構成される繊維群からできた皮膚の本体といえる部分であり，肌のやわらかさやハリ，弾力の源となっている．繊維群と細胞の間にある水分やたんぱく質，糖質等が減少すると，しわやたるみなど見た目の老化に影響を与える．また，真皮には毛細血管があり，血管中のヘモグロビン濃度が肌の赤みに大きく関わる．皮下組織は，皮膚構造の中で

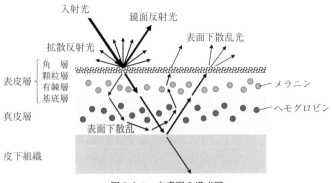

図3-6-1 皮膚層の模式図

一番内側にあり，多くの脂肪を含んでいる．皮下組織にも保湿作用があり，見た目の老化に関わる．皮膚表面は皮溝と皮丘からなる微細な凹凸を形成しており，一般的に「きめ（肌理）」とよばれる．しわはこれよりも大きな凹凸の状態とされる．皮膚の色に関しては，主な色素成分であるメラニンとヘモグロビン以外に，皮膚の表皮，皮下脂肪層に沈着しやすいカロテノイドは肌の黄みに関わる．このような皮膚組織の構造や状態は，肌の質感に大きな影響を与える．

3-6-2 皮膚の質感に関わる測定や解析

皮膚の質感に関わる要素のうち，肌の色に関しては，さまざまな測定や解析がされている．肌色分布の傾向は，人種グループにより異なる．また，地域差もあり，赤道近くではメラニン量が多く明度が低い肌となる．日本国内での肌色計測データでは，若い日本人女性の顔の肌色分布は，赤みがかった肌に比べて黄色がかった肌の方が明度が高い傾向となった（Yoshikawa et al., 2011）．約25年間にわたる日本人女性の調査では，肌色分布は1991年からの約10年間で高明度・低彩度・黄みよりになり，2005年からの約10年間で，低彩度・赤みよりにシフトしていた．これらは，それぞれヘモグロビンの減少，メラニンの減少が影響していると考えられる．さらに，顔全体を小領域に細分化して顔の肌色分布の加齢変化と季節変化を調べた研究では，紫外線の影響が大きくなる夏季に，頬骨領域でメラニンの量が顕著に増加した．また，年齢が上がるにつれて顔全体の明度が低下し，特に，こめかみから頬の中心にかけての頬骨

に沿った部分で，顕著な明度低下が確認された（Kikuchi et al., 2018; Kikuchi et al., 2020）．このような肌の色特性に関する工学的アプローチとして，メラニン・ヘモグロビン量の推定（Tsumura et al., 1999）や，皮膚の層構造を考慮したモデルによる再現手法が用いられている（Doi & Tominaga, 2003; 相津，2012）．

色素斑については，画像から色素斑を抽出し定量化する研究が多く行われている．皮膚反射におけるメラニン・ヘモグロビンの吸収スペクトル分離による色素斑の定量化手法，肌画像の主成分分析にもとづいて正常部位と色素斑のクラスタを分割して検出する方法，独立成分分析による肌色解析法等が提案されている．これらにより，年齢とともに色素斑の数や面積，濃度が増すことが明らかになった．さらに，色素斑のような明瞭な色素沈着だけでなく，地肌のメラニンのムラも増加すると報告されている．

一般的に，透明感のある肌とは，肌表面の反射だけでなく，肌内部に入射して乱反射し再び外部に出ていく光が多い肌といわれる．この特性を考慮した肌の透明感の分析として，皮膚の拡散反射光成分と鏡面反射光成分の分離測定にもとづく手法や，画像解析による定量化などの試みがされている（五十嵐ほか，2015）．また，肌の光沢には，好ましい「ツヤ」と好ましくない「テカリ」がある．テカリは，2色性反射モデルによる画像解析により，主に鏡面反射に起因すること，特にその高周波成分がテカリの程度に寄与することが指摘されている（大槻ほか，2013; 藤井ほか，2009）．一方，ツヤのある肌では拡散反射光と鏡面反射光がともに高い値を示すこと，さらに，加齢に伴い拡散反射光は低下し鏡面反射光は増加する傾向が見られたことから，両反射成分のバランスが寄与すると考えられる（舛田ほか，2017）．反射成分の輝度と彩度の両因子の寄与も示されている（Ikeda et al., 2014）．

▪ 3-6-3 皮膚の質感再現

皮膚の複雑な構造ゆえに，皮膚の質感を正確に再現することは難しい．しかし，CG分野では，皮膚表面の色分布やきめの再現技術や表面下散乱のシミュレーション技術の発展により，皮膚のリアルな再現の技術は著しく向上している（Jensen et al., 2023）．また，顔画像上の色素斑やしわを操作することで，

顔画像の年齢の印象を変える画像操作が可能になっている．化粧品分野では，メークによる肌のきめや透明感などの質感コントロールについてさまざまな試みがされており（五十嵐，2014），若々しい印象を与える化粧品などが開発されている．化粧における肌の透明感の演出には，赤色光を透過させる，青色光を反射させる，均一にする，光沢を付与するなどの方法があるといわれるが，絵画技法から見いだされた「複層構造であることを知覚させる演出効果」（滝沢ほか，2016）や，写実絵画の表現技法から，ゆるやかな色変化により美しい肌を表現する提案もされている（Muneyoshi et al., 2020）．

▪ 3-6-4　皮膚の質感の見え

　肌には特有の色分布特性があり，地域や時代によっても変化する．また，さまざまな質感の特性がある．肌色に対する知覚は，これら肌特有の色分布や色変化特性に影響を受けている可能性がある．たとえば，肌色の色分布と色弁別（色変化に対する識別能力）の関係性に注目した研究では，ヘモグロビン増加に伴う肌の赤みの変化に対して弁別能が高い可能性が示唆された（濱田ほか，2018）．肌の赤みの変化やヘモグロビンによる色変化方向に対して高い感度を示すという特性は，我々が顔の血流の変化を敏感に読み取り，感情認識の助けにしている可能性を示唆している．たとえば，ヘモグロビン増加をシミュレーションした赤みの強い顔の場合，怒りの表情をより強く認識しやすいことが報告されている（Kato et al., 2022）．皮膚のさまざまな部位の色が，健康さの知覚に与える影響を調べた研究では，眼窩周囲の輝度と頬の赤みが高いほど，より健康であると感じられることが示された（Jones et al., 2016）．また，肌の透明感については，肌の平均輝度が高いほど高いという結果が示されている（西牟田ほか，2014）．

　前述の通り，分光測色計を用いて測定した若い日本人女性の顔の肌色分布は，赤みがかった肌に比べて黄色がかった肌の方が高明度となる傾向を示す．それに対して，主観的評価では，顔の平均明度が同じでも，赤みがかった肌は黄色がかった肌よりも明るく（白く）見えることが示されている（Yoshikawa et al., 2011）．さらに，肌の彩度が低い方が明るく見えるという報告もある．これらの特性も，均一な肌色パッチでは生じない肌特有の現象である．また，顔の白

196 ▪ 第 3 章　自然の中の質感

さ・明るさ知覚には，肌の明度や平均色だけでなく，顔の形状や色・明度の分布，唇の色など，さまざまな要素が関係しており，総合的に解析していく必要がある．

　色素斑に関する研究は多く行われているが，色素斑がどの程度目立つのかという視覚的な効果についての検証は十分ではない．顔画像を用いて色素斑の濃さ，個数，面積，位置の影響を調べた研究では，色素斑の目立ちには色素斑の濃さ，大きさ，個数が影響し，また大きい色素斑が最も目立つことが示された．さらに，目の下にある色素斑が目立つ傾向にあったことから，顔の形状や色素斑の位置も影響すると考えられる．また，色素斑の目立ちには，地肌の色の影響もある．独立成分分析を用いた研究により血液量が増加すると色素斑の視認性が低くなること，顔画像を用いた評価実験（Takahashi et al., 2021）により色素斑と周辺の肌色との明度差や色差が大きいほど色素斑が目立つことが示唆されている．顔の部分により，肌色の色度・明度分布にはばらつきがある．今後，顔の部位によるばらつき，さらには細かい色ムラ，色素斑の種類，場所等の影響についても検討する必要がある．

　我々は，加齢に伴う肌の質感変化の情報を，年齢推定にも用いていると考えられる．拡散反射光成分のみの肌画像からでも肌年齢を推定できること，鏡面反射光成分を重畳することで推定年齢が上がること，CIELAB の L^*（明度）と b^*（黄青）成分における平均，標準偏差，歪度等の画像統計量が，肌質や肌年齢の推定に影響することが示唆されている（Arce-Lopera et al., 2013）．

　皮膚の質感に関わる計測や分析は幅広く行われているが，その見えの特性についてはまだ明らかになっていないことも多い．物の色や質感の見えの特性は複雑であり，必ずしも測光値や測色値から一意に予測できないことが知られている．顔や肌の場合はさらにさまざまな要素が関わる．今後，総合的，系統的な理解やモデル構築に向けて，皮膚の物理的，測光的測定や画像解析による評価とともに，人間の心理評価による知覚特性の把握や知覚メカニズムの解明が不可欠であるといえる．

（溝上陽子）

3-7　見た目の細かさ

▪ 3-7-1　細かさの質感と視力

　多くの事物の質感判断において細かさは重要な要因である．カーテンの模様，ペットの毛皮，メインディッシュにかかったソース，ゲレンデに積もった雪，金属表面の仕上げ具合，などなど，細かさが素材，状態，感性的価値，美的価値の判断に利用されている．

　素材の細かさはさまざまな感覚モダリティで判断できる．本書の他の節で述べられているように，触覚では，たとえば表面を触ったときに感じる粗さ（ラフネス）や滑り具合などにもとづいて細かさを判断することができる．また，聴覚では，たとえば表面を引っ掻いたときの音の音響特性を利用して細かさを判断することができることもある．この節では，視覚による細かさの判断を問題にする．

　物体の細かさに対する判断能力は，視覚の解像度の指標である視力と関係している．日本において視力は目で解像できる最小のサイズ（視角で表現）の逆数で定義され，視角 1′ のギャップが検出できると視力 1.0 になる．ちなみに，57 cm の距離で見たときの 1 cm が視角 1° なので，視角 1′ はその 60 分の 1 の 0.17 mm ということになる．この数字より細かいパターンは，この視距離において視力 1.0 の観察者には判断できない．正弦波縞の空間周波数でいうと 30 サイクル／度で，これ以上細かいものは解像度を超える．

　しかし，ヒトはこの視力の限界より細かい物理スケールの細かさを視覚的に判断することができる．パターンは見えなくても，細かさの程度を視覚的に判断することができるのである．そのような例を以下で見ていこう．

▪ 3-7-2　表面反射からの細かさの知覚

　細かさの 1 つの画像手がかりは，光の表面反射特性，正確にいえば双方向反射率分布関数（BRDF; 1-2 節，2-1 節参照）によって作り出される．物体表面

198 ▪ 第 3 章　自然の中の質感

図 3-7-1　さまざまなマイクロスケールをもつ金属物体の CG 画像
Mitsuba 3（Jakob et al., 2022）レンダラを用いて作成.

が鏡のように滑らかであれば，光は鏡面反射する（図 3-7-1 左）．入射した光は特定の方向のみに反射し，反射像は明瞭である．しかし，物体の表面方向に目に見えない細かいスケールでゆらぎが加わると，次第に鏡面反射の方向が広がり，反射像が不明瞭になってくる（図 3-7-1 中央）．さらに，表面方向が大きくゆらいだランダム分布になると，あらゆる方向に光が反射する拡散反射に近くなる（図 3-7-1 右）．つまり，光の表面反射の拡散の具合から，その物体表面が滑らかなのかざらざらなのかが判断できる．この表面凹凸が生じている空間スケールは，視力的には解像できないマイクロスケールである．一般的には視覚より細かい凹凸が検出できるといわれる触覚でも検出できないスケールの細かさもこれで判断できる．

　表面反射からヒトが判断できる細かさ質感は，表面の粗さだけに限らない．たとえば，我々は微細構造の違いによる布の質感変化を敏感に感じ取っている．布織物素材は，多層スケールの幾何構造をもつ．繊維の 1 本 1 本は細いものでは数 μm 程度であり，多数の繊維は束ねられて糸となり，糸は経糸と緯糸の特定のパターンで織り込まれ，さらに，織り込まれた布は大局的には多様な幾何構造を取りうる（4-3 節参照）．こうした多層構造をもった布織物に対して，我々は日常的に繊維の素材から洋服の高級感を判断するなど，微細構造による細かな違いを読み取っている．また，同じ繊維の布織物であっても，織り込み

図 3-7-2　反射特性の異なる素材で生成した CG 画像
2 枚の画像は同一の幾何形状をもつモデルから生成している．Mitsuba 3（Jakob et al., 2022）レンダラを用い，Disney BRDF モデル（Burley, 2012）を用いて作成した．

パターンによって見かけの質感は大きく変化する．

　図 3-7-2 は，同一の幾何形状をもつ 3 次元モデルから生成した，ソファの CG 画像である．図 3-7-2(a) は，ベルベット織物の毛羽などに由来して，浅い角度で物体表面を見たときに強く現れる Sheen 光沢を含む BRDF を用いて画像生成をしている．図 3-7-2(b) は，Sheen 光沢をもたない鏡面反射成分の BRDF を用いている．2 枚の画像生成において，BRDF を計算する表面幾何形状自体に違いはないが，微細構造を考慮した反射特性による見かけの細かさへの影響は非常に大きい．具体的には，図 3-7-2(a) からは，幾何形状としては再現していないはずの毛羽立った微細構造が感じられ，図 3-7-2(b) からは，微細な凹凸があまり感じられず，摩擦の強い硬い表面に感じられる．

▪ 3-7-3　コントラストからの細かさの知覚

　視力限界よりは細かいが，前項よりもう少し粗いメゾスケールの細かさに関しては，ヒトは別の画像手がかりを使っている．これはたとえば毛の細さに関する手がかりとなる．ヒトの髪の毛の太さは，日本人の場合 0.08 mm という．欧米人より多少太いといわれているが，それでも 57 cm の視距離においてすら解像限界より細かくなる．しかし，その限界を超えて，髪の毛のような非常に細かいものでも，その細さを判断できるような気がしないだろうか．1 本 1 本が見えるというより，質感として細かいかどうかわかる感覚がある．

図 3-7-3 ランダムラインテクスチャのダウンサンプリング画像（Sawayama et al., 2017, Fig. 2 にもとづいて作成）
1 本のラインの幅が 4 ピクセルのランダムラインテクスチャ（左）をダウンサンプリングでどんどん細かくしていくと，左から 3 番目以降は物理的なラインの幅が変わらないのにコントラストの低下によって細かくなっていくように見える．

　関連する事実として，コンピュータグラフィックスで髪の毛をレンダリングするような場合，画像の解像度より細かい精度でレンダリングしてダウンサンプルするような操作をしないときれいな映像が得られないことが経験的に知られている．ダウンサンプルしているので，解像度的には細かな情報は落ちているのだが，残っている解像度の低い情報の中に，細かさの情報が埋め込まれているとしか考えられない．

　Sawayama ら（2017）によれば，実際に，視覚系の解像度の限界以下の要素から成るテクスチャ（図 3-7-3）の細かさの変化をヒトが判断できるかどうかを，心理実験を通して調べると，かなりの精度で判断できることがわかった．さらに，どのような画像特徴を利用して判断しているのかを検討するためにさまざまな刺激を分析した結果，構成要素が細かくなるほどテクスチャのコントラストが低くなり，知覚的に細かく見えることがわかった．また，このようなテクスチャは，コントラストを下げただけでより細かくなったと判断されることがわかった．実際，図 3-7-3 においては左から 3 番目より右は物理的な線の幅は変わらず，コントラストが低下しているだけである．

　テクスチャ要素が細かくなったときコントラストが低下するのは，理論的には不思議なことではない．視覚系が画像をとらえているプロセスは，空間的に平滑化して光受容器の解像度でサンプリングしていると考えることができる．サンプリングされた入力強度はテクスチャ要素の平均で，細かいテクスチャほ

ど沢山の要素が平均化される．この結果，サンプリング値の期待値は要素強度の平均値なので変わらないが，サンプル間の強度のばらつきは小さくなる．このばらつきがコントラストに対応する．ある母集団から無作為抽出した標本の平均は標本の大きさを大きくすると母平均に近づくという大数の法則に従っている．さらにこのばらつきは中心極限定理によりガウス分布に近づいていくことが予想される．

コントラストが低下するとテクスチャの細かさとしてつねに判断されるわけではない．研究の結果，以下の2つの条件が満たされる必要があることがわかっている．1つは，テクスチャ要素が十分に細かいテクスチャで，粗い構造が明瞭には見えていないということである．粗い模様の場合は，コントラストを下げてもコントラストが下がったと見えるだけである．もう1つの条件は，テクスチャの輝度ヒストグラムがガウス分布に近い形状をもつということである．これは，上述の中心極限定理から予想されることであるが，実際に心理物理実験の結果，ガウス分布から離れると細かく見える効果は弱まった．このことから，ヒトの視覚系は解像度以下の細かさに起因する画像変化が中心極限定理に従うことを知っていて，質感判断に用いていることが示唆される．

▪ 3-7-4　空間周波数情報からの細かさ知覚

以上，視力限界を超えたスケールの細かさを，細かさに相関して画像に現れる特徴を有効に利用して判断していることを見てきた．ここからは，解像可能なスケールの細かさ，マクロスケールの粗さの判断に，ヒトの脳のどのような情報処理が関係しているかについても少し触れておきたい．

視覚系の初期には，多重のスケールの画像情報を分析するメカニズムがある．細かい情報は小さく高空間周波数成分検出に適した受容野をもった神経細胞が担当し，粗い情報は大きく低空間周波数成分検出に適した受容野をもった神経細胞が担当する．縞パターンやテクスチャパターンの粗さは，異なる空間周波数帯に応答する神経メカニズム（サイズチャンネル）が相対的にどれくらい応答するかで符号化されているといわれている．ヒトの脳は，要素のサイズを1つ1つ計算しているのではなく，テクスチャの特性としてパターンの粗さを判断しているのである．

202 ▪ 第3章　自然の中の質感

その証拠として挙げられるのが大きさ残効といわれる現象である．これは，粗いパターンを長く見たあとではより細かく，細かいパターンを長く見たあとではより粗く見えるという錯視である．長く観察することで強く応答するサイズチャンネルに順応が起こって応答が低下し，サイズチャンネルの応答比率が変化した結果として生じると考えられている．細かい刺激を見続けると高空間周波数チャンネルの応答が低下し，低空間周波数チャンネルに対する相対値が低下するのでより粗く見えるというわけである．

　以上のように，ヒトはミクロ，メゾ，マクロとさまざまな空間スケールの細かさ粗さを，それぞれに特化した画像特徴や処理にもとづいて判断し，豊かな質感判断を行っているのである．

（西田眞也・澤山正貴）

第3章　文献

欧　文

Agarwal V, Abidi BR, Koschan A *et al.*（2006）An overview of color constancy algorithms, *J Pattern Recognition Research.* **1**(1): 42–54.

Arce-Lopera C, Igarashi T, Nakao K *et al.*（2013）Image statistics on the age perception of human skin, *Skin Res Technol* **19**: E273–E278.

Barnard K（1999）Color constancy with fluorescent surfaces, *Proc. the IS&T/SID seventh Color Imaging Conference: Color Science, Systems and Applications.*

Barnard K, Cardei V and Funt B（2002）A comparison of computational color constancy algorithms, *IEEE Trans Image Processing* **11**(9).

Burley B（2012）Physically-based shading at Disney, *SIGGRAPH* 2012, 1–7.

CIE（2007）Calibration methods and photo-luminescent standards for total radiance factor measurements, Technical Reports, No. 182, CIE, Paris.

Deckers JA, Nachtergaele FO and Spaargaren OC eds.（1998）*World reference base for soil resources*, Acco, Leuven［Deckers, J. A., Nachtergaele, F. O., Spaargaren, O. C. 編／太田誠一, 吉永秀一郎, 中井信監訳（2002）世界の土壌資源：入門＆アトラス, 古今書院］.

Doi M and Tominaga S（2003）Spectral estimation of human skin color using the Kubelka-Munk theory, *Proc. SPIE 5008, Color Imaging VIII: Processing, Hardcopy, and Applications.*

FAO（2006）*Guidelines for soil description, fourth edition*, FAO, Rome.

Hamamichi M, Nagasawa K, Okada M *et al.*（2023）Non-Newtonian ViRheometry via similarity analysis, *ACM Trans Graph* **42**(6)（*Proc. of SIGGRAPH Asia 2023*）: 193: 1–16.

Haneishi H and Kamimura R（2002）Modeling and estimation spectral reflectance characteristics of fluorescent object, *Orc. ICIS.*

Hullin M, Hanika J, Ajdin B *et al.*（2010）Acquisition and analysis of bispectral bidirectional reflectance and reradiation distribution functions, *In ACM Trans. Graphics.*

Ikeda N, Miyashita K, Hikima R *et al.*（2014）Reflection measurement and visual evaluation of the luminosity of skin coated with powder foundation, *Color Res Appl* **39**: 45–55.

Ingram AL and Parker AR（2008）A review of the diversity and evolution of photonic structures in butterflies, incorporating the work of John Huxley（The Natural History Museum, London from 1961 to 1990）, *Philos Trans R Soc B: Biol Sci* **363**: 2465–2480.

Jakob W, Speierer S, Roussel N *et al.*（2022）Mitsuba 3 renderer. https://mitsuba-renderer. org, 7

Jenny H（1941）*Factors of Soil Formation: A System of Quantitative Pedology*. Dover Publications, New York, 281 p.

Jensen HW, Marschner SR, Levoy M *et al.*（2023）A practical model for subsurface light transport, *Seminal Graphics Papers: Pushing the Boundaries*, Volume 2: 319–326.

Johnson GM and Fairchild MD（1999）Full-spectral color calculations in realistic image synthesis, *IEEE Computer Graphics and Applications* **19**(4): 47–53.

Jones AL, Porcheron A, Sweda JR *et al.*（2016）Coloration in different areas of facial skin is a cue to health: The role of cheek redness and periorbital luminance in health perception,

Body Image **17**: 57-66.

Kato M, Sato H and Mizokami Y (2022) Effect of skin colors due to hemoglobin or melanin modulation on facial expression recognition, *Vis Res* **196**: 108048.

Kay QON and Daoud HS (1981) Pigment distribution, light reflection and cell structure in petals, *Bot J Linn Soc* **83**: 57-84.

Kikuchi K, Katagiri C, Yoshikawa H *et al.* (2018) Long-term changes in Japanese women's facial skin color, *Color Res Appl* **43**: 119-129.

Kikuchi K, Mizokami Y, Egawa M *et al.* (2020) Development of an image evaluation method for skin color distribution in facial images and its application: Aging effects and seasonal changes of facial color distribution, *Color Res Appl* **45**: 290-302.

Kinoshita S and Yoshioka S eds. (2005) *Structural Colors in Biological Systems — Principles and Applications*. Osaka University Press.

Kinoshita S, Yoshioka S and Kawagoe K (2002) Mechanisms of structural colour in the Morpho butterfly: Cooperation of regularity and irregularity in an iridescent scale, *Proc R Soc Lond Ser B: Biol Sci* **269**: 1417-1421.

Kinoshita S, Yoshioka S and Miyazaki J (2008) Physics of structural colors. *Rep Prog Phys* **71**: 076401.

Muneyoshi Y, Komada M, Fujii M *et al.* (2020) A natural looking multi-shade powder foundation inspired by oil painting, *IFSCC 2020 Congress*, Yokohama.

Munsell Color Company (1975) *Munsell Soil Color Charts*. Munsell Color Company, Baltimore.

Nagasawa K, Suzuki K, Seto R *et al.* (2019) Mixing sauces: A viscosity blending model for shear thinning fluids, *ACM Trans. Graph* **38**(4) (*Proc. of SIGGRAPH 2019*): 95: 1-17.

Nakashima T and Tominaga S (2010) Spectral reflectance estimation of fluorescent materials by using camera images, *Proceedings of Color Science Association of Japan* **30**: 74-75.

Newton I (1952) *Opticks, or, a treatise of the reflections, refractions, inflections & colours of light*. Courier Corporation.

Noda K, Glovert BJ, Linsteadt P *et al.* (1994) Flower colour intensity depends on specialized cell shape controlled by a Myb-related transcription factor, *Nature* **369**: 661-664.

Ozaki R, Kikumoto K, Takagaki M *et al.* (2021) Structural colors of pearls, *Sci Rep* **11**: 15224.

Parker AR (2000) 515 million years of structural colour, *J Opt A: Pure Appl Opt* **2**: R15-R28.

Samson N, Fink B and Matts PJ (2010) Visible skin condition and perception of human facial appearance, *Int J Cosmetic Sci* **32**: 167-184.

Sawayama M, Nishida S and Shinya M (2017). Human perception of subresolution fineness of dense textures based on image intensity statistics, *J Vis* **17**(4(8)): 1-18.

Schlichting E, Blume HP and Stahr K (1995) *Bodenkundliches Praktikum*. Blackwell Wissenschaftsverlag, Berlin.

Simo JC (1988) A framework for finite strain elastoplasticity based on maximum plastic dissipation and the multiplicative decomposition: Part I. continuum formulation, *Comput Method Appl M* **66**(2): 199-219.

Simo JC and Hughes TJR (1998) *Computational Inelasticity*. Springer.

Springsteen A (1999) Introduction to measurement of color of fluorescent materials. *Anal Chim Acta* **380**(2-3): 183-192.

Stomakhin A, Schroeder C, Chai L *et al.*（2013）A material point method for snow simulation. *ACM Trans. Graph* **32**(4)（*Proc. of SIGGRAPH 2013*）: 102: 1-10.

Sulsky D, Chen Z and Schreyer HL（1994）A particle method for history-dependent materials. *Comput Method Appl M* **118**(1): 179-196.

Sulsky D, Zhou S-J and Schreyer HL（1995）Application of a particlein-cell method to solid mechanics, *Comput Phys Commun* **87**(1-2): 236-252.

Sun J, Bhushan B and Tong J（2013）Structural coloration in nature, *RSC Adv* **3**: 14862-14889.

Takahashi A, Sato H and Mizokami Y（2021）Effect of skin color change due to melanin and hemoglobin modulation on the conspicuousness of a pigmented spot, *Perception* **50**（1_Suppl）: 112.

Tominaga S, Hirai K and Horiuchi T（2013）Estimation of bispectral matrix for fluorescent objects, *Proc The Colour and Visual Computing Symposium*（*CVCS 2013*）.

Tsumura N, Haneishi H and Miyake Y（1999）Independent-component analysis of skin color image, *J Opt Soc Am A* **16**: 2169-2176.

Yoshikawa H, Kikuchi K, Yaguchi H *et al.*（2011）Effect of chromatic components on facial skin whiteness, *Color Res Appl* **37**: 281-291.

Yue Y, Smith B, Batty C *et al.*（2015）Continuum foam: A material point method for shear-dependent flows, *ACM Trans. Graph* **34**(5): 160: 1-20.

Zhang Y（2008）Flower color diversity and the optical mechanism, *Kyoto University doctoral dissertation*: 1-110.

Zhang Y, Hayashi T, Hosokawa M *et al.*（2009）Metallic lustre and the optical mechanism generated from the leaf surface of Begonia rex Putz, *Sci Hortic* **121**: 213-217.

Zhang Y, Hayashi T, Inoue M *et al.*（2008）Flower color diversity and its optical mechanism, *Acta Hort* **766**: 469-475.

Zhang Y, Sun T, Xie L *et al.*（2015）Relationship between the velvet-like texture of flower petals and light reflection from epidermal cell surfaces, *J Plant Res* **128**: 623-632.

和　文

相津佳永（2012）皮膚分光反射率のモンテカルロシミュレーションとその応用，色材協会誌 **85**: 465-470.

青木秀夫，鈴木道生，田中真二ほか（2021）アコヤガイ真珠における干渉色と光沢に及ぼす真珠層の厚さ及び結晶構造の影響，日本水産学会誌 **87**: 483-493.

五十嵐崇訓（2014）肌の質感をコントロールする化粧品の研究開発，光学 **48**: 318-324.

五十嵐崇訓（2018）素肌の色と色素に関する評価：最近の先行研究を振り返る，日本色彩学会誌 **42**: 65.

五十嵐崇訓，守口順二，直木隆明ほか（2015）主成分分析をベースとした統計的顔画像解析による透明感の定量化手法，日本化粧品技術者会誌 **49**: 95-106.

大槻理恵，引間理恵，坂巻剛（2013）ファンデーション塗布顔画像を用いたテカリ評価法，日本色彩学会誌 **37**: 113-123.

岡島克典，堀内隆彦，富永昌治（2018）質感の計測と制御，日本画像学会誌 **57**(2): 207-213.

木下修一，吉岡伸也，藤井康裕（2002）自然界の構造色の仕組み，色材 **75**(10): 493-499.

小山由利子（2005）花弁の特徴的な質感は花弁表皮細胞の形態の変化によって生じる，京都大学修士論文，1-57

滝沢正仁，石黒陽平，木嶋彰（2016）複層構造の知覚メカニズムと評価法の開発，日本色彩学会誌 **40**: 187-197.

西牟田大，五十嵐崇訓，岡嶋克典（2014）肌の透明感における輝度と色の影響，映像情報メディア学会誌 **68**: J543-J545.

野田健一（1997）細胞の形態によって変わる花色，遺伝4月号：39-43.

濱田一輝，溝上陽子，菊地久美子ほか（2018）肌画像における肌色の弁別特性，日本色彩学会誌 **42**: 50-58.

林孝洋，井上真理子，矢澤進（2001）花弁の特徴的構造によって生じるきらめき"ダイアモンドダスト"について，園芸学会雑誌 **70** 別2：328.

林孝洋，井上真理子，矢澤進（2002）パンジー（*Viola*×*wittrockiana* cvs.）におけるベルベット様花弁の光沢発現について，園芸学会雑誌 **71** 別1：176.

藤井誠，三崎裕子，佐々木一郎（2009）多重解像度解析を用いた肌のつやの客観的評価方法と応用，日本化粧品技術者会誌 **43**: 72-78.

不動寺浩，轟眞市，澤田勉（2022）構造色材料の産業応用，計測と制御 **61**: 61-64.

舛田勇二，八木栄一郎，大栗基樹ほか（2017）肌のつやの評価法の開発と皮膚表面形態がつやに与える影響の解析，日本化粧品技術者会誌 **51**: 211-218.

吉岡伸也，大貫良輔（2021）生物の微細構造による鮮やかな色とその応用，日本画像学会誌 **60**: 486-496.

第**4**章

生活の中の質感
（衣・食・住）

4-1 テキスタイルの質感

▪ 4-1-1 テキスタイルの質感の特徴

　衣類（アパレル）は我々の生活に密着し，また自己表現の重要な手段でもあり，欠かすことのできない存在である．テキスタイルはアパレル製造において主要な役割を果たす布地のことを指し，広義には素材や柄，布製品全般を含む．布地は繊維素材から紡績（糸を作る），製織（織る），製編（編む），染織（先染め）／染色（後染め），仕上げ加工など，多くの工程を経て作られる．そのためテキスタイルの質感は，使用される繊維素材の種類，糸の太さや密度，撚り方，織り方，編み方，色や柄など，布地を構成する要素によって複合的かつ統合的に形成される．テキスタイル（textile）の語源は「織る」を意味するラテン語テクセレ（texere）に由来し，テクセレはまたテクスチャ（texture）の語源でもある．テキスタイルの質感（テクスチャ）はまさに「織る」という3次元立体構造に起因しており，この構造が見る方向によって見え方が変わる光学異方性や，優美なドレープ性など，布特有の豊かな質感を醸し出す．

　人がテキスタイルに対して感じる質感には，光沢感や透け感といった主に視覚情報にもとづくもの（視覚的質感）と，厚み感や伸縮感といった主に触覚情報にもとづくもの（触覚的質感，触質感）がある．ふんわり感や粗さ感のように，視覚と触感のマルチモーダル情報にもとづいて知覚される質感もある．見ただけで触った感じがわかるといったクロスモーダルな知覚が生じることもある．さらに，高級感や洗練感など，良し悪しや好き嫌いに関わる価値付けを伴う質感もあり，これらは特に「感性的質感（認知）」として区別される．テキスタイルの質感に限らず，人がものに対して感じる感性的な認知・評価構造を扱う多くの研究では，ものの物理的な構成要素が，人の感覚・知覚を生じさせ，それが価値付けや感情を喚起するという階層性を仮定する（片平ほか，2018）．テキスタイルの質感についても「光学的・力学的構成要素―視覚的・触覚的質感認知―感性的質感認知」の階層性を前提として話を進める．

210 ▪ 第4章　生活の中の質感（衣・食・住）

テキスタイルの質感を科学的にとらえるアプローチは，羊毛の品質の官能検査（Binns, 1926）や布の力学的因子の研究などに端を発する．これらの研究では「風合い（hand/handle/sense of touch）」という概念で布地の質感を表現した．風合いという言葉について徳山（2001）は，もとは「風が合う」という意味ではないかと考察している．ちりめんの特徴であるシボを例に「均一に並んでいるように見えるが不均一である．そこにおもしろさがある」として，風合いは不均一なものの統一美であり，芸術を生み出す美であり，日本特有の美意識にも通じるとも述べている．日本のテキスタイルは着物の産地を起源とした伝統技術から発達し，産地ごとにそれぞれの風土や歴史を反映した豊かな素材開発技術とローカルデザインを有している．テキスタイルデザイナーでモダンデザインの父といわれたウィリアム・モリス（1834-1896）も「自然の美とそこから派生する何かを，真似るのではなく，創造することは，装飾芸術に存在価値を与える」と記している．テキスタイルの質感は素材感から美的価値までを含む広範な概念である．近年，ものづくりにおける付加価値向上とサステナビリティが求められる中で，テキスタイルの質感を定量化，体系化し，製品デザインに活用することは重要な技術課題となっている．

▪ 4-1-2　テキスタイルの質感の認知・評価構造

人が布地の質感をどのように認知し評価しているかを調べる研究は多数行われている．小林と富塚（1990）は布素材の風合いの基本をなす絹様（シルクライク），羊毛様（ウールライク），木綿様（コットンライク），麻様（リネンライク），皮革様（レザーライク）の5系統25種類の布素材を用いて，視覚のみ，触覚のみ，視触覚併用の3条件で，SD法にもとづく因子分析を行った．その結果，視覚のみと視触覚併用条件の場合では「かさ高性」因子（暖かい，ふっくらした，しっとりしたなど）と，「平滑性と剛軟性」因子（なめらか，硬い）の2因子構造となり，触覚のみ条件では，同じ2因子に加えて，「こし」因子（しなやかな，いきいきした）を含む3因子構造となった．これは視触覚評価では視覚の影響を強く受けることを示しており，多くの研究でも同様の結果が得られている．しかし一方で，布地が摩耗することで生じる毛玉の状態の違いを用いて表面粗さの評価における視触覚の違いを調べた研究では，視覚評価に

触覚評価が影響するのに対して，その逆の効果が認められないことから，布地の質感評価における触覚の優位性を示唆している（Guest & Spence, 2003）．さらに個人差があり，たとえば専門家と一般人の比較では，専門家は視覚のみによる方が触覚のみによるよりもはるかに正確であり，触感の温冷感などでは知識にもとづき評価を行うとされている（恒遠ほか，2018）．

視覚的質感では，色や照明条件によっても質感印象が変わる．特に色については肌色との相互作用がある（小林・森川，2008）．たとえば「軽い－重い」は布地の明度と相関するが，糸密度が下がり肌の露出率（透け感）が増すことで明度が上がり「軽い」が高まる．「きれい－きたない」や「上品な－下品な」など「好き－嫌い」に影響を及ぼす評価語対と糸密度との関係では，無彩色（白・黒）は有彩色（赤・黄・緑・青）と比べて，透け感が上がると，より急激に評価が下がり「嫌い」に繋がる．触覚的質感では，アクティブタッチ（能動的触運動）とパッシブタッチ（受動的触運動）で異なることが知られており，触感における美的嗜好の性質を調べた研究では，パッシブタッチよりもアクティブタッチの方が，嫌いな触感印象がより増強して感じられる（Etzi et al., 2014）．

最近ではECサイトにおいて，布の風合いが伝わりにくいという課題が浮上している．特に「布の厚さ」や「やわらかさ」については，視触覚の質感のギャップが原因と考えられる．ファッションテックの重要性が高まる中，バーチャルファッションを支える多感覚の質感認知・評価技術が求められている．

■ 4-1-3　視覚的質感の分析と表現

コンピュータグラフィックス（CG）とコンピュータビジョン（CV）の進展により，布地の質感を工学的に測定しモデル化し，それをCG，VR，アニメーションなどで高度に再現する技術が確立されてきた．これらの研究成果はテキスタイルデザイン，バーチャルプロトタイピング・バーチャル試着・推薦システム，検反（布地の欠陥検査），コンテンツ製作，デジタルアーカイブなど，さまざまな応用分野において大きな影響を与えている．

布地のCG表現の研究は，テクスチャマッピングやレイトレーシングにはじまり，BRDF（Bidirectional Reflectance Distribution Function）とBTF（Bidirectional Texture Function）をベースにした光学異方性の表現を中心に進められた．特に布の織り構造（平織り，綾織（ツイル），しゅす織（サテン）など），糸の撚り構造（らせん状繊維による円筒），個々の繊維の散乱特性などに着目し，微小面分布モデル，プロシージャルテクスチャ，ボリュームレンダリングなどを用いて計測と解析を組み合わせて，布地固有の多様な質感を実現した．またベルベットやサテンをはじめ複雑な質感は解析的な BRDF/BSSRDF（Bidirectional Scattering Surface Reflectance Distribution Function）では十分に表現しえないとして，BTF によるデータベースモデルの提案も行われた（Filip & Haindl, 2009; 4-3 節参照）．

　一方，テクスチャ合成による布地の質感表現の研究も数多く行われている．その端緒はテクストン理論（1962）であり，Portilla & Simoncelli に代表されるテクスチャ合成におけるパラメトリックな手法に継承されている．一方でノンパラメトリック法や最適化ベースの方法も提案されているが，いずれも非局所構造を含むテクスチャの合成が困難といった問題がある．これに対して Gatysらは，事前学習された畳み込みニューラルネットワーク（CNN）における特徴マップ間のグラム行列（内積）を利用した新しい統計量にもとづくテクスチャ合成の深層学習アプローチを提案した．さらにこの統計量を絵画の画風（スタイル）として定義し，他の画像（コンテンツ）に転送する Neural Style Transfer（NST）に拡張した（Gatys et al., 2016）．NST はその後のテクスチャ研究の可能性を大きく広げ，敵対的生成ネットワーク（GAN）の潜在表現を利用してSVBRDF（Spatially Varying Bidirectional Distribution Function）を推定する研究（Guo et al., 2020; Rodriguez-Pardo et al., 2023）や，バーチャル試着等を目的として体形やポーズにあわせた自然な衣服画像を生成する研究などに発展した．しかしテキスタイルデザインに求められる aesthetics（審美性）を含む多様な文化や価値観を考慮した高精度の質感制御技術の実現には，さらなる多方面からの研究が必要である．Sunda ら（2020）は布地の感性的質感を表現する特徴量として NST を利用し，40 以上の印象評価語から所望の柄の検索や合成を行うビスポーク（パーソナライズ）システムを開発した（図 4-1-1）．Karagozら（2023）は diffusion model を用いた柄の生成を提案した．Montazeri（2021）は光学的な微細構造のテクスチャモデリングに対して力学的モデルを導入する

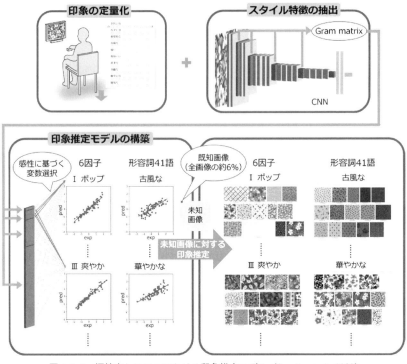

図 4-1-1　柄検索システムにおける印象推定モデル (Sunda et al., 2020)

ことで，より高解像度の視覚的質感を得ている．

　テクスチャ解析とそれを応用した布地の分類や検反も主要な応用分野であり，深層学習を用いた研究も急増している．伝統的なペルシャ絨毯のテキスタイルデザインの分類課題では，バーコフの美的測度に関する特徴量 (Birkhoff-like feature) と異方性特徴量が分類精度の向上に寄与した (Soleymanian et al., 2021)．検反では欠陥部分の抽出や教示の問題に対し，視覚的長期短期記憶ベースの統合モデル（視覚長期記憶 (Visual Long-Term Memory, VLTM) と視覚短期記憶 (Visual Short-Term Memory, VSTM) をモデル化）により精度向上を達成している (Zhao et al., 2020)．

▪ 4-1-4　触覚的質感の分析と表現

　テキスタイルの触覚的質感の研究では，これまで KES（Kawabata's Evaluation System, 1994 年発表）が広く知られてきた．KES は力学特性値から風合い値を算出するもので，現在では世界標準の風合い尺度となっている（4-2 節参照）．

　しかし，触覚的質感は対象との物理的な相互作用から形成される感覚であり，また触れる動作（パッシブタッチとアクティブタッチなど）によっても影響される．そのため自然な触れ方で得られる布地の触覚的質感をより高い精度で評価するためには，布地とヒトの両方の要素を考慮する必要がある．伊豆ら（2021）はアクティブタッチ型の皮膚振動と摩擦のそれぞれを計測できる 2 種類のセンサを用いて，皮膚への機械刺激と布地の物性値が触質感に及ぼす影響を調べた．その結果，粗さ感・かたさ感・快適感・嗜好感では皮膚への機械刺激の寄与が大きく，乾湿感・冷温感は布地の物性値の寄与が大きいことを示し，触感の再現性においては布地の物性値だけでなく皮膚への機械刺激を加味した評価が有効であると述べている．山﨑ら（2022）は，アクティブタッチを模倣した計測手法として，接触面の相互作用力の振動特徴にもとづく撫で動作の指標化・解析・評価手法を提案した．13 種類の布の計測値を分析し，2 因子（粗さ，硬さ）による触感予測モデルを高精度で構築できることを確認した．またアクティブタッチ時に抽出された振動特徴の周波数帯域が，皮膚内部の 4 つの感覚受容器（メルケル細胞，マイスナー小体，パチニ小体，ルフィニ終末）の周波数感度特性に対応していることを見いだした．

　触覚的質感の提示技術については，特にユーザタブレットやスマートフォン等のフロントパネルを通した提示手法が幅広く検討されている．布地の触感提示については，ディスプレイ接触面における表面摩擦や振動を制御するなどさまざまな方式が検討されている．一例として，Osgouei ら（2020）は，振動提示デバイスに関する電気信号と振動の逆動力学モデルをニューラルネットワークにより構成することで，布地を含む 6 種類のテクスチャ（ドットシート，椅子に用いられる布地，フェルト，帆布，透明樹脂，紙）について実物とおおよそ 60% 程度類似した触覚的質感を提示できることを示した．今後さらなる精度

の向上が図られることで，テキスタイルデザイン，オンラインショッピングや
遠隔での触れ合い，触覚インターフェースなどへの幅広い応用が期待される．

（長田典子・飛谷謙介・山﨑陽一）

4-2　布の物理計測と質感分析

　我々は，日常着ている衣服はもちろん，カーテン，絨毯，寝具類などさまざ
まな繊維製品に囲まれて生活している．それらに触れることで，心地よさや一
方で不快感などを感じることがある．特に，1960年代から機能性繊維素材の開
発が進められるとともに，品質評価において感性評価と機器計測による評価の
融合が不可欠になった．昨今は使用後の廃棄まで考慮したリサイクル，リユー
スの視点などサステナビリティが製品設計時に考慮されることが必要になって
きた．

　テキスタイルの分野では，質感という表現よりも，「布の風合い」という言
葉が昔から使われてきた．海外では，1930年にPeirceは，「The "Handle" of
Cloth as a Measurable Quantity」という論文（Peirce, 1930）を発表し，風合
いの重要性を論じ，布の力学量との関係を示唆した．

　布は，一般に繊維，糸から作られる織物，編み物，不織布とその複合材料を
指すことが多い．そこで，本節では，布の客観的評価について，測定器を開発
して研究を進めた川端，丹羽らの研究を紹介するとともに，その後の関連した
研究成果について解説する．

▪ 4-2-1　布の「風合い評価」に関係する測定機器

　布を触るとき，触り方によって感じ方が変わることがある．川端らは，1972
年に風合い評価の標準化と解析を行うにあたり，毛織物に携わる熟練技術者が
手をセンサーとして繊維素材の繊細な力学的性質，表面特性，冷温感，しめり
感などを感知していることに着目した（川端, 1980）．

　図4-2-1は，当時の熟練技術者の一人から，布の触り方を学生に説明してい

216 ▪ 第4章　生活の中の質感（衣・食・住）

図 4-2-1 熟練技術者の布の触り方

ただいたときに撮影した写真である．熟練技術者は，それぞれの経験にもとづき，手や指を動かしながら，布の特徴を把握し，風合いを評価していた．川端は，布の力学的性質の評価は，破壊に至る荷重ではなく，低荷重域での基本的な力学特性と表面特性が重要であると考え，布の風合いおよび品質評価を客観的に行うための測定器，KES システム（Kawabata Evaluation System of Fabric）を開発した．基本的な布の特性として，図 4-2-2 に示す，引張り特性，曲げ特性，せん断特性，圧縮特性と表面特性を測定する．測定条件は，布の用途（紳士夏用スーツ，紳士冬用スーツ，ドレスシャツ，婦人用スーツ，外衣用ニット，肌着用ニットなど）に合わせて設定され，計測された布の特性値と主観評価の関係から，「風合い値」を計算する評価式も提案された．表 4-2-1 は，KES-FB 試験機で得られる風合いに関係する 16 個の特性値を示している（川端，1980）.

その後，衣服着用時の快適性を予測するためには，布を介しての熱，水分，空気の移動特性が重要であることから，布の熱・水分移動性能測定装置（サーモラボ II 型）（川端，1984）と布の通気性試験機（川端，1987）がシステムに加わった．これによって，環境と着衣時の快適性の関係を物性値で調べることが可能になった．なかでも接触冷温感の尺度となっている q_{max}（熱流束の最大値，図 4-2-3）は，測定が比較的容易であることもあり，JIS（日本工業規格：JIS L 1927）にも取り上げられており，簡便な装置も市販されている．

人の指がファー（毛皮）などを押さえたときの力と温度変化を同時に計測する装置（図 4-2-4(a)）（Shen et al., 2017）もある．圧縮試験機の先端部分にシリコンゴムを接着して，指を模擬し，その中にある温度センサーが，温度変化を記録する．特性値 UT_{max}（℃/sec）を図 4-2-4(b) に示す．この装置は，圧縮するスピードや押さえる時間などを制御することができることから，人が布に触れたときを想定して，さまざまな実験条件を組み立てることができる．

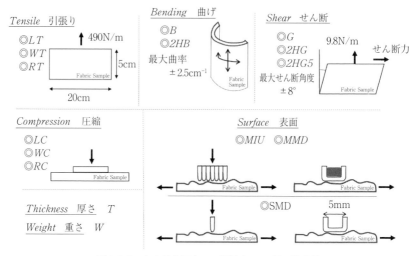

図 4-2-2 布の基本風合いに関係する 16 個の物理量

表 4-2-1 風合いに関係する 16 個の特性値

特性	記号	特性値	単位
引張り	LT	引張り荷重―伸びひずみ曲線の直線性	―
	WT	引張り仕事量	N/m
	RT	引張りレジリエンス	%
曲げ	B	曲げ剛性	10^{-4}Nm
	2HB	曲率 1 cm^{-1} におけるヒステリシス幅	10^{-2}N
せん断	G	せん断剛性	N/m.degree
	2HG	せん断角 =0.5° におけるヒステリシス幅	N/m
	2HG5	せん断角 =5° におけるヒステリシス幅	N/m
圧縮	LC	圧縮荷重―圧縮ひずみ曲線の直線性	―
	WC	圧縮仕事量	N/m
	RC	圧縮レジリエンス	%
表面	MIU	平均摩擦係数	―
	MMD	摩擦係数の平均偏差	―
	SMD	表面粗さ	μm
厚さ	T	圧力 50 N/m^2 の時の厚さ	mm
重さ	W	単位面積あたりの重量	10g/m^2

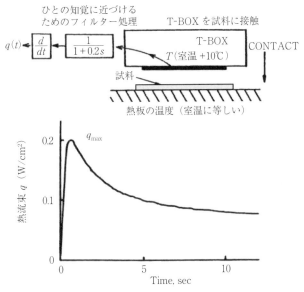

図 4-2-3　熱流束の最大値 q_{max}（川端，1984）

▪ 4-2-2　布の風合いと高級感，美しさ，嗜好の関係

　布の設計は，その時代の流行や社会背景，そして何よりも消費者の感覚や個人の嗜好などを考慮しなくてはならない．消費者は，自分の欲しい繊維製品を選ぶとき，製品が店頭にあれば，見て触って判断する．このとき，判断基準として，風合いだけでなく，高級感，個人の趣味・嗜好，衣服であれば着用したときに，他の人からどう見えるか，なども考える．そこで，表 4-2-2 に示すように風合いや機能と高級感，美しさ，嗜好についても含まれるような評価語群を用いて，実際に布を触った時のこれらの異なる側面間の関係を調べる評価実験がなされている（北口ほか，2015）．

　評価語群は大学生を対象にしたアンケートや文献から選択されたものである．試料布は，色の影響を小さくするため黒に限定し，多様な風合いが感じられるように，素材や織構造などは統一せずに選択した 33 枚である．評価方法は，触感の場合は，机に置かれた布に対して，図 4-2-1 を提示し，「親指と人差し指で布を挟むようにもち，たて，よこに指をスライドさせる．また，身体の正

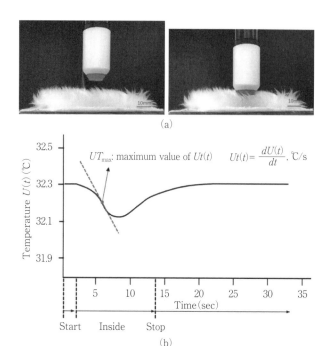

図 4-2-4 （a）センサーがファー（毛）を圧縮していく様子．（b）センサーがファーを圧縮していく時の時間（Time, 秒）に伴う温度（$U(t)$, ℃）の変化，UT_{max}: 温度変化の最大値

面に布をもち，よこ方向に軽く引っ張ること」と触り方を統一した．視感評価実験は，直径 12 cm の発泡スチロール球に，直径 30 cm の試料布を被せている（図 4-2-5）．評価尺度は，「どちらでもない」を 0 として，「非常に」，「かなり」，「やや」の ±3 の SD 法（セマンティック・ディファレンシャル法）である（表 4-2-2）．

その結果，風合いに関する評価語と「高級感」，「綺麗・美しいと感じる」の相関係数は，「視感のみ」と「視感＋触感」について，すべて 1% 水準で優位であり関連が高いことがわかった．しかし，好き嫌いに関しては，評価者間の共通認識は確認されず，高級，あるいは美しいと感じても必ずしも「好き」とは限らないこともわかった．

布の風合いは，その布が使用される用途によって，要求性能が異なる．計測

表 4-2-2 「風合い」「機能」「価値」の評価語対（北口ほか，2015）

ウェット	—	ドライ
かたい	—	やわらかい
薄い	—	厚い
冷たい	—	あたたかい
重い	—	軽い
強い	—	弱い
自然な	—	人工的な
しなやか	—	しなやかでない
ざらざらした	—	さらさらした
粗い	—	細かい
光沢のある	—	光沢のない
毛足が短い	—	毛足が長い
伸びる	—	伸びない
通気性の良い	—	通気性の悪い
シワになりやすい	—	シワになりにくい
高級	—	低級
好き	—	嫌い
綺麗・美しいと感じる	—	綺麗・美しいと感じない
ドレープが美しい	—	ドレープが美しくない

 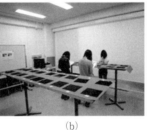

(a) (b)

図 4-2-5 視感評価実験 (a) と視感・触感評価実験 (b) における試料の提示方法（北口ほか，2015）

器の進歩によって詳細な物理量が測定可能になり，多くの情報が得られるようになった．しかし，人が使いやすく，あるいは布によって心が癒される触感の追求には，個人の嗜好を考えた設計指針が必要となるかもしれない．

（鋤柄佐千子）

4-3　絹織物の質感

　絹織物は光の織物とよばれ，照明方向や視線方向の違いによって表れる光沢が絹織物の美しさと豊かさを特徴づけている．本節では，絹織物の光沢や滑らかな質感を生み出す，織物表面の微細形状と光学特性，織物の計測および織物の質感再現について，それぞれ概説する．

▪ 4-3-1　織物表面の幾何形状と光学特性

4-3-1-1　繊維の断面形状

　絹や羊毛などの天然繊維がもつ光沢や風合いを再現するために，さまざまな異形断面の silk-like や wool-like 合成繊維が開発された（図 4-3-1(a)）．
　絹の繭糸は 2 本のフィブロイン（絹繊維）とそれらを披覆するセリシンから成り（図 4-3-1(b)），精錬するとセリシンが除去され，絹の風合いがもたらされる．フィブロインの断面はやや扁平な丸味を帯びた三角形状をしている．そのため，silk-like 繊維の断面は三角形状をしている（図 4-3-1(c)）．

4-3-1-2　糸の撚り

　繊維には，綿やウールに代表される短いわた状の短繊維（20-200 mm）と，絹などに代表される長く連続した長繊維（5×10^5 mm）がある．天然繊維では絹だけが長繊維である．絹糸は，長繊維である極細（約 10 μm）の絹繊維を数十本束ねたフィラメント糸で，紡いでいないため滑らかで光沢がある．糸表面では撚られていない三角柱状の絹繊維が並行し，糸断面は扁平な楕円状になっている（図 4-3-1(d)）．糸表面では，三角柱状の各絹繊維の側面のハイライトがスジ状の光沢となって表れている（図 4-3-1(e)）．このように，絹繊維を束ねたフィラメント糸自体の特性が，滑らかで光沢のある絹織物の風合いを生み出している．

4-3-1-3　織組織

　織物の経糸と緯糸が浮沈して交差する仕方を表したものを組織図という．織物の基礎となる平織・綾織・朱子織（サテン）の 3 つは三原組織とよばれる

222 ▪ 第 4 章　生活の中の質感（衣・食・住）

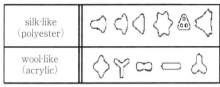

(a) 合成繊維

(b) 絹の繭糸　　(c) ポリエステル繊維 (d) フィラメント糸　　(e) 絹糸の光沢

図 4-3-1　絹繊維と絹糸の光沢

図 4-3-2　織物の三原組織　　(a) 平織　　(b) 綾織　　(c) 朱子織 (サテン)

(図 4-3-2). 平織りは経糸と緯糸が交互に交差した組織, 綾織は連続的に浮沈した組織点が斜めに畝線を形成する組織, 朱子織は経糸 (または緯糸) の浮きが多い組織である. 朱子織は, 経糸・緯糸比が大きく, 経糸方向と緯糸方向で光学特性が大きく異なるため, 直交二軸性の異方性光学特性が強く表面に表れる (図 4-3-2(c)).

4-3-1-4　織物表面の微細幾何形状

織物表面の微細幾何形状は, 微小面分布とよばれる表面の微小面集合の法線分布により表される. 朱子織の絹織物 (以下織物と記す) 表面の微小面分布 (図 4-3-3) は, 経糸方向の織物断面では, 繊維が長く浮き, 微小面の多くは鉛直上方を向く (図 4-3-3(a)). 緯糸方向では, 糸断面の楕円形状をつくるさまざまな方向の微小面分布となり (図 4-3-3(b)), フィラメント糸表面は直交二軸性の微小面分布をもつ. したがって, 織物の異方性光学特性は織組織の直交二軸性の微細幾何形状に起因している.

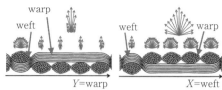

(a) 経糸 (warp) 方向　　(b) 緯糸 (weft) 方向　　図 4-3-3　朱子織（サテン）の微小面分布

4-3-1-5　絹繊維の透過性

フィブロインの光透過性は極めて高く，フィブロイン膜の透過率は可視光波長領域（380-780 nm）において 80% を超える．silk-like 繊維の透過率も 90% に近い．織物の光沢の色は，透過性が高い絹繊維を透過した過程で絹繊維固有の波長依存的な吸収を受けた光の色に起因することが導かれる．

4-3-2　織物の計測

素材の光沢や質感はスペキュラーローブとよばれる鏡面反射分布に現れるとされ，さまざまな鏡面反射モデルが提案されてきた（Baraff & Witkin, 1998; Ashikhmin et al., 2000）．そこで，織物の三原組織のうち最も強く異方性光学特性を表す，朱子織の黒色サテン（透過率 90%，緯糸経糸糸比 1：4）を対象として，正反射方向（鏡面反射方向）に広がる光沢を，さまざまな方向から計測する方法を説明する．

4-3-2-1　絹織物の異方性光学分布の計測

光沢の計測には全方位型の光学異方性反射測定装置 OGM（図 4-3-4）が用いられる．OGM は試料台とカメラと光源を付けた 2 本のアームで構成され，あらゆる入射方向と視線方向から光沢の計測が可能である．十分な精度を保つためには，観測間隔を密になるようデータを補間して光沢分布（光沢の広がりを表す色輝度値の分布）を生成する．

図 4-3-5 に，入射角を 0（水色），$\pi/12$（白），$\pi/6$（緑），$\pi/4$（黄），$\pi/3$（赤），$5\pi/12$（青）に変化させたときの黒色サテンの光沢分布を示す（口絵も参照）．経糸方向からの入射では，緯糸方向の織物断面の微小面分布（図 4-3-3(b)）により光沢が広がり（図 4-3-5(a)），緯糸方向からの入射では，経糸方向の微小面分布（図 4-3-3(a)）により光沢は正反射方向に集まり（図 4-3-5(b)），

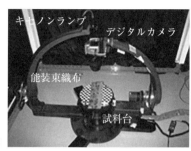

図 4-3-4　全方位型光学異方性反射測定装置 OGM

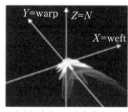

図 4-3-5　黒色サテンの鏡面反射分布
　　　　　(a) 経糸(warp)方向入射　　(b) 緯糸(weft)方向入射

直交二軸性の異方性光学特性が強く表れて分布している．いずれの入射方向に対しても，入射角が増すと反射率が増加するフレネル効果が観察される．

4-3-2-2 分光計と高分解能多重露光画像を用いる多視点光沢観測

　織物の光沢の色は，分光計と高分解能多重露光画像を用いて，正反射方向の近傍（±15°）から観測される．一般的な不透明物体では，観測方向が正反射方向に近づくにつれて鏡面反射光が強くなり，反射光の色は光源色に近づく．しかし，分光計で計測された織物の光沢の色は，観測方向が正反射方向に近づくほど物体色に近づく．

　1 画素 5 μm の高解像度画像から抽出された，光沢が強い繊維の各画素の色度値は，色度図上で，光源色から物体色にかけてほぼ直線状に分布し，分光計で計測した物体色の色度値近傍で高密度に分布する．これは，織物の光沢が，糸表面の繊維から正反射方向に出射された透過光が大部分を占めており，これにわずかな鏡面反射光が加わったものと解釈できる．したがって，織物の光沢の色は，大部分が繊維を透過した光の透過色の物体色で，わずかに絹糸表面での鏡面反射光の光源色が加わっていることが，計測からも裏付けられる．

▪ 4-3-3 織物のデジタル質感再現

4-3-3-1 織物の異方性反射レンダリング

　織物の観測画像から，双方向反射分布関数 BRDF（1-2，2-1 節参照）を自動生成し，織物の質感を再現する方法を説明する.

　1）黒色サテンの直交二軸の対称性にもとづいて，1/4 半球範囲内の複数視点の観測画像から，基準異方性反射分布とよばれるサテンの鏡面反射モデルを，光源が真上（入射角 = 0）の条件で生成する（図 4-3-6）. 2）光源からの入射方向を変化させたときの基準異方性分布の形状変化をさまざまな方向から観測し，織物の直交二軸性の異方性反射特性を抽出する. 3）得られた特性にもとづき，任意の入射方向に対して基準異方性反射分布が変形され，任意の視方向への鏡面反射分布が推定される. これに，任意色の拡散反射成分が加えられることにより，同素材で任意色のサテンの質感が再現される（図 4-3-7，口絵も参照）.

　さらに，唐織などの伝統織物の絢爛さや豪華さを表現する金襴の観測画像から，多重解像度 BTF[*1]（2-1，2-6 節参照）を自動生成し，能装束の質感を再現する方法等も提案されている（武田ほか，2008; 武田・田中，2008; 尾崎ほか，2009; Nishiwaki et al., 2014; 田中ほか，2015; 図 4-3-8，口絵も参照）.

4-3-3-2 織物の光沢色復元

　織物の光沢は，物体色の透過光が大部分を占めていることが観測されている（4-3-2-2 参照）. 一般的に，透過光は分光光度計や吸光光度計などを用いて内部を透過した光を裏面から計測する. しかし，織物は糸の隙間から光が漏れるため裏面からの計測が困難である. そこで，物理光学にもとづくシミュレーションにより半透明繊維中の光学現象を再現し，透過光が織物表面から発生する仕組みを明らかにすることが考えられる.

　絹繊維は水やガラスのように，光が媒質中の粒子に衝突する確率が極めて低く，繊維中を伝播する光は強い直進性を示す. 半透明繊維中の光伝播シミュレ

[*1] 詳細さが異なる解像度の BTF の階層的表現. 遠距離の対象には解像度の低い BTF を，近距離の対象には解像度の高い BTF を用いることにより，モアレを発生させずに精緻なテクスチャを描画できる.

図 4-3-6 サテンの鏡面反射モデル

図 4-3-7 任意色のサテン

図 4-3-8 唐織の能装束

ーションでは,繊維の断面形状を忠実に反映させるために極めて高密度（繊維径×(1/10000) 間隔）の入射光子が織物表面に入射され,繊維表面の滑らかさや透過性,光減衰などにより,光子が繊維中を伝播し,透過光として出射する過程が再現される（図 4-3-9(a)）.1) 入射点では,一部が鏡面反射し,大部分は繊維中に屈折する,2) 繊維中では逆三角形断面の先端の丸みにより全反射が繰り返される（図 4-3-9(c)）,3) 入射画素内の出射点から,減衰が極めて少ない光子が,正反射方向に出射される（図 4-3-9(b)）ことがわかる.シミュレーション結果から,織物の光沢の大部分は繊維中を伝播した光が,入射画素から正反射方向に出射した透過光であることが裏付けられる.

　透過光は,入射した光が繊維中で吸収されずに透過した波長の光である.そこで,透過性の高い織物を半透明物体として扱い,正反射方向近傍の観測画像から推定された織物の吸収係数を用いて,光沢の色を復元する方法が考えられている.まず,1) 正反射方向近傍（±15°）の多視点観測画像から,強い透過

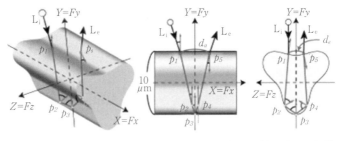

(a) 鳥瞰図　　(b) 繊維側面投影　　(c) 繊維断面投影

図 4-3-9　全反射が繰り返された透過光シミュレーション

光が観測される特徴点を抽出する．次に，2) 特徴点における光沢分布（多視点から観測された色輝度値の分布）と半透明繊維中の光伝播シミュレーションによる推定された光沢分布の，誤差が最小となる吸収係数を RGB ごとに推定する．3) 吸収係数を用いて透過光の色が復元される．得られた透過光の物体色と鏡面反射光の照明色を足し合わせることにより織物の光沢の色が復元される（田中ほか，早期公開中）．

透過光のレンダリング技術の進展により，高品質な織物の質感再現が期待される．

（田中弘美）

4-4　食品の質感と編集

4-4-1　食品の質感

食品の質感は外受容感覚（五感）だけでなく，内受容感覚（内臓感覚など）も関わり，物理的質感と感性的質感が強く紐づいており，複雑である．本節ではまず食によってもたらされる感覚モダリティごとの物理的・感性的質感について，そして好悪をもたらす要因について概観する（嗅覚については他の章に譲る）．最後に，多感覚による質感認知と情報技術の発展によってもたらされ

た食品の質感編集について紹介し，食品の質感とはなにかを考察する．

4-4-1-1　外観

　我々は食品の色や光沢，形などの視覚情報を用いて，食品を口にする前に，食品の品質や状態，さらには好ましさなどの判断を行う．たとえば，生鮮食品の鮮度については，光沢感の知覚に関わる輝度ヒストグラムの変数を手掛かりとしていることが示されている（Wada et al., 2010; Murakoshi et al., 2013）．

　視覚的なテクスチャも食品の質感の判断に影響する．たとえば，破壊したヨーグルトと表面が滑らかなヨーグルトの外観の評価では，前者ではおいしそう，好きなどの評価が下がる．特に，整った網で破壊した場合よりも，無作為性が高いワイヤーで破壊した場合にはそれが顕著であった（松原ほか，2019）．これは，集合体恐怖（Sasaki et al., 2017）と関連する可能性がある．つまり，視覚的な感性評価全般が食品の視覚的な質感認識に関係する．

　非破壊で可能な視覚による食品の品質評価は市場で重要な役割を担う．たとえば和牛の格付けでは歩留まり等級を用いるが，これは A，B，C の 3 区分，肉質等級は 1〜5 の 5 区分で評価される．A5 は歩留まりが一番良い A，肉質について脂肪交雑，肉の色，肉の締まり・きめなどの総合的な評価が最高の 5 と評価されたもので，もっとも枝肉の市場価格が高い．特に脂肪交雑については牛脂交雑基準（beef marbling standard）という霜降りの程度を 12 等級に格付けることは有名である．

4-4-1-2　味覚と口腔内感覚

　味覚では甘味，塩味，酸味，苦味，うま味の 5 つの味質が基本味として知られている．基本味の定義は，舌を中心とする口腔内に分布する味蕾にある味覚受容体によって受容され，互いに明確に区別できる味とされている．つまり味質それぞれが個々の受容体をもつことが大きな特徴である（1-13 節参照）．

　その一方，より複雑な食味の性質も存在する．たとえば，こく味の定義は狭義では「そのものには味はないが，甘味，うま味，薄い塩味に添加することでそれらの味を増強し，広がりや持続性をもたらすもの」とされ，基本五味を巻き込んだ感覚である．この感覚をもたらす物質はグルタチオンなどであり，受容体としてカルシウム感受性受容体 CaSR が知られている（Ohsu et al., 2010）．

　また，単一の味物質に対していくつかの異なる受容体が反応することもある．

高濃度の塩に対してはマウスの味蕾では苦味と酸味の受容細胞（Oka et al., 2013），さらにはトウガラシの辛味を受容する TRPV1 受容体でも受容される（Ruiz et al., 2006）．辛味は痛覚の一部であり体性感覚に含まれる．したがって，塩という単一物質に由来する「塩辛い」という日常的に経験する“あじ”は複数の味覚受容体を介した味覚と体性感覚の多感覚統合によってもたらされるのかもしれない．

近年，GPR120 など脂肪酸を受容する受容体が発見されたが，甘味，うま味応答神経群も脂肪酸に応答する（Yasumatsu et al., 2019）．このように，味質は単純に個々の味物質に受容体が反応する符号化された神経応答ではなく，複数の受容体や消化器官の連動などを含む複雑なパターン認知としての理解が今後，求められる可能性がある．

4-4-1-3　食品の物性によるテクスチャ

我々は口腔内に入れられた食物を咀嚼する．また豆腐のように柔らかい食物でも，舌でつぶして嚥下しやすい食塊を形成する．食べるときの歯ごたえ，舌触りなどがテクスチャであり，食品の物性が深く関わる．テクスチャはフレーバー（広義の味，いわゆる五味や口腔内で生じるにおいを含む）とともに食品のおいしさに影響する 2 大要因であり，食品のおいしさの主体である．好まれるうどんのコシの強さが地域や個人の好みでまちまちであるように，好みの個人差・文化差は大きい．

主観的なテクスチャ評価と物理的な特性との対応関係を見いだすために，池田ら（2006）は擬音語・擬態語に表されるテクスチャ用語と食品物性の対応関係を検討した．食品物性の変数として，圧縮ひずみ（一定の速度で食物を圧縮したとき，次第に食物がつぶれていくときのつぶれた割合）10%，30%，70%のときの応力，重量密度を用いたところ，圧縮ひずみ 10%，30%での応力の大きさは，“さくさく”，“しゃりしゃり”などのクリスピーに対応する用語や生の大根などの食品と関連があり，圧縮ひずみ 70%での応力は“こりこり”といった用語やあわびなどの食品と関連することが見いだされた．

4-4-1-4　嗜好と嫌悪

食品への嗜好や嫌悪は感性的質感である．甘味，うま味，塩味はそれぞれ炭水化物，たんぱく質，ミネラルという栄養物の信号であり，選好すべき食品の

味質として感じられるといわれている．新生児は甘味に対して受容的な表情を示し，酸味や苦味に対して拒否的な表情を示す（Steiner et al., 2001）．酸味，苦味は腐敗物，毒物のシグナルであり，選好されない味質と考えられている．人間の早産の新生児に，甘さを感じさせるグルコース溶液を与えると吸啜運動が無味の溶液よりも強く誘発される（Tatzar et al., 1985）．これらは味覚が生得的な食品に対する好悪を誘発するシグナルとして機能することを示している．

また，食物に対する忌避に関係して，味質に限らない傾向として，人間には新奇な食物を警戒する傾向がある（新奇性恐怖 neophobia）．食物を摂取した後で，気持ち悪くなったり，嘔吐したりするとその食物のにおいや味に対して不快感が生じて食べられなくなる．これは食物嫌悪学習（food aversion learning）とよばれている．

同じ食品を食べ続けるとそのおいしさが低下し，満腹感を感じるが（感性的満腹感 sensory-specific satiety），新規の食品に対してはおいしさを感じ，さらに食べることができる（例：コース料理の最後のデザート）．このように摂食の際の評価者の生理的・心理的要因によって好悪が刻々と変化することも食体験の特徴であろう．

食品に対する感性的質感は経験の影響が大きい．新規性恐怖の裏返しともいえるが，食経験がある食品の受容性は高くなる．たとえば，昆虫を見るだけでも嫌悪感を抱く者も少なくない一方で，伝統的に昆虫食がなされる地域も存在する．我が国においても食経験がある昆虫である場合にはおいしそうに見える者の割合が高く，食経験が少ない昆虫ほど嫌悪感が生じる者の割合が高い（松原ほか，2018）．

▪ 4-4-2　食品の質感の編集

多くの食品・料理では，外観，食感，食味を際立たせておいしさを演出している．オクラに用いられるネットは必ず緑で，典型色を強調させており，かき氷や飲料の色彩も見た目のみならず，フレーバーの認知にも影響を与えている．フレンチのレシピにオマール・ア・ラ・ヴァーニュというバニラ香のソースを使った海老料理があるが，これも香りで甘味を豊かにする質感の編集といえよう．

前述した通り，我々は食品の情報を外受容感覚や内受容感覚により冗長に受け取ることから，感覚間相互作用，ひいては食環境など幅広い要因が食の質感にとって本質的であり，食の質感の編集技術において主要なファクターである．日常的な食の質感の編集については料理レシピなどに譲り，以下では多感覚知覚の知見とともに，近年の情報技術を用いた食の質感編集について紹介する．

4-4-2-1 感覚間相互作用と情報工学的技術による食の質感の編集

食の質感における多感覚知覚の役割については枚挙にいとまがない．たとえば，においと味が同時に提示されると，バニラのにおいと甘味のように両者が一致する場合にはにおいによって味が強く感じられ，一致しない場合にはにおいによって味が弱く感じられることが古くから知られている（Stevenson et al., 1999）．また，色による風味の認識の変化も古くて新しいトピックとして知られている（たとえば Morrot et al., 2001）．

今世紀に入ってポテトチップスのクリスプ感が音によって増減することが示されたこと（Zampini & Spence, 2005）を皮切りに，食の多感覚知覚の知見が次々と発表され，それを利用した情報技術も開発されるようになった．たとえば，鳴海ら（2010）は，視覚情報と嗅覚情報を重畳し，視覚・嗅覚・味覚の間での感覚間相互作用を利用してクッキーの味を変えるシステムである「メタクッキー」を開発した．その他にも視覚だけでなく，音や振動を用いて食に関わる質感を記録・再生するシステムが数多く創出された．

視覚による食味の変調については，ヘッドマウントディスプレイ（HMD）を利用して，リアルタイムに質感を変化させたバウムクーヘン画像を観察しながらそれを喫食すると，しっとり感やおいしさが変化するという報告がある（Ueda et al., 2020）．さらに，敵対的生成ネットワーク（Generative Adversarial Network, GAN）を利用して，喫食中の食品を他の食品のスタイルに変換した画像を HMD で観察すると視覚提示された食品に寄せて印象が変化する（Nakano et al., 2019）．たとえば，実際にはそうめんを食べているときに，やきそばの画像特徴を付加して生成された動画を観察すると，食品の印象がやきそばに寄る方向に変化する（図4-4-1）．

また，感覚デバイスを利用して食の多感覚知覚を探究する試みも生まれている．和田らのグループは VR デバイスを用いた心理物理学的実験により，呼吸

232 ■ 第4章　生活の中の質感（衣・食・住）

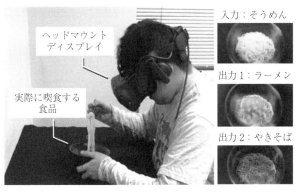

図 4-4-1　HMD によるスタイル変換画像の投影（Nakano et al., 2019 を改変）

運動を含む感覚間相互作用が味嗅覚統合に関与することを示した（Amano et al., 2022）．呼気・吸気に連動して，鼻孔へ挿入したチューブで鼻腔内に匂い刺激を提示するディスプレイを用いて呼気と同時に鼻孔へ嗅覚刺激を提示すると，味覚刺激の後（前）の呼気（吸気）に伴う嗅覚刺激による味覚増強効果が観察された．その一方，味覚刺激と嗅覚刺激の順番が入れ替わると味覚増強が生じなかった．これは実際の前後鼻腔経路で嗅覚刺激を提示したときと同様の傾向であり，このシステムで疑似的に後鼻腔経路の嗅覚を再現できる可能性を示した．

　さらに風味の質感を視覚化する試みもなされている．抽象的な図形の特徴や絵文字は食品の味質の好悪や甘味などの印象を視覚的に伝達できることが示されつつある（Salgado-Montejo et al., 2015; Jaeger et al., 2017）．これは味嗅覚の質感を視覚情報に変換する試みであるともいえる．さらに石橋ら（2021）はチョコレートをサンプルとして食味と視覚（形態）の媒介として感情的意味を導入することを試みた．石橋らはチョコレートの感覚・感性的特徴の時間的変化を計測するために経時的優位感覚法（Temporal Dominance of Sensations, TDS）を用いた．TDS とは複数の形容詞から，食品喫食中に最も優勢に感じられるものを選択し，選択の経時的変化を記録・分析する方法である．さらに，形容詞対を両極に配した複数の評定尺度を用いて実験参加者にさまざまな感覚から得られる事物の印象を評価させるセマンティックディファレンシャル法

図 4-4-2 チョコレートの風味用語を形容する図形（石橋ほか，2021）

（Semantic Differential Technique, SD）により，形態とチョコレート評価に用いた用語の感情的意味を計測した．食品を喫食中に食味とともに感情的意味も変化すると仮定し，TDS で測定した経時的に変化する食味と SD 法で計測した感情的意味を組み合わせて，食味の印象の経時的変化に合致した形態を生成し，動画化する技法が開発された（石橋ほか，2021）．

たとえばチョコレートの風味の用語といくつかの画像特徴を規定して生成した形態を SD 法で評価し，その評定にもとづいて，印象が近い食味と形態のペアを見いだす（図 4-4-2）．これらの形態を TDS の結果によって計測された風味の変化の割合で合成し，動画化する．これは味嗅覚によって生じる食味を言語そのものによらず視覚化できる可能性を示している．

（和田有史）

4-5　紙の質感

近年ペーパーレス化が叫ばれ，職場でのコピー用紙の消費量は減少し，会議などで，紙の資料が配布されることも減ってきた．本節筆者の学生時代は，調べものをするときは，図書館で本を探して，閲覧した．書籍ごとの紙の手触りの違いを感じ，匂いから歴史を感じたりできた．

今の学生たちは，インターネットで必要な情報を検索している．しかし，柴田・大村（2018）の調査によると，読むためのメディアとして，ディスプレイよりも紙の方が，性別・年代・職種を問わず，高く評価されていたとのことで

ある．執筆現在 18 歳の筆者の娘は，タブレット端末で絵を描くのが好きだが，特殊処理で紙のような質感を実現した保護フィルムを貼っていたりする．タブレットで絵を描くほうが便利な点が多いようであるが，紙の質感にはデジタルネイティブの人間も引き付ける魅力があるのだろう．

　ところで，紙とは何なのだろうか．柴田・大村（2018）に沿って簡単に説明する．世界最古の紙は，紀元前 170 年に中国で作られた，放馬灘紙だそうだ．紙は英語でペーパー（paper）であるが，語源は，紀元前 3000 年ごろから古代エジプト，古代ギリシャで利用されてきたパピルス（papyrus）である．パピルスは，エジプトに生息する背の高い葦の草で，その茎を開いて，たたいて伸ばしてから，複数枚を縦横に貼り合わせて紙のようなシートにしていたようである．このシートに，さまざまな絵や記号が書かれて，情報の保存や伝達が可能になり，文明の発展に寄与したとのことである．しかし，日本工業規格（JIS）によると，紙の定義は「植物繊維その他の繊維を膠着させて製造したもの．なお，広義には，素材としての合成高分子物質を用いて製造した合成紙の他，繊維状無機材料を配合した紙を含む」となっている．

　経済産業省製造産業局素材産業課（2022）によると，2020 年に生産された紙 1,121 万トンのうち，53％が印刷・情報用紙で最も多く，18％が新聞用紙，トイレットペーパーなどの衛生用紙が 16％，包装用紙が 7％，紙コップなどの雑種紙が 6％である．日常で使う紙は確かにこのような分類のものが多いが，文房具屋さんに紙を買いに行って，「字が書きやすいさらさらした紙がほしい」とか，「表紙に使う紙だからつるっとした感じがいい」と思いながら，紙を探したり，店員さんに聞いてみたりしたことはあるだろうか．実際のところ，どれだけたくさんの紙があるのか，どれだけ多様な質感の紙が存在するのかわからない．紙の質感にはどのようなものがあると思うか聞かれても，「さらさら」「つるつる」「すべすべ」はすぐに思い浮かぶだろうが，「50 個言ってみてください」と言われると，難しいだろう．

▪ 4-5-1　紙の専門家が使うオノマトペ

　筆者らは質感が重要な素材について，その素材を専門的に扱う専門家の方に素材の質感を表すオノマトペを聞いていくプロジェクトを推進し，木・紙・

布・髪・酒・音・漆・香の質感を表すオノマトペと素材の関係性を2次元マップとして可視化してリーフレットとして印刷した．紙のオノマトペマップは，このプロジェクトの第2弾として作成した．その他の素材については，坂本（2020）を参照されたい．本節では，紙のオノマトペマップの作成のプロセスと完成したオノマトペマップを通して紙の質感について概観する．

　2016年の秋，紙の専門商社を訪問した．約300銘柄（2700種類）の紙があり，カラフルな紙を1枚1枚触ってみると，驚くほど多様な質感の紙があり，普段使ったことがないような不思議な質感の紙もあった．質感が異なる紙50種類について，それらの紙を触りながら，多様な紙の質感がどのようにオノマトペで表現されるか調査した．紙を選ぶデザイナーは，どのようにして紙を選び，どのようなタイミングでオノマトペを使用しているのか聞いたところ，「デザイナーの方が紙を選ばれる際は，たとえば書籍のカバー，パンフレット，DM，パッケージなど，どんなものに使う紙なのか，という用途と仕上がりのイメージを想定されていらっしゃる方が多いです．その次に，色味や厚さ，柄，質感などがほぼ決まり，ざっくりとした候補が選ばれます．最初の段階では，オノマトペを使うことは比較的少ないように思われます．ある程度絞り込んだ段階で，もう少しパリパリ感のある紙とか，しなっとした紙はありませんか？と聞かれることが多いような気がします」とのことだった．

　このコメントは，学術的なオノマトペ研究においても，オノマトペを活用したビジネスをする上でも，非常に重要なものである．「もう少しパリパリ感」とはどういう意味なのか，学術的には実に難しいのであるが，商品選びで，具体的にどのようにオノマトペが使われるのかがよくわかる．調査の際，実際の紙について，「オノマトペで表すとどんな感じですか？」と聞くと，専門家でもなかなか出てこないようだったが，こちらから，「しゃりしゃりした紙はありますか？」と聞くと，「そういえば……」と，紙見本からそのオノマトペに適した紙を探し出してくれた．

　調査の際に，紙についていろいろ教えていただいた．紙は，植物や古紙などをほぐし，セルロース繊維に分離したパルプを水に分散させたものを，網上にのせ，脱水，乾燥することによって作られるのだそうだ．たとえば，セルロース繊維がかっちり絡み合い，密度が高く薄い紙はパリパリした質感になる．薬

包紙として使用されているグラシン紙や，包装紙として使用されるクラフトペーパーなどは，パリパリした質感の好例である．ふわふわした紙というと，たくさんの空気を含む嵩高な紙である．空気を多く含む紙を作るためには，パリパリの逆で密度を低くする．ティッシュペーパーなどもそうである．印刷できる嵩高紙にはハーフエアなどがある．つるつるというのは凹凸がない状態で，平滑度が高い紙や光沢感がある見た目の紙であるとのことであった．パルプの種類，原料に加えるもの，乾燥の工程での圧力のかけ方など，製造工程の中の工夫の仕方によって，仕上がりの質感は幾通りにも変化していくようである．

▪ 4-5-2　紙の質感を表すオノマトペマップ

　紙のオノマトペマップは各紙の質感を表すオノマトペをもとに，各紙の質感の特徴が一目でわかるように，2次元マップとして可視化したものである．人が触れるモノの世界は，物理的で客観的な世界である．人は自分から離れて独立に存在するモノに触れて何かを感じ，その感覚をオノマトペのような言葉で表現する．言葉とそれが表すモノの関係性については古くから議論があり（Saussure, 1916）難しい問題であるが，オノマトペマップを作る上では両者はある程度独立したものとして取り扱うことができる．たとえば，毛布に触れて，「もふもふでいい感じ」と言ったりするが，「もふもふ」というオノマトペは，毛布に張り付いている言葉ではなく，動物の毛やメロンパンの生地など，物理的には異なるモノから感じたことを表現するために使われる．毛布と動物の毛やメロンパンの生地の間に共通するものを感じるため，「もふもふ」という同じ表現が使われるのだろうが，「もふもふ」という言葉自体は，物理的な世界とは独立したものである．さらに，物理的に異なるモノに対して同じオノマトペが使われる一方で，物理的に同じモノに対して，人によって異なるオノマトペが使われることがある．同じ物理特徴をもつ毛布なら誰でも「もふもふ」と表現するわけではなく，若い人は「もふもふ」と言うかもしれないが，高齢の人は「ふかふか」と言うかもしれない．

　坂本ら（2016）は，物理的空間（素材空間）と感性空間（オノマトペマップ）をそれぞれ独立なものとして用意し，2つのマップをおおよそ軸が一致するように重畳するという方法を提案してさまざまな素材の質感を表すオノマト

ペを2次元で配置したオノマトペマップを作成している．素材側の物理量など
が取得できる場合は，素材側のマップを独立に作ることもできるが，本節で紹
介する紙のオノマトペマップについては，坂本ら（2016）の手法を参考としつ
つ，紙の質感を表すオノマトペマップを作成した後に，そのオノマトペマップ
上に配置されたオノマトペをもとに，各オノマトペが用いられた素材を配置す
る，という方法が用いられた．

　専門家が紙の質感を表すのに用いたオノマトペ（表4-5-1）について，オノ
マトペで表される意味を数値化するシステム（清水ほか，2014）で解析が行わ
れた．このシステムでは，視覚や触覚のみならず，「快不快」「好き‐嫌い」と
いった高次の感性尺度も含む43種類の形容詞対尺度でオノマトペの意味が数
値化されるが，ここでは，触覚の基本次元とされる「温かい‐冷たい」など7
種類の形容詞対尺度で数値化された．紙から想起された全オノマトペについて，
各7尺度の評価値を主成分分析し，第1主成分を横軸，第2主成分を縦軸とし
て2次元マップが作成された．本来は7次元である情報を2次元のマップにし
ているため，情報の損失が懸念されるが，主成分分析の結果，約80％の情報
は2次元マップ上に可視化されている．次に，2次元マップ上に配置されたオ
ノマトペを手掛かりに，そのオノマトペで表された質感をもつ紙を配置したも
のが，図4-5-1である．表4-5-1には，図4-5-1に配置されている紙の名称と
各紙の質感を表すオノマトペが示されている．

　完成した紙の質感オノマトペマップを見ると，すべての質感の基本次元を覆
うように，実に広い質感空間を構成していることがわかる．しかし質感空間の
中で分布は均一ではなく，「滑る」「冷たい」のあたりに密集しているようであ
る．「滑らかな」と「粗い」を両極とする軸に沿って，紙が広く分布している
ことは，経験と合っているように感じられる．質感空間で分布が疎なスペース
は，強いていえば，「凹凸な」と「粘つく」という尺度あたりである．機能的
には，紙に粘つきが求められることはなさそうであり，凹凸がない方が書きや
すいため当然と見ることもできる．しかし，「凹凸な」の軸のあたりには，「ぼ
こぼこ」した紙や，「ごわごわ」した紙，「ぽつぽつ」した紙もある．「粘つく」
の軸のあたりには，「ぺこぺこ」した紙や，「ぺたぺた」した紙があり，「どん
な紙なのだろうか？」と触ってみたくなる．暖かい紙があるというのも驚きで

238 ■ 第4章　生活の中の質感（衣・食・住）

表 4-5-1　図 4-5-1 に記載の紙の名称とその質感を表すオノマトペ

	紙の名称	オノマトペ			紙の名称	オノマトペ
01	D'CRAFT｜ドット	ぽつぽつ		26	クラシコトレーシング-FS	ぺらぺら
02	GA コットン｜2060	ふんわり		27	クラフトペーパー グロスホワイト	
03	GA しずく｜スノーホワイト	ぽつぽつ	＊四六判 170 kg	28	クレーン レトラ｜スノーホワイト	ふかふか
04	GA しずく｜スノーホワイト	ぽつぽつ	＊四六判 210 kg	29	コルドバ｜ベラム	くにゃくにゃ
05	LK カラー｜黒	つやつや		30	シープスキン｜白	すけすけ
06	LK カラー｜白	つるつる, ぴかぴか		31	新だん紙 きらら｜真珠	しわしわ
07	MBS テック｜白	くにゃくにゃ	＊四六判 #40	32	スーパーファインスムース-FS｜Uホワイト	しわしわ
08	MBS テック｜白	ごわごわ	＊四六判 #180	33	タブロ	ばさばさ
09	MBS テック｜白	やわやわ	＊四六判 #40	34	タントセレクト TS-5｜N-7	ざぎざぎ
10	ML ファイバー｜白	つやつや		35	テーラー｜白	けばけば, がさがさ, がさがさ, ちくちく
11	NB ファイバー｜白	すべすべ		36	トレジャリー-FS｜ゴールド	きらきら
12	NT スフール｜スノーホワイト	ぬめぬめ		37	ハーフエア｜コットン	ざくざく
13	NT パイル｜ホワイト	すけすけ		38	バルバー｜ホワイト	ごわごわ
14	NT ラシャ｜白	基準となる紙		39	ピーチコート	べたべた
15	t カラペ｜ホワイト	しゃりしゃり, ぴりぴり		40	風光	さわさわ
16	アリンダ	つるつる, ぎちぎち		41	ブライク｜ネイビー	ぺこぺこ
17	岩はだ｜白	こちこち		42	ブライク｜ホワイト	しっとり
18	ヴィペール P｜0000	ふかふか		43	マットカラー HG	へなへな
19	オフメタル N｜銀	ぎらぎら		44	ミニッツ GA｜ホワイト	ざらざら
20	オフメタル N｜銀	ぴかぴか		45	ミランダ｜ナチュラル	きらきら
21	かさね｜MO 白	ぽこぽこ		46	桃はだ｜ホワイト	ふんわり, けばけば
22	カラベラビス｜ゴールド	しょりしょり, ばりばり		47	羊毛紙	かさかさ, がさがさ, もさもさ
23	きぬもみ｜白	しわしわ		48	ルミネッセンス｜マキシマムホワイト	さらさら
24	ぐびき｜白	きしきし		49	わたがみ｜雪	ちくちく
25	クラシコトレーシング-FS	ぴらぴら				

あり，実際に触れてみると，本当に「ふかふか」で，文字を書くのには難しそうであるため，何に使われるのか興味をわかせる質感である．「湿った」「柔らかい」のところには，「ふんわり」「くにゃくにゃ」「へなへな」といった，やはり触ってみたくなるような質感の紙がある．さらに，「ぬめぬめ」した紙があったり，反対側の，「冷たい」「硬い」のあたりにある，「ちくちく」した紙や，「こちこち」した紙も，なかなか不思議である．

　紙といえば，文字や絵を書くもの，という機能面が思い浮かぶが，何かをくるむための包装紙，箱，飾り，壁紙などさまざまな用途がある．オノマトペマップでさまざまな紙の質感を可視化することにより，紙の概念が覆されるようなさまざまな質感の紙が存在すること，また，紙なのか，そうではないのか，

4-5　紙の質感 ■ 239

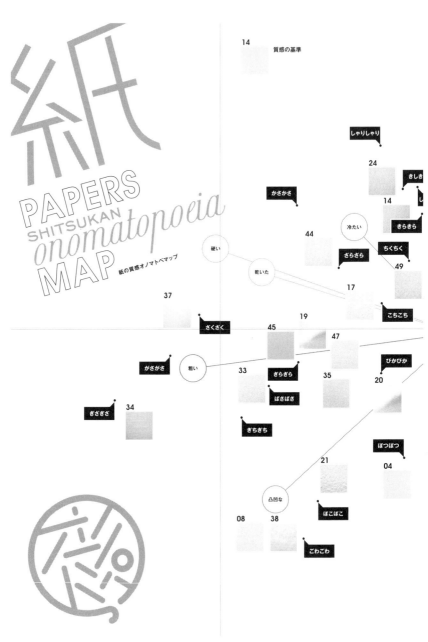

図 4-5-1　紙のオノマトペマップ

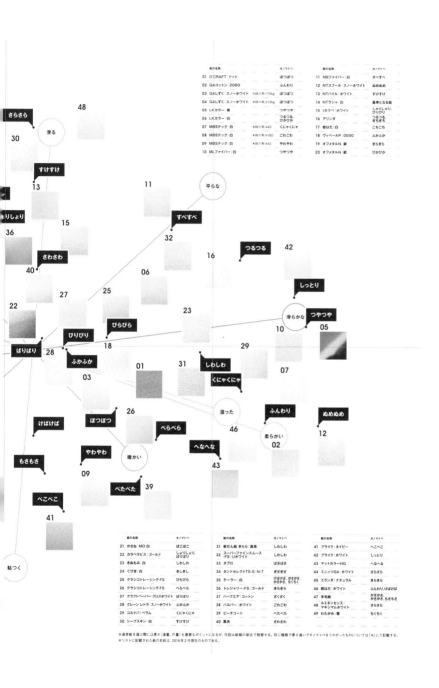

4-5 紙の質感 ■ 241

カテゴリの境界を越えた素材が生まれる可能性が見えてきた.

（坂本真樹）

謝辞：「紙の専門家が使うオノマトペについての調査」では株式会社竹尾にご協力いただいた.

4-6　木材の質感

　日本の国土面積の約3分の2は森林であり，日本人は古くから木材に親しんできた．現存する世界最古の木造建築は「法隆寺地域の仏教建造物」であり，一度焼失したあと7世紀後半から8世紀初頭にかけて再建された．また，伊勢神宮は飛鳥時代より，中断はあったものの20年ごとに遷宮を繰り返し，日本古来の木材建築技術を今に継承している.

　日本に限らず世界中のあらゆる場所で木材は古くから親しまれ，利用されてきた．現存する世界最古の木製椅子のひとつは，エジプトのヘテプヘレス王妃の墓から発見された「ヘテプヘレスの椅子」（図4-6-1）で，紀元前2600年頃のものであるという（Patrício, 2019）．オランダでは低地が多く，また干拓によって国土を広げていったという土地性から古くから木靴が愛用され，少なくとも約800年前の木靴が発掘されているとのことである．ヨーロッパやロシアには12世紀から19世紀に建設された多数の木造教会が現存している．このように木材は古くから我々の生活や文化に密接に関連している．古い木造建造物が残っている理由のひとつとして，木材はほぼ成育していたのと同じくらいの期間，材料としての強度をもつことができる（村山，2008），という木材に特有の性質が関連していると考えられる.

　その他にも，木材は他の素材（例：コンクリートや金属）に比べて軽く，熱伝導率が低く，切断しやすく，曲げにくく，光や音の反射が小さいといった特性をもっている（石丸ほか，2017）．では我々はこのような木材の質感をどのように知覚しているのだろうか.

図 4-6-1 ヘテプヘレスの椅子（Hetepheres chair）
エジプト考古学博物館所蔵（写真出典：Jon Bodsworth, Copyrighted free use, via Wikimedia Commons）．

▪ 4-6-1 視覚，聴覚，触覚による木の質感知覚

　我々は目で見て，叩いて音を聴いて，そして触って材質の質感を確かめる．視覚は主に物体の外部を，聴覚は主に物体の内部を，そして触覚は物体の表面と内部の情報を提供している．そのため，視覚，聴覚，触覚という3つの異なる感覚モダリティについて，同じ素材，実験参加者，実験手法を使って比較することによって，単独もしくは2つの感覚モダリティを調査するだけではわからない新たな知見が得られる．

　このようなことを調べるために行われている実験の例（Fujisaki et al., 2015）を紹介する．この実験では，木を対象にして，同じ実験参加者，同じ質問，同じ対象物を用いて，視覚，聴覚，触覚に関する独立した質感評価を行い，比較がなされた．

　実験では，視覚，聴覚，触覚それぞれについて，本物（無垢），加工品，偽物を含む22種類の刺激を使用し，23の形容詞について，50人の実験参加者からなる大規模なデータが収集された．実験で使用された試験片（図4-6-2参照）には本物と偽物の木材が交ざっており，その内訳は，特殊加工を施していない本物の木材で樹種が異なるものが14種類，本物の木材で同じ樹種（杉）でも加工が異なるものが4種類，そして木材ではない素材に木目シートを貼った偽物が4種類であった．

　図4-6-2(a)には，異なる樹種から選んだ本物の木材14種類が示されている．この中には，針葉樹から1. スギ，2. ヒノキ，3. マツの3種類と，広葉樹から4. ファルカタ，5. ポプラ，6. ラワン，7. メイプル，8. クリ，9. ウォルナット，

10. チェリー，11. オーク，12. チーク，13. ブビンガ，14. コクタンの11種類が選ばれている．これらの樹種は，建材や家具として一般的に流通している木材のなかから，針葉樹と広葉樹の両方を含むように，また非常にやわらかいものから非常に硬いものまで幅広くバランスをとるように選択されている．

　針葉樹3種のうち，スギは日本だけに自生する樹種である．成長が速く，軽くて柔らかく，加工しやすく，腐食耐久性が強いため，建材として古くから用いられており，また多く植林されてきた．ヒノキはスギよりも肌理が緻密で，強い独特の香りが特徴である．マツは（種類にもよるが）湿度の高い空気中で腐食しやすいため屋外の使用には制約があるが，楽器材や家具材，工芸品などに適した性質をもつ．

　広葉樹11種のうち，ファルカタは白淡桃色で，非常に軽く，やわらかく，粗くて均等な肌理をもつ．日本では化粧箱（そうめんの木箱など）にも使われている．ポプラは乳白色や灰白色で，木目があまり目立たず，腐食耐久性があまり高くない．玩具類，ドアなどに使われることが多い．ラワンはアジアで一般的な木材で，肌理が粗く，加工しやすいが耐久性は低く，合板に加工されてよく使用される．メイプルは硬く，木目は比較的均質で，フローリングや内装，家具，楽器などに使用される．クリは非常に硬く，独特の木目が特徴で，テーブルの天板やカウンター材，工芸品などに利用される．ウォルナットは高級材として知られ，深い茶色の木目があり，家具材，彫刻，工芸品，内装材として使用される．チェリーは赤褐色の木材で，家具材や内装用材として使われる．オークはウィスキーの醸造樽としての用途が有名であるが，他にも家具用材などに使用される．チークはマホガニー，ウォルナットと並ぶ高級品で，材面がワックス状の物質で覆われているため摩耗耐久性が強い．金褐色の木目が特徴で，突板にして内装にされることが多いが，高級家具や造船材にも使われる．ブビンガは非常に太い木になり，幅広材が取れるため，カウンター材，テーブル材などに使われる他，フローリングや家具などにも使用される．コクタンは特徴的な黒色で，非常に硬く，加工が難しく，成長が遅く，希少である．床柱や床周りの装飾材，仏壇，楽器，宝飾品などに使用される．

　図4-6-2(b)には，加工の違いによる質感を比較するために選択した4種の試験片が示されている（15. 圧縮材（圧縮率50%），16. 熱処理材，17. 不燃処

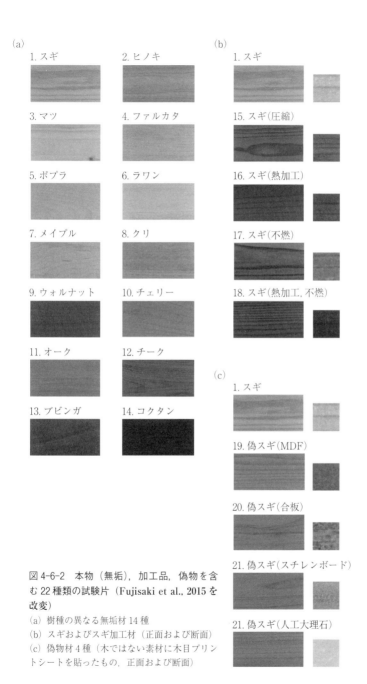

図 4-6-2 本物（無垢），加工品，偽物を含む 22 種類の試験片（Fujisaki et al., 2015 を改変）
(a) 樹種の異なる無垢材 14 種
(b) スギおよびスギ加工材（正面および断面）
(c) 偽物材 4 種（木ではない素材に木目プリントシートを貼ったもの，正面および断面）

理材（薬剤付加），18. 熱処理かつ不燃処理材，樹種はすべてスギ．正面図および断面図）．熱処理材とは，薬剤を使用せずに熱と水蒸気のみを使って処理されたものである．不燃処理材とは，防火薬剤の加圧注入などの処理が施されたものである．熱処理と不燃処理の両方が施された材とは，熱処理の後に防火薬剤の加圧注入処理が行われたものである．

　これら 18 種類の木材（本物かつ無加工材が 14 種類＋加工材が 4 種類で，合計 18 種類）は，すべて無垢材，無塗装であり，表面は同じ粗さのやすりで研磨されていた．

　図 4-6-2(c) には，偽物素材の 4 種類が示されている（正面図および断面図）．これらの偽物素材は，厚さが 0.13-0.16 mm のオレフィン系シートにスギの木目を印刷したものを貼って作成されたものである．具体的には，19. MDF，20. 合板，21. スチレンボード，22. 人工大理石の 4 つであった．MDF（Medium Density Fiberboard）とは繊維状に細かく加工した木材チップを圧縮して作成された素材，合板はベニヤ板を接着剤で重ね合わせて作成された素材で，天然木材と比べて加工がしやすく安価であるため，よく利用されている．一方でスチレンボードはポリスチレンを主原料とした発泡板，人工大理石は樹脂を主成分とした人工素材で，木材の代用としてはあまり利用されない．すなわち前者の 2 つは日常生活で実際によく使われる組み合わせであるが，後者の 2 つは実際にはあまり使用されない組み合わせであった．

　これら 22 種類の素材（本物と偽物を含む）のすべての加工は木材加工の専門家によって行われた．試験片の劣化や温度の変化が質感に影響を及ぼすのを排除するため，実験期間中，これらの試験片は温度が約 25℃（± 2℃）に保たれた部屋で 24 時間管理された．

　視覚刺激として，22 種類の試験片セットのそれぞれの写真が用いられた．聴覚刺激として，視覚刺激として使用した試験片とまったく同じものをマレットで叩いた音が使用された．触覚刺激は，実物の試験片がそのまま触覚刺激として用いられた．

　評価語には 23 の形容詞対が用いられた．感性的な質感形容詞として，［偽物らしい－本物らしい］，［安っぽい－高級な］，［汚い－きれい］，［古い－新しい］，［不快な－快適な］，［緊張した－リラックスした］，［壊れやすい－丈夫

246 ■ 第 4 章　生活の中の質感（衣・食・住）

な］，［ありふれた－めずらしい］，［そぼくな－洗練された］，［たいくつな－面白い］，［嫌い－好き］の 11 対，知覚的な形容詞として，［光沢がない－光沢がある］，［表面が暗い－表面が明るい］，［表面がぼんやりした－表面がはっきりした］，［音が響かない－音が響いた］，［音が鈍い－音が鋭い］，［音が濁った－音が澄んだ］，［なめらかな－ざらざらした］，［冷たい－あたたかい］，［やわらかい－硬い］，［軽い－重い］，［乾いた－しっとりした］，［密度の低い－密度の高い］の 12 対が用いられた．評価は 7 件法で行われた．

　このようにして得られたデータを対象に，まず視覚条件，聴覚条件，触覚条件のそれぞれについて因子分析が実施された．この分析により，視覚条件では，「高級感，希少性」を含む第 1 因子，そして「快適性，リラックス感」などに関連する第 2 因子がまとまった．第 3 因子は感性的質感形容詞を含んでおらず，知覚特性に関連すると考えられた．聴覚条件については，第 1 因子には知覚特性を示す項目がまとまり，第 2 因子に「高級感，希少性」，第 3 因子に「快適性，リラックス感」を示す項目がまとまった．また，触覚条件においても，聴覚と同様に第 1 因子には知覚特性を示す項目がまとまり，第 2 因子には「高級感，希少性」，第 3 因子には「快適性，リラックス感」を示す項目がまとまった．

　興味深いことに，因子の並び順は異なるが，視覚，聴覚，触覚というすべての感覚において，「高級感と希少性」，「快適性とリラックス感」という要素が独自の因子として抽出されていた．この事実は，少なくとも木の質感評価において，視覚，聴覚，触覚の評価がある程度類似していることを示している．さらに，視覚，聴覚，触覚すべてにおいて，高級と評価される木材が必ずしも快適とは評価されないことを示唆している．

　我々の日常生活では，高級感と快適性が密接に関連する場面が多く存在する．例えば，飛行機の場合，エコノミークラスよりもビジネスクラス，そしてファーストクラスへと進むほど高級感が高まり，同時に快適性も向上する．しかしながら，木の質感においては，同様の単純な連動関係は観察されなかった．詳細に検討すると，高級感はアンティーク家具のように古さや希少性と関連しており，一方で快適性は新しさや清潔感と関連していた．また，因子の構造は視覚，聴覚，触覚において類似していたが，具体的にどの樹種が「高級」と評価

されたか，あるいは「快適」と評価されたかについては，各感覚によって異なった．たとえば高級感について最高評価を受けたのは，視覚ではコクタン，聴覚ではラワン，触覚ではスギ（非圧縮）であった．

　続いて重回帰分析が行われ，視覚，聴覚，触覚それぞれの知覚的質感から感性的質感を説明できるかが検討された．視覚を例に挙げると，「光沢がある」，「表面が明るい」，「表面がはっきりした」の3つの知覚的質感を独立変数として，「本物らしい」，「高級な」，「清潔な」，「新しい」，「快適な」，「リラックスした」，「丈夫な」，「めずらしい」，「洗練された」，「面白い」，「好き」の11種類の感性的質感を従属変数として重回帰分析が行われた．その結果，たとえば「光沢」があり「表面が暗く」「表面がはっきりした」木が「高級」「洗練された」「珍しい」「面白い」「丈夫」と評価されることが明らかになった．また「表面の明るさ」が明るいと「清潔」「新しい」「快適」「リラックスする」と評価され，「表面の明るさ」が暗いと「高級」「丈夫」「珍しい」「洗練された」「興味深い」と評価されることが示された．このようにある程度，低次の知覚的質感と高次の感性的質感を対応付けることができた．

　また個人によるばらつきを見るために行われた実験参加者間相関分析の結果，視覚の場合「表面の明るさ」の実験参加者間相関が突出して高くなり，また「新しい‐古い」の判断も「表面の明るさ」ほどではないが高くなった．しかしながら，「表面の明るさ」と同様に低次の質感知覚特性を反映していると思われる「表面の明瞭度」や「光沢感」は，「表面の明るさ」に比べ，あまり値が高くなかった．聴覚の場合，全般的に実験参加者間相関の値が低めであったが，それでも，低次の質感知覚特性を反映していると思われる「音の鋭さ」「音の響き」「音の澄み具合」は値が高かった．また，視覚と同様に「新しさ」の判断も比較的値が高かった．触覚においては，「滑らかさ」が最も実験参加者間相関が高く，次に視覚の形容詞と思われる「光沢感」が続いた．このことは，ざらざらした表面がマットで，滑らかな表面が光沢があると実験参加者が連想したことを示唆しているかもしれない．続いて「新しさ」の判断が続いた．

　このようにどの感覚モダリティにおいても，感性的質感形容詞の中では「新しさ」の実験参加者間相関が比較的高くなったが，重回帰分析の結果から，視覚では「表面の明るさ」，聴覚では「音の鋭さ」，触覚では「滑らかさ」がそれ

248 ■ 第4章　生活の中の質感（衣・食・住）

ぞれ「新しさ」の評価に貢献していることが示された．

　なお，「表面の明るさ」以外の視覚の知覚的質感形容詞の実験参加者間相関があまり高くなかったことから，この結果が木材に特有なのか，他の天然材料に一般化できるのかを調べるため，木と同じく天然素材である石を用いた追加実験が行われた．その結果，木と石ではパターンが異なり，石の場合は「光沢」と「表面の明るさ」の両方の値が高くなるが，木の場合は「表面の明るさ」の値が突出して高くなることが示された．この結果は，多孔性物質であり光の反射が小さいという木材の性質によるものと考えられる．

　ここで紹介した研究は心理量と心理量の対応関係を見たものであり，物理量との対応関係が見られているわけではない．今後，たとえば平均輝度，輝度ヒストグラム，ラフネス，シャープネス，摩擦係数，接触冷温感などの物理量と知覚的質感，感性的質感の対応関係を調べることで，より実用的な知見を得ることができるだろう．

　なお，無垢材と加工品と偽物について，どの程度実験参加者が区別できていたのかを見るために行われた樹種についての因子分析の結果からは，視覚では無垢と加工品と偽物が分かれる傾向があり，聴覚では無垢とそれ以外が分かれる傾向があり，触覚では偽物とそれ以外が分かれる傾向が示された．このことは，実験参加者が直接「本物らしさ」の判断を求められると答えられなくても，潜在的には「無垢」「加工」「偽物」を区別する手がかりを使えていたということを示唆している．

▪ 4-6-2　木の質感知覚と感覚間協応

　Kanaya ら（2016）は，Fujisaki ら（2015）の一部データセットを使用して，木材の質感評価における視覚，聴覚，触覚の間での感覚的な協応を調べている．分析の結果，感覚モダリティの組み合わせによって結果が異なり，聴覚と触覚には正の相関がみられ，視覚と触覚にも部分的に正の相関がみられたが，視覚と聴覚では有意な相関が見られなかったことが示された．

　この結果は，我々が環境において，たとえば木製のテーブルをさわったり叩いたり，木製の床を歩いたりして，視覚，聴覚，触覚の共起を経験していく中で，「叩いてその音を聴く（触覚と聴覚の共起）」とか，「見ながら触る（視覚

と触覚の共起）」というような，能動的，探索的な経験にもとづいた統計的な学習が，「見ながら聴く（視覚と聴覚の共起）」という視覚と聴覚の組み合わせの学習よりも多く起きていることを示唆しているのかもしれない．触覚は物体が身体に触れていないと感じることができないため，環境との相互作用において，触覚と他の感覚との組み合わせの学習がより頻繁に起こりやすい可能性がある．

（藤崎和香）

4-7　皮革の質感

　皮革は紀元前から人類が活用している素材であり，寒さや衝撃から身を守るための衣服として，また，巻物や羊皮紙といった書き物としても用いられてきた．そして現在では，皮革は衣服だけでなく家具，装飾品，鞄，靴といった幅広い製品に用いられており，我々の生活において欠かせない存在となっている．しかし，このように皮革が遥か昔からさまざまな用途で用いられてきたのは，防寒性や耐衝撃性といった機能面だけでなく，皮革の滑らかで，しなやかで，しっとりとして，独特な香りがあり，時間が経つにつれて馴染んでいく様子，つまり皮革の質感に人々が魅了されてきたからではないだろうか？

　本節では，皮革に関連して 1. 皮革の構造，2. 人工皮革，3. 皮革の質感を対象とした最近の研究，について紹介する．

▪ 4-7-1　皮革の構造

　皮革製品として我々が日々使っている「革」は，動物の「皮」に対して塩漬けや洗浄，毛の除去といった準備工程，なめし工程，染色・加脂工程，仕上げ工程といった加工プロセスを経て製造される．図 4-7-1 は，加工前の牛皮と加工後の牛革構造の断面図である．革として利用されるのは，皮の構造のうち真皮の部分である．特に，銀面上の毛穴の大きさや形，配列，シワは動物の種類や部位によって異なり，それらの特徴によってシボやムラが形成されることで

250 ▪ 第 4 章　生活の中の質感（衣・食・住）

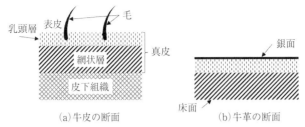

図 4-7-1 牛の皮革構造断面図

図において,「表皮」は一番外側の部分であり,なめして革にする際は石灰漬け工程で取り除かれる.「網状層」はコラーゲンからなる細かい繊維が合流したもの.「乳頭層」はコラーゲン繊維束が緻密に絡み合った部分.「網状層」と「乳頭層」は合わせて「真皮」とよばれている.「皮下組織」は網状層とその下の筋膜とをつなぐ結合組織の部分.「銀面」は毛や表皮を除去した真皮の表面を指し,革の商品価値に大きく影響する.

皮革の質感に影響を与えている(Watanabe et al., 2020).

4-7-2 人工皮革

近年,動物由来の革(以降,天然皮革)の代わりに,ポリウレタン樹脂や不織布によって製造された人工皮革[*1]が用いられる例が増えてきている.具体的な例としては,adidas 社が販売しているスニーカー「Stan Smith」は 2021 年から順次従来の天然皮革からリサイクル素材によって製造された人工皮革製のものに替わっている[*2].また,キノコの根やパイナップル,リンゴの皮,サボテンを加工した植物由来の人工皮革(ヴィーガンレザー)を使った衣服や鞄も販売されている(図 4-7-2,口絵も参照).さらに,自動車業界でもシートやドアトリムに天然皮革を使用することを廃止し,ヴィーガンレザーを用いる例が増えている.代替の動きが活発化している理由としては以下が挙げられる.

(1) 動物愛護の観点

天然皮革の多くは食肉用として飼育された動物の副産物として製造される

[*1] 基材の種類によって合成皮革や総称してフェイクレザーと呼ばれていたりもするが,ここでは人工皮革に統一する.
[*2] 2022 年からは天然皮革を用いた「Stan Smith Lux」を「Stan Smith」よりも高価な価格帯で販売している.

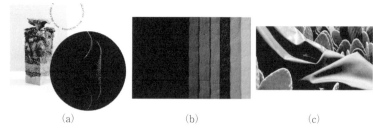

図 4-7-2 代表的な植物由来の人工皮革（ヴィーガンレザー）
(a) キノコ根由来のレザー MYLO：https://mylo-unleather.com/ (b) パイナップル皮由来のレザー Piñatex：https://www.ananas-anam.com/ (c) サボテン由来のレザー Desserto：https://desserto.com.mx/home

が，飼育環境や動物虐待なども含めて動物愛護団体や一部の消費者からの批判が高まっている．人工皮革やヴィーガンレザーは，動物愛護に配慮した製品として支持されている（Plannthin, 2016; Choi & Lee, 2017）.

(2) 環境への配慮

皮を革にするプロセスには多量の水や化学物質が必要であり，大量の廃棄物や環境汚染が生じている．天然皮革側の対策として，天然成分の植物タンニンによるなめし技術や廃棄物処理が管理された工場で製造され，臭気や化学物質などに関する一定の基準を満たした「エコレザー」などがある（Dixit et al., 2015; 杉田, 2019; Kanagaraj et al., 2015）.

(3) コストの低減

天然皮革は加工に手間とコストがかかる．人工皮革は，大量生産が可能なことから低価格で提供することができる（Liu et al., 2023）.

上記のような理由から人工皮革やヴィーガンレザーに注目が集まっているが，天然皮革がもつ高級感やエイジングによって味が出てくる様は依然として消費者に人気が高く，人工皮革やヴィーガンレザーが上記質感も再現できるようになると，より幅広い層にとって魅力的な素材になると考えられる．

4-7-3 皮革の質感を対象とした最近の研究

これまで述べてきたように，天然皮革に替わって人工皮革やヴィーガンレザーを用いた製品が増加している．基本的に，それらは代替品であるため構造や

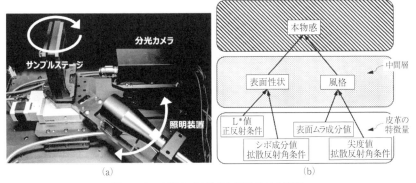

図 4-7-3 皮革の「本物感」知覚モデル構築
(a) 皮革表面を計測するためのゴニオフォトメーター．(b) 構築された A グループの「本物感」知覚モデル（Watanabe ほか，2020 を改変）．

表面を天然皮革に似せて製造されるが，その実際の質感は天然皮革と異なっている場合が多い．これは，「天然皮革らしさ」がそもそもどのような質感によって構成され，さらにその質感がどのような物理特性と関連しているのか，が科学的に明らかになっていないためである．天然皮革のような質感をもつ人工皮革を製造するには，皮革に対する人の知覚メカニズムを明らかにする必要がある．

Watanabe ら（2020）は，人が知覚する，「天然皮革らしさ」を「本物感」と定義し，視覚における「本物感」の知覚モデル構築に関する研究を行った．Watanabe らはまず，皮革の物理・心理物理的な特徴（例：シボ，表面ムラ，色，光沢度）から高次な「本物感」を知覚する間には，低次な質感による中間層（例：凹凸感，光沢感）があると仮定し，階層的なモデル構築を検討した．

皮革の物理・心理物理的な特徴を計測するために，多角度に皮革表面を計測できるゴニオフォトメーターを構築した（図 4-7-3(a)）．装置はカメラ，照明装置，サンプルホルダー，照明装置とサンプルホルダーを回転させる回転ステージで構成されており，さまざまな角度条件で皮革表面を計測できる．カメラは，皮革表面の色とテクスチャを計測するために分光カメラと一眼レフカメラとを使い分けている．本装置を用いて，多角度条件における皮革の $L^*a^*b^*$ 値や画像統計量，空間周波数特性から算出したムラやシボに対応した値，といった

計58特徴量を天然・人工皮革で構成される皮革サンプルから取得した.

　仮説で設定した潜在的な中間層を推定するために,皮革サンプルを用いた官能評価実験を行った.実験は,皮革が好きで日頃から皮革製品を観察する機会が多い被験者AグループとそうではないBグループに対して実施し,皮革を観察しながら想起する質感やオノマトペなどの形容語を収集した後,それらの類似度評価やクラスタリング,因子分析といった複数の解析を用いて各グループにおける中間層を推定した[*3, *4].その結果,Aグループでは「表面性状」と「風格」,Bグループでは「漆黒感」と「堅牢感」が推定された.

　最後に,画像特徴量と中間層を用いて「本物感」の知覚モデル構築を試みた.その結果,Aグループではモデルが構築でき(図4-7-3(b)),Bグループではグループ内における「本物感」評価に一貫性が確認できなかったため,モデルを構築することができなかった.このことから,日頃から皮革を観察していく中で「本物感」の共通評価軸が暗黙知として形成されていくことが予測された.

　また,標準化されたそれぞれの係数の大きさから,シェード(正反射光の影響を受けない角度)条件のシボ成分およびハイライト条件(正反射近傍の角度)からシェード条件にかけての表面ムラ成分が特に「本物感」知覚へ影響を与えていることがわかった.Aグループで構築したモデルに対しては,追加で未知の皮革サンプルセットを用いた検証実験も行い,モデルの再現性が確認された.

　この研究の成果を拡張させ,Watanabeらは同じ中間層を用いて「本物感」だけでなく,「高級感」や「味」といった皮革にとって重要な他の質感の知覚モデルも構築可能であること(Watanabe et al., 2021a),「本物感」を強調・抑制する画像編集技術の提案(Watanabe & Horiuchi, 2020),視触覚条件において,日頃皮革製品と接する機会の少ない被験者(上のBグループ)の知覚にクロスモーダル現象,つまり異なる感覚の相互作用によって「本物感」知覚が形成される(Watanabe et al., 2021b),といった研究結果も報告している.

---

*3　Watanabeらは,天然皮革および人工皮革でできた皮革製品を実際に購入し,利用する人々の知覚を明らかにしたかったため,被験者は一般人を対象としている.

*4　皮革サンプルは,専用の治具によって湾曲された状態で被験者に提示された.そのため,被験者は定位置からさまざまな角度条件のサンプル表面を観察することができた.

本節では，皮革の質感に関連して皮革の構造，人工皮革，皮革の「本物感」研究について紹介した．しかし，皮革の質感に関しては依然としてわかっていないことが多い．そもそも皮革の主要な質感は何次元で表現できるのか？　「本物感」の共通評価軸はどのタイミングで形成されるのか？　文化的違いや天然皮革の種類によって質感知覚は変化するのか？　が今後特に取り組んでいくべき課題であると考える．

（渡辺修平）

4-8　化粧品の質感

化粧品の役割は，ヒトの身体を清潔に，健やかに，さらには美しくすることとされている．それではヒトが「美しい」とはどういうことなのだろうか？美人の条件については古くから多くの研究がなされ，議論されてきたが，現在最も広く知られているものの1つに「平均顔仮説」がある（三浦・河原，2019）．進化論を提唱したダーウィンのいとこでもあった Galton は，写真を印画紙に焼き付けるときに重ねて焼くという方法を利用して複数の顔を重ねた写真を作り出した．すると，個々人の独特の顔の特徴は消えていき，多くのヒトが共通してもっている特徴が強調された「平均的な顔」が出来上がった．このとき，平均的になればなるほど顔は魅力的になり，いわゆる美人・ハンサムになったというのだ．

顔の魅力を高めるには，皮膚のテクスチャがすべすべであることも重要であることが指摘されている．Little らは（A）個々人の顔，（B）12人のヒトの顔の形状とテクスチャを合成した平均顔，（C）顔の形状はそのままで皮膚のテクスチャのみを合成した平均顔，（D）テクスチャは元のままで形状のみを合成した平均顔の4つのパターンを比較して，顔の魅力にとって肌がすべすべであることはそれぞれのパーツの配置と同じくらい重要であることを示したのだ（Little & Hancock, 2002）.

ヒトは皮膚のテクスチャを眼で見，指で触って確認する．つまり，視覚およ

び触覚を通して得られた情報にもとづいて皮膚の状態を判断し，「すべすべ」「ざらざら」等の質感を認識，「美しさ」を感じているのだ（3-6節参照）．そのため，皮膚の光学特性と摩擦をはじめとする力学特性に着目しながら化粧品が設計・開発されてきた．そこで本節では，どのようにしてヒト皮膚の光学特性にもとづいて透明感にあふれた美しいメイクアップ化粧料が開発されてきたか，潤いにみちた皮膚を築くスキンケアテクノロジーの効果がどのように認識されているのか，1つ1つ紹介する．

■ 4-8-1　視覚——化粧品の光学特性と質感

皮膚や毛髪は半透明な媒体で，その表面だけで反射が起こるわけではない．皮膚や毛髪に入射した光は，一部は表面で反射されるが，多くは内部に進入し，細胞膜や細胞内組織で散乱されながら伝播していく．この複雑な散乱特性を理解し再現することが難しかったため，自然で美しく，時に華やかなメイクアップを実現することが難しかったのだ．

ただ，この数十年間の地道な取り組みによって，皮膚や毛髪において起こる光学的な現象が少しずつ理解されるようになってきた．たとえば，ヒト皮膚の可視および近赤外領域の拡散反射スペクトルが光ファイバープローブを用いて *in vivo* 測定され，皮膚における光拡散の解析モデルを用いて解析された結果，ヘモグロビンとメラニンの含有量に関する定量的情報と，皮膚の散乱特性に関する基本情報を得ることが可能であることが示されており，皮膚における光の多重散乱モデルが妥当なものであることが示されている（Zonios et al., 2001）．この皮膚の光散乱の特性はなかなか複雑で，たとえば拡散反射率測定において得られる低減散乱係数[*1]は，光の伝播する方向によって異なること，この異方性は真皮に存在するコラーゲン繊維の配向によるものであることがモンテカ

[*1]　皮膚に入射した光は，ヘモグロビン・メラニン等の色素に吸収されながら細胞膜や細胞内組織によって繰り返し散乱されるため，その散乱強度は徐々に減衰していく．この時の低減散乱係数 μ_s' は

$$\mu_s' = K\left(\frac{n_1 - n_0}{n_0}\right)^2$$

で示される．ここで，n_1 および n_0 は粒子と媒質の屈折率，K は粒径，光の波長，粒子の密度に関係する比例定数とされている（Maier et al., 1994）．

256 ■ 第4章　生活の中の質感（衣・食・住）

ルロシミュレーションによって示されている（Nickell et al., 2000）.

　ヒトの毛髪の質感が何によって決まっているかを理解することもなかなか難しい問題といえる．毛髪はケラチンタンパクを主成分とする繊維状の複合組織で，鱗状の細胞のキューティクル，より細い繊維の集合体であるコルテックスおよび多孔性組織であるメデュラからなっており，皮膚と同じようにその内部で複雑な散乱現象が起こっていることが予想される．さらに最近では，さまざまな実験やシミュレーションによって毛髪の表面・断面の形状，メデュラ中の細孔さらには毛髪の繊維間で起こる多重散乱現象によって毛髪のツヤやブロンズのテクスチャが変化することがわかってきている（Moon & Marschner, 2006; Nagase, 2019）.

　メイクアップ化粧料の商品開発の現場では，美しいすべすべ肌の質感を人工的に再現するために，さまざまな取り組みがなされてきた．その結果，自然で滑らかな質感を保ちつつ，しみ・ソバカスをきちんと隠し，時に鮮やかな色彩を演出するナチュラルメイクが可能になった．この美しい仕上がりを実現するためのカギとなった1つ目のテクノロジーが，粒径が数十〜数百 nm の顔料を水やオイルの中に均一に分散する「ナノ粒子分散技術」であった.

　顔料の発色は粒子の大きさとその分散の程度によって決まることが知られており，化粧品には酸化チタン・酸化亜鉛などの白色の顔料と酸化鉄・有機顔料などの着色顔料，マイカ・シリカ・樹脂粒子などの体質顔料が組み合わされて配合されているが，これらの粒子が凝集することなく，きれいに分散していることが望ましいとされている．顔料が凝集していると，発色が悪くなってしまって着色の効率が悪いだけでなく，仕上がりが厚ぼったくなったり，リキッドやクリームが増粘して，どろどろになってしまい，きれいなメイクに仕上げることが難しくなってしまうのだ．そこで，顔料の表面の親水性／親油性をコントロールする表面処理の技術や固体表面に吸着して分散性を高める両親媒性高分子が開発され，実用化された（田中，2006; Nasu & Otsubo, 2006）.

　2つ目のテクノロジーは，「ソフトフォーカステクノロジー」である．一般に，しみ・ソバカスなどを見えづらくするためには二酸化チタンをはじめとする屈折率の高い顔料を配合して皮膚を隠蔽するものだが，しわや毛穴などの形状に関するトラブルをこれらの顔料で隠そうとすると，時間の経過とともに表情筋

の動きによってメイクが崩れて逆にトラブルが目立ってしまったりする．そこで開発されたのが，中〜低屈折率の粉体で皮膚を覆って光を散乱させ，わざとピンボケの写真を撮影するような塩梅で，しわや毛穴を見えにくくするテクノロジーであった．中村らは数 μm の板状粉体の体質顔料であるタルクの表面を球状のアクリル樹脂で被覆した複合粒子を開発し，これをメイクアップ化粧料に配合することでこのソフトフォーカス技術を実現したのだ（中村ほか，1987）．また，硫酸バリウムの粒子形状をはばたく蝶のようなバタフライ状に制御したり，ミクロンオーダーの球状粒子の周りにそれよりも 1 桁小さいサイズの粒子を吸着させたオーダードミクスチャを配合して，明るい皮丘部分における光の反射を抑え，しわや毛穴の明度を上げることで皮膚の形態的なトラブルを自然に隠すことが可能になった（樫本，2004）．

最後に「パール顔料テクノロジー」を紹介する．真珠や蝶の羽根の発色は，鮮やかな中にも透明感が高く，独特の質感といえるが，これは表面の規則的な構造によって光の干渉現象が起き，特定の波長の光が強められたためとされている．この生物界で古くから起こっている発色現象を人工的に再現したのがパール顔料なのだ．

干渉現象によって鮮やかな発色が起こるためには，光の波長と同じスケールできれいな規則正しい構造が構築されていることが求められる．そこで，化粧品をはじめとする産業の分野で用いられるパール顔料は，多くの場合マイカのような原子レベルで平滑な表面を酸化チタンなどの高屈折率の薄膜で被覆することによって調製される．この薄膜の厚さをコントロールすることで，赤，黄，緑，青などのさまざまな色味を作り出すことが可能になったのだ（木村・鈴木，1989）．また，マイカの表面を酸化鉄などの特定の波長の光を吸収する無機物の薄膜で被覆し，さらにその上を酸化チタンで覆った多層型パール顔料はより鮮やかな発色を示すことが報告されており，化粧品のみならず，さまざまな分野で利用されている（Shiomi et al., 2008）．

■ 4-8-2　触覚──化粧品の摩擦特性と質感

クリームやローションでケアをした皮膚のもちもち・さらさらした感触……．ヒトはそんな力学的な刺激からも皮膚のすべすべした質感を感じている．それ

では，そもそもヒト皮膚の手触りにはどんな特徴があるのだろうか？　白土ら
はシリコーンエラストマーの表面を薄いウレタンフィルムで被覆して，ヒト皮
膚表面に特有のキメを模倣した凸凹を刻んだ人工皮膚を調製し，その手触りと
物理的特性の関係を解析した（白土ほか，2007）．その結果，ヒト皮膚はしっ
とり・滑らか・やわらかく，これらの触感は摩擦・弾性率に加えて表面の凸凹
によってコントロールできることが確認された．

　それでは，スキンケアによって皮膚がもちもち・さらさらした質感に変化す
るのはなぜなのだろうか？　実は，保湿剤を塗布すると皮膚の摩擦係数が一気
に大きくなること，そしてこの変化は皮膚の最表面の角層が膨潤してやわらか
くなることが原因であることが報告されている（Adams et al., 2007）．筆者ら
の研究室でも，多くの化粧品に配合される保湿成分であるグリセリンの水溶液
を皮膚に塗ると，皮膚と接触子との間の接着力が強まって「スティックパター
ン」という一気に抵抗力が大きくなる力学応答が現れることを見いだしており，
この特徴的なプロファイルがスキンケアをした皮膚のもちもちした質感につな
がっているのではないかと推察している（Sakata et al., 2022）．

　また，皮膚や毛髪にメイクをした時にしばしば聞かれるしっとり感という感
覚がどのような物理現象によって喚起されるのか，検討した．しっとりという
言葉はやや水分を含んで湿っているさま，と定義されるが，実際には水分をほ
とんど含んでいない素材に触れたときにも感じ取られる不思議な感覚でもある．
筆者らは疎水化処理を施したセリサイトという粘土鉱物やラウロイルリシンと
いう板状の粉体の手触りと物性の関係を解析し，しっとり感は滑らか感と湿潤
感が組み合わさった複合的な感覚であること，滑らか感は摩擦抵抗の平均値が
低いほど，湿潤感は滑り始め過程において摩擦抵抗が一気に大きくなる静摩擦
とその後の動摩擦のギャップが大きいほど強まることを示した（Kikegawa et
al., 2019）．

▪ 4-8-3　結びに

　皮膚の物理的な特性と視覚・触覚によって認知される質感に関する基本的な
研究成果にもとづいて，スキンケア・メイクアップ化粧料に用いられる材料と
テクノロジーを紹介した．化粧品によって演出される華やかかつ鮮やかな世界

には，それを支える質感の科学とマテリアルのテクノロジーがあることをご理解いただければ幸いである．

(野々村美宗)

4-9　高齢者の質感

■ 4-9-1　加齢と感覚機能

　質感は触覚，視覚，聴覚，嗅覚，味覚など複数の感覚様式からとらえることができ，各感覚様式による質感は学習により統合される．統合された質感の意味記憶を使うことにより，1つの感覚様式の質感情報をもとに，対象が何であるか，どんな状態であるかを知ることができる．高齢者は長年かけて多くの多感覚性の質感を獲得しており，特に熟練者での質感認知能力には目をみはるものがある（中内，2016）．

　一方，各感覚の受容は加齢により感覚器から脳にいたるさまざまなレベルで低下してくる．視覚であれば，水晶体，網膜から大脳の一次視覚野，視覚連合野までの各段階で，加齢による機能低下が生じる．たとえば，白内障，緑内障などは高齢者で頻度が高く，そのために視力，コントラスト感度，色覚等が低下すれば，視覚性質感認知にも影響しうる．聴覚では，加齢性難聴が65歳以降に増加し，80歳以上では男性84%，女性73%にみられる（内田ほか，2012）．純音聴力だけでなく，語音認知や時間分解能の低下も指摘されている．触覚も高齢者で低下し（Kalisch et al., 2012），能動的に対象に触れるアクティブ・タッチが低下すること（Wolpe et al., 2016）も，触覚性の質感認知に影響する．嗅覚（Hummel et al., 2017），味覚（Mojet et al., 2003）でも，加齢による機能低下が報告されている．

　このように高齢者の質感認知を検討する際には，基本的な感覚機能の低下を考慮する必要がある．

260 ■ 第4章　生活の中の質感（衣・食・住）

▪ 4-9-2 高齢者の質感認知

　高齢者の質感認知機能そのものに関する研究は少ないが，基本的な感覚機能の低下を考慮したうえでも，それだけでは説明のつかない加齢による高次の質感認知の変化が認められる．

　まず，視覚性質感認知に関しては，若年に比べ，高齢者で実物および画像の素材同定が有意に低下しているとする報告がある（伊関ほか，2021）．また，アクティブ・タッチで素材を同定する触覚性質感認知に関しても高齢者は若年者より有意に低下していたが，大脳の皮質性感覚機能の指標である2点弁別能との間に関連は認められなかった（伊関ほか，2021）．触覚による表面の肌理の弁別課題では，高齢者は若年者より成績が有意に低下していた（Skedung et al., 2018）．この課題の成績と指の皮膚の摩擦係数・水分・弾力とは関連しており，高齢者でも肌を潤すことにより肌理の質感認知能力は向上した．抽象的な形をアクティブ・タッチでとらえて視覚的な形と照合する機能も，高齢者で若年者より低いと報告されている（Kalisch et al., 2012）．触覚性質感認知と触覚性形態認知は，対象の性状をアクティブ・タッチで認識する点が共通しており，このような機能は加齢によって低下することが示唆される．

　嗅覚の質感認知ともいえる匂いの同定検査では，70歳以上で成績が低下していた（Sorokowska et al., 2015）．しかし，匂いの種類によって異なり，魚，ニンニク，テレビン油など不快を感じやすい匂いでは若年者との差がなかったとする報告もある（Konstantinidis et al., 2006）．

　近年，食物の硬さ，凝集性などの食質感と高齢者の摂食量の関係や，高齢者を取り巻く道具や環境の質感と生活の質の関連を模索する研究がみられる．これらの研究では，基本的な感覚・運動機能と質感認知機能が区別されておらず，効果判定も栄養状態や介護者による全般的な観察などが中心であり，高齢者の質感認知と実生活の関連について明確な結論を出すにはいたっていない．たとえば，食物の性状による食質感が高齢者の食に与える影響を検討するには，咀嚼機能や味覚・嗅覚機能も考慮しながら，より客観的な指標を用いて検討する必要があるだろう．環境における複合的な質感がどのように高齢者の認知や行動に影響するかは，今後検討すべき課題と思われる．

▪ 4-9-3　軽度認知障害・認知症の質感認知

　加齢は認知症の最大の危険因子で，超高齢社会の日本では 2040 年に認知症者が約 584 万人と推計されている．認知機能低下のために社会生活に支障のある認知症と，その前段階ともいわれる軽度認知障害では，質感認知の障害がみられることがある．

　神経変性疾患による認知症として最も多いアルツハイマー型認知症，およびレビー小体型認知症を対象とした研究では，素材同定課題を用いた視覚性質感認知が健常高齢者に比べ低下していることが明らかになった（Oishi et al., 2018）．特にレビー小体型認知症では，全般的な認知機能低下がごく軽度の段階から画像の質感認知が低下することがわかった（図 4-9-1）．さらに，ガウシアンフィルタで視覚対象の質感を低減した条件で対象認知を行わせると，レビー小体型認知症では健常高齢者より有意に成績が不良であった（Oishi et al., 2020）．質感を低減させたうえで，見慣れない視点から対象を見せると，アルツハイマー型認知症においても対象認知の成績が健常高齢者に比べ低下していた．ヒトの視覚性質感認知には視覚の腹側路が関与している（1-4 節参照）．レビー小体型認知症やアルツハイマー型認知症では視覚腹側路を含む領域に機能低下が生じることが知られており，質感認知の低下を引き起こしていると考えられる．

　視覚性質感認知の低下は，レビー小体型認知症に特徴的な症候の 1 つである視覚性誤認（パレイドリア）にも関与する可能性がある．パレイドリアとは意味のない視覚対象を顔や動物の姿などに見誤る現象をさす．風景パレイドリアテストはガウシアンフィルタをかけた風景画像を見せ，何が見えるかを問う課題である．レビー小体型認知症ではこの課題でパレイドリアが高頻度に誘発され，アルツハイマー型認知症との鑑別に有用とされている（Uchiyama et al., 2012）．また，レビー小体型認知症において視覚性質感認知と対象認知の成績には正の相関がみられ，質感認知低下が視覚性の対象認知に関連していることが示唆される（Oishi et al., 2020）．このように，レビー小体型認知症では視覚的に質感を十分にとらえられないことが，パレイドリア出現の一因となっている可能性がある．

　触覚性質感認知について神経疾患での詳細な検討は数少ない．パーキンソン

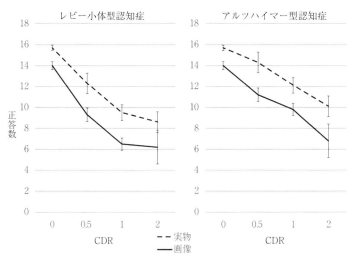

図4-9-1 レビー小体型認知症（DLB）およびアルツハイマー型認知症（AD）における視覚性質感認知（素材同定）
CDR: Clinical Dementia Rating. 0: 正常, 0.5: 軽度認知障害, 1: 軽度認知症, 2: 中等度認知症（Oishi et al., 2018をもとに作成）.

病において，触覚性に粗密を弁別する能力の低下が報告されている（Sathian et al., 1997）．また，軽度認知障害を呈するパーキンソン病患者では，2点弁別能に明らかな低下がなくても，触覚性質感認知（素材同定）機能に障害が認められた（親富祖ほか，2020）．この患者群では視覚性素材同定も低下していたことから，視覚性質感認知と触覚性質感認知が関連している可能性がある．

嗅覚による対象認知は，パーキンソン病，レビー小体型認知症，アルツハイマー型認知症において，病初期から障害されることが知られている（Baba et al., 2012）．嗅覚による対象認知の障害は自覚されないことも多いが，食行動や危険回避行動の障害につながるため，日常生活への影響は大きい．

以上のように，軽度認知障害や認知症における質感認知機能の変化は徐々に明らかになってきたが，それがどのような行動変容に結びつくのかはまだわかっていない．認知症の介護においては，質感も考慮しながら個々人に適した環境を作ることが重要だとされている（Ludden et al., 2019）．認知症者の質感認知の変化が生活の質にも影響しうることを考えると，質感を創り出すさまざま

な技術を応用して質感環境を整え，認知症者の生活の質の改善や症状の軽減につなげていくことが期待される．

（鈴木匡子）

第4章　文献

欧　文

Adams MJ, Briscoe BJ and Johnson SA（2007）Friction and lubrication of human skin, *Tribol Lett* **26**: 239-253.

Amano S, Narumi T, Kobayakawa T *et al.*（2022）Odor-induced taste enhancement is specific to naturally occurring temporal order and the respiration phase, *Multisens Res* **35**(7-8): 537-554.

Ashikhmin M, Premoze S and Shirley P（2000）A microfacet-based BRDF generator, *Proc. SIGGRAPH2000*, 65-74.

Baba T, Kikuchi A, Hirayama K *et al.*（2012）Severe olfactory dysfunction is a prodromal symptom of dementia associated with Parkinson's disease: a 3year longitudinal study, *Brain* **135**: 161-169.

Baraff D and Witkin A（1998）Large steps in cloth simulation, *Proc SIGGRAPH1998*: 43-54.

Binns H（1926）The discrimination of wool fabrics by the sense of touch, *Br J Psychol* **16**(3): 237.

Choi YH and Lee KH（2017）Ethical consumers' awareness of vegan materials: Focused on fake fur and fake leather, *Sustainability* **13**(1): 436.

Dixit S, Yadav A, Dwivedi P *et al.*（2015）Toxic hazards of leather industry and technologies to combat threat: A review, *J Cleaner Prod* **87**: 39-49.

Etzi R, Spence C and Gallace A（2014）Textures that we like to touch: An experimental study of aesthetic preferences for tactile stimuli, *Conscious Cogn* **29**: 178-188.

Filip J and Haindl M（2009）Bidirectional texture function modeling: A state of the art survey, *IEEE Trans PAMI* **31**(11): 1921-1940.

Fujisaki W, Tokita M and Kariya K（2015）Perception of the material properties of wood based on vision, audition, and touch, the special issue on perception of material properties, *Vis Res* **109**: 185-200.

Gatys LA, Ecker AS and Bethge M（2016）Image style transfer using convolutional neural networks, *Proc 2016 IEEE CVPR*: 2414-2423.

Guest S and Spence C（2003）Tactile dominance in speeded discrimination of textures, *Exp Brain Res* **150**: 201-207.

Guo Y, Smith C, Hašan M *et al.*（2020）MaterialGAN: Reflectance capture using a generative SVBRDF model, *ACM TOG* **39**(6): 1-13.

Hummel T, Whitcroft KL, Andrews P *et al.*（2017）Position paper on olfactory dysfunction, *Rhinology, suppl* **25**: 1-30.

Jaeger SR, Lee SM, Kim KO *et al.*（2017）Measurement of product emotions using emoji surveys: Case studies with tasted foods and beverages, *Food Qual Prefer* **62**: 46-59.

Kalisch T, Kattenstroth J-C, Kowalewski R *et al.*（2012）Cognitive and tactile factors affecting human haptic performance in later life. *PLoS One* **7**: e30420.

Kanagaraj J, Senthilvelan T, Panda C *et al.*（2015）Eco-friendly waste management strategies for greener environment towards sustainable development in leather industry: A comprehensive review, *J Clean Prod* **89**: 1-17.

■ 265

Kanaya S, Kariya K and Fujisaki W (2016) Cross-modal correspondence between vision, audition, and touch in natural objects: An investigation of the perceptual properties of wood, *Perception* **45**(10): 1099-1114.

Karagoz HF, Baykal G, Eksi IA *et al.* (2023) Textile pattern generation using diffusion models, *Proc ITFC2023*.

Kikegawa K, Kuhara R, Kwon J *et al.* (2019) Physical origin of a complicated tactile sensation: 'shittori feel', *R Soc Open Sci* **6**: 190039.

Konstantinidis I, Hummel T and Larsson M (2006) Identification of unpleasant odors is independent of age, *Arch Clin Neuropsychol* **21**: 615-621.

Little AC and Hancock PJB (2002) The role of masculinity and distinctiveness in judgments of human male facial attractiveness, *Br J Psychol* **93**: 451-464.

Liu J, Recupido F, Lama C *et al.* (2023) Recent advances concerning polyurethane in leather applications: An overview of conventional and greener solutions, *Collagen & Leather* **5**: 1-15.

Ludden GDS, van Rompay TJK, Niedderer K *et al.* (2019) Environmental design for dementia care—Towards more meaningful experiences through design. *Maturitas* **128**: 10-16.

Maier JS, Walker SA, Fantini S *et al.* (1994) Possible correlation between blood glucose concentration and the reduced scattering coefficient of tissues in the near infrared, *Opt Lett* **19**: 2062-2064.

Mojet J, Heidema J and Christ-Hazelhof E (2003) Taste perception with age: generic or specific losses in supra-threshold intensities of five taste qualities? *Chem Senses* **28**: 397-413.

Montazeri Z, Xiao C, Fei Y *et al.* (2021) Mechanics-aware modeling of cloth appearance, *IEEE TVCG* **27**(1): 137-150.

Moon JT and Marschner SR (2006) Simulating multiple scattering in hair using a photon mapping approach, *ACM Trans Graphics* **25**: 1067-1074.

Morrot G, Brochet F and Dubourdieu D (2001) The color of odors, *Brain Lang* **79**(2): 309-320.

Murakoshi T, Masuda T, Utsumi K *et al.* (2013) Glossiness and perishable food quality: Visual freshness judgment of fish eyes based on luminance distribution, *PLoS One* **8**(3): e58994.

Nagase S (2019) Hair structures affecting hair appearance, *Cosmetics* **6**: 43.

Nakano K, Horita D, Sakata N *et al.* (2019) Enchanting your noodles: GAN-based real-time food-to-food translation and its impact on vision-induced gustatory manipulation, In *2019 IEEE Conference on Virtual Reality and 3D User Interfaces* (*VR*): 1096-1097.

Nasu A and Otsubo Y (2006) Rheology and UV protection properties of suspensions of fine titanium dioxides in a silicone oil, *J. Colloid Interface Sci* **296**: 558-564.

Nickell S, Hermann M, Essenpreis M *et al.* (2000) Anisotropy of light propagation in human skin, *Phys Med Biol* **45**: 2873-2886.

Nishiwaki Y, Wakita W and Tanaka HT (2014) Real-time anisotropic reflectance rendering of noh-costume with bonfire flickering effect, *ITE Trans Media Tech* **2**(3): 217-224.

Ohsu T, Amino Y, Nagasaki H *et al.* (2010) Involvement of the calcium-sensing receptor in human taste perception, *J Biol Chem* **285**(2): 1016-1022.

Oishi Y, Imamura T, Shimomura T *et al.* (2018) Visual texture agnosia in dementia with Lewy bodies and Alzheimer's disease, *Cortex* **103**: 277-290.

Oishi Y, Imamura T, Shimomura T *et al.* (2020) Visual texture agnosia influences object identification in dementia with Lewy bodies and Alzheimer's disease, *Cortex* **129**: 23-32.

Oka Y, Butnaru M, von Buchholtz L *et al.* (2013) High salt recruits aversive taste pathways, *Nature* **494**(7438): 472-475.

Osgouei RH, Kim JR and Choi S (2020) Data-driven texture modeling and rendering on electrovibration display, *IEEE Trans Haptics* **13**(2): 298-311.

Patrício A (2019). The immutability of the core construction of a chair: The building techniques from ancient Egypt to contemporaneity. In: Lopes H, Almeida I and Maria de Fátima Rosa (eds.) *Antiquity and Its Reception—Modern Expressions of the Past*, IntechOpen.

Peirce FT (1930) The "Handle" of cloth as a measurable quantity, *J Text Inst* **21**: T377-T416.

Plannthin D (2016) Animal ethics and welfare in the fashion and lifestyle industries, animal ethics and welfare in the fashion and lifestyle industries, In: Muthu S and Gardetti M (eds.) *Green Fashion, Environmental Footprints and Eco-design of Products and Processes*, 49-122, Springer.

Rodriguez-Pardo C, Domínguez-Elvira H, Pascual-Hernández D *et al.* (2023) UMat: Uncertainty-aware single image high resolution material capture, *Proc CVPR*: 5764-5774.

Ruiz C, Gutknecht S, Delay E *et al.* (2006) Detection of NaCl and KCl in TRPV1 knockout mice, *Chem Senses* **31**(9): 813-820.

Sakata Y, Mayama H and Nonomura Y (2022) Friction dynamics of moisturized human skin under non-linear motion. *Int J Cosmet Sci* **44**: 20-29.

Salgado-Montejo A, Alvarado JA, Velasco C *et al.* (2015) The sweetest thing: The influence of angularity, symmetry, and the number of elements on shape-valence and shape-taste matches, *Front Psychol* **6**, Article 1382.

Sasaki K, Yamada Y, Kuroki D *et al.* (2017) Trypophobic discomfort is spatial-frequency dependent, *Adv Cogn Psychol* **13**(3): 224-231.

Saussure, F de (1916) Nature of the linguistics sign, In: *Cours De Linguistique Générale* (Bally C and Sechehaye A, eds), McGraw Hill Education.

Sathian K, Zangaladze A, Green J *et al.* (1997) Tactile spatial acuity and roughness discrimination: impairments due to aging and Parkinson's disease, *Neurology* **49**: 168-177.

Shen H, Jiang S and Sukigara S (2017) Dependence of thermal contact properties on compression pressure, *J Fiber Sci Technol* **73**(8): 177-181.

Shiomi H, Misaki E, Adachi M *et al.* (2008) High chroma pearlescent pigments designed by optical simulation, *J Coat Technol Res* **5**: 455-464.

Skedung L, Rawadi CE, Arvidsson M *et al.* (2018) Mechanisms of tactile sensory deterioration amongst the elderly, *Sci Rep* **8**: 5303.

Soleymanian TM, Ghanbar MA and Amirshahi SH (2021) Classification of Persian carpet patterns based on quantitative aesthetic-related features. *Color Res Appl* **46**(1): 195-206.

Sorokowska A, Schriever VS, Gudziol V *et al.* (2015) Changes of olfactory abilities in relation to age: odor identification in more than 1400 people aged 4 to 80 years, *Eur Arch Oto-Rhino-L* **272**: 1937-1944.

Steiner JE (1979) Human facial expressions in response to taste and smell stimulation, *Adv Child Dev Behav* **13**: 257-295.

Steiner JE, Glaser D, Hawilo ME *et al.* (2001) Comparative expression of hedonic impact: Affective reactions to taste by human infants and other primates, *Neurosci Biobehav R* **25**(1): 53-74.

Stevenson RJ, Prescott J and Boakes RA (1999) Confusing tastes and smells: How odours can influence the perception of sweet and sour tastes, *Chem Senses* **24**(6): 627-635.

Sunda N, Tobitani K, Tani I *et al.* (2020) Impression estimation model for clothing patterns using neural style features. HCII2020, *CCIS* **1226**: 689-697, Springer, Cham.

Tatzer E, Schubert MT, Timischl W *et al.* (1985) Discrimination of taste and preference for sweet in premature babies, *Early Hum Dev* **12**(1): 23-30.

Uchiyama M, Nishio Y, Yokoi K *et al.* (2012) Pareidolias: complex visual illusions in dementia with Lewy bodies, *Brain* **135**: 2458-2469.

Ueda J, Spence C and Okajima K (2020) Effects of varying the standard deviation of the luminance on the appearance of food, flavour expectations, and taste/flavour perception, *Sci Rep* **10**(1): 16175.

Wada Y, Arce-Lopera C, Masuda T *et al.* (2010) Influence of luminance distribution on the appetizingly fresh appearance of cabbage, *Appetite* **54**(2): 363-368.

Watanabe S and Horiuchi T (2020) Image-based perceptual editing: Leather "authenticity" as a case study, *J Imaging Sci Techn* **64**(6): 060401-1-060401-10.

Watanabe S and Horiuchi T (2021a) Modeling perceptions using common impressions: Perceptual "authenticity," "luxury," and "quaintness" for leather, *Text Res J* **91**(1-2): 73-86.

Watanabe S and Horiuchi T (2021b) Perception modeling based on vision and touch: "authenticity" of leather defined through observational experience, *Text Res J* **91**(17-18): 2106-2124.

Watanabe S, Tominaga S and Horiuchi T (2020) The difference in impression between genuine and artificial leather: Quantifying the feeling of authenticity, *Journal of Perceptual Imaging* **3**(2): 020501-1-020501-11.

Wolpe N, Ingram JN, Tsvetanov KA *et al.* (2016) Ageing increases reliance on sensorimotor prediction through structural and functional differences in frontostriatal circuits, *Nat Commun* **7**: 13034.

Yasumatsu K, Iwata S, Inoue M *et al.* (2019) Fatty acid taste quality information via GPR120 in the anterior tongue of mice, *Acta Physiol* **226**(1): e13215.

Zampini M and Spence C (2005) The role of auditory cues in modulating the perceived crispness and staleness of potato chips, *J Sens Stud* **19**(5): 347-363.

Zhao Y, Hao K, He H *et al.* (2020) A visual long-short-term memory based integrated CNN model for fabric defect image classification, *Neurocomputing* **380**: 259-270.

Zonios G, Bykowski J and Kollias N (2001) Skin melanin, hemoglobin, and light scattering properties can be quantitatively assessed in vivo using diffuse reflectance spectroscopy, *J Invest Dermatol* **117**: 1452-1457.

和 文

池田岳郎, 早川文代, 神山かおる (2006) テクスチャを表現する擬音語・擬態語を用いた食感性解析, 日本食品工学会誌 **7**(2): 119-128.

石橋和也, 宮前朗, 松原和也ほか (2021) 動的な風味変化を表現する視覚表現技術の開発, 日

本官能評価学会誌 **25**(2): 89-91.

石丸優, 古田裕三, 杉山真樹編 (2017) 木材の物理, 海青社.

伊豆南緒美, 田中由浩, 佐藤真理子 (2021) 皮膚振動・摩擦と衣素材の触感に関する研究. *J Fiber Sci and Technol* **77**(9): 239-249.

伊関千書, 本村拓実, 川原光瑠ほか (2021) ものの「質感」: 地域在住高齢者におけるその認知, 臨床神経学 **61**: S355.

内田郁恵, 杉浦彩子, 中島務ほか (2012) 全国高齢難聴者数推計と 10 年後の年齢別難聴発症率——老化に関する長期縦断疫学研究 (NILS-LSA) より, 日老医誌 **49**: 222-227.

尾崎遼, 西脇靖洋, 武田祐樹ほか (2009) 多方向照明 HDR 画像を用いたシルクライク織物の 3 次元織構造モデリング, 日本 VR 学会論文誌 **14**(3): 315-324.

親富祖まりえ, 馬場徹, 川崎伊織ほか (2020) パーキンソン病における視覚性および触覚性の質感認知, 高次脳機能研究 **40**: 67.

樫本明生 (2004) ファンデーションの機能と科学. 表面科学 **25**: 238-242.

片平建史, 武藤和仁, 橋本翔ほか (2018) SD 法を用いた感性の測定における評価の階層: EPA 構造の評価性因子の多義性に注目して, 日本感性工学会論文誌 **17**(4): 453-463.

川端季雄 (1980) 風合い評価の標準化と解析 (第 2 版), 風合い計量と規格化研究委員会, 日本繊維機械学会.

川端季雄 (1984) 布の熱・水分移動特性測定装置の試作とその応用, 繊維機械学会誌 **37**(8): T130-T141.

川端季雄 (1987) 通気性測定装置の開発とその応用, 繊維機械学会誌 **40**(6): T59-T67.

北口沙織, 熊澤真理子, 森田貴之ほか (2015) 布の風合いや高級感, 美しさ, 嗜好の感性評価, *Journal of Textile Engineering* **61**(3): 31-39.

木村朝, 鈴木福二 (1989) 新しいマイカ─酸化チタン系有色パール顔料の開発, 粉体および粉末冶金 **34**: 497-501.

経済産業省製造産業局素材産業課 (2022) 紙パルプ・セメント産業の現状と課題, https://www.meti.go.jp/shingikai/sankoshin/seizo_sangyo/pdf/012_s02_00.pdf (2023 年 8 月 12 日アクセス)

小林茂雄, 富塚美恵 (1990) 布の風合い評価における触・視覚の相互関係, 繊維学会誌 **46**(6): 251-257.

小林未佳, 森川陽 (2008) 染色テキスタイルの視覚印象評価に及ぼす糸密度の影響 II : 下地肌色に平織物を重ねた場合について, 感性工学研究論文集 **7**(4): 859-866.

坂本真樹 (2020) オノマトペ・マーケティング, オーム社.

坂本真樹, 田原拓也, 渡邊淳司 (2016) オノマトペ分布図を利用した触感覚の個人差可視化システム, 日本バーチャルリアリティ学会論文誌 **21**(2): 213-216.

柴田博仁, 大村賢悟 (2018) ペーパーレス時代の紙の価値を知る, 産業能率大学出版部.

清水祐一郎, 土斐崎龍一, 坂本真樹 (2014) オノマトペごとの微細な印象を推定するシステム, 人工知能学会論文誌 **29**(1): 41-52.

白土寛和, 野々村美宗, 前野隆司 (2007) 肌質感を呈する人工皮膚の開発: 皮膚の表面凹凸パターンと弾性構造の模倣に基づく肌質感の実現と評価, 日本機械学会論文集 C 編 **73**: 541-546.

杉田正見 (2019) 皮革産業の現状と課題及びエコレザーへの対応, 繊維製品消費科学 **60**(9): 690-695.

武田祐樹, 坂口嘉之, 田中弘美 (2008) 少数視点画像の反射光解析に基づくシルクライク織物

の異方性反射レンダリング，芸術科学会論文誌 **7**(4): 132-144.

武田祐樹，田中弘美（2008）多方向照明 HDR 画像を用いた金襴の多重解像度異方性 BTF モデリング，電子情報通信学会論文誌 D **J91-D**(12): 2729-2738.

田中士郎，高柳亜紀，土田勝ほか（2015）高分解能マルチバンド HDR 画像解析に基づく織物の分光反射率推定，日本 VR 学会論文誌 **20**(1): 35-44.

田中士郎，田中弘美，島田伸敬 シルクライク織物の光沢色復元のための吸収係数の推定，電子情報通信学会論文誌 **J108-D**(2)，早期公開中.

田中巧（2006）化粧料用粉体の表面処理技術とその応用に関する総説，色材協会誌 **79**: 67-74.

恒遠純輝，石川智治，矢中睦美ほか（2018）多様な布地属性に対する質感評価 被験者の知識と感覚モダリティの相違の影響，*Journal of Textile Engineering* **64**(5): 117-126.

徳山孝子（2001）素材が持つ味わいと「風合い」，繊維機械学会誌 **54**(6): 219-223.

中内茂樹（2016）「熟練者が作り出す質感」，質感の科学（小松英彦編），142-153，朝倉書店.

中村直生，高須賀豊，高塚勇（1987）粉体の光学的研究とシワ隠し効果，*J. Soc. Cosmet. Chem. Japan* **21**: 119-126.

鳴海拓志，谷川智洋，梶波崇ほか（2010）メタクッキー：感覚間相互作用を用いた味覚ディスプレイの検討，日本バーチャルリアリティ学会論文誌 **15**(4): 579-588.

松原和也，角谷雄哉，和田有史（2018）昆虫食に関するインターネット調査と介入試験，信学技報（電子情報通信学会技術研究報告）**118**(381): 27-30.

松原和也，和田有史，西尾智子ほか（2019）ヨーグルトの表面状態の変化に関する感性評価，信学技報（電子情報通信学会研究技術報告）**119**(167): 19-23.

三浦佳世，河原純一郎（2019）美しさと魅力の心理，ミネルヴァ書房.

村山忠親（著），村山元春（監修）（2008）原色 木材大事典170種：日本で手に入る木材の基礎知識を網羅した決定版，誠文堂新光社.

山﨑陽一，飛谷謙介，谿雄祐ほか（2022）感性工学的手法に基づく触感予測モデルの構築と評価—布地触感予測の実現—，電学論 C **142**(5): 616-624.

第 5 章

文化の中の質感
（芸術・工芸・歴史）

5-1 絵具と絵画
——3次元空間を表現するための技術

■ 5-1-1 絵画は2次元表現か

絵画は2次元表現だという．絵画は彫刻や建築と比べれば平面的である．大学の芸術学授業では教員がプロジェクターを使って講義を行う機会が多いが，投影される画像はまさしく2次元平面だ．

しかし実際の絵画を構造的に見ると2次元ではない．たとえばゴッホの向日葵を描いた油絵作品などを思い浮かべれば，絵具を盛り上げ，筆のタッチを強調した表現に，厚さすなわち3次元を感じるのは容易だ．では極めて平面的に仕上げたルネッサンス時代の古典油絵や軸装の日本画はどうだろう．これも微視的には3次元である．

■ 5-1-2 物質としての絵画

表面に絵を描くための紙や布（キャンバス，絵絹など），板などを総称して支持体と呼ぶ．表現の内容やスタイルを無視すれば，絵画は支持体の上に絵具を層状に塗り重ねたものにすぎない．

絵具は粉末の顔料と接着剤を練りあわせたものである．塗料や絵具ではこの接着剤を展色剤と呼ぶ．多くの場合，使う顔料は同じでも展色剤の種類によって絵具の呼称が変わる．アラビアゴム液だと透明水彩絵具，乾性油だと油絵具，膠液だと岩絵具，蠟だとクレヨンというように．大方の顔料は無機物の粉末でそれ自体には接着力がない．産業革命以前の顔料は多くが天然の鉱石粉や泥土，炭粉などの天然鉱物．人工顔料としては鉛を原料とする鉛白（塩基性炭酸鉛）がギリシャ時代以前から知られ多く利用された．このほか天然染料をアルミニウムやカルシウムの塩に定着させたものもよく知られていた．

鉱物の色味は産地や加工法で差があるが基本的には洋の東西を問わず似たようなものである．近代以降は天然鉱物に替わって無機合成で作られた人工物が主となり，さらに20世紀末からは有機金属の加工品が主流となる．

272 ■ 第5章　文化の中の質感（芸術・工芸・歴史）

ほとんどの顔料は微粉で表面が粗面であるため乱反射が生じそのままでは不透明にみえる．アラビアゴムのような水溶性の展色剤で練った絵具は，水が乾くと顔料が露出するので仕上りは不透明感が残る．乾性油で練ると両者の屈折率が近いので透明感が生じ，かつ乾性油がそのまま酸化被膜を作って固まるので顔料の種類によって程度は異なるが，乾燥後も透明感が残る．

▪ 5-1-3 彩色の手順

多くの場合，画家は制作過程で絵具の塗り重ねをする．着衣の文様を描く場合もあるし，塗りつぶして別のものを描く場合もある．目的の如何を問わず，顔料と接着剤の混合物でできた絵具層の上に，別の絵具層を上乗せするのである．とくに油絵具では重ね塗りをしても下塗りが再溶解しないことが特色の1つである．不透明色に類似の透明色をごく薄く重ねると色の鮮やかさが強調できる．逆に，近代画家の中には，いったん固まった絵具層を削り落として下の層を見せることで自分の表現を創出する人もある．いったん描き上げた作品の仕上げにニスをかけて光沢を整える場合もある．

一見平面的に見える絵画も，支持体の上に絵具層を積み重ねた立体構造で構成されていることになる．画家は，自分の意図をできる限り忠実に表現するための立体構造を作ることに苦心をする．絵画を鑑賞する場合，主題，様式，構図，社会的背景などだけを問題にする限りでは立体構造はそれほど重要ではない．しかし画家の造形意図を理解するには彩色の手順が重要な要素であることが意外と意識されていない．

傷んだ絵画作品を修復する際に，微細な絵具片を採取して成分や構造を調査することがある．画面から試料採取することは破壊行為だから原則論では許されることではない．しかし適切な処置を施すためには，モノとしての絵画がもつ情報源としてはこれ以上のものは無い．めだたない場所，あるいはすでに剝落などが進行している場所から，実体顕微鏡を使って，径 0.5 mm 程度の微小片を採取して断面観察や成分分析を行うことがある．そのことを通して彩色手順の判定や後年の補筆確認が可能になる．そのデータの蓄積が，制作技法の歴史的変化や当然起こる経年変化，過去の修理歴や時期の判定，ときには真贋判定の基礎資料になる．

▪ 5-1-4 色の明暗が果たす役割

　一般に，明るい色は膨らんで手前に進出してくるように見える．逆に暗い色は収縮し後退するように見える．2つの色を並置するとき明度の差が大きいほどその効果は大きい．それぞれが占有する面積が大きいほど進出・後退効果がある．定量化は難しいけれど，ある色面の明度と面積の積が立体感や空間表現に大きく作用する．

　表現を単純にするためにここでは明色を白，暗色を黒と書くことにする．

　白と黒，あるいは白・灰・黒の諧調を利用して立体表現をすることは古くから絵画表現の常道だった．このため多くの美術学校が木炭デッサンを必修科目としてきた．古典絵画では有色絵具に白や黒を混ぜ，あるいは半透明・透明の上塗りから透けて見える下塗りの明るさを活用した．

　19世紀末，絵具の色が固有の明度をもち，その使い方次第では白や黒との混色あるいは下塗りなしで3次元の表現が可能であることに気付いた一群の画家たちがいる．代表的な技術の確立者がフランスの画家アンリ・マチスである．

▪ 5-1-5 彩色手順のマジック——マチスの場合

　愛知県美術館所蔵の『待つ』（図5-1-1）は，この画家の代表作とはいえないかもしれない．しかし，国内にあるすべての油絵作品のなかで，絵画表現の基本原則を教科書的に理解するには最も優れた作品の1つと，筆者は評価している．

　この作品の表現技術について2つの見方を紹介する．

　山内宏泰は，画家は「西洋絵画が長年追求し技術を培ってきた遠近感や立体感のある表現をほとんど無視して，（中略）絵画の伝統の技を採用しない．奥行きも浮き出しも排して，むしろできるだけ画面を平面的に見せようとしている」（山内，2019）という．

　深谷克典は「この作品は画面の奥行きや人物のヴォリューム表現に対する配慮が明確である．（中略）ここでは明暗がはっきりとつけられており，遠近感が強調されている．それにあわせるように人物の肉付けも細かな陰影が施され，画面の伝統的で写実的な印象をさらに強めている」（深谷，1991）とまったく逆な見方をする．

図 5-1-2
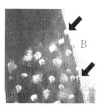
図 5-1-3

図 5-1-4

図 5-1-1　マチスにみる彩色のしかけ
アンリ・マチス『待つ』愛知県美術館所蔵.

2人の相違はどこに起因するのだろう．改めて作品を見直してみる．
たとえば，
・2人の女性，足元は見えないが，立ち位置に前後の差があるか？
・窓から海辺までの距離と向かって右手女性と窓までの距離は差があるか？
・2人の女性のスカートの形状に相違があるか？
・左手女性の腰回りに丸みを感じるか？

　答えはいずれも YES である．画家は，ルネッサンス以来の西洋絵画の伝統である明暗のグラデーションの代わりに単色かそれに近い色面の平塗りで画面を構成している．これが山内のいう「遠近感や立体感の無視」の実態である．しかし，画家は，平塗りに近い色面の構成にもかかわらず3次元世界の表現に申し分なく成功している．ここでは成功の理由の一端を解明してみたい．

　油絵具の特色の1つは，絵具の塗り重ねが可能かつ容易な点である．同時に塗り重ねの手順が表現効果に大きく影響をする．明色と暗色の進出・後退効果は先に記した通りであるが，この2つを重ね塗りするとき手順によって大きな違いが生じる．白地の上に黒い線を描くと，黒が白の進出を抑制する．反対に黒地の上に白を置くと黒は後退し白が進出するので距離感の表現が強調できる．

白と黒の明度差，面積差だけでなく塗った絵具層の厚さも関与する．筆者は実験をしていないので断言はできないが，断面観察の結果を参考にすると，100 μm 以下の厚みでも眼は認識できるらしい．

『待つ』では，向かって左手女性はやや灰色がかった紫の窓扉を背景に黒髪姿で描かれる．色は扉の方が明るく，髪は黒の平塗り，明暗と色面の面積だけで考えると，頭髪は扉の中にのめりこんでしまう．しかし，どう見ても頭髪は扉より手前にある．

見落としてならないのは頭髪のすぐ左にあるごく細く白い曲線（図 5-1-2，矢印 A，口絵も参照）．キャンバスの白い地塗りをほんのわずかに塗り残している．この白い線が黒い髪を扉から前に押し出す．扉の紫が白の過剰な飛び出しを押さえこむ．扉側の色面の端はややかすれるように，髪の毛側はくっきりと絵具を置く．さらに何カ所かで髪の毛の黒を扉の色に重ねることで白い線を分断する．地塗りの白はかなり明るい白であるが面積を極力小さくすることで過剰な飛び出しを押さえつつ黒髪の女性と背後の空間を描きだす．

黒いスカートに一見ランダムに打った白い点は白さと大きさの配置で腰の丸みを描きだす（図 5-1-3，矢印 B，口絵も参照）．実際のモデルの着衣はこんな模様ではなかったかもしれない．

これは計画しつくしたフィクション以外の何物でもない．

右側の金髪女性の頭部はさらに巧妙である．女性の背後にあるのはレースらしきカーテンとそれを透かして見える海景である．野外は室内より明るく，カーテンの色は白である．金髪は黒髪より明るいとはいえ，配色された色を見る限り，頭部はカーテンの中に沈んでも不思議ではない．でも女性の頭はカーテンより手前にある．

この配置を仕掛けるのは頭部左上にひかれた 1 本の細い白線である（図 5-1-4，矢印 C，口絵も参照）．上下方向に白を塗るカーテンに対してこの部分の白線だけは頭部の曲線に沿って描かれている．超微視的に見るとこの部分は色のバランスがやや崩れているが，気づく人はまずいないだろう．この白線は白の 2 度塗りで他のカーテン部分より白の純度が高い，いいかえると明るい．心持ちではあるが透明感のある白（おそらく鉛白：シルバーホワイト）を他の白に重ねているのだろう．白線の頭部側に暗褐色の細線を重ね，その上に明る

い毛髪を示す黄土色を乗せる．カーテンより明るい白線が暗い頭部を手前に押し出し，窓との間の距離を作る．暗褐色の線が過剰な押し出しを制御して距離を調整する．頭頂部近くではこの白線がなく代わりにかすれ気味の黒線を用意する．この配慮が明るい褐色で描くブロンド髪の面積（手前ほど広い）と協力して頭部の微妙な傾きを表出する．一見見落としそうな巧妙かつ計画的な彩色手順が豊かな空間表現を生みだしている．見事としか言いようのない仕掛け作りである．

　これはほんの一例である．この作品は見れば見るほどに，絵具の色と彩色手順のもつ視覚的機能を知り尽くした画家が仕掛けるマジックにのめり込ませてくれる．

（森田恒之）

5-2　色を視る
——質感の豊かな色材「赤」をめぐって

　「眼で色を触（さわ）る．」美術館や博物館の作品をいろいろな人と鑑賞するときに，筆者はこのことをよく話題にする．色の質感を感じることを意識し，モノをよくみることを促すためにあえてこの言葉を使っている．

　絵画をみるとき，その絵を描いた画家のことや描かれたものの意味，そしてその時代についてなど，解説パネルを読みながら鑑賞することは多い．ともすると，実際の作品をみている時間よりも，解説を読んでいる方が長いこともある．それは，"絵をみる"よりもその絵のことを"理解しよう"として眼が動いていることにほかならない．さらに現在では，展覧会に足を運ばなくても高品質の印刷によって再現された図版や，高精細のデジタル画像をみて満足してしまうということもよくある話だが，表現された色の生な質感の迫力は伝わってはこない．今や，美術鑑賞も本物からは遠ざかり，実物とは離れたところにある色と形の構成をイメージすることには，何の違和感もなくなってきた．しかし，作品のもつ迫力や表現を味わえるのは，やはり実物を目の当たりにするときの醍醐味であり，「色の質感を眼で触る」という感覚に，我々はもっと敏

感になってもよいのではないだろうか.

　リアルな世界における視覚芸術の色は，もともと鉱物や植物など自然のものから得，近代以降は化学的に合成されたものが多くなり，それらの「色材」となる物質や原料を，油や樹脂や膠などの「展色剤」とよばれる練り剤で混ぜあわせ，紙や布や板などの「支持体」に描いていく.

　作品の「色」にあたる光は，いろいろな方角からの強弱をもち，色材の粒子に複雑に反射したり，布や紙であればその内部に光が入り込み，散乱や吸収を受けて色の微妙な陰影を生み出したりと，デリケートで多様な表情を演出する.それを，我々は色の「質感」として認識し，心理的に感動を覚え，その出会いによっては人生が変わることさえある.

　今ではあたりまえに使っている絵具や描画材だが，その色がデジタルに置き換わってきたとしても，もとは人が原料を，労苦を伴いながら探し求めてつくってきた.土や石，そして葉や茎や花，さらに虫などから，さまざまな物質感をもつ色の原料を探し求めて収集し，表現のための「色材」として利用できるよう加工していく.そこには，人と色材とのドラマチックな出会い，そして工夫を重ねてきた人の知恵が深く関係している.表現された色材についてより知ることで，眼は深く触手を伸ばして色をつかまえにいく.色材の表情つまり質感を視る楽しみに，あらためて注目することで，美術を視る目も，より深化するのではないだろうか.

　こうした視方の楽しみにいざなうために，おそらく人類が最初に「色」という概念を意識したと思える「赤」の色材を例に，赤の物質的な話を展開してみたい.というのは，赤系の色材は，自然界では青や緑などほかの色に比べ最も種類が多く表情が豊かで，歴史的にも精神的にも「人」に近く，豊富なエピソードが楽しめる「色材」だからである.赤自体が，我々の体内を巡っている血の色を彷彿とさせ，赤を尊ぶことが永遠の命への強い祈りにもつながっていると古くから考えられてきたのである.

▪ 5-2-1　足もとの土・山の懐にある鉱物の赤

　あふれる色に囲まれている現在.足もとに視線を下ろしてみよう.都会ではほとんど踏むことがなくなってしまったが，土は最もプリミティブな赤系の色

材といえる．色の中でも，土系の色材が，豊富で比較的手に入りやすくて安定した供給量があるのは，地球の表面を土が覆っていることに目を向ければ納得できるだろう．普通には茶色（水酸化鉄 [FeO(OH)] の黄褐色が主体）と思われている土だが，含有金属鉱物の種類の違いにより，紫や緑（緑土）などさまざまな色が得られることを知ると，土の観察に，より興味が湧く．中でも，赤土（レッドオーカー（Red Ochre），岱赭（タイシャ）とも）は酸化鉄系のいわゆる「ベンガラ」（酸化第二鉄（Fe_2O_3）／鉱物としては赤鉄鉱を砕く）が主成分で，埴輪などへの彩色でも知られるように，考古資料の色材として広い範囲で散見することができる．フランス紀元前 3～2 万年のショーベ洞窟やラスコー洞窟に描かれた動物，日本でも古墳時代に九州地方に拡がる装飾古墳内部の幾何的な彩色のように，赤系の色が施されている事例は，洋の東西を問わず枚挙にいとまがない．東日本の代表的な例を 1 つ挙げると，茨城県ひたちなか市にある虎塚古墳の石室内部には，ベンガラの赤が広く塗布され，その鮮やかな赤い彩色が注目されてきた．

　土は，水中に分散させ沈殿させ，不純物をとりのぞき，砕いたり，すり鉢でつぶしたり，篩にかけたりして丁寧に手をかければ，色材として利用することが可能だ．現代使用する色材においては，日本画材として鉱物系の天然顔料が今も製造されている．油絵具など洋画系の絵具は，ほとんど化学合成された色材に置き換わっているものの，茶色系の絵具には今も天然の土が使われていることからも，土系のベンガラは，歴史的にも物質的，量的にも広範囲に使われてきた色であり，古くから人とともにある赤い色材といえるだろう．

　鉱物系の赤で，特別の意味を古くからもっていた色材が，「辰砂（シンシャ）」（シナバー（Cinnaber），朱砂（スサ）・丹砂（タンシャ）・真朱（マソホ）とも，硫化水銀（HgS）／素材名として，水銀朱とあらわすことが多い）である．酸化鉄系のベンガラが主に土や赤鉄鉱として，比較的簡単に採取できるのに比べると，水銀の原石である辰砂は産出量が少なく，産出地も限られる．古くは三重県丹生鉱山や奈良県の大和水銀鉱山などが国内の主な産地として有名であった．近年では，北海道のイトムカ鉱山が大産地であったが，現在は国内の水銀鉱山はすべて閉山されているので，スペイン産など外国産のものをよく目にする．

赤い辰砂鉱物を砕いて精製すると，鮮やかな深い赤の色材「水銀朱」が得られる．ベンガラ同様古くから広く利用され，現在も日本画用顔料の「辰砂」という名称で画材店の顔料棚で粒子が輝いている．

　この赤い色材の元素が水銀であるというのは，古く人間の精神性にとって大変重要であった．特に「施朱（セシュ）の風習」として，古墳において赤い水銀朱を墓に敷き詰めたりするのは，色材として被覆性が強い物質であり，永遠の血の色を表す赤い質感に対する信仰的な美意識に加えて，組成が水銀であることで防腐効果が期待されていた性質も大きく関与しているといわれている．色材の物質感と原料の性質に，さまざまな意味が付加されていることもとても興味深い．辰砂という赤い鉱物を見つけ出し，赤い色材を作ってきた古代の人々には，本当に敬意を表したい．

　こうした鉱物系の色材は，細かく砕き，水簸（スイヒ）という，水中の粒子が沈殿する速度で分ける作業により，粒子の大きさを分級し，色味を段階的に増やすことができる．日本画用顔料となる色材としては，鉱物を砕き粒子の大きさを現代は 10 段階くらいに分けて色材とし，作品表現に独特の質感を与えている．粒子が粗い方が濃く，細かくなるにつれ色味は明るくなる．むろん，西洋でも辰砂は，赤系の主要な色材として使われてきたわけだが，油絵の場合は，色材を石板の上でよくよくすりつぶし，展色剤のオイルで練り込んで絵具にするので，色のトーンが若干落ち着いた色になる．

　ここで現代にも息づく，辰砂鉱物からの色材「水銀朱」の重要性を物語る話をいくつか紹介してみたい．朱（水銀朱は，人工的にも辰砂から取り出した水銀と硫黄を反応させてつくることが古くから行われていた）は，中国で身分，責任，権威を表すための印章の色として使用されてきたが，それを受け入れた日本でも朱（朱肉として）による捺印は大きな意味をもつ．もう 1 つの例として，江戸時代に各藩で制作された巨大で極彩色の「国絵図」に表された主要街道は水銀朱で赤く引かれている．絵図上に表された凡例には「道 − 朱」とある．物資を運び，人が移動する街道が水銀朱で描かれることを深読みすると，体内の血液を運ぶ動脈と同じように，経路として重要であることを示唆しているようにも思える．そうした赤い色の重要性は，今では意味だけが記号的に残り現在にいたっていると感じることも多々ある．

280 ■ 第 5 章　文化の中の質感（芸術・工芸・歴史）

「ベンガラ」や「辰砂（水銀朱）」は，縄文時代の遺跡から発掘された漆製品からも検出され，漆と赤の相性の良さに加えて，洗練されたデザインには目を見張るものがある．青森県八戸市の是川遺跡，福井県三方上中郡若狭町の鳥浜貝塚から出土している赤い櫛や器．そしておどろくことに，漆の塗り方に，色材の粒子の大きさを分けた漆で重ね塗りされていたことも報告されている．古代の人々がすでに色材の質感を意識していたということだろうか．漆と朱，漆とベンガラは，相性が良く，美しい色として，そして，丈夫で被覆力の強い赤としてインパクトを人々に与え，力のある物質的な質感が，古代の人の心をとらえていたのであろう．

▪ 5-2-2 搾る，煮る，染める透明な美しい植物の赤

「ベンガラ」や「辰砂」などの不透明で被覆力が大きい土系鉱物系とは別に，先人たちは植物からも赤い色材を得てきた．紅花（花弁），茜（根），蘇芳（幹）など，赤を染める植物は多い．植物は，鉱物系の色材とは異なり透明感があり，おもには染色材料として使われるが，紅花や茜は，絵具としても赤の重要な色材として丁寧に作られた．

　特に「紅花」は，日本で江戸時代には広く各地で栽培され，美しい赤「紅」を染める染料として流通が広がった．漢方薬，口紅など，体内にも取り入れることが叶う，女性の内と外から彩る美とともにある赤で，「紅（ベニ）」と称し，紅花文化が華やかに展開された．さらに，江戸時代，「片紅（カタベニ）」「細工紅」という名の絵具が浮世絵版画の赤を席巻した．今では殆ど退色してしまっているが，摺り上がりのフレッシュな紅は，なんともいえない色香が感じられる心躍る華やかな赤の世界であったようだ．紅花の赤の色素（カルタミン）は 1%，残りの 99% は黄色の色素（サフロールイエロー）であり，それを分離して色を抽出することができる．赤い色素だけを取り出したものが口紅になる深紅の「本紅」，黄色を少し残してやわらかい赤を表現する「片紅」．浮世絵版画の摺師は，和紙に，紅の質感を巧みに表した．鉱物系の赤とは，まったく異なる質感の紅は，柔らかく明度の高い赤で，浮世絵版画の色材として，日本だけではなく西洋の印象派などの画家たちに愛されたことは，誰もが知るところでもある．和紙を木版にあててバレンの圧力をかけて摺ることにより，紙との

相性が良い紅は，繊維に入り込み独特の紅色の世界を表現した．淡く摺っても
ほのかな紅が美しく，柔らかくほんのりとした色気のある質感をただよわせる
植物系の赤として人気を博した．紅は蛍光を発することにより，独特の質感を
生み出しているといえる．

▪ 5-2-3　昆虫が生み出すエキゾチックな赤

　赤い色材の中で最もユニークなものが，昆虫系の赤「臙脂（エンジ）」ラッ
ク（lac）である．近代の日本画家，染色家のアトリエには必ず常備されていた
「臙脂綿」．形状は，直径 30 cm 程度の丸く平たい綿で，赤い色素をしみこませ
ている．使う時には，端を切り取り，皿において水を少し注ぐと，赤く透明な
汁が染み出てくる．その液を筆にとり彩色に使用する．日本絵画では，桃色や
白色の牡丹の花芯部分などに欠かせない赤で，友禅や紅型にも透明度，彩度の
ある赤の色材として使われてきた．正倉院文書の中にも記載されているほど古
くから使われてきた．ラックカイガラムシは，東南アジアなどで今も養殖され
ている．木に生息する小さなラックカイガラムシが分泌する樹脂分の塊が原料
で，その塊は主に木製品の保護膜の塗装剤ニス（ただし，現在は合成品が使わ
れる）になるのだが，その残留物としての赤い色素を綿にしみこませたものが
「臙脂綿」である．現在，ラックの赤い色素は，絵具としてよりも染料として
染色家の間で利用されることが多いようだ．

　「ベンガラ」「辰砂」「紅花」「臙脂綿」．歴史の中で追求されてきた，赤に宿
る豊かな質感とエピソードのあるこれらの色材を紹介してきた．こうした自然
からの色材が使用されるのは，現在では古典的な絵画の修復か，古典技法によ
る絵画制作など，ごく限られた範囲であるのと，天然色材を今も製造し使って
いる日本画の分野に限られているといえよう．後者は，世界的にみても貴重な
例とされている．

　現在，我々があたりまえのように使っている絵具や描画材料の色の元をたど
って行けば，一つひとつにこうした原料とそれを見つけて加工して，色材とし
て成立させてきた人の努力と知恵があった．人は，色材を探し吟味し，求める
質感の色を作り出してきた．そうしたことを思い，色を視ることになれば，さ
まざまな質感の表情がリアリティを伴いながら，いつもと違う新鮮な美術鑑賞

が体験できるのではないだろうか.

（降旗千賀子）

5-3 陶磁器

人類と陶磁器との付き合いは1万年以上の歴史を遡る. 焚き火の中に偶然交ざり込んだ粘土片が硬く焼き締まっていることを発見し, 古代の誰かしらが意図的に粘土で造形し, 土器造りが始まった. それを見よう見まねで周りの者が模倣し, さらには人伝えに伝播し, ゆっくりと進化しながら広まり, 陶磁器は進化を遂げた. 現代では, 産業として, また伝統文化として, 陶磁器は多種多様な目的に応じて使用され, 我々の生活に必要不可欠な存在になっている.

本項では, 陶磁器の分類を紹介したうえで, その文化が人類の歴史の中でどのように育まれてきたのかを解説し, 質感にまつわる論考とする.

▪ 5-3-1 陶磁器の分類

陶磁器の歴史は前述の土器から始まる. 日本の土器文化は一般的に紀元前1万年以上前から始まるとされ, 世界の中でも古くから土器造りが行われてきた. 土器造りが始まってからの時代を縄文時代とよび, 弥生時代とともに土器の名称が時代の名称にもなっているのが面白い. また, 日本の縄文土器の造形は世界的に見ても稀な装飾が施されており, 土器, 土偶ともに, そのバリエーションと精緻な技巧に驚かされる. 実用性とは別次元での呪術的な意味合いを込めているのだろうが, 触覚的な感覚が研ぎ澄まされた民族だったことが窺われる.

土器の焼成では窯を使用せず, 焚き火の中で直に熱を加える野焼きで焼成される. 温度は600-900℃程度で, ほかの焼き物に比して低温ゆえに, 粘土の焼き締まりが甘く, 軟質な焼き上がりになっている.

日本では, 一般的に焼き物を4つに分類することが多い. 表5-3-1, 図5-3-1に示すとおり, 土器, 炻器, 陶器, 磁器であり, それぞれの特徴を含めて一覧に表記する.

表 5-3-1　陶磁器の分類（一般的な分類方法を基準として）

種類	焼成温度	窯	原料	釉薬	吸水性	透光性	強度	収縮
土器	600-1000℃	無	陶土	無	大	無	弱	小
炻器（無釉陶器）	1200-1300℃	有	陶土	無	無〜小	無	強	中
陶器（施釉陶器）	1200-1300℃	有	陶土	有	無〜小	無	強	中
磁器	1250-1400℃	有	磁土	有	無	有	強	大

図 5-3-1　左から土器（筆者制作），炻器（備前焼），陶器（筆者制作），磁器（砥部焼）

　炻器は，紀元後 4-5 世紀ごろに朝鮮半島から窯を築く技術が伝わり，より高温（1000℃以上）で焼成する焼き物が生産できるようになった．一般的には，釉薬を施さずに高温で焼き上げたものを炻器とよぶ．それまでの土器は，低温ゆえに粘土の焼き締まりが甘く多孔質だったものが，より高温で焼成することにより，粘土が硬く焼き締まり，吸水性が少ない硬質陶器に進化した．窯と同時に轆轤の技術も伝わり，量産化も可能となった．粘土の質にもよるが，一般的に高温焼成するほど焼き締まりが強くなり，成形した時点から乾燥と焼成を経て収縮する．当然，焼き締まりが強いほど収縮率は大きくなる．

　陶器は，炻器の器面に釉薬を施した焼き物を指す．別の呼称を紹介すると，炻器を無釉陶器，陶器を施釉陶器と言い換えることもできる．炻器のところで解説したように窯の利用により高温焼成が可能になった．また，副産物として燃焼された薪の灰が器面に被り，窯の中で釉薬の起源である自然釉が産まれた．自然釉を見つけた先人が，人為的に木灰を利用した釉薬を作るようになり，さまざまな釉薬が開発され陶器が発展していった．

　日本における磁器の誕生は江戸時代初期になる．中国では磁器の定義がやや異なるものの，6 世紀後半には鉄分の少ないカオリン質の磁土を使用した白磁が生産されている．その後，朝鮮半島を経て約 1000 年遅れて日本でも磁器が生産されるようになった．磁土を高温焼成するとガラス化し，叩くと金属質の音が鳴る．また，薄い器だと透光性が得られる．白く滑らかで華やかな装飾を

兼ね備えた磁器の魅力は、国内だけの需要に留まらず、ヨーロッパ貴族をも魅了し、多くの磁器が輸出された歴史はよく知られている.

5-3-2 生活の中の陶磁器

前述したとおり陶磁器には多様なバリエーションがあり、質感を一概に解説することは難しい. 逆にいえば、生産者が質感を工夫し、いかに消費者の感性に訴えかける魅力を提供できるかが腕のみせどころともいえる. 粘土の性質、器の形状、釉薬の種類、焼成方法の差異、器面の装飾方法、焼成後の処理方法など、陶磁器の分類で示した以上に複雑な要素をもっている.

ここでは、生活の中で使用される陶磁器の文化を紹介する. 画像と文面だけで紹介するには理解の限りがあるが、陶磁器と密接な関係にある喫茶や和食の文化を紹介する. どちらも、海外からの影響を受けつつも日本独自の文化にいたった経緯がある.

5-3-2-1 茶の湯と陶磁器

茶を飲用するための茶道具として陶磁器は欠かせない. 喫茶文化は奈良時代に唐への留学僧が薬用として持ち帰り、その後の鎌倉時代以降少しずつ僧侶、武家、庶民へと広がっていった. 粉末状の茶葉に湯を注いで飲む抹茶も中国で始まった喫茶法である. 茶会の主役として存在する茶碗も中国大陸から喫茶文化とともに伝わり、中国大陸や朝鮮半島でつくられた舶来品が輸入され、天目茶碗や高麗茶碗などの茶碗が名器として貴重に扱われた. 戦国時代には権力を示すアイテムとしても扱われ、茶会を催し自慢の茶器を披露した武将も少なくなかった.

古くから茶人が好む茶碗の格付けとして「一楽二萩三唐津」という言葉がある. 1番の茶碗は「楽茶碗」、2番目は「萩茶碗」、3番目は「唐津茶碗」という意味で使用される.

楽茶碗（図5-3-2）は千利休が自分好みの茶碗を長次郎という瓦職人に焼かせたところから始まっており、掌の形に合わせて成形する手捏ね技法（図5-3-3）により、掌で包み込むような形になっている. 萩焼（図5-3-4）は朝鮮半島からの製陶技術を受け継ぎ高麗茶碗に似た風合いをもつ轆轤技法（図5-3-5）による陶器である. 楽茶碗も萩焼とともに、陶器の中では焼き締まりが甘く、そ

図 5-3-2　黒楽茶碗

図 5-3-3　手捏ね技法による茶碗制作

図 5-3-4　萩焼の飯碗

図 5-3-5　轆轤技法による飯碗制作

れ故に茶碗をもつと柔らかい質感が手に馴染むのが特徴である．

　また，陶磁器の分類で説明したように，高い温度で焼くほど粘土が焼き締まり硬い焼物ができる．硬い焼物ほど丈夫で割れにくい性質をもっている．しかしながら，硬く丈夫な陶磁器ほど良質かというと一概にいえず，硬く焼き締まった陶磁器は熱伝導率が高くなり，熱湯を注いだ際に素手では熱くなりすぎる

ことがある.

　他方，茶碗を手にした際の肌触りも重要な要素で，温かみのある優しい質感が好まれる傾向がある．さらには，季節に応じた茶碗を選ぶのも日本独自の慣わしになっており，どちらかといえば，夏は平たい器形で涼しげな色合いの茶碗を選び，冬は筒形もしくは丸形で温かみのある色合いの茶碗を使用することが多い．茶を嗜む人はこだわりとして，茶碗の口当たりを大切にする．たった一碗の中に，温度，重さ，形状，手触り，口当たり，視覚，味覚，嗅覚，聴覚，季節感など，複数の感覚・知覚を総動員して感じる文化だからこそ，凝縮された時間と空間を堪能できるのである．

5-3-2-2　食文化と陶磁器

　近年，世界的に日本食がブームになり，世界各地どこに出向いても日本食に困らない時代になりつつある．特に陶磁器と日本食は密接な関係性をもっており，料理の盛り付けに多様な食器を用いて眼で楽しむ嗜好は世界の中でも際立っている．我が国の食文化は「和食：日本人の伝統的な食文化」としてユネスコ無形文化遺産にも登録され，世界的な健康志向とともに勢いは増すばかりである．

　日本料理には，陶磁器以外にもガラス，漆，竹，木，金属，紙など多様な素材が用いられ，器の形も料理に応じて丸皿，角皿，板皿，鉢もの，蓋付碗など，多種多様な器で料理を彩るのが特徴である．時により季節感を演出するために，葉や花を添え，氷を器として楽しむための演出まである．陶磁器だけを考察すると，実用性だけを考えれば，釉薬が施され形が揃った磁器を使用すれば丈夫で汚れにくく収納にも困らないものの，料理に合わせた土肌を活かした食器や，歪んだ形のユニークな器が揃うのが特徴だ．

　作り手は直接手で土に触れながら器を成形し，使い手もまた直接手で触れながら質感を共有する．そのことは，抹茶碗や飯碗などを手でもちながら使用する食文化とも大きく関係し，日本は世界の中でも類い稀な多様な食器を使用する文化を有している．

▪ 5-3-3　まとめ

　陶磁器は世界各地で気候，風土，風習，食文化，産業に合わせて生活用具や

衛生陶器，建築材，先端技術だとセラミックス材として半導体の部品などにも広く利用されている．もともと陶工の手から造られた陶磁器は，広く生活のための用具として活用され，近代に入り，型を利用した生産技術や窯業科学の発達により工業的な生産物として量産が可能になった．また，古い時代の陶磁器を含め，その美的価値が評価されるようになり，芸術的生産物として今もなお多くの作家が自らの手により創造的な陶磁器作品を造り出している．

　土を原料にし，高温で焼成することにより完成する陶磁器は，その機能性や質感によりさまざまな文化に寄り添ってきた．今後も人類の歩みとともに進化する陶磁器の魅力を，科学的なアプローチとともに情緒的な理解と結びつける探究を期待する．

（椿　敏幸）

5-4　ガラス

　ガラスは，人類史に多大な影響をあたえてきた．ここでは，ガラスの物質的・技術的・感性的な側面に焦点を当て，古代から現代までの人とガラスの軌跡を顧みながらガラスの質感の成り立ちを探っていきたい．

▪ 5-4-1　ガラスの起源

　我々が現在，身近に利用しているガラスは，紀元前 3000 年にはすでに使われており，人類が長く使用してきた素材の 1 つである．このガラスの起源には，さまざまな説があるが，プリニウスの博物誌[1]には以下のように記されている．

　　天然ソーダを商う何人かの商人たちの船がその浜にはいって来た．そして，食事の用意をするために彼らは岸に沿って散らばった．しかし彼らの大鍋

---

[1]　古代ローマ時代の軍人であり博物学者のガイウス・プリニウス・セクンドゥスが著した百科全書．全 37 巻からなり，天文，地理から植物，薬草，鉱物，絵画などのあらゆる文化のあらゆる知識について書かれている．

を支えるのに適当な石がすぐには見つからなかったので，彼らは積荷の中から取り出したソーダの塊の上にそれをのせた．このソーダの塊が熱せられその浜の砂と十分に混ったとき，ある見たことのない半透明な液が何本もの筋をなして流れ出た．そしてこれがガラスの起源だという．（プリニウス／中野ほか訳，1986）

　この説が事実かどうかはわからないが，偶然にもガラスを発見した船乗りたちは，この見たこともない半透明の輝く液体に神秘的な美しさを感じたことは間違いないだろう．

　長い人類史の中で，このガラスの発見が我々の生活や科学，文化，芸術の飛躍的な発展に重要な役割を果たしてきた．

▪ 5-4-2　ガラス文化の発展

　我々のガラスに対するイメージは人によって異なるが，一般的には「透明」「水のよう」「つるつるしている」「色あざやか」「冷たい」「硬い」「割れやすい」「形が自由自在に変わる」などいろいろな特徴があげられるであろう．しかしながら，これら多くのイメージを我々がガラスに感じることができるのは，ガラス文化発展の長い道のりがあったからである．

　ガラス製品が最初に作られたとされるのは紀元前3000年頃のチグリス川とユーフラテス川にはさまれた古代文明発祥の地，メソポタミア地域（現在のイラク付近）である．この頃のガラスは，光が透き通るような透明なものではなく不純物や気泡が多く含まれた不透明なガラスであった．

　その後紀元前2400年頃になると，「美しい石」「美しい陶器」といわれるほどの透明度のある小さな装飾品ガラスが少しずつ，つくられていたようである．この頃のガラス製品は，ある程度適正に考慮された原料の割合で調合されているものと，加熱のしすぎなどで偶発的にできたものがあることから，原料の調合が工夫され意図的なガラス生産が始まったことが窺える．

　この頃の初期のガラス製品は，ガラス玉やガラス棒，モザイク玉など鋳造によってできた小さなものであったが，装飾品や宝石として用いられ，王侯や貴族，僧侶というごく一部の特権階級の人々にのみ使用することが許され，大変

貴重なものとなっていたようである.

　ガラス文化の発展はさらに進み,紀元前 1500 年頃になるとエジプトやメソポタミアで,小型の瓶などガラス容器の製造が始まった.この時代のガラス容器製造には,コアガラスとよばれる成形法が使用されていた.耐火粘土によって器形をした芯のコアをつくり,その周りに溶けたガラスを巻きつけていく方法で,容器の形に成形する.その後,ゆっくりと冷まして,コアの部分を抜き取り,容器が製造される.

　コアガラスの技法の発明は,ガラスの物質的な特性を生かしたガラス工芸技法の始まりとなり,ガラス文化の大きな進歩となった.さらにこの頃から,銅やコバルトなどを着色剤としてガラスに溶かし色ガラスの製造も行われている.

　その後,紀元前 1 世紀半ばには,東地中海沿岸部で吹きガラス技法が発明される.吹きガラスとは,鉄パイプの先に溶解したガラスを巻き取り,もう一方から息を吹き込むことによって,ガラスを風船のように膨らませて器を成形する技法である.溶けたガラスの物質的な特性である,粘性と膨張性を生かした驚くべき技法の発明である.

　この吹きガラス技法が生まれたことによって,コアガラスのような耐火粘土の鋳型を制作する手間がなくなり,さまざまな大きさや形をしたガラス容器の製造が可能となった.そのため,容器をつくる効率も格段に上がり,価格も低下したことでガラスはローマ帝国内で日用品として広く人々に使われるようになった.この頃のローマ帝国で製造されたガラスをローマンガラスとよぶが,吹きガラス技法の誕生によって,ようやくガラスが人々に身近なものとなったのである.

　瞬く間に吹きガラスの技法はヨーロッパ全土に広まり,ササン朝ペルシャの時代に受け継がれた後,11 世紀にはステンドグラスの技法も発明された.

　12 世紀頃からはベネチアンガラスの製造が始まり,ベネチアンガラス独自のさまざまな新しい技法の発明によって華やかで繊細な装飾技法が次々と現れた.その中でも,吹き竿に巻いてきたガラスを水の中に入れヒビをつくり割れた氷のような質感をつくり出すアイスガラスの技法や,金太郎飴のような絵や模様を含む棒状のガラスを制作して輪切りにしたものを板状に並べ,吹き竿で巻き取り器状に成形するムリーニ(モザイクガラス)はベネチアンガラスの代

表的な装飾技法である．他にも，複数の色ガラスの棒を交差させて繊細なレース状の模様をつくり出すレティチェロは，卓越したガラス職人がいたからこそ生まれた高度な技法である．

このように，ベネチアでは，ガラス職人が高度な技術とアイデアでさまざまなガラスの質感と装飾技法を生み出していった．そのため，ベネチア政府の方針によって，ベネチア本島にあったすべてのガラス工房がムラーノ島に強制移転させられ，卓越した技術を身に付けたガラス職人の国外流出を防止するほどであった．そして，15-16世紀にはベネチアンガラスは黄金期を迎えることとなる．

近代以降は，工業化によってガラスの製造技術はさらに大きく発展し，建築，自動車，家庭用品，電子機器など，あらゆる分野でガラスが広く利用されるようになる．

このようにガラスは，古代から現代にいたるまでの長い歴史の中で，他の素材にはない独自の特性を生かしながら，製造技術や装飾技法といった技術的側面を発展させてきた．ガラスが人類史の中で，これほどまでに長く人々に利用され発展してきた理由は，ガラスの美しさや神秘性といった感性的な側面と，ガラスが変幻自在に変化する特性をもつ物質的な側面の両方の魅力をかねそなえていたからではないだろうか．今ではガラスは日常生活に欠かせない素材となり，ガラス文化の発展とともに我々のガラスにもつイメージも豊かになってきている．これからもなおガラスは未知なる魅力を我々に感じさせながら，さらに発展することが期待されている．

■ 5-4-3　ガラスと光の芸術

人とガラスの関係は，ガラス文化の発展とともに変化してきた．古代より，容器や道具がガラスでつくられ，ガラスは宝石のように貴重に扱われていたが，今ではガラスは生活になくてはならないものとなり，あらゆるものに日用品として利用されている．

一方で，ガラス特有の魅力は，古代より芸術の世界でも人々を魅了し続けてきた．現在でも建築や工芸，アートの素材として幅広く利用され，ステンドグラスや宝飾品，器，彫刻など，さまざまな分野でガラスの美しさが生かされて

いる.

　特にガラスが建築に与えた影響は大きく，ステンドグラスの光の芸術は中世ヨーロッパで発展した．中世の初期には単純な色彩のガラスが主流であったが，時が経つにつれて板ガラスやステンドグラスの製造技術が進化し，キリスト教の教会や大聖堂の窓に宗教的な物語や聖書の場面を描くなど，より複雑なデザインや細かいディテールが表現されるようになった.

　教会は西洋の人々にとって神の世界でもあり，教会に入ると非常に美しい天国があると考えられていた．そのため，精神的世界をつくる上で教会建築などの色とりどりのステンドグラスは，光を外界から取り入れ，ガラス自体が輝いているかのように光を室内へ透過し，まるで神が光であるかのような表現がなされている．このように，ガラスは光を透過し幻想的な色彩や光の効果を室内にもたらす特性があるため，多くの教会に芸術的な美しいステンドグラスが次々と誕生することとなった.

　日本でガラスが芸術品として製作されたのは，幕末の頃からではないだろうか．日本に西洋ガラスが入ってきたのは16世紀にフランシスコ・ザビエルがガラスの鏡や眼鏡，器をもってきたのが最初といわれている．そして18世紀末期になると江戸にガラス製品が広く普及し始めた．当時主流だったのは薄手の吹きガラスで製作されたもので，金魚玉や小徳利，風鈴，ぽんぴん，といったものがかなり量産されていた.

　江戸時代後期には，これまでのガラス製品とは違い，ガラスに反射する光や色の効果を意識した江戸切子と薩摩切子が誕生する．江戸切子と薩摩切子の違いは，カットで施された文様と色の表現にある.

　江戸切子は透明ガラスと色ガラスのコントラストがはっきりとした削りが特徴的であり，江戸切子の文様は江戸の人々に好まれた菊や麻の葉などの植物，魚のうろこを思わせる魚子，籠目，風車など，江戸の暮らしの中のモチーフを図案化した伝統模様が単調なデザインで刻まれている.

　一方，薩摩切子は透明なガラスの上に色ガラスを被せ，ガラス表面をいくつもの文様を組み合わせた複合文様のデザインで削り取ることで，切り口に色のついた部分と透明な部分が生まれ「ぼかし」とよばれる独特のグラデーションが生まれる．この美しさに魅了された薩摩藩に薩摩切子は保護されていたため，

292 ▪ 第5章　文化の中の質感（芸術・工芸・歴史）

急激な発展を遂げ薩摩切子独自の技術が生まれたといわれている.

当時，これらの切子は貴重なもので将軍家への献上品や大名への贈答品に用いられていたことからも，ガラスによる光の芸術品として人々に大切にされていたことが窺える.

ガラス芸術として高められた技法としては，ステンドグラスや切子以外にも，アール・ヌーヴォー期，アール・デコ期に高い人気を保ち続けた「パート・ド・ヴェール」がある．これはガラスの透明さや輝きの質感を表現するのではなく，細かく砕いたガラスを型に入れガラス粒子の間に細かい気泡を無数につくることで，ガラスに柔らかい光の質感を生み出すものである.

ガラスがつくり出す不思議な光の世界は，建築，工芸，アートの分野で今も広く愛され，ガラスは創造的な芸術表現の素材として重要な役割を果たし続けている.

▪ 5-4-4　ガラスと科学の発展

一般的に物質には，氷，水，水蒸気の状態に見られるように，個体，液体，気体の三態がある．しかしガラスはこのどれにも分類されず，結晶構造をもたずに原子がランダムに配置された「非晶質固体」に分類され，ガラスは液体のまま冷え固まった過冷却液体といわれている．このため，ガラスは硬くて，光を透過し，屈折，反射する特性をもつことができた．後に，これらのガラスの不思議な性質と質感は，科学者の好奇心を掻き立てることとなる.

たとえば，アントーニ・ファン・レーウェンフックはガラス球で自作の顕微鏡を作り，人類で最初に細胞を発見した．アレクサンダー・フレミングは顕微鏡を使ってペニシリンを発見し，ルイ・パスツールも顕微鏡を使ってワクチンを開発した．17世紀ガリレオ・ガリレイが地動説を唱えることができたのもガラスのレンズを付けた望遠鏡で毎日，天体観測を続けることができたためである．さらに，アイザック・ニュートンはプリズムのガラスに光を透過させ太陽から降り注いでいる光はいろいろな波長・色の光が混ざったものであることを発見した.

このように，光を屈折させるガラスの特性からレンズが発明され，さまざまな細胞や多くの天文現象が観測されてきた．我々はガラスを手に入れたことで

ミクロの世界もマクロの世界も見ることが可能となったのである．

　また，ガラスのほとんどは高温溶融法という方法で製造されいろいろな形に成形できるという特徴がある．溶融されたガラスは水飴のように柔らかく粘性があり，空気を吹き込めば膨らんだり，引っ張れば糸のように細く長く伸び，丸めたり，つぶしたり，ひねったりすることも可能である．

　現代では，溶けたガラスを引っ張ると細く長く伸びる性質を利用して，光ファイバーというミクロのガラス糸がつくられ，世界中に光ファイバーの光の道が張り巡らされている．我々は，その光の道で情報通信網を形成して世界中の人々がリアルタイムで身近につながりコミュニケーションをとることが可能となったのである．

　さらに，ガラスは割れやすく危険で，脆くてはかないものだというネガティブな印象をもつこともあるが，今では，スマートフォンやパソコンの表示部のガラスは，特別な技術開発が進み，紙のように薄く割れにくいガラスが組み込まれている．そのため，ガラスの組み込まれた機器を持ち歩くことは容易となり，我々の生活は大きく変わった．

　また，現代では生体用ガラスという特殊なガラスが開発され，ガラスの人工骨など我々の体の一部となることもある．ガラスが割れやすく危険で，脆くてはかないものだというイメージは，科学の発展とともに今後薄れていくこととなるかもしれない．

　我々は近代から現代にかけて，ガラスを通して，人類が見ることができなかった世界を見たり，光のスピードを手に入れたりすることが可能となった．ガラスはその不思議な質感を生かしながら，科学者を刺激し，科学の発展にも大きく貢献してきたのである．

▪ 5-4-5　まとめ

　古代から現代までの人とガラスの軌跡を顧みると，我々人類のより美しく，より価値のあるものをつくろうとする好奇心と欲望に，ガラスは見事に応えてきたことがわかる．

　ガラスを発見した船乗りたちは，見たことのない半透明の液体がこれほどまでに現代の生活に取り入れられ，我々の生活になくてはならないものになって

294 ▪ 第5章　文化の中の質感（芸術・工芸・歴史）

いることが想像できたであろうか．砂から透き通るような透明なガラスがこの地球上で生まれたことは，まるで奇跡のようであるが，さらなるガラス文化の発展によって，我々の生活や科学，文化，芸術がより美しく，より優れたものとなっていくことを期待したい．

(新實広記)

5-5　漆

　漆器は日本の代表的伝統工芸品の1つで，主に木や竹製の素地に植物の樹液を原料とする漆液を塗ったものである．中でも鉄粉を加えた黒漆は深い黒みを呈し，それ自体でも十分に美しいが，その上に施された蒔絵や螺鈿など輝きをもつ加飾を効果的に引き立てるいわゆる漆黒である．漆黒の正体は漆の主成分であるウルシオールと鉄が反応して形成されるウルシオール鉄塩で，黒色顔料が塗膜形成剤に分散している合成樹脂塗料と異なり，樹脂成分自体が黒いのである．

　我が国の漆器の歴史は古く縄文時代前期までさかのぼる．堅牢性・防腐性に優れ，耐熱・耐湿の働きもあり，日本では古くから広く利用されていたと考えられる（山本，2008）．

　「質感」はさまざまな表面特性の感覚面からの総称であるが，中でも光沢や艶は代表的質感といえよう．漆器は光沢や艶を具現するものとしてしばしば取り上げられる．漆表面の物理特性については多数の研究があり（渡部ほか，1996；大藪，1997；片岡ほか，2006；Shimoide et al.，2011），また物理特性と人間による質感評価の関係についての研究も報告されている（阿佐見ほか，1981；李ほか，2002；阿山ほか，2014；李ほか，2020）．本節では，我々が取り組んだ日本産漆とミャンマー産漆の表面特性と質感評価（特に黒み）との関係を例として紹介し，漆の質感への科学的アプローチの可能性を探りたい．

5-5　漆 ■ 295

5-5-1 漆手板の作成手順

漆器づくりには，素地，下地，塗り，加飾の工程があり，各々の工程が数段階に細分されており，また生産地や作成者により異なる．完成品に見られる独自の特色はそれらの集大成といえる．ここでは表面特性に最も関係の深い塗り工程に注目し，その1つである研ぎ出し技法の段階を分けて，各々の段階での塗布面の計測結果を示す．以下は呂色仕上げにいたる研ぎ出し技法の基本的な手順である．表面特性に注目したので，加飾はない．

素地には8 cm×10 cmで厚み約1 cmの木片を用いる．手に収まるサイズなので手板とよぶ．まず堅牢性を保つために表面に糊漆で麻布を張りつけ，さらに生漆と砥の粉や地の粉を混ぜた下地塗布を施す．これに黒漆で下塗り，硬化後研ぎ，再度黒漆で中塗り，硬化後研ぎを行う．ここでの硬化とは乾燥工程のことで，温度25-30℃，湿度75-85％に保たれた室で行う．これは漆に含まれている酸化酵素ラッカーゼを触媒としてウルシオールが化学反応を起こし硬化する過程で，水分蒸発による乾燥とは異なる．研ぎは炭や砥石，サンドペーパーを用いる．たとえばサンドペーパーを使う場合，下塗りは1000-1200番，中塗りは1200-1500番など手順が進むにつれてより細かいものを使用することが多い．ここまでを下準備とする．その後，黒漆に少量の溶剤を混ぜて粘度調整し，それを均一に塗った「塗り立て」を1枚目とする．次に「塗り立て」まで行った別の手板をまずサンドペーパーなどで研ぎ，さらに砥の粉に油を混ぜたペーストで磨いた「胴摺り」を2枚目とする．さらに「胴摺り」まで行った別の手板の表面に生漆を摺り込んで布やティッシュでふき取り硬化させる摺り漆の工程を3-6回施す．これはここまでに出来た細かい傷（凹部）に生漆を埋める作業である．最後に，より細かい呂色磨粉やチタン粉に適当に油を加えての磨きを行う．これでようやく仕上げ状態の「呂色磨き」となり，これを3枚目とする．

日本産漆の「塗り立て」，「胴摺り」，「呂色磨き」をJP1，JP2，JP3，ミャンマー産漆のそれらをMM1，MM2，MM3とよび，この6枚をテスト刺激とする．図5-5-1にそれらの写真を示す．

図 5-5-1 手板

▪ 5-5-2 漆手板の知覚的黒みと質感評価

　一般的には知覚的黒みは表面反射率が低いほど増すが，呂色仕上げの漆器では鏡面反射が艶となり，全体として独特の深い知覚的黒みを醸し出す．ここではその知覚的な黒みおよび漆表面の代表的な質感である光沢感などの主観評価の例を説明する．主観評価実験では判断軸に沿って回答が適度にばらつく刺激群を準備することが肝要である．5-5-1 項で説明した手板に限定すると黒みの差が小さく，被験者の判断が不安定になる．そこで，同じサイズの手板に明度の異なる灰色塗料を塗布したフェイク刺激を 3 枚加え，テスト刺激と合わせて 9 枚の手板を実験刺激とした．

　実験刺激は，内壁がほぼ N7 の灰色である Macbeth the Judge II を改良した手板観察ボックス中に設置する．ボックス前面は 11.7 cm×10.4 cm の観察窓のある黒い壁面であり，被験者は壁面前に設置した顎台を用いて刺激を観察する．図 5-5-2 に手板観察ボックスと手板設置写真を示す．各自の視線位置から観察ボックス内部の光源の映り込みが見えないよう手板設置台の角度を微調整できる．観察窓がわかるように図 5-5-2 は顎台を取り除いた写真である．

　評価項目は「黒み」「光沢感」「滑らかさ」「好ましさ」「深み感」である．「黒み」については暗い黒，黒，明るい黒，暗い灰色，灰色，明るい灰色を各々 0 点，2 点，4 点，6 点，8 点，10 点として 0-10 の 11 段階の点数をつけ

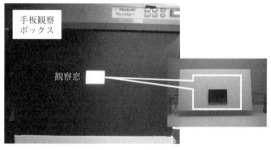

図 5-5-2　評価実験装置
観察窓がわかるように手板観察ボックスの前の顎台は排除して撮影．右はボックス内での手板設置の様子．白枠は観察窓から見える範囲．

るよう指示した．その他の評価については，「感じない」，「少し」，「はっきり」，「非常に感じる」を各々0点，2点，4点，6点として0-6の7段階の点数をつけるよう指示した．どちらの評価でもテストまたはフェイク刺激は観察ボックス内にランダムな順で提示し，被験者には口頭にて主観評価の点数を回答するよう指示した．被験者は美術を専攻する色覚正常な20代の9名（男性4名，女性5名）と工学系学生9名（男性4名，女性5名）である．

5-5-3　漆の質感の評価

　美術系学生と工学系学生の結果に有意差は見られず，18名の黒み，光沢感，滑らかさの評価結果の平均値を図5-5-3に示す．なお，すべての手板で黒み評価の平均値は明るい黒（4点）以下となったので，他の評価語の結果との関係を見やすくするために，縦軸は0-5点としている．この図では得点が低い方が黒みが強いことに注意してほしい．

　ここでの6枚に限定されるが，評価結果は光沢感が強い刺激が，黒みが強く滑らかさも強く感じられることを示している．日本産漆は呂色磨きで黒み，光沢感，滑らかさが顕著に増大するが，ミャンマー産は塗り立てもそれなりに黒みがあり，光沢感や滑らかさは一番強い．松島による調査では，ミャンマーでの漆器制作では基本的に塗り立て工程で終わりであり（松島，2009, 2010），そのことは塗り立てで十分な黒みと質感が得られるミャンマー産漆の特性と関連

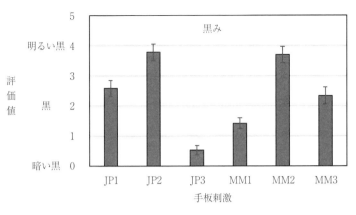

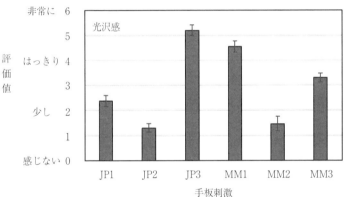

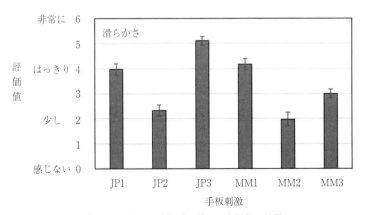

図 5-5-3 黒み，光沢感，滑らかさ評価の結果

5-5 漆 ■ 299

している可能性がある．日本産漆の主成分はウルシオールであるが，ミャンマー産はチチオールが主成分で，日本産より柔らかく変形しやすいとの報告がある（宮腰，2007; 松島，2009, 2010; 倉島・早川，2019）．主成分や硬化塗膜の違いと質感との関係解明は今後の課題である．

▪ 5-5-4　BRDF 測定および質感評価との関係

変角分光測色システム（村上色研 GCMS-WIN）を用いて，入射角 45°，反射角 35-55° で 390-730 nm の BRDF（1-2, 2-1 節参照）を測定した．図 5-5-4 に 6 枚の測定結果を示す．横軸は角度，縦軸は標準白色板における入射角 45°，受光角 0° での各波長毎の反射率を 100% とした時の反射率（%），奥行き軸は波長（390-730 nm）である．いずれも 45° 付近で反射率がピークとなっている．JP1 は反射率がほぼゼロに見えるが，反射角 45° をピーク（波長により異なるが 2.6-6%）として広い角度範囲で 1% 以上の反射がある．

BRDF 測定での反射率のピーク値だけでは黒みも光沢感も説明は難しいが，半値幅も考慮するとうまく説明できる．黒み，光沢感，滑らかさ感評価について，ピーク値と半値幅の 2 項目との重相関分析を行った結果を図 5-5-5 に示す．波長の代表値として 600 nm での値を用い，反射率のピーク値と半値幅を標準化した値を各々 PR_{600}，HBW_{600} とする．黒み（Blackness），光沢感（Glossiness），滑らかさ（Smoothness）の推定値を以下の（5-5-1），（5-5-2），（5-5-3）式とすると，各々の測定結果（標準化値）と高い相関を示す（Blackness：r = 0.99，Glossiness：r = 1.00，Smoothness：r = 0.95）．ここで Blackness は図 5-5-3 の縦軸の値なので黒みが強いほど小さい値である．600 nm での反射率に特別の意味はなく，他の波長でも類似の関係が得られる．

$$Blackness = -1.51 \cdot PR_{600} - 1.05 \cdot HBW_{600} \qquad (5\text{-}5\text{-}1)$$

$$Glossiness = 1.50 \cdot PR_{600} + 0.91 \cdot HBW_{600} \qquad (5\text{-}5\text{-}2)$$

$$Smoothness = 1.43 \cdot PR_{600} + 1.29 \cdot HBW_{600} \qquad (5\text{-}5\text{-}3)$$

黒みと光沢感はよく似た関数となり，ともにピーク値の方がより強く寄与する式である．一方，滑らかさでは半値幅の寄与がやや強くなっているのは興味

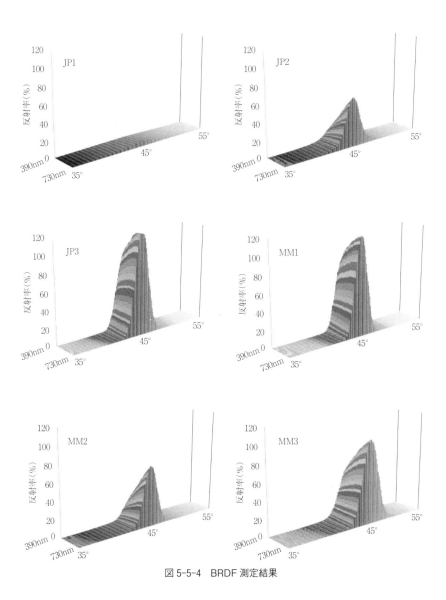

図 5-5-4 BRDF 測定結果

深い.

　岡嶋らは，CG 画像を用いた実験で物体表面の明るさと光沢感に強い相関関係があることを示した（岡嶋・高瀬，2000）．一般的には物体表面は明るい方

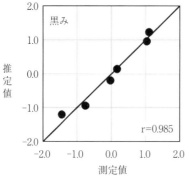
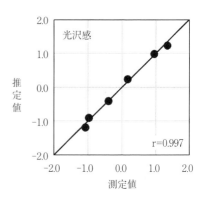
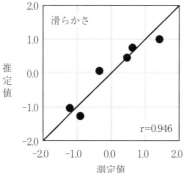

図 5-5-5　質感評価の測定値と BRDF 特性からの推定値の関係

が黒みは少ないので，光沢感が増すと黒みは減ることになる．光沢感が強い刺激の方が黒みが強い傾向を示している図 5-5-3 の結果は岡嶋らの結果とは整合しない．しかし，呂色磨きでは生漆を刷り込みながら磨き上げるので表面に透明膜ができる．仕上がった表面はハイライトを直接見なくても周囲の映り込みによりその鏡面性がわかる．光沢感と強い相関のある漆特有の黒の質感は，エッジをぼかしながら外界を反射する最表層の透明膜とその奥の光を吸い込むような黒漆層（ウルシオール鉄塩）の統合的効果による可能性がある．

5-5-5　まとめ

漆工芸には多数の工程があるが，ここで紹介した研究の結果は加飾前の磨き段階だけでも表面特性やその見え方が変化していることを示している．また同じ技法でも日本産とミャンマー産で各段階での表面特性および見えの変化が異

なる．漆工芸は産地により多様な技法に分化しているが，先人たちはその土地産出の漆の特性に合った技法を発展させてきた面もある（松島，2009, 2010; 倉島・早川，2019）．一方で，現代では漆に比べて生産性が高く扱いが簡単で仕上がりが漆と類似しているカシュー塗料が多く利用されており，天然漆を用いた製品は圧倒的に少ない．李らは漆，カシュー，合成樹脂塗膜の光学反射特性と質感評価を比較したが，カシューは物理的特性も質感評価も漆と類似していた（李ほか，2002）．しかしながら日本産漆の工芸品には天然塗料故のさまざまな長所や味わいがあり，インターネットでも漆工芸の魅力は多数発信されている．漆樹栽培，素地づくり，下地，塗り，加飾，そしてそれらを支える道具作りとさらにはマーケティングまでを含めて日本の伝統的漆器の存続は重要課題である．

（阿山みよし・石川智治）

5-6　歴史の中の質感

▪ 5-6-1　「ものつくり」と「モノづくり」

工業化以前の社会では，生産工程のすべてに何らかの人の手が関与しており，手作業で仕上げる一品制作が基本であった．一見，同一に見えるものでも，細かく見ると微妙な違いを呈しているのが普通である．そして，仕上がりの完成度は，制作に携わる技術者の技量に依存する．「ものつくり」で制作された「もの」は，制作者の手の感触が作品のすべてに残されており，使い手もその感触，すなわち時空を越えて作り手の質感を追体験することができる．これが，「ものつくり」の根源的な特徴であろう．このような手作業による生産を，やまと言葉で表現して「ものつくり」と位置づけることにする．そして，「ものつくり」によって生み出され，その存在自体に，意義があるものが「文化財」として位置付けられ，時代を越えて生きているのである．

一方，近代以降の工業化社会における「モノづくり」によって生み出される

「モノ」は，このような前近代的な「ものつくり」と一線を画することになる．仕様書にもとづいて機械的に大量に生産されることが前提となる「モノ」の個性は，製品モデルの型番に与えられた特性となる．同一型番をもつ個々の生産物が一定の品質を保持し，バラツキが生じないように厳密に生産管理がなされ，同じ型番をもつ「モノ」は，形，色，光沢，模様などの視覚，手触りや重量バランスなどの触覚，音質などの聴覚，芳香などの臭覚，舌触り，味，のどごしなどの味覚など，すべての質感に対して均一化が要求される．このように一定の基準に達した均一の質感を維持した製品を大量に生み出すためには，新たな素材の開発とその選択，安定供給を可能にするための生産工程の確立，そして，それぞれの質感計測のための品質管理の高精度化など，高度な生産システムが要求される．

　ただし，これは大量生産に移った段階における「モノ」に対しての生産システムであり，その最も初期段階である原型モデルの制作自体は，一品主義の「ものつくり」そのものであることは言うまでもなかろう．すなわち，現代日本の「モノづくり」の根幹に，「ものつくり」で築かれたさまざまな知恵が活かされていることになる．

　では，「モノづくり」で大量生産された「モノ」に囲まれている現代に生きる我々が感じる質感と，かつての「ものつくり」の手わざによる一品主義の世界で生み出された「もの」によって生活していた時代の人々の質感に違いはあるのだろうか．

▪ 5-6-2　「時代の質感」を読む

　歴史的に，それぞれの時代における質感の違いを直接調べることは困難であるが，五感という身体的感覚を当時使われた言葉の中に見出し，それを比較検討することによって，この問いに少しでも迫れるのではなかろうか．ここで着目するのが，「オノマトペ」である．「オノマトペ」は，聴覚に関わるものとして，自然界や人間社会で発生する音，さらに動物や人が発する声などの音を示す擬音語，また，視覚，触覚，味覚に関わるものとして，音のないものを「音」として示す擬態語などをまとめる言葉であり，日本語はオノマトペがたいへん多いのが特徴である．

304 ▪ 第 5 章　文化の中の質感（芸術・工芸・歴史）

心理的，感情的な状態を示すオノマトペもたくさんあるが，物性に関わるオノマトペも古くから認められる．物性にはその特徴を示す物質が存在することが前提であるため，オノマトペからその当時の人たちの物質に対する質感を拾い出すことが可能となるとともに，時代時代で認識されている物質が焙り出されることにもなるだろう．

「べとべと」や「ねばねば」は粘性を示す擬態語である．この擬態語の起源までは調べていないが，古代人の「べとべと」や「ねばねば」感には，樹木の樹液など自然界の物質の中での体験がもたらす質感は存在しても，現代人が思い浮かべるガムテープ，ワックス，接着剤などのもたらす人工的生産物の粘性感はもっていない．当然ながら，古代人と現代人の「ねばねば感」は異なる．このように，物性的な性質は同じでも，それぞれの時代の人が感じる質感は時代ごとに異なる．これを，「時代の質感」とよぶことにする．

「キラキラ」や「ピカピカ」などは光学的な特性を示す擬態語であるが，現代生活の日常に溢れている金属のメタリックな光沢やガラスの反射，精巧にカットされたダイヤモンドの緻密な輝きなどの「キラキラ」感は，古代人はもち合わせていない．豪華な装身具や仏を金で荘厳し，白毫に水晶を嵌めることなど，権力や栄華を誇示する場合や宗教的に特別な意味をもつものに対して，その時代時代で手に入れることが可能な素材に「きらきら」感を演出させることはあっても，一般的には星の輝きや水面の煌めきなど，自然の中に潜む「きらきら」感が主流である．

『源氏物語』では，「わずかにさしてきた日の光に輝く露の様子」を「庭の露きらきらとして」（「野分」）というように美的な表現として使われている．同様に，『狭衣物語』（第二巻）には，「出家した人の丸坊主のさま」を，「たゞきらきらとなしたてまつりても」という表現もみられ，当時の「きらきら」感の一端が窺われる．源氏物語に登場する物性に関わる擬音語にしても，「そよそよと，はらはらと」（衣ずれの音），「さらさらと」（伊予簾のたてる音），「ひしひしと」（蔀戸や床のきしむ音）というように，日常の雑多な騒音の中で生活する現代人が置き去りにしている微かな音に敏感に反応していることがわかる．銅製の「花皿の触れ合う音」を，「からからと」表現しているが，これは我々現代人にも納得のいく表現としてよいだろう．

オノマトペを手掛かりとして「時代の質感」を探ってみた．「ものつくり」の時代に利用できた限られた素材によって培われた質感は，「モノづくり」によって大量生産された多様な物質に囲まれて生活している現代人の質感の基層を形成しているのだが，それらは大量の情報量の中で押しつぶされてしまっているといってよいだろう．

長い歴史の中で，それぞれの時代における文化は「時代の質感」によって形成され，その証として現代にまで継承されてきたものとして，「文化財」の存在がある．文化財が有する「時代の質感」が文化財そのものの価値であり，それに関する情報を探り当てるのが文化財の調査・研究の醍醐味であり，文化財が秘めている「時代の質感」を掘り起こし，正面から対峙し，それを次の世代にまで継承することが重要になる．

■ 5-6-3 「歴史の中の質感」を見分ける感性を磨く

では，文化財が秘めている「時代の質感」はいつの時代のものなのだろうか．文化財が制作当初の「時代の質感」を維持しているといえるのだろうか．たとえば，現代の我々が見る鎌倉時代制作とされる仏像は，これまでに何度かの修理を受けているものがほとんどである．すなわち，制作当初の鎌倉時代の質感に，経年による変化が加わるとともに，後世の修理者のもつ「時代の質感」が付加された姿を我々は見ている可能性が高いのである．

オリジナルな姿の見極めとともに，修理の際にいつの時代の質感に戻すかという問題は，文化財修理に携わる者の大きな課題である．「現状維持修理」として，現在の姿に「何も足さない・何も引かない」ことを理想とするのもこの点を考慮した理念としてよいだろう．「歴史の中の質感」を最も温存していると思われる文化財ではあるが，現在の姿が身に纏っている質感がいつの時代の質感かを見極める感性を磨く必要があるだろう．

■ 5-6-4 「時代の質感」の再現に挑む──国宝薬師寺東塔「水煙」の復元

創建以来約1300年を経た国宝薬師寺東塔（奈良県）の全面解体修理が，2009年から12年かけて行われた．国宝などの指定文化財は，修理終了後はもとに戻すのが原則であるが，塔の先端を飾る相輪（図5-6-1，口絵も参照）の傷ん

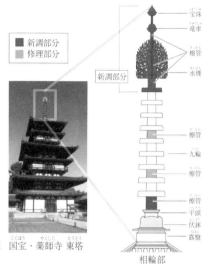

図 5-6-1 国宝薬師寺東塔相輪の構造
(村上, 2021 より改変して引用)

図 5-6-2 国宝薬師寺東塔の先端を飾る東角の水煙の表裏の
3 次元計測図

だ部材を復元新調することになった．全体の高さ 10 m，総重量 3 t もある相輪のすべての部材を復元新調するのではなく，白鳳時代の美の精華といわれる水煙（図 5-6-2）4 面を含む傷みの進んだ部材だけを補完的に復元新調するわけだが，オリジナルな部材との質感の調和が難題であった．素材は銅合金の鋳物であり，1300 年の年月のため緑青サビに覆われている．水煙 1 面の高さは 2 m 近く，重量は 100 kg を超える．レーザによる 3 次元計測によって形体の

5-6　歴史の中の質感 ■ 307

図 5-6-3 国宝東塔 新旧水煙特別公開記念特別講演会（2019年2月8日）
左：「平成の水煙」，右：「白鳳の水煙」．

再現は保証できても，塔の先端で風雨に曝されるため，表面に顔料による彩色を施すのではすぐに洗い流されてしまい，新旧の部材間の統一感のある質感を再現することはできない．そのため，鋳造に用いる素材は古代のレシピに従った銅合金を新たに調達し，仕上がった鋳物を薬品により錆を誘発し，雨に曝して質感を整えた．復元新調した部材とオリジナルな部材を最終的に組み上げたが，双方の質感に違和感もなく納めることができた（図 5-6-3）．

新たに復元された「平成の水煙」は，白鳳時代の水煙の「お身代わり」として東塔の先端を飾っている．

5-6-5 「歴史の中の質感」をどう伝えるか

2023 年 4 月に博物館法が約 70 年ぶりに改正された．教育基本法→社会教育法→博物館法という従来の博物館法の体系の基本は変わらないが，2017 年に「文化芸術推進基本法」の一部改正で生まれた「文化芸術基本法」の精神にもとづくことという文言が加えられた．そして，掲げられた項目の 1 つに，「博物館資料のデジタルアーカイブ化」の推進が謳われている．このように，文化財の「活用」が強く求められる中，デジタル技術を使った複製の需要がさらに高まることが想定される．ほんものの文化財を保存し，その一方で活用を推進するためにも，複製の役割に大いに期待するが，それにはやはりデータと実際の資料（ほんもの）との関係性をどう見せるかが大事である．文化財が秘めている「時代の質感」をしっかり認識した複製を作成する必要があるだろう．

複製制作は，情報のインプットとアウトプットの技術の相関で成果が決まる．レーザ 3 次元計測で取得したデータを基に 3 次元プリンタで樹脂成型し，絵の

具で彩色した複製にどこまで「時代の質感」の再現を求めることができるのかが今後の課題であろう.「歴史の中の質感」を味わうこと自体も難しいが,伝えることはさらに難しい.

(村上　隆)

5-7　絵画の質感の計測と再現

5-7-1　絵画の特徴と質感の再現

　近年,絵画のデジタルアーカイブ化が盛んに進められているが,質感まで再現されたものは少ない.質感までデジタルで再現するにはどのようにすればよいだろうか?

　我々は美術絵画の写真を集めた画集を見るだけでは満足せず,美術館まで足を運び,絵画の実物を直接鑑賞しようとする.画集と実物の直接観察の違いはどこにあるか?　まず前者は,従来の写真であるので,照明光源とその位置は固定,カメラの位置(つまり視点)は固定,しかもテカリや鏡面反射を排除して撮影した画像である.これに対して後者は,絵画を自由な視点から,種々の照明環境で観察できるのである.実際,前者の固定視点では油彩画のリアルな質感の再現は難しいが,後者では油彩画特有の光沢や凹凸が観察できる.つまり照明と視点を固定した再現法では,絵画の質感を体得できず,質感の体得には照明と視点に依存しない再現法が必要となる.

　油彩や水彩画といった絵画を構成する質感の違いは,まず材質によるところが大きい.点描画のように独特のタッチによる描画は鮮やかな色配列に繋がるが,後述のように,色と形状情報が計測できれば,このような絵画の質感を再現することができる.

　図5-7-1は油彩画の例で,(a)は正面から絵画を観察したときの見えを表し,(b)は同じ絵画を少し傾けて,光沢が現れる見えを表す.油彩画の表面には独特の表面特性,つまり絵具のタッチによる凹凸や油膜層による光沢があり,こ

5-7　絵画の質感の計測と再現　■　309

(a) (b)

図 5-7-1　油彩画の異なった見えの例
(a) 正面からの見え．(b) 傾斜したときの見え．

図 5-7-2　水彩画の見えの例
左：一部を拡大したモノクロ画像．

れらが油彩画のリアルな質感を与える．一方，図 5-7-2 は水彩画の例である．水彩画では紙の上に絵具で描く．このとき水彩絵具が紙に浸透するので，光沢は起こりにくく，むしろ紙の表面特性が現れる（Tominaga et al., 2016）．図 5-7-2 の左では水彩画の一部の凹凸を拡大している．絵具ではなくて，紙の粗い表面が見られる．なお油彩画でも，バックの板やキャンバスの影響は受けるが，光反射は油彩画の特性をもつ．

　光源と視点を自由に変えて，絵画のリアルな質感を再現するために必要な情報は，分光反射率と表面の凹凸を記述する形状である．さらに絵画の質感を映像で再現するために，絵画表面における光反射のモデル化が必要である．質感の再現は絵画の画集とは異なる．画集では，照明が拡散光源であることが多く，照明光の色温度や光源・視点の位置は固定されている．リアルな質感再現には，

照明光源を電球光，昼光，LED に変えたり，光源の位置を移動させたり，さらに視点を自由に変えたりした際の絵画の見えを再現したいのである．

▪ 5-7-2　絵画の質感の計測

　光沢を含む油彩画の表面は 2 色性反射の性質をもち，反射光は拡散反射と鏡面反射の 2 つの成分からなる．分光反射率はこのうち拡散成分から推定される．絵画の表面は，平板に絵具を塗り付けた凹凸の浅い面とみなすことができる．このため形状として 3 次元曲面を構築する必要がなく，絵画表面における法線を簡略化した形状情報として利用できる．

　絵画の質感を計測するために用いられている方法は，カメラを用いたイメージング系が一般的で，図 5-7-3 に筆者らが開発したマルチバンドのイメージング系の概要を示す（Tominaga & Tanaka, 2008）．カメラはモノクロカメラで，絵画の正面に配置する．一方，照明光源側にカラーフィルタを装着して，可視波長域を 6 つの波長帯に分割して反射光を測定する．このように RGB にとらわれずに 4 つ以上のチャンネルを有するイメージング系は表面分光反射率の推定精度を向上させる．

　このときカメラ出力は次式のように記述される．

$$\rho_i(\mathbf{x}) = \int_{400}^{700} E(\lambda)S(\mathbf{x},\lambda)R_i(\lambda)d\lambda \qquad (i=1, 2, ..., 6). \qquad (5\text{-}7\text{-}1)$$

ここで，$\rho_i(\mathbf{x})$ は絵画上の位置 $\mathbf{x}=(x, y)$ における i 番目のチャンネル出力，$E(\lambda)$ は照明光の分光エネルギー分布，$R_i(\lambda)$ は i 番目のチャンネルに対応するセンサの分光感度関数，さらに $S(\mathbf{x},\lambda)$ は $\mathbf{x}$ における表面分光反射率である．

　照明光源は図 5-7-3 のように位置を変えて撮影する．つまり絵画表面に入射する光源の方位を変えて撮影を繰り返す．これには 2 つの利点がある．まず複数の撮影画像から，鏡面反射や影を含まない拡散成分を選択できる．次に，入射光の方向が変わる際の陰影の変化から，形状を推定することができる．

　なお，形状計測には，マルチバンドは必ずしも必要でなく，高解像度のカメラを利用すればよい．また，カメラを使用せず，レーザレンジファインダやスキャナを利用することもできる．実際，カラースキャナを 6 バンドのイメージ

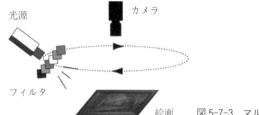

図 5-7-3　マルチバンドのイメージング系

ング系に改造し，これを絵画計測に実用化した例がある（Tominaga et al., 2014）．スキャナにはカメラレンズによる歪やケラレがないので，より精密な計測手法といえる．

▪ 5-7-3　絵画の質感の解析

　油彩画の見えは絵具顔料による物体色のみならず，凹凸による陰影や光沢・ハイライトを含む．反射成分の選別には，図 5-7-3 のように異なった照明方向で絵画を投影すればよい．表面の各点での反射は拡散反射のみならず，鏡面反射を含んだり，照明が遮られて影になったりする．そこで，異なった方向の観測画像の画素ごとに閾値を設定して拡散成分と鏡面成分を分離する．つまり鏡面反射は強度が強いので，ある閾値以上は鏡面反射とみなすことができる．図 5-7-4 は油彩画の見えを拡散反射成分と鏡面反射成分に分離した例である．2つの成分のうち，前者から表面分光反射率と表面形状を推定し，後者から光沢や反射モデルのパラメータを推定する．

　絵画には限らないが物体表面の分光反射率の推定は，(5-7-1) 式にシステム雑音が含まれると想定した観測モデルを使用する．照明光の分光分布 $E(\lambda)$ と分光感度 $R_i(\lambda)$ が既知として，観測値 $\rho_i(\mathbf{x})$ から分光反射率 $S(\mathbf{x},\lambda)$ を推定する．このために推定値の平均 2 乗誤差を最小にする推定法としてウィーナー（Wiener）推定法が知られている（Tominaga et al., 2022; 2-2-3-2 項参照）．このとき分光反射率の推定値 $\hat{\mathbf{s}}$ は次式のように記述される．

$$\hat{\mathbf{s}} = \mathbf{CH}^t(\mathbf{HCH}^t + \mathbf{\Sigma})^{-1}\boldsymbol{\rho} \qquad (5\text{-}7\text{-}2)$$

ここで，t は行列の転置を表す．6 チャンネルのマルチバンドを想定すれば，$\boldsymbol{\rho}$ は

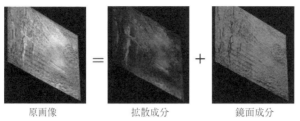

原画像　　　　　拡散成分　　　　　鏡面成分
図 5-7-4　油彩画の見えを拡散成分と鏡面成分に分離した例

6次元ベクトルであり，分光反射率を区間 [400, 700 nm] の n 点でサンプルすれば，$\hat{\mathbf{s}}$ は n 次元ベクトルである．また $\mathbf{C}$ は分光反射率の $n \times n$ 相関行列，$\mathbf{\Sigma}$ は雑音の 6×6 共分散行列，$\mathbf{H}$ は 6×n 行列で，その (i, j) 要素は $h_{ij} = E(\lambda_j) R_i(\lambda_j)$, $(i = 1, 2, ..., 6, j = 1, 2, ..., n)$ である．

図 5-7-5 は解析対象の油彩画 "Flower" で，番号 1 と 2 の領域における分光反射率の推定結果を図 5-7-6 に示す．グラフの横軸は波長である．(a) と (b) は，それぞれ，黄と緑の領域 1 と 2 に対応し，実線が推定した分光反射率，破線は分光器による直接計測結果である．絵画の分光反射率は滑らかなので，6バンドのイメージング系で精度良く推定できることがわかる．

絵画の表面形状は，凹凸の浅い面，つまり粗面（rough surface）とみなせるので，形状情報を各画素点での陰影情報として面法線を獲得すればよい．そこで照明方向を変えて撮影したカメラデータの拡散成分から，照度差ステレオ法（Ikeuchi, 1987）を用いて法線を推定した．カメラを絵画面の鉛直方向に設置したとき，対象とする画素点における面の傾きは，照明光の入射角に応じてカメラの観測強度が変化する性質を利用して求める．照度差ステレオ法は，光源の位置を幾つか変化させて，照明光の方位角と観測強度から対象とする微小面の法線方向を推定する手法である．図 5-7-7 は，図 5-7-5 の絵画の法線ベクトルを着色した画像である（口絵も参照）．(a) が本手法で推定した法線ベクトルの画像である．花の部分に油絵具の盛り上がりが顕著であることがわかる．(b) はレーザ変位計で精密計測した面法線である．表面凹凸の情報は良好に再現されている．

図 5-7-5　油彩画"Flower"

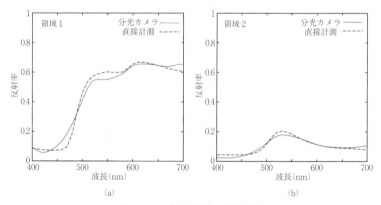

図 5-7-6　分光反射率の推定結果
(a) 図 5-7-5 の領域 1, (b) 図 5-7-5 の領域 2. 実線：分光カメラで推定した分光反射率, 破線：分光器による直接計測.

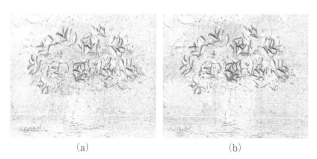

図 5-7-7　絵画"Flower"の面法線ベクトルの着色画像
(a) 推定結果, (b) レーザ変位計による精密計測.

314 ■ 第 5 章　文化の中の質感（芸術・工芸・歴史）

▪ 5-7-4 絵画の質感の再現

　絵画のリアルな質感を再現するために必要な物理情報は，色彩を表現する分光反射率と形状を表現する面法線であり，これらを推定する方法は前述した．次に，質感の再現のために絵画の見えをレンダリングして映像表現する．この過程で双方向反射率分布関数（BRDF；1-2, 2-1 節参照）で表される 3 次元反射モデルが必要で，表面の光反射を数学的にモデル化する．このモデルでは反射光の輝度分布が，入射光分布，拡散・鏡面成分の反射係数，光線・視線の方向ベクトル等をパラメータとして記述される．拡散反射は完全拡散体を想定して余弦関数で，鏡面反射は対称性を想定してガウス関数で表現することが多い．ここではクック・トランス（Cook-Torrance）モデルが有用である例を紹介する（Tominaga & Tanaka, 2008; 西・富永，2008）．

　図 5-7-8 は油彩絵具を別途キャンバスとアクリルに塗布して，ゴニオメータで計測して得られた輝度値にこのモデルを当てはめた適合結果である．（a）はキャンバスに塗布した絵具に対する適合結果で，（b）はアクリルに塗布した場合の適合結果である．横軸は視線の角度で，縦軸は反射光の放射輝度率（radiance factor）である．適合結果は，入射角をパラメータとして描いており，破線はゴニオメータによる分光放射輝度率の直接計測結果で，実線は Cook-Torrance モデルによる適合結果である．照明は白色光を想定している．モデルの結果は直接計測結果とよく一致しており，Cook-Torrance モデルが油彩画の反射の再現に適していることがわかる．

　レンダリングにおいては，ここまでで述べてきた方法により推定した分光反射率と面法線の全推定データおよび上述の反射モデルにもとづいて，希望する照明と観察の条件で絵画のリアルな画像を生成する．この処理は波長ベースの分光レンダリングで，陰影処理の精度を高めるために光線追跡法を使用する．まず，3 次元空間上に絵画ポリゴンを作成し，各画素点に推定した法線と分光反射率を割り付ける．法線は 2 次元ベクトルで，分光反射率は 61 次元ベクトルを標準とする．次に，視点位置と照明条件を設定し，各点において分光放射輝度を算出する．さらに，分光放射輝度とヒトの色覚特性にもとづき，各画素点の色（三刺激値）を決定する．最後に，sRGB といったディスプレイの色空

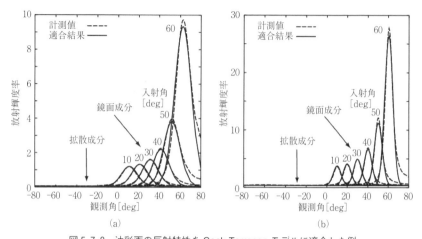

図 5-7-8 油彩画の反射特性を Cook-Torrance モデルに適合した例
(a) キャンバスに絵具を塗布，(b) アクリルに絵具を塗布．横軸：視線角度，縦軸：放射輝度率．

図 5-7-9 質感再現の例
(a) 絵画 "Flower" の室内照明での再現，(b) キャンバスに描かれた油彩画の再現．

間に変換して絵画のフルカラー表示を行う．以上により，任意の照明条件下で，視点を自由に変えた際の画像の質感が再現できる．

図 5-7-9 は質感再現の例である．図 5-7-9(a) は絵画 "Flower" を教室の室内照明で再現している．光源は主に天井照明と窓からの昼光である．図 5-7-9(b) はキャンバスに描かれた油彩画の質感再現で，照明は均一である．下地となるキャンバス生地のテクスチャ感が再現されている．

5-7-5　今後の課題

　本節では，主に油彩画の質感を再現するために，比較的簡便なマルチバンド
イメージング系を用いて分光反射率，面法線を推定し，反射モデルにもとづい
てレンダリングする技法を述べた．将来的に精度を改善する余地は残されてい
る．たとえば，マルチバンドイメージング系を分光カメラに替えて分光反射率
の推定精度を向上させること，および絵画の形状情報として面法線の代わりに
3次元形状を計測することである．またレンダリングの際のBRDFモデルにつ
いては，絵画全体ではなくて部分的に異なったモデルを使用して質感再現の精
密度を向上させることが考えられる．

　水彩画では絵具が紙に浸透する場合があり，この場合，対応した分光反射の
モデルが必要である．さらに，絵画が室内で白熱電球のように赤味の光源で照
明されていると想定するならば，色順応効果を考慮した再現法を検討すること
が考えられる．

（富永昌二）

第5章　文献

欧　文

Ikeuchi K（1987）Determining a depth map using dual photometric stereo, *Int J Robot Res* **6**: 15-37.

Logergist T（1983）擬声語の物理, 自然 **38**(1): 100-103.

Shimoide Y, Otani Y and Yasunaga H（2011）How do craftspeople distinguish the appearance of natural-lacquerware?: Approach by optical image analysis, *J Jpn Soc Colour Mater* **84**(3): 81-86.

Tominaga S and Tanaka N（2008）Spectral image acquisition, analysis, and rendering for art paintings, *J Electronic Imaging* **17**: 043022-1-043022-13.

Tominaga S *et al.*（2014）Estimation of surface properties for art paintings using a six-band scanner, *J International Colour Association* **12**: 9-21.

Tominaga S *et al.*（2016）Modeling and estimation for surface-spectral reflectance of watercolor paintings, *Proc IS & T Electronic Imaging, Measuring, Modeling, and Reproducing Material Appearance Conf* **364**: 1-6.

Tominaga S *et al.*（2022）Improved method for spectral reflectance estimation and application to mobile phone cameras, *J Opt Soc Am A* **39**: 494-508.

和　文

阿佐見徹, 山内明, 三木竹男（1981）漆塗膜のイメージに関する研究：京塗り技法のイメージ, 京都市工業試験場研究報告 **32**(6): 84-124.

阿山みよし, 坂上雄軌, 河野哲也ほか（2014）黒漆の表面特性とその感性評価, 塗装工学 **49**(1): 5-11.

市毛勲（1998）新版　朱の考古学（考古学選書）, 雄山閣.

大藪泰（1997）漆の科学：その研究の歴史と最近の技術, 色材協会誌 **70**(6): 404-413.

岡嶋克典, 高瀬正典（2000）色の光沢感と明るさ知覚の関係, 映像情報メディア学会誌 **54**(9): 1314-1318.

片岡厚, 木口実, 鈴木雅洋ほか（2006）AFM（原子間力顕微鏡）による漆塗膜表面構造の観察, 木材保存 **32**(6): 251-258.

倉島玲央, 早川典子（2019）ミャンマー産漆と日本産漆の塗膜硬さに関する定量的評価, 保存科学 **58**: 95-104.

ゲッテンス R. J., スタウト G. L. 著／森田恒之 訳（1999；初版1973）新装版　絵画材料事典, 美術出版社.

作花済夫（2004）ガラスの本, 日刊工業新聞社.

サントリー美術館（2010）和ガラス粋なうつわ, 遊びのかたち（展覧会図録）.

真道洋子 著／桝屋友子 監修（2020）イスラーム・ガラス, 名古屋大学出版会.

中山公男 監修（2000）世界ガラス工芸史, 美術出版社.

西省吾, 富永昌治（2008）油彩絵具の分光反射特性の計測と解析, 日本色彩学会誌 **32**: 260-270.

日本セラミックス協会（1989）セラミック工学ハンドブック, 技報堂出版.

長谷部楽爾（1999）世界やきもの史，美術出版社．

畑耕一郎（2009）日本料理：器と盛り付け，柴田書店．

八戸市埋蔵文化財センター是川縄文館（2015）漆と縄文人（展覧会カタログ）

深谷克典（1991）「48　待つ」（図版解説），名古屋市美術館編「マチス展」（図録），中日新聞社，p. 138．

プリニウス　著／中野定雄，中野里美，中野美代　訳（1986）プリニウスの博物誌（第36巻第65項 抜粋），雄山閣，p. 1492．

松島さくら子（2009）漆が語るアジアの文化：ミャンマーの漆文化 I，宇都宮大学教育学部紀要 **59**: 63-75．

松島さくら子（2010）漆が語るアジアの文化：ミャンマーの漆文化 II，シャン州の漆工芸，宇都宮大学教育学部紀要 **60**: 123-132．

宮腰哲雄（2007）漆と高分子，高分子 **56**(8): 608-613．

村上隆（2021）「国宝薬師寺東塔の水煙・相輪の調査と復元」，よみがえる白鳳の美 国宝薬師寺東塔解体大修理全記録，朝日新聞出版．

村上隆（2023）文化財の未来図：〈ものつくり文化〉をつなぐ，岩波新書．

目黒区美術館（2004）色の博物誌・赤：神秘の謎解き（展覧会カタログ）．

目黒区美術館（2016）色の博物誌　江戸の色材を視る・読む（展覧会カタログ）．

山内宏泰（2019）絵画の定番は「窓辺に立つ女性」？　なぜこれほどまでに"窓"がアートの中心にあるのか，文春オンライン（https://bunshun.jp/articles/-/15340）．

山口仲美（2019）オノマトペの歴史 1（山口仲美著作集 1），風間書房．

山本勝巳（2008）漆百科，丸善株式会社．

李沅貞，佐藤晶子，阿佐見徹ほか（2002）黒漆膜，および黒合成樹脂塗膜の質感と表面反射特性の関係，色彩学会誌 **26**(4): 236-247．

李沅貞，田中法博，望月宏祐ほか（2020）漆塗膜の感性評価と光反射特性の関係，感性工学会誌 **19**(2): 127-134．

渡部修，齊藤宏，丸山泰仁（1996）EPMA による漆塗膜の観察，色材協会誌 **69**(12): 834-839．

第 6 章

デジタル技術による質感の再現

6-1　バーチャルリアリティ

▪ 6-1-1　バーチャルリアリティとは何か

　これまでの章で取り扱ってきた主題は，「質感情報」というものが何である
か，どのように計測やセンシングを行うか，そして現実世界においてさまざま
な物体の質感がどのように表現されているか，であった．本章ではこのような
質感に関する基礎知識を前提として，デジタル技術の活用により，質感を逆に
提示・再現する可能性について述べる．

　質感の再現に密接に関わる技術の1つとして，バーチャルリアリティ（Vir-
tual Reality, VR）が挙げられる．VR は，計算機やディスプレイを用いて，
現実世界と区別がつかないようなバーチャル環境をユーザに提示することを目
的としている．VR 技術は，物理的に異なる場所にいる人々をつなぐコミュニ
ケーション手段としてだけでなく，さまざまな技能のトレーニング，教育，医
療，商業など，広範な応用範囲をもつ技術体系である．

　舘らの文献（舘，2001）によれば，VR とはそれが作り出す空間が，3次元
の空間性，実時間の相互作用性，自己投射性（ユーザが空間にシームレスに繋
がり包含されていること）の3要素を兼ね備えたものとされている．

　VR 技術は第一義的には人の五感すべてに関わる情報を再現し提示すること
を目指している．たとえば，最初期の VR システムとして，1962年には Mor-
ton Heilig が "Sensorama" とよばれるマシンを作成し，視覚，聴覚，嗅覚を
刺激する体験提示を試みている（Heilig, 1962）．現代では，視覚に関する「VR
ディスプレイ」技術の発展が著しく，本節で後述する．また触覚に関するディ
スプレイも，後の 6-7 節で扱う．

　このように，VR の研究開発では主に現実と区別のつかない五感の再現が探
求されている一方で，五感に与える情報の増減や変調によって人間の感覚や物
体の「質感」を操作する応用も考えられる．例として「リダイレクトウォーキ
ング」（Klatzky et al., 1998）があり，これは VR 空間と現実空間のサイズの不

一致を解消するため，ユーザの現実空間での移動量に対して，VR 空間での移動量を少しだけ気づかれない程度に改変する．たとえば，ユーザに VR 空間でまっすぐな通路を歩かせるとき，VR 映像では少しだけ左に流れるように映像を提示すると，ユーザは円を描いて狭い空間に留まることになる．他にも，「メタクッキー」（Narumi et al., 2011）では，嗅覚ディスプレイと視覚情報を組み合わせて，ユーザが感じる味覚を操作することが試みられていた．なお，このようなある五感が別の五感に影響を及ぼす現象をクロスモーダル効果とよび，質感の再現でも重要になる概念である．

▪ 6-1-2　VR 技術の発展

さらに，インターネット技術の発展に伴い，VR プラットフォームとしての発展も近年著しく，クラウド上で VR 空間を再現し，ユーザがヘッドマウントディスプレイ（HMD）を装着して同じ VR 空間に集う状況が増えている．このような VR 技術は昨今では「メタバース」ともよばれている．近年では，個人が容易にストリーミングを行える環境が整っており，いわゆる「VTuber」など，VR アバターを用いたストーリーやコンテンツの配信も日本を中心として盛んである．

こうした応用の進展に伴い，VR の基盤技術として HMD の重要性が増している．HMD 技術の歴史は古い．今日の GUI（Graphical User Interface）の起源である Sketchpad でも知られる Ivan Sutherland が 1965 年に提唱した「Ultimate Display」は史上初の HMD として広く認知されている（Sutherland et al., 1965）．このディスプレイは，天井から懸架されユーザが両眼で見るステレオ CRT モニタと，ユーザ（つまりモニタ）の 6 自由度姿勢を算出するトラッキングモジュールからなった．トラッキングモジュールは 2 系統あり，1 つ目は超音波アレイによるもの，2 つ目はモニタに接続されたロータリーエンコーダによるもの（通称「ダモクレスの剣」）であった．このディスプレイシステムを通じて，ユーザはリアルタイムに視界を動かしつつ，現実の視界に重畳されたバーチャルなワイヤーフレームキューブ（ステレオ映像）を視認することができた．

なお，余談であるが，VR/AR 技術に関するトップ国際会議の 1 つである IEEE

ISMAR の 2022 年度の基調講演において，米ノースカロライナ大学チャペルヒル校の Henry Fuchs 教授は，前述の超音波式のトラッキングモジュールは，実験室の空調による冷たい風による室内空気の不均一な温度変化により使い物にならず，最終的に 2 つ目のトラッキングモジュールであるダモクレスの剣が導入されることになった，という逸話を述べていた．数多の先端技術同様，VR も軍事的な応用から発展した経緯があるのは厳然たる事実であるが，Fuchs 教授も同講演で，The Ultimate Display に用いられた超小型の CRT モニタもまた，当時開発されていた軍用ヘリ用のヘッドアップディスプレイに使われていた部品を流用したものであった，と述べている．

世界初の HMD 開発から 60 年以上が過ぎた現在では，ワイヤレスでウェアラブルな VR/AR HMD が消費者や中小企業が利用できる現実的な価格で普及し始めている．近年の廉価技術の先駆けとなったのは，Palmer Luckey が 2012 年に提案した「Oculus DK1」であろう．Oculus 社は 2018 年に旧 Facebook 社が買収し，その後 Oculus シリーズを展開していたが，現 Meta 社が後継シリーズとなる「Meta Quest シリーズ」を展開している．Meta Quest を含め，現在の VR HMD の発展には，スマートフォン普及による薄型高密度な小型ディスプレイパネルや高性能低消費電力なチップの発展が大きな追い風となっている．

■ 6-1-3 「バーチャル」と「仮想」の誤解

ところで，VR の「バーチャル」という語は日本語でよく「仮想」と訳されるが，「仮想」の語義は「実在しないが仮にあったとして」という意味をもつため，本来は不適切な訳である．というのも，「Virtual」という英語は本来は「それそのものではないが，実質的にその機能をもつ」といった含意があり，現実と実質的に区別のできない環境として Virtual Reality が提唱されてきた経緯があるためである．たとえば，かの Ivan Sutherland も The Utimate Display の論文で，究極の VR をこのように定義している：“a bullet displayed in such a room would be fatal”，「（究極の VR 空間では）表示された弾丸は（ユーザにとって）致命傷となりうる）」（Sutherland et al., 1965）．

たとえば，暗号通貨は Virtual currency，いわゆる仮想通貨ともよばれるが，

324 ■ 第 6 章　デジタル技術による質感の再現

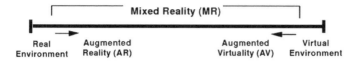

Reality-Virtuality (RV) Continuum
図 6-1-1　RVC の模式図（Milgram et al., 1995）
現実世界と完全なバーチャルスペースはその融合度合によって概念的にシームレスなスペクトルを描く．詳細は本文参照のこと．

この Virtual も，物体としては存在しないが実質的に支払いに使える，という意味である．もし仮想通貨が字句通りに「仮想」であった場合，支払いには使えないことになってしまう（もっとも，現実に仮想通貨で支払いができる小売店が日本国内ではほとんどないため，仮想の原義が当てはまってしまう点は皮肉である）．軍事において，実際には存在しない敵国を想定する意味での仮想敵国，という用法は由緒正しい「仮想」の用法であるといえる．こうした経緯もあり，日本の VR 学術コミュニティである日本バーチャルリアリティ学会は，「バーチャル」という言葉を使用している．

　一般的に「VR」という言葉は，完全にバーチャルな世界にユーザが没入して体験することを指し，これは現実世界と対を成すものである．Paul Milgram らによる，現実と VR 世界がシームレスに繋がったスペクトルである「Reality-Virtuality Continuum（RVC）」はこの概念のおそらく最も有名な定義図である（図 6-1-1; Milgram et al., 1995）．RVC スペクトラムの一端は完全なバーチャルリアリティであり，もう一端は現実世界である．RVC スペクトラム上で，現実に隣接するのは「拡張現実感（Augmented Reality, AR）」であり，現実世界にバーチャルな要素を追加する形で，現実とバーチャルなコンテンツを同時に体験することが可能である．また AR をより VR 側にシフトすると Augmented Virtuality とよばれる，VR 空間に現実世界を投影した環境（たとえば 3D スキャンでデジタル化した現実の建造物を取り込んだ VR 環境）が定義できる．Milgram らは，RVC 上のこれら中間領域を総称して Mixed Reality（MR）と定義している．

　さらに，近年の VR 技術の進歩を受けて RVC を拡張する試みも存在し，その中では MR が従来の VR を含むように再定義されている（Skarbez et al., 2021）．

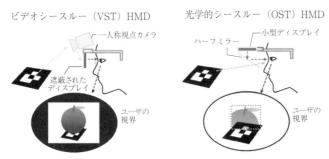

図 6-1-2　ビデオシースルー方式と光学的シースルー方式の AR HMD の概念図（Itoh et al., 2021）
両方式ともに究極的には現実と区別のつかないバーチャル映像を実現することを目指すが異なる方向からアプローチしている．

6-1-4　究極のバーチャルリアリティに向けて

　現在の VR HMD 技術は発展途上であり，Ivan Sutherland が掲げた「究極の VR」を実現するにはいたっていない．最もよく知られた技術課題の 1 つとして「Vergence-Accommodation Conflict（VAC）」が挙げられる（Hoffman et al., 2008）．VAC は人間の目の調節（眼球が水晶体レンズの焦点距離を対象に合わせること）と輻輳（両眼の視線を対象に合わせる運動）において矛盾が生じる問題である．たとえば，VR HMD では両目にそれぞれ異なる映像を表示し，立体視によって奥行きを感じさせる．しかし，この映像の実際の奥行きと，人間が感じる奥行きが一致しないため，脳が混乱し，VR 酔いなどの症状を引き起こす可能性がある．VAC を解決するための研究は産学ともに進行中であるが，VAC を実用的なサイズのシステムで解決するディスプレイシステムはまだ実現していない．

　VR HMD と密接に関係する技術として，拡張現実感（AR）向けの HMD がある．AR HMD は大きく「ビデオシースルー」方式と「光学的シースルー」方式とに分類される（Itoh et al., 2021; 図 6-1-2）．ビデオシースルー型 AR HMD は，VR HMD の拡張形態であり，VR HMD 上のカメラから現実世界を撮影し，その映像を VR HMD 上に投影する．これにより，ユーザは現実の映

像の上に VR コンテンツが表示されていると感じる．一方，光学的シースルー型 AR HMD では，ビームコンバイナーなどを用いて生成した映像を視界に直接投影する．これにより，ユーザは現実のシーンをそのまま見ながら，その上に半透明の映像が投影される．

どちらの方式も，究極的には完全に現実と区別のつかないシームレスな AR 映像の再現を目指している．しかし，両者にはそれぞれの課題が存在する．ビデオシースルー型は，映像の解像度や質感，時間的な遅延によって現実の映像が損なわれる可能性がある．一方で，光学的シースルー型は，現実世界の光をリレーするため，現実の空間をそのまま見ることができるが，バーチャルな映像を光学的に合成する設計の難しさや，映像が半透明なゴーストのように見える問題がある．

以上のように，バーチャルリアリティは五感の理解・五感への提示，現実世界のセンシング，通信技術など，広範な技術領域が交わる分野であり，今後の著しい発展が期待される．

（伊藤勇太）

6-2　自然環境の質感の再現

自然環境は，地形，大気，雲，海，植物，動物などさまざまな要素から構成される．コンピュータグラフィックス技術の進歩により，これらの質感のリアルな再現が可能となっている．その方法は，大別して手続き的手法と物理シミュレーションによる方法に分けられる．

▪ 6-2-1　手続き的手法

手続き的手法では，数学関数や簡単なアルゴリズムを組み合わせて解析的に形やパターンを作り出す（Ebert et al., 2002）．ただし，地形や雲，海の波，植物など，自然環境を構成する要素にはランダム性があり，ある種の規則性や類似性がありながらも同じ形が現れることはない．そのため，計算式やアルゴ

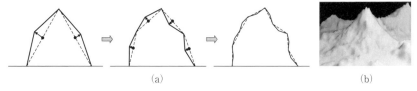

図 6-2-1　中点変位法による地形の生成

リズムの中に乱数生成器が用いられる．いくつかの代表的な方法を紹介する．

　手続き的手法のうち，地形の生成に用いられる中点変位法を図 6-2-1 に示す．この方法では，各辺の中点をわずかにその法線方向に変位する処理を再帰的に繰り返す．ただし，繰り返すたびに変位量は徐々に小さくする．この変位量に乱数を用いることで，複雑な形が表現される．図 6-2-1(a) はこの処理を 3 回繰り返したもので，岩石状の自然な形状が得られている．図 6-2-1(b) はこの方法を 3 次元の地形生成に用いた例である．

　より多様な形やパターンを表現できる特殊な乱数生成器 "Perlin Noise" について述べる[*1]（Perlin, 1985）．一般に乱数生成器が出力する値は互いに相関がない．しかし，自然環境で見られる形や現象には，空間的に近い位置や時間的に連続する時刻での値は似通っている場合が多い．Perlin Noise はこの点を考慮したものである．

　Perlin Noise では，一定間隔に配置した格子点に乱数によって勾配ベクトルを割り付ける．そして，任意の点の値は，その点の近傍の格子点からの相対的な位置ベクトルと各格子点の勾配ベクトルとの内積を補間することによって求める．5 次の多項式を用いて補間することで 2 次微分まで連続な乱数が求まる．Perlin Noise を用いて空間スケール（周波数）と振幅の異なるランダム場を求め，それらを足し合わせることで自然界に見られる規則性とランダム性を備えた複雑なパターンを作り出すことができる．図 6-2-2 はこの方法により生成した雲模様である．Perlin Noise は雲，炎，煙を表現する際によく利用される．

　海の波は周波数や振幅の異なる波の組み合わせで表現できる（図 6-2-3 参照）．そこで，周波数空間において，波の特性を考慮して振幅や位相の分布を指定し，

---

*1　Perlin Noise の名称は考案者の Ken Perlin 氏の名前に由来する．同氏はこの研究により映画芸術科学アカデミーからアカデミー科学技術賞を受賞している．

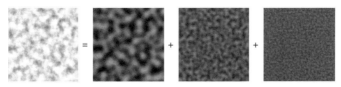

図 6-2-2 Perlin Noise により生成した雲模様

図 6-2-3 48 個の正弦波の合成による海面の表現例

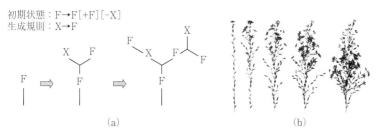

図 6-2-4 L-System による植物の形の生成
(a) は Prusinkiewicz & Lindenmayer (1990) より抜粋.

逆フーリエ変換を施すことで波の形や動きを計算する手法が提案されている (Tessendorf, 2001). これにより,重力や風の影響を考慮した非常にリアルな波を生成することができる.

植物については,L-System とよばれる方法が用いられている (Prusinkiewicz & Lindenmayer, 1990). この方法は植物の生長に伴う形状変化を極めて簡単化したルールによって模擬するもので,さまざまな植物を表現できる. ルールの設計は実際の生長過程の観察にもとづくヒューリスティックなものが多い. 図 6-2-4(a) に示す例では F は枝の伸長, +および−はそれぞれ右および左への回転, X は F への状態遷移を表す. 図 6-2-4(b) は L-System によって生成した植物の例である.

図 6-2-5　物理シミュレーションによる自然景観の表現

6-2-2　物理シミュレーション

　手続き的手法は低コストでさまざまな表現ができるが，適切な計算式やアルゴリズムを見いだすのは容易ではない．対象とする形やパターンを生み出す物理現象がわかっているのであれば，その数値解析によってリアルな再現が可能である（図 6-2-5 参照）．そのようなアプローチをとるのが物理シミュレーションによる方法である．

　ナビエ・ストークス方程式にもとづく流体シミュレーションはさまざまな自然現象の再現に利用される．この方程式は，液体や気体の速度場を記述する方程式であるが，たとえば，熱浮力や水滴と水蒸気の相転移を表す方程式を追加することでもくもくと成長する積乱雲の密度分布を得ることができ，光の散乱を考慮した輝度計算を行えば，リアルな映像化が行える（Dobashi et al., 2017）．また，手続き的な手法では表現できない複雑な波の動きにも流体シミュレーションが使われる．ナビエ・ストークス方程式を簡単化して得られる浅水方程式や波動方程式も波の表現に用いられる．図 6-2-5 はこれらの方法によって生成した雲と波である．ナビエ・ストークス方程式は風や水の音の再現にも利用されている（Dobashi et al., 2003; Zheng & James, 2009; 流体シミュレーションについては 3-5 節も参照）．

　地形の表現では，降雨や河川による浸食のシミュレーション手法が提案されている．浸食は，物質をある場所から取り除き，別の場所に移動することでシミュレーションでき，拡散方程式の数値解法によく似た方法である．降雨や川・海による浸食のほか，氷河や風による浸食を考慮した手法も提案されてい

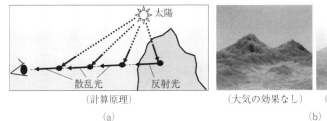

図 6-2-6　大気の効果による遠方物体の質感

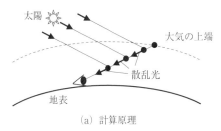

図 6-2-7　空の表示

る（Galin et al., 2019）.

　最後に，屋外での自然景観の再現に関して重要な役割を果たす大気の効果について述べる．大気は空気分子やホコリ，チリなどの微粒子から構成され，太陽光がこれらの微粒子にあたると光の散乱と吸収が生じる．この現象が大気中のいたるところで生じている．遠方の物体の色はこの散乱光と物体の反射光の和として表現される（図 6-2-6(a)）.

　この現象をシミュレーションする最も単純なモデルは，大気を構成する微粒子の密度とそれによる散乱光がいたるところ一定であるとするもので，この場合は，物体の見え方は簡単な数式で計算できる（Nakamae et al., 1986）．これは OpenGL などの標準的なグラフィックスライブラリにも実装されており，このような極めて単純化されたモデルであっても一定のリアリズムをもった表現が可能である（図 6-2-6(b)）.

　実際の大気の密度分布は地表からの高さの指数関数としてあらわされ，散乱光の強度も場所によって異なる．空の表示では，地球規模での散乱光の積分計

算が行われる．大気の厚さは概ね 30 km 程度であり，地球半径（約 6400 km）に 30 km を加算した巨大な仮想球を考える．図 6-2-7(a) に示すように，この仮想球と視線との交点を求めてサンプル点を生成して散乱光の数値積分を実行する（Dobashi et al., 2002）．図 6-2-7(b) はこの方法によって計算した空の輝度分布である．最近では，光の多重散乱を考慮した厳密なモデルも提案されている（Wilkie et al., 2021）．

（土橋宜典）

6-3　質感画像編集

　本節では，質感画像を編集するための技術の 1 つである「テクスチャ画像合成手法」について述べるとともに，その応用技術として「画像中の流体のアニメーション」「例にもとづく 3 次元流体モデリング」「動画からの物体消去」を紹介する．

　テクスチャ画像（図 6-3-1）はデジタルコンテンツ製作において欠かせない要素であり，3 次元コンピュータグラフィックス（CG）では 3 次元形状の表面にテクスチャ画像を貼り付けて映像のリアリティを高めている．また写真や動画の質感編集や物体消去にもテクスチャ画像合成が用いられる．

　テクスチャ画像合成には大きく 2 つのアプローチがある．1 つはパーリンノイズ（Perlin Noise; 6-2-1 項参照）に代表される手続き的アプローチである．そこでは数学的に定義されたノイズ関数によってテクスチャ画像の各ピクセル値が決定される．無限の解像度が扱え，2 次元のみならず 3 次元的なテクスチャ画像も扱えるので CG 製作の現場で人気の手法だが，ノイズ関数だけでは多彩な質感を表現しにくいという問題がある．もう 1 つのアプローチは例にもとづく合成手法である．図 6-3-1 に示すように入力として小さなテクスチャ画像を与えると，その画像特徴を解析して用いることで大きなテクスチャ画像を合成できる．このアプローチでは多彩な質感が表現でき応用範囲も広い．以降で例にもとづく合成手法について解説する．

332 ■ 第 6 章　デジタル技術による質感の再現

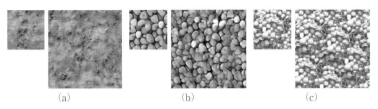

図 6-3-1　テクスチャ画像合成の例
小さい方が入力画像，大きい方が出力された合成画像．

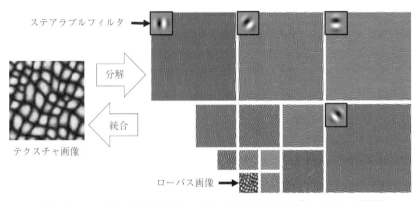

図 6-3-2　テクスチャ画像を 3 スケール & 4 方向にステアラブルピラミッド分解

▪ 6-3-1　画像ピラミッドを用いた質感分析／合成手法

1995 年に Heeger と Bergen によって発表された手法は入力の小さなテクスチャ画像にステアラブルピラミッド分解を適用し画像解析を行う（Heeger & Bergen, 1995）．図 6-3-2 の例では入力画像が 3 つのスケール（高周波／中周波／低周波）に分解されるとともに，各スケールで 4 つの方向成分（0°／45°／90°／135°）に分解されている．各方向成分は入力画像にステアラブルフィルタ（図 6-3-2 に拡大したものを表示）を畳み込むことで得られる．分解されたすべての成分画像を統合すると入力画像が復元できる．

新たなテクスチャ画像を合成するには，まず合成したい画像と同サイズのノイズ画像（各ピクセルの値をランダムに決めた画像など）を用意する．次に入力画像に対して行ったのと同様のステアラブルピラミッド分解をノイズ画像に

適用する．たとえば図 6-3-2 と同様の分解を行った場合，3 スケール×4 方向の 12 枚の画像に加えてローパス画像の合計 13 枚の成分画像がノイズ画像からも得られる．次にノイズ画像から得た成分画像が，入力画像の成分画像と似たものになるように修正を行う．具体的には同スケール＆同方向の成分画像同士の間にヒストグラムマッチングを適用し，ノイズ画像の成分画像が入力画像の成分画像と等しいヒストグラムをもつように修正を行う．この修正を 13 枚の成分画像すべてに適用した後にそれらを統合すると，ノイズ画像は入力画像のような質感をもつ画像に変化する．

この，画像の分解→対応する成分画像間でのヒストグラムマッチング→統合，の一連の処理は良いテクスチャ画像が得られるまで複数回繰り返す（結果は図 6-3-1(a)）．

■ 6-3-2 複素ウェーブレット係数の結合統計にもとづく質感分析／合成手法

2000 年に Portilla と Simoncelli によって発表された手法でも Heeger らの手法と同様にステアラブルピラミッド分解を用いるが，タイトルに「複素ウェーブレット係数」とあるように成分画像の各ピクセルが実部および虚部を表す 2 つの値（偶奇対称フィルタのレスポンスに対応）からなるように拡張されている（Portilla & Simoncelli, 2000）．これによって局所的な振幅および位相を利用した質感解析が可能となる．さらに Heeger らの手法ではヒストグラムのみを用いていたのに対し，Portilla らは，①各成分画像における振幅値の平均／分散／最小値／最大値などの統計量，②各成分画像内における自己相関，③同スケールの成分画像同士の相互相関，④スケールを跨いでの成分画像同士の相互相関，⑤スケールを跨いでの位相に関する相互相関，などの統計的制約を用いて各成分画像を修正する．

この，画像の分解→①〜⑤にもとづく各成分画像の修正→統合，の一連の処理は良いテクスチャ画像が得られるまで複数回繰り返す（結果は図 6-3-1(b)）．Heeger らの手法は制約がヒストグラムのみのため，構造化されたパターンがもつ高周波な質感を再現することが難しい．Portilla らの手法はよりリッチな画像特徴量と統計的制約を用いたため結果が改善されたが，依然構造化された

334 ■ 第 6 章　デジタル技術による質感の再現

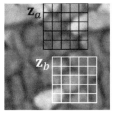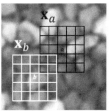

図 6-3-3　パッチの最近傍探索と最適化　(a)入力のテクスチャ画像 Z　　(b)出力の合成画像 X

パターンの再現が苦手である.

　一方，Gatys らが 2015 年に発表した手法では，ステアラブルフィルタのレスポンスではなくディープニューラルネットワークによって得られる画像特徴量を用いつつ，統計的制約は Portilla らの提案したもののうち「同スケールの成分画像同士の相互相関」のみを用いることで高画質なテクスチャ画像合成が可能なことを示した (Gatys el al., 2015).

▪ 6-3-3　パッチの最近傍探索と最適化にもとづくテクスチャ画像合成手法

　2005 年に発表された Kwatra らの手法ではテクスチャ画像合成の問題をエネルギー関数の最小化問題として定式化する（Kwatra et al., 2005）.出力したい合成画像を X とする（図 6-3-3(b)）.X 中のピクセルを p とし，p を中心とする矩形のパッチを考え $\mathbf{x}_p$ とする.図 6-3-3 は 5 ピクセル×5 ピクセルのパッチの例であり，ピクセル a を中心にパッチ $\mathbf{x}_a$，ピクセル b を中心にパッチ $\mathbf{x}_b$ などが存在する.次に入力のテクスチャ画像を Z とする（図 6-3-3(a)）.X 内のパッチ $\mathbf{x}_p$ に最も似ているパッチ $\mathbf{z}_p$ を Z 内から探すことを考える.これは，$\mathbf{x}_p$ や $\mathbf{z}_p$ をベクトル化して考えると（図 6-3-3 の例なら各パッチを 5 ピクセル×5 ピクセル＝25 次元ベクトルとして考えると）ベクトル間のユークリッド距離 $|\mathbf{x}_p - \mathbf{z}_p|$ が最小となるような Z 内のパッチを $\mathbf{z}_p$ として選べばよい.図 6-3-3 の例では $\mathbf{x}_a$ に対して $\mathbf{z}_a$ が，$\mathbf{x}_b$ に対して $\mathbf{z}_b$ が最も似ているパッチに選ばれたとする.X 内の各ピクセル p に対し $\mathbf{z}_p$ が選ばれたら，$\mathbf{x}_p$ の内容を $\mathbf{z}_p$ で置き換えれば Z の質感情報を X 上に転送することができる.ただし，図 6-3-3 の $\mathbf{x}_a$ や $\mathbf{x}_b$ のようにパッチは互いに重なり合っている.そこで X の各ピクセルにおいて，

(a) (b)

図6-3-4 テクスチャ画像合成にもとづく物体消去

そこに重なったすべてのパッチのピクセル値の平均を取ることで最終的な X のピクセル値を決定する．

　上記のアルゴリズムは，① X 内の各パッチ $\mathbf{x}_p$ に対し最も似ているパッチ $\mathbf{z}_p$ を Z 内から探す，② X の各ピクセルにおいて重なったすべてのパッチ $\mathbf{z}_p$ の平均を取って X のピクセル値を更新する，という2ステップからなる．新たなテクスチャ画像を合成する際は，まず X をランダムなノイズ画像などで初期化し，ステップ①とステップ②を交互に適用する（結果は図6-3-1(c)）．このアルゴリズムは次式のようなエネルギー関数の最小化問題を Expectation-Maximization(EM)-like なアルゴリズムで解いていると解釈できる（①が E ステップ，②が M ステップ）：

$$E = \sum_p |\mathbf{x}_p - \mathbf{z}_p|^2 \tag{6-3-1}$$

式（6-3-1）はパッチ同士の類似度の合計を定式化しているだけで，特にテクスチャ画像に特化した統計的制約などは扱っていない．したがって本手法はテクスチャ画像の範疇を超えた一般的な質感画像編集に応用できる．

　図6-3-4(a)は入力画像に消去したい領域を示すマスクを重ねたものである．マスク領域をランダムなノイズ画像で置き換えて X の初期画像とおく．一方，マスクの掛かってない領域を Z とおく．そして上記アルゴリズムを適用すると，図6-3-4(b)のような物体消去が実現できる．なお，上記アルゴリズムにおいて，ステップ①の最近傍探索は計算時間の掛かる処理であったが，2009年に Barnes らが発表した乱択アルゴリズム PatchMatch の登場により計算時間が顕著に改善された（Barnes et al., 2009）．

図 6-3-5　油絵の滝を動かしたい

▪ 6-3-4　画像中の流体のアニメーション

写真や絵画の中の流体を動かすための手法としてOkabeら（2018）の手法がある．たとえば手描きアニメーションの映像を制作するとき，図6-3-5の油絵のようなシーンが描かれることがある．この絵には小さな滝があるが，画家の描いた質感をできるだけ保ちつつこの滝をアニメーション化させたい．

本手法では，①流体動画を収集しデータベースを構築，②入力画像に類似する質感をもつ動画をデータベースから複数検索，③検索された動画の合成と質感編集，という3つの技術でアニメーションを生成する．③の合成と質感編集の処理では，検索された複数の動画を合成してアニメーションを生成した後，結果が入力画像に似た質感となるように「画像ピラミッドを用いた質感分析／合成手法」を適用する．結果は開発者のウェブサイト（makotookabe.com）で確認できる．

▪ 6-3-5　例にもとづく3次元流体モデリング

流体の3次元CGの生成のための手法としてOkabeら（2015）の手法がある．流体CGの生成には流体シミュレータの使用が一般的だが，多数のパラメータを設定せねばならず，望みの流体を生成することがしばしば難しい．そこで本手法では望みの流体を動画で入力し，それにもとづき流体CGを生成する．

図6-3-6に煙の動画から生成したCG，爆発の動画から生成したCG（爆風で自動車を吹き飛ばしている）を示す．本手法で解きたいのは，動画中の流体を3次元化するという問題である．しかし，流体を正面から撮影した動画のみから，その3次元形状を正確に知ることはできない．もし，横から撮影した動画もあれば形状がより正確に分かるが，それは与えられていない．そこで本手

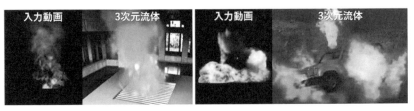

図6-3-6　入力動画（左）とモデリングされた3次元流体アニメーション（右）

法のアイデアは「煙や爆発のような流体は，正面から撮影しても横から撮影しても，いずれも似たような質感の映像が得られるだろう」というものである．即ち，「流体を任意の方向から観測したときに見える質感は，流体を正面から観測したときに見える質感と同様でなければならない」という制約を課して最適化問題を解くことで自然な3次元流体をモデリングしている．制約を課すための質感の表現には，上で紹介した画像ピラミッドや複素ウェーブレット係数の結合統計を用いることができる．

▪ 6-3-6　動画からの物体消去

　動画中の物体を消去するための手法としてOkabeら（2020）の手法がある．図6-3-7(a)の動画から人物を消去した例が図6-3-7(b)である．物体消去は映像制作の現場で日常的に行われる作業だが，本手法はその効率化のためのインタラクティブな動画編集手法である．

　本手法のアイデアについて簡単に説明する．図6-3-8(a)の画像からテニスプレーヤー（点線部分）を消去したいとする．そのためにはテニスプレーヤーの背景（テニスプレーヤーがいなくなったときに見えるもの）を推定し，それでテニスプレーヤーを塗り潰せばよい．この背景は動画を巻き戻せば得られる．たとえば動画を8フレーム巻き戻せば図6-3-8(b)の画像になる．テニスプレーヤーは移動しており，欲しかった背景が見えている．即ち，図6-3-8(b)の点線部分を使って図6-3-8(a)のテニスプレーヤーを消去できる．同様に図6-3-8(b)のテニスプレーヤーの消去に図6-3-8(a)の画像が使える．消去したい物体が移動しない場合は，動画を巻き戻しても，または早送りしても背景が得られないが，その場合は，上で紹介した「パッチの最近傍探索と最適化に

図6-3-7 (a)の動画からダンサーを消去した結果を(b)に示す

図6-3-8 人物消去に必要な背景は過去or未来から推定可

もとづくテクスチャ画像合成手法」を用いて物体消去（背景画像の生成）を行い，その背景情報を過去または未来へ伝播させる．

（岡部　誠）

6-4　視覚野の神経回路と深層ニューラルネットワーク

　デジタル技術を用いて質感を再現するためには，人間の質感情報処理を工学的に理解（＝モデル化）することが重要である．視覚情報にもとづく質感のなかでも，色や形，材質感など物体の属性に関わる情報処理は，脳の腹側視覚経路に沿って階層的に行われており，その計算モデルとして，深層ニューラルネットワークが注目されている．深層ニューラルネットワークは，画像の質感を編集する技術としても幅広く利用される．今後は，再現された質感の評価手法としても，脳のデジタルモデルを用いた研究アプローチが重要になるであろう．
　本節では，視覚野の神経回路モデルとして生まれた深層ニューラルネットワークについて概説したのち，深層ニューラルネットワークを利用した近年の神

経科学研究ならびに質感に関連した視覚研究を紹介する.

■ 6-4-1　視覚野の神経回路をモデル化した深層ニューラルネットワーク

視覚野の神経細胞は，前段の視覚野の近傍に分布する神経細胞群から，シナプスを介して電気信号を入力として受け取り，後段の視覚野の近傍に分布する神経細胞群へと出力信号を投射している．そして，同じ仕組みの演算処理が視野全体に対して並列的に，かつ繰り返し階層的に行われている（詳細は 1-4 節参照）.

こうした視覚野の神経回路の仕組みから着想を得て提案されたのが，畳み込み型ニューラルネットワークである（林，2022 の解説参照）．畳み込み演算を多層化（＝深層化）したニューラルネットワーク（Deep Neural Network, DNN）を用いて，大規模な画像データを学習すれば，ヒトと同様に，一般物体認識課題が高い精度で実行できることが示された（図 6-4-1; Krizhevsky et al., 2012）.

畳み込み型 DNN は，演算処理のアーキテクチャが，生体の脳に似ているだけでなく，演算素子である人工ニューロンの機能的な特徴も，生体の神経細胞に似ることが指摘されている．第 1 層の人工ニューロンは，V1 野の単純型神経細胞のように縞模様状のパターンに選択性を示し，第 2 層の人工ニューロンは，特定のテクスチャパターンに選択性がある．出力層に近い人工ニューロンは，下側頭皮質の神経細胞のように物体カテゴリ選択性を示す．このため，DNN を視覚野の神経回路モデルとして用いることで，神経細胞が符号化している情報を解き明かす試みが盛んに行われた.

初期の研究では，DNN 各層の人工ニューロン群の応答と，サルの腹側視覚経路から記録された神経細胞群の応答が線形回帰モデルを介して，互いにどの程度予測できるか検証され（Hayashi & Nishimoto, 2013; Yamins et al., 2014），脳における情報処理の階層と DNN における情報処理の階層との対応が指摘された．その後，コンピュータビジョン研究としては，さまざまな DNN 実装による画像認識手法が提案された．そこで，脳の計算モデルとして，異なる DNN 実装法を比較する手法として，神経活動データに対する予測性能＝Brain Score による指標化（Schrimpf et al., 2018）が提唱された．そして，視覚野の神経回

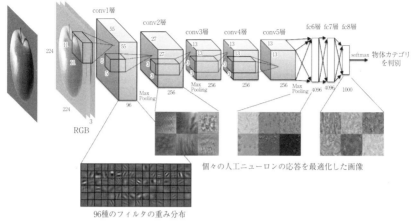

図6-4-1 深層畳み込み型DNNの模式図と各層における人工ニューロンの最適画像例

路モデルとして妥当な階層数をもち，Brain Score が高い DNN として CORnet が提案された (Kubilius et al., 2018)．

DNN は，自然画像に対するサル V4 野の神経細胞の応答を予測できるだけでなく，V4 野の神経細胞の応答を最適化する人工画像が作成できることも示された (Bashivan et al., 2019)．このため，DNN 内での視覚情報表現を手がかりに腹側視覚経路の神経細胞の反応特性を探索する試みも行われている (Ponce et al., 2019; Bao et al., 2020)．

6-4-2 対照学習モデルによる視覚野神経回路のモデル化

DNN による一般物体認識課題などの学習は，課題の答えを教師信号として使う研究が，当初は主流であった．しかし，「教師あり学習」した DNN の振る舞いは，課題と訓練データの関係に強く依存するため，ヒトの視覚認識能力と異なり，新規データや新しい課題，未知の外乱（ボケやノイズなど）に対して，成績が大幅に低下することが知られている．

特定の課題に依存しない「教師なし学習」手法の1つが，対照学習 (contrastive learning) である（図6-4-2）．対照学習した DNN は，一般物体認識課題に有用な中間層の特徴表現を獲得し，教師あり学習した DNN に匹敵する課題

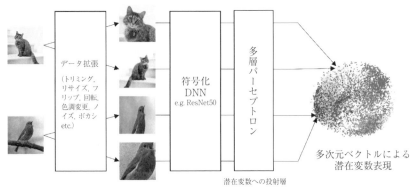

図 6-4-2　画像処理に用いられる対照学習手法の模式図
i) 自然な観察条件の変化に対応した，さまざまな画像操作を同一画像に適用し，正例（positive sample）を作る．ii) 別画像に同様の画像操作を適用し負例（negative sample）を作る．iii) 正例どうしの出力は，潜在変数＝多次元ベクトル空間内の近位に（出力ベクトルどうしの類似度が大きくなるように），負例とは離れて配置されるように（出力ベクトルどうしの類似度が小さくなるように），DNN の学習を行う．

成績が報告されている．さらに，対照学習した DNN は，教師あり学習した DNN と同程度に，腹側視覚経路の神経活動データが予測できることも報告されている（Zhuang et al., 2021）．

　対照学習は，異なるモダリティ間で情報を対応づける学習にも利用されている．CLIP（Radford et al., 2019）は，言語と画像の対応関係を学習する手法である．4 億組という膨大なデータペアを使って学習した CLIP モデルは，さまざまな新規タスクに対して，高い実行性能を示す（6-5 節参照）ほか，画像の内容をテキストとして出力する手法や，テキストの内容に沿って画像を生成する手法などに利用される（例：DALL-E2, Ramesh et al., 2022）．また，学習済みの CLIP モデルを用いると，さまざまな画像に対し，ヒトはどのような単語と対応づける傾向があるか解析することができる．質感研究としては，顔認知現象として知られる「不気味の谷」研究にも用いられている（Igaue & Hayashi, 2023）．

▪ 6-4-3　生成モデルによる視覚野神経回路のモデル化

　「教師なし学習」を行う方法として，生成モデルを用いた手法も注目されて

いる．画像処理であれば，訓練画像とよく似た画像を生成すべく，モデル出力 x' の分布が，訓練画像データ x の分布の近似となるように学習を行うことに相当する．実装方法としては，敵対的生成ネットワーク（Generative Adversarial Neural network, GAN）と変分オートエンコーダ（Variational Auto Encoder, VAE），拡散モデル（diffusion model, Ho et al., 2020; Rombach et al., 2022）が広く利用されている（図6-4-3; 林，2022 の解説ならびに本書6-5節参照）．

さまざまな GAN（図6-4-3(a)）の実装法の中でも，StyleGAN（Karras et al., 2019）は，高精細な画像を生成する手法として広く用いられており，ある程度解釈可能な画像特徴が，構成要素である DNN 各階層の潜在変数として表現される性質がある．StyleGAN と，「入力画像を潜在変数に符号化する DNN（符号化器）」とを併用した学習モデル（pixel2style2pixel, pSp, Richardson et al., 2021）も提案されており，画像から潜在変数を抽出して，その特徴表現を解析したり，潜在変数を編集して画像生成することができる．質感研究としては，StyleGAN と pSp を用いて，半透明な物体の画像データベースを学習すると，「色」「半透明度」「形」といった情報が，それぞれ異なる階層の潜在変数として分離して表現されることが報告されている（Liao et al., 2023）．GAN は，高精細な画像の生成が可能であるが，1つのモデルで学習できる画像のバリエーションが限られており，学習が不安定な欠点がある．

VAE（図6-4-3(b)）は，学習のハイパーパラメータを調整することで，潜在変数の各次元が，異なる画像特徴を分離して表現することができる．VAE の潜在変数による画像特徴表現は，サル TE 野の神経表現と類似性が高いことが報告されている（Higgins et al., 2021）．VAE は，多様な画像を安定して学習できる反面，生成される画像は，一般に画質が悪い欠点がある．

拡散モデル（図6-4-3(c)）は，生成したい画像内容を適切に条件づけすることで，構成要素も多い複雑で多様な画像を生成することができる（詳細は6-5節参照）．安定して学習できるため，実用上，多くの画像生成サービスで用いられ，質感の再現技術としても非常に有用である．ただし，画像生成時には，毎回繰り返し計算が必要なほか，実装モデルは，視覚野の神経回路と対応づけて解釈しづらい欠点がある．

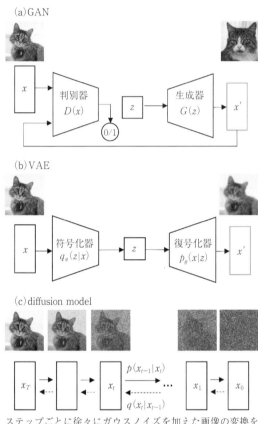

ステップごとに徐々にガウスノイズを加えた画像の変換を学習

図 6-4-3 主要な生成モデルの模式図

(a) GAN は、「ランダムな潜在変数 z を入力として画像 x' を出力する DNN（生成器）」と、「画像を入力として、訓練画像群 x と生成画像群 x' を分類／評価する DNN（識別器）」によって構成される。識別器と生成器が競合的に学習し、適切な均衡点に収束すれば、訓練画像によく似た画像が生成器から出力される。
(b) VAE は、「画像 x から潜在変数 z への符号化を行う符号化器」と、「潜在変数 z から元の画像への復元 x' を行う復号化器（≒生成器）」を基本構成要素とする。そして、潜在変数 z の分布を正規分布とした制約下で、元画像 x と復元画像 x' の復元誤差が最小となるよう符号化器と復号化器の学習を行う。(c) 拡散モデルは、単純なランダムな信号から、自然な画像信号へと変換する過程を、同じ DNN を用いて、ノイズ度を段階的に分けて学習することで、画像生成する手法である。

▪ 6-4-4　Transformer による大規模データの学習

　GPT4（Open AI, 2023）など大規模な自然言語処理モデルで用いられている
ネットワークアーキテクチャが Transformer である（林，2022 の解説参照）.
文章内の単語を 1 列に配置したものを一括入力し，単語どうしの出現関係（≒
context）を並列的に処理しながら，虫食いになった文章の穴埋め予測などを教
師なし学習する. データを 1 次元配列に変換すれば，画像処理への適用（Vision
Transformer, ViT）など，マルチモーダルに利用できる. 従来の教師あり学習
した DNN よりも，大規模なデータで学習できることから，ViT モデルは，よ
りヒトに近い視覚手がかりにもとづき一般物体認識課題を行うことも指摘され
ている（Dehghani et al., 2023）.

▪ 6-4-5　再帰型ニューラルネットワークによる視覚野神経回路の　　モデル化

　これまで見てきた DNN は，画像入力から出力結果にいたる情報処理の流れ
が一方通行な，いわゆるフィードフォワード型のニューラルネットワークであ
る. しかしながら，生体の脳には高次の視覚野から低次の視覚野へのフィード
バック信号が存在する. 脳におけるフィードバック信号のような，再帰的な信
号処理を考慮したニューラルネットワークも提案されている. 再帰型ニューラ
ルネットワークを用いると，少ない階層数のモデルでも，非常に深層に拡張し
たフィードフォワード型 DNN と同程度に，サル TE 野から記録された神経細
胞の活動データが予測できるとされる（Kar et al., 2019）.

▪ 6-4-6　予測符号化理論・自由エネルギー原理にもとづく　　視覚野神経回路のモデル化

　Friston らが提唱している自由エネルギー原理（free energy principle）は，
感覚，運動，情動，意思決定など広範な脳の機能をベイズ推論にもとづく統一
的な枠組みで説明しようとする情報理論である. 能動的な運動を考慮せず，視
覚の情報処理だけに限定すれば，自由エネルギー原理にもとづく脳のモデル化
は，予測符号化理論にもとづく脳のモデルと等価である. 予測符号化理論ない

し自由エネルギー原理にもとづき，再帰型ニューラルネットワークを用いた生成モデルによって，視覚野の神経回路をモデル化する研究も行われている（Lotter et al., 2020）．

（林　隆介）

6-5　ニューラルネットワークの進歩と質感生成

最近，テキストによる指示で，任意のシーンや物体の画像を生成する技術が話題となった（図6-5-1）．類似の技術は以前から研究されていたが，生成される画像の品質や写実性の面で大幅な向上を果たしている（Zhang et al., 2023）．図6-5-1(b) に示すように，複雑な光の反射のような，繊細な質感が表現された画像を生成することも可能となっている．

この技術の発展は主に2つのブレークスルーによってもたらされている．1つは，シーンの画像とそのシーンを説明したテキスト間の関係を，データからうまく学習できるようになったことである．もう1つは，画像生成手法の進展である．本節では，ともに深層学習にもとづくこれら2つの要素を順に説明し，最後に今の技術の限界と課題を議論する．

■ 6-5-1　画像と言語の対応関係

あるシーンの画像と，そのシーンを説明したテキストがあるとする．その画像とテキストは，同一概念（＝シーン）を2つの異なるモダリティで表現したものであるといえる．当然，それらの間には強い関係が存在するはずだが，その関係を表現するにはどうすればよいだろうか．

この問いに対する1つの答えは，図6-5-2のように画像とテキストそれぞれについて，写す先が共通の空間であって，そこで2つが関係付けられるような写像を作ることである．

通常，1枚の画像は数万〜数千万程度の画素から構成され，単純に見ると情報量は非常に大きい．そのような画像がもつ情報のうち，テキストで説明でき

346 ■ 第6章　デジタル技術による質感の再現

図 6-5-1　テキスト画像生成の例

(a) の 2 枚は「タイムズスクエアをパレードするテディベア」の生成画像．(b) の 2 枚は「テーブルの上に置かれた丸い透明なガラス細工が，色々な方向から照らされて光を反射するさま」．2 枚目はさらに「絵画風」の指定を追加したもの．

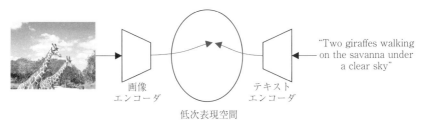

図 6-5-2　画像とテキストをそれぞれ異なる写像で共通の表現空間に写す

写像は深層ニューラルネットワーク（エンコーダ）で実現される．

るのは一部に過ぎない．「百聞は一見にしかず」といわれるように，画像とテキストでは後者の方が常に小さな情報量しかもたないからである．そこである写像によって 1 枚の画像を，より少ない，ただし大事な情報を保持しうる低次元空間に写すことを考える．この写像の逆写像は一意には定まらないことに注意する．一方のテキスト側でも同様の写像——画像に比べれば捨てるべき情報は少ないが，テキストが表す意味を純粋に取り出すことを理想とする写像——を考える．

このような画像とテキストの写像の中で，同一シーンに関する画像とテキストのペアをこの空間の同一点に写し，そうでないペアは違う点に写すものを考える．そんな 2 つの写像が見つかれば，1 枚の画像が与えられたとき，この空間で画像に近いテキストを（候補から検索するなどして）見いだすことでシーンを説明するテキストが得られる．あるいは逆に，与えられたテキストに対応

する画像を見つけることもできる.

　Open AI が開発した CLIP（Radford et al., 2021）は，以上のような性質をもつ 2 つの写像を，大規模データの深層学習によって実現する方法である．2 つの写像は，それぞれ画像エンコーダとテキストエンコーダとよばれる 2 つのニューラルネットワークによって表現される．前者は画像を入力に受け取り，その中身をコンパクトに表すベクトルを出力し，後者は任意のテキスト文を入力に受け取り，その中身をコンパクトに表すベクトルを出力する．2 つのベクトルはともに同じ長さ（たとえば 1024 など）をもつ.

　2 つのエンコーダは，画像とその説明を与えるテキストのペアを大量に用いて，対照学習とよばれる方法で学習される．具体的には，画像とテキストのペアが N ペアあるとき，ペアを一旦解消して N^2 通りの新たなペアを作った上で，元々対応するペアは空間のなるべく近い点に，対応しないペアはなるべく離れた点にそれぞれ写るように，両エンコーダを学習する.

　オリジナルの CLIP では，ウェブをクロールして得た，画像とその説明テキストのペア合計 4 億ペアを学習に利用したと報告されている．そのデータの主なものは，SNS 等においてユーザが，他者と共有する目的で身の回りの風景を撮影し，何らかの説明を添えてアップロードしたものである．CLIP の学習データは非公開であったが，それとは独立の LAION というプロジェクトにおいて，同様の方法で収集した 50 億の画像とテキストのペアが公開されている（図6-5-3).

　CLIP は，ウェブから得られた膨大な量の，ただし雑多な画像とテキストのペアを学習することで，多様な用途において想定以上の性能が達成できることを示した．それぞれのエンコーダ単体が優れた特徴抽出器として利用でき，たとえば画像分類などで活用できるほか，2 つのエンコーダを使った画像記述——画像に写るシーンの説明を生成——や，テキストのテンプレートを用いた「ゼロショット画像分類（＝新たな物体クラスを，学習データなしに認識する）」などが可能となることが示された.

▪ 6-5-2　新しい深層生成モデル——拡散モデル

　自然画像——現実のシーンの画像——のような自然界の高次元データを，何

図 6-5-3　LAION に含まれるデータの例

"cupcackes look like sheep" というテキストで検索された検索上位の画像とテキストのペアを表示している．

もないところから生成するのは難しい問題である．それをするためには自然画像とは何か，自然画像がもつ固有の性質とは何かを適切にとらえた上で，それを画像生成に活用できることが求められる．敵対的生成ネットワーク（GAN）などの深層生成モデル（deep generative model）は，これを可能にする（Goodfellow, 2016; 6-4-3 項参照）．

　画像生成の主要な関心の 1 つは，どれだけ高品質な（たとえば自然画像に近い）画像を生成できるかである．GAN はこの点では成功したが，学習が難しいという課題があった．この課題を緩和したのが拡散モデル（diffusion model）であり，後発にもかかわらず画像生成の標準的な手法としての地位を確立するにいたっている（Yang et al., 2022）．以下では，この拡散モデルの原理をかいつまんで説明する．

　まず準備として，図 6-5-4 のように，1 枚の自然画像 x_0 があるとき，これにランダムな小さいノイズ ϵ_1 を加算して画像 x_1 を得たとする．同様のノイズの加算を繰り返せば，ノイズの割合が徐々に増し，最終的にはノイズのみの画像にいたる画像列 $x_0, x_1, \cdots$ が得られる（拡散過程とよばれる）．

　拡散モデルは，このノイズの加算 $x_{t-1} \to x_t$ の逆の計算，すなわち，ノイジーな画像 x_t を入力に，少しだけノイズを除去した画像 x_{t-1} を推定する．この

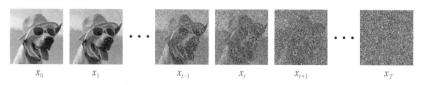

図6-5-4 画像に少量のノイズを繰り返し加える拡散過程 $x_0, x_1, \cdots$
拡散モデルは，その逆の過程，すなわちノイズを含む画像 x_t をもとにノイズを低減した画像 x_{t-1} を推定する．

推定は，元のノイズフリー画像 x_0 を知らぬまま行う．

この問題は，事前の知識が何もなければ不良設定問題であり，解けない．しかしながら「自然画像とは何か」を理解し，それを利用できるなら話は違う．人間ならば，ノイズを含む画像 x_t から，元の画像 x_0，あるいは少しノイズ成分を低減した x_{t-1} を想像できるだろう．拡散モデルはまさにこれを行う．自然画像の知識の獲得と活用という難問を，ノイズ除去という実行可能な問題に，賢く置き換えたとみることができる．

ノイズ除去 $x_t \to x_{t-1}$ は，具体的には画像を入出力にもつ畳み込みネットワーク（U-Net が代表的）を用いて行う．このネットワークが x_t から x_{t-1} を推定できるように，大量かつ多様な自然画像 x_0 の集合（生成対象が特定の画像集合，たとえば人の顔の場合にはその集合）を用いて学習を行う．実画像 x_0 に対し拡散過程 $x_0, x_1, \cdots$ は簡単にシミュレートできるので，学習すべき $x_t \to x_{t-1}$ の正解 x_{t-1} は常に得られる状況にあり，標準的な教師あり学習に帰着される．

学習後，画像の生成は次のようにして行う．最初に完全なノイズ画像 x_T をランダムに生成し，これを出発点に学習済みのネットワークを適用して $x_T \to x_{T-1} \to \cdots \to x_t \to \cdots$ を得る．最後に得られる画像 x_0 がノイズを含まない生成画像である．この画像は一般に，学習したどの画像とも異なり，出発点の x_T が違えば毎回異なるものになる．こうして，学習に用いた画像集合に類似しつつも新しい画像をランダムに生成できる．

以上は基本的な拡散モデルであるが，どういう画像が生成されるかは運任せであり，外から制御することができない．望んだ画像を生成できるようにする方法はいくつかあるが，テキスト指示による画像生成においては，制御のための外部入力を取り込める構造のネットワークを用いた上で，外部入力と正解画

像のペアを用いて教師あり学習を行う方法が採用される.

具体的には,まずネットワーク（U-Net）に,その中間層において外部入力 c を取り込める構造を与える.典型的には,Transformer（言語モデルなどで一般的なニューラルネットワーク）の注意機構が応用される.c には,テキストを CLIP のテキストエンコーダ（あるいは同等のもの）で変換したベクトルを用いる.学習は,指定したテキストとペアをなす画像 x_0 に対して,上と同様のノイズ除去の推論が c の指定の下でなされるように行う.

なお以上では,拡散過程とその逆過程の計算を画像空間で行う場合を考えたが,計算量を削減するため,画像を符号化（$z = \varepsilon(x)$）した潜在変数 z の空間でまったく同じことを行う方法（潜在拡散モデル,Latent Diffusion Model,LDM とよばれる）がある（Rombach et al., 2022）.画像の拡散モデルといえば,通常この LDM を指すことが多い.

■ 6-5-3　テキスト指示による画像生成の限界

以上述べてきた画像生成の技術の発展によって,現実のものではないシーンの写実的な画像を作れたり,絵心がなくても欲しい絵を手に入れるといったことが可能になった.しかしながら現在の技術には限界もある.それは,ユーザが思い描いた通りに画像を生成するのは思いのほか難しいことである.

それには 2 つの原因を挙げることができる.1 つは「百聞は一見にしかず」の通り,画像がもつ情報をテキスト（言葉）で表現することの困難さである.どれほど言葉を尽くしても,実世界のシーンの画像 1 枚を正確に記述することは大変難しく,これはテキスト指示で画像を生成する考え方そのものの限界といえる.

もう 1 つは,学習データの不完全さに起因するものである.上述の通りモデルの学習には,画像とそれを説明したテキストのペアが必要である.これら学習データには,ウェブ上に元々あったもの——多くの場合,人々が身の回りの風景を撮影し,そのときの関心にもとづいて画像に説明を加えたもの——が用いられる.そのテキストには,説明を要しない情報や関心のない情報は省略され,含まれない.含まれないものは学習できず,生成時の指示でも有効にはならない.たとえば,画像生成時にユーザが制御したいが難しい要素の 1 つに,

6-5　ニューラルネットワークの進歩と質感生成　■ 351

カメラアングルがある．あるシーンの画像をどの方向・角度から撮影したかが説明テキストに入ることはあまりない．画像を見れば一目瞭然だからである．学習していなければテキスト指示で制御することは無理である．

　最後に，本書のテーマである質感について考える．結論から述べると，質感をテキストで自由に制御しつつ画像を生成することは，今の技術では難しい．質感の多くは言語化が難しく，他の視覚的特徴と比べても「百聞は一見にしかず」の傾向がより強い．ウェブをクロールして得られる類のデータには，質感表現を豊富に含むテキストが大量に含まれることは期待できない．したがって，上述の限界はより強く作用するだろう．これを解決するには，人がどのように質感をとらえ，言語化し，あるいはしないままで，他人と質感の認知内容を共有しているのかを理解することが，必要なのかもしれない．

（岡谷貴之）

6-6　ディスプレイ技術

　実物の質感を忠実に再現するディスプレイに求められる性能は極めて高い．コンピュータグラフィックス分野では，写真のような画像を生成する「フォトリアリズム」が追求されているが，それに比べて，質感ディスプレイに求められるのは，観察者にとって実物の質感と見分けがつかないレベルで表示する「知覚的リアリズム（perceptual realism）」である（Zhong et al., 2021）．たとえ写実的なコンピュータグラフィックスや，実物の光の情報を余すことなく計測したデータが手元にあったとしても，ディスプレイの性能が不十分であれば知覚的リアリズムは達成されない．きらめくガラス細工，奥深い黒とつやのある光沢が共存する漆，色鮮やかなトロピカルフルーツの瑞々しい果肉，ささくれた木や毛羽立った織物の質感を再現するには，それぞれ，高い輝度，広いダイナミックレンジ，広い色域，高い空間解像度が必要となる．これらは本書で紹介されてきた多種多様な質感のほんの一部であるにもかかわらず，そのすべてを知覚的リアリズムを保ちつつ表示する単一のディスプレイシステムを構成

することは容易ではない．加えて，表示対象は平面に限定されない上，光沢感のように見る位置によって見かけが変化することで特徴づけられる質感も表示できなければならない．すなわち，視点に応じて提示情報を切り替える必要がある．

本節では，質感ディスプレイを実現するための各種要件を議論し，その後，視覚版チューリングテストによって知覚的リアリズムに迫る最新の試みについて紹介する．なお，視覚的に質感を再現するディスプレイ技術としては HMD（Head-Mounted Display）も重要であるが，6-1 節にて取り上げているため，本節では取り扱わない．

▪ 6-6-1　質感ディスプレイの要件

ある実物を透明な板を通して直接見る質感と，その透明な板をディスプレイデバイスに置き換えたときに得られる質感とが同一であるとき，その実物の質感がディスプレイ上で忠実に再現されたといえる（図 6-6-1）．この透明な板を通る光線の集合（ライトフィールドとよぶ）を余すことなく再現できるデバイスがあれば，それは理想の質感ディスプレイとなる．しかしながら，たとえば空間解像度について考えるだけでも，実際のディスプレイデバイスは有限個の画素で映像を表現するためライトフィールドを完全に再現することは不可能である．一方，人の視覚が識別可能な細かさには限界があるように，質感のような知覚体験を同一にすることを目的とするならば，ライトフィールドを完全に再現する必要はない．上述の空間解像度については，60 cpd（cycles per degree）（＝120 ppd（pixels per degree））を超すと，提示画像の「実物さ」が，実物観察時と同程度となることが明らかになっており（Masaoka et al., 2013），それを超す解像度は不要ということになる．

ダイナミックレンジに関しても，直接的に実物の質感と見分けがつかないかを調べたものではないものの，関連する実験により，質感ディスプレイを実現する上で目安となる値が示されている．人の視覚は，夜中の星明かりから昼間の太陽光まで，10 の 14 乗ともいわれる極めて広いダイナミックレンジに順応する．これに対し，人が明暗順応なしに同時に知覚できるダイナミックレンジ（simultaneous dynamic range）はそれよりも狭い．Kunkel らは，それが 10 の

6-6　ディスプレイ技術 ▪ 353

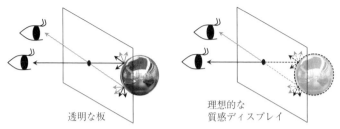

図 6-6-1　理想的な質感ディスプレイは，ある実物を透明な板を通して直接見るのと同一の知覚体験を提供する

3.73 乗（約 5400:1）であることを示唆するデータを報告している（Kunkel & Reinhard, 2010）．これが，質感ディスプレイが有すべきダイナミックレンジの目安となる．ただしこの実験では，刺激の提示時間が 200 ms と，実際の視聴環境を想定するとかなり短い．刺激が提示されていたのはディスプレイ画面中の小領域であり，それ以外の領域には順応輝度のピンクノイズが提示されていたため，提示時間が伸びると局所的に順応水準も変わる．これにより，ディスプレイの自然な観察条件において全視野で順応レベルが一定，という仮定が成り立たなくなるため，上記の推定は過小評価である可能性が高い．実際，少人数の追試により，提示時間が伸びると同時知覚可能なダイナミックレンジも増加する傾向が示されており，10 の 4.7 乗よりも広いダイナミックレンジが必要という考察もなされている．なお，現在の民生品の HDR 対応ディスプレイには，この程度のダイナミックレンジをカバーしているものは比較的多い．一方で，同研究では，順応輝度の上昇により知覚可能な最大輝度も単調に上昇し，薄明視から明所視に切り替わる付近の順応輝度においては，3500 cd/m^2 付近の輝度まで同時知覚可能ということも示されている．質感ディスプレイに要求されるダイナミックレンジのみならず，最大輝度をも満たすディスプレイシステムの構築は，未だハードルが高いといえよう．

　導入部で述べた通り，現実空間のほとんどを占める立体物や，光沢感のある物の再現には，視点位置に応じて提示映像を切り替えることが必要であり，とりもなおさずそれは質感ディスプレイの必須要件でもある．立体物を表示する場合は，網膜上で焦点ぼけも正しく再現される必要がある．多視点への映像提示は，ディスプレイ面にマイクロレンズアレイを貼り付けたり（Surman &

Sexton, 2012），散乱指向性のあるスクリーンに多方向から映像を投射したり（吉田ほか，2010）することで実現できる．映像提示できる視点数が十分に密であれば，視点移動に対してスムーズに映像が切り替わる上，網膜上に正しい焦点ぼけが生じる．しかしながら，視点数倍の画素数（たとえば，4K画像をたった12視点分用意するだけで，単純計算でほぼ1億画素）が必要となるため，画素数と視点数はトレードオフの関係となっている．

これに対し，観察者数を1名と割り切れば，液晶シャッターグラス等を用いた両眼視差提示と，視点位置トラッキングによる映像切替とを組み合わせることで，画素数の爆発的な増加を抑えつつ，同様の効果を得ることが可能である．しかしながら，この方式では焦点ぼけを再現することはできない．原理的には，ビームスプリッター等を用いて複数の焦点面を同時に提示するマルチフォーカル方式（Akeley et al., 2004）等を組み合わせることで，焦点ぼけの再現は可能となるが，現実的には装置が大型化してしまい，自由視点での閲覧を許すようなシステムの構築は難しい．

▪ 6-6-2 視覚版チューリングテスト

6-6-1で示したような質感ディスプレイの要件のうち，どれを満たすシステムを用いれば，実物の質感と見分けがつかないレベルでの再現が可能となるのであろうか．その疑問に答える1つの研究が行われている（Zhong et al., 2021）．この研究では，10の5乗を超えるダイナミックレンジをもち，さらに両眼視差と焦点ぼけ（マルチフォーカル方式）を提示可能なディスプレイを構築し，実物とそれを再現したバーチャル物体とを観察者が識別可能かどうかを調査した．具体的には，実物とバーチャル物体のいずれかを1回，もう一方を2回提示し，他の2回と異なるように見えたものがどれだったかを観察者に回答させる，というタスクを行った（3IFC: Three-Interval-Forced Choice, 3区間強制選択法）．研究者らは，この識別テストを「視覚版チューリングテスト」とよび，知覚的リアリズムにどれほど迫ることができるかを被験者実験により明らかにした．

構築されたディスプレイは，$0.01\,\mathrm{cd/m^2}$から$3000\,\mathrm{cd/m^2}$の輝度レンジを有し，85 ppd（≒45 cpd）の空間解像度，BT.709の色域，そして，観察位置か

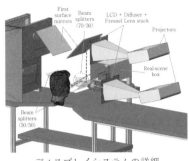 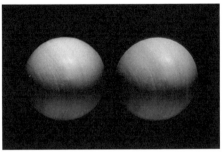

ディスプレイシステムの詳細　　　　刺激：(左) 実物, (右) バーチャル物体

図 6-6-2　視覚版チューリングテスト（Zhong et al., 2021）

ら 462 mm および 740 mm の 2 面の焦点面を有するものであった．バーチャル物体のレンダリングには，実物から発せられるライトフィールドを複数視点から HDR（ハイダイナミックレンジ）撮影したデータが使用された（図 6-6-2）．実験の結果，実験参加者は偶然の正答を補正すると 44% の確率でしか実物とバーチャル物体とを識別できなかった．

　実験後のアンケート調査の結果より，識別に寄与した要因が考察されている．まず，色を手がかりに識別をしたという実験参加者は少なかったようである（全体の 17%）．もちろんこの結果は，比較対象である実物の色に依存するため，一概に結論づけることはできない．一方で，実験で使用されたディスプレイの色域は，現在普及しつつある規格 BT.2020 のものより狭いにもかかわらず，観察者が差を知覚できないレベルまで色再現が可能であることをこの結果は示唆している．すなわち，すでに現在のディスプレイシステムでも質感再現に必要な色域をカバーできている可能性が高い．一方で，シャープさを手がかりにすることで識別が可能であったと述べた実験参加者は全体の半数に上り，空間解像度の低さ（60 cpd 以下であり，質感ディスプレイの要件を満たしていなかったと考えられる），および，焦点面が 2 面しかなかったことに起因する可能性が指摘されている．

▪ 6-6-3　まとめ

　本節では，質感ディスプレイの技術目標を，観察者にとって実物の質感と見

分けがつかないレベルでそれを再現する知覚的リアリズムの達成と設定し，そのための各種要件について述べた．そして，それらの要件を複数満たしたディスプレイプロトタイプが，知覚的リアリズムにどの程度迫れているかを視覚版チューリングテストによって調査した研究について紹介した．識別確率44%を多いと見るか少ないと見るかは議論が分かれるところではあるが，この草分け的研究の1例だけをもってその評価を定めるのは尚早といえよう．また，上述の視覚版チューリングテストの枠組みを，そのまま質感ディスプレイの評価に用いてよいのか，という点についても一考の余地があろう．すなわち，「実物」と見分けがつかないことを問うことが，「実物の質感」と見分けがつかないことを問うているわけではないことに注意が必要である．今後，この視覚版チューリングテストを足がかりに質感ディスプレイを評価する枠組みを構築することで，その要件をより正確に定められるようになることが期待される．

（岩井大輔）

6-7　触感の再現

　触覚提示の研究において触覚の質感，すなわち触感の再現が最初に意識されたのは，おそらく1960年代に行われた遠隔操縦の研究においてであったと思われる．ロボットの遠隔操縦においてロボット手先の姿勢や力を操縦者の手に伝達するためには，操縦者の手元にロボット手先の姿勢や力を再現する機構（力覚提示装置）があればよい．力覚提示装置は多くの場合図6-7-1(a)のような形態をとり，操縦者はこの装置の末端部を把持することで力を感じる．双方向の通信によってロボットと装置の姿勢や力を同期させると，操縦者が把持部を動かせばロボットの手が動き，ロボットの手が対象物に接触して停まれば操縦者の手も停まる．結果的に操縦者はロボットが触れている対象物の重さ，硬さ，粘性を感じ取ることができる．

　力覚提示装置はペンのような道具を把持する状況において高い触感提示能力をもつ．しかし一方で，金属のように硬いものに触れた際に感じられる材質感

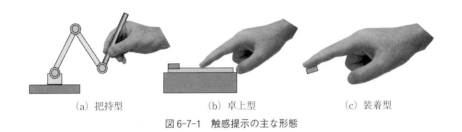

(a) 把持型　　　　　(b) 卓上型　　　　　(c) 装着型

図 6-7-1　触感提示の主な形態

を伝えることは難しい．これは硬い対象物に触れた際に生じる比較的高い周波数成分の振動を，力覚提示装置の制御ループ中で再現することが難しいためである．

　この問題に対処するため，力覚提示装置に振動子を搭載する，または力覚提示装置の制御信号に振動波形を加える試みが行われ，金属を叩くような感覚からゴムを叩くような感覚までが表現可能となった（Okamura et al., 2001）．ここで用いられた手法は現在も減衰正弦波による材質感提示として広く用いられている手法であるが，振動触覚提示によって，すなわち「皮膚感覚」に着目することによって触感を再現するという，現在につながる節目となった（なお操縦者の姿勢や力を制御する力覚提示装置においても，非常に高速なフィードバックループを実現できれば高周波成分の振動再現も可能となる（赤羽ほか，2004））．

■ 6-7-1　振動による触感再現

　振動によって触感を再現するという手法はその後広い展開を見せる．たとえば Rolling Stone（Yao & Hayward, 2006）は筒に振動子と傾斜センサを取り付けるのみで，傾斜に伴う鉄球の挙動をシミュレートし，それに伴う振動を再現することで，筒の中を鉄球が転がり筒底に突き当たるという体験を見事に作り出した．振動による触感再現は，このように一方で精緻なモデル化によるさまざまな現象の再現が行われ，他方で振動現象の記録・再生による手軽な再現が幅広く行われるようになった．

　記録・再生型の研究の代表例としては Techtile Toolkit（Nakatani et al., 2016）（図 6-7-2）が挙げられる．たとえばビー玉の入ったコップを振るときの振動を，

図 6-7-2　Techtile Toolkit

コップに取り付けたセンサで記録し，後で同じコップに振動子を取り付け，記録された振動を再生することで，まさにビー玉がコップの中を動いているとしか思えない感覚を再現することができる．振動の記録には加速度センサやオーディオマイクが使われ，再生はオーディオ出力を使うことが一般的である．

　振動による触感再現の重要な成功例として，スマートフォン等の情報端末に振動子を取り付け，筐体を振動させる方式が挙げられる（Fukumoto & Sugimura, 2001）．触感提示の形態としては図 6-7-1(b) のように，卓上あるいは把持している装置をユーザの指が触りに行く形となる．装置の表面全体が振動するにもかかわらず，指先の触れた部分が振動しているように感じられる．これはシンプルな構成によってボタンの「触感」を再現しているといえる．現在のゲーム機器，VR（バーチャルリアリティ）機器のコントローラにも振動子が内蔵され，バーチャルな物体に触れた際の衝突感を振動で提示する等の触感提示が行われている．

　振動子による触感提示の研究は現在も幅広く行われている．たとえば形態としてはグローブに振動子を内蔵するウェアラブル型（図 6-7-1(c)），指先ではなく全身に振動子を装着して音響信号を提示するものなどが挙げられる．振動子は電磁誘導方式のアクチュエータを用いるもの，圧電素子を用いるものが主に利用されている．電磁誘導方式のアクチュエータとしては直動型の構造がとられることが多いが，低周波領域で大きな振動振幅を実現することが難しいため，近年ではモータを用いた（回転型の）振動子も用いられている（Yem et al., 2016）．

▪ 6-7-2 摩擦変調による触感再現

ここで振動によって実現できる触感の範囲について考える．触感は一般に5種類に分類され，それらはミクロ粗さ（ザラザラ，ツルツル），マクロ粗さ（ごつごつ，形），硬軟感（硬い，やわらかい），摩擦（摩擦感，べたつき），温度（熱い，冷たい）に分けられるとされている（永野ほか，2011; 1-8節および2-9節参照）．振動子を用いた触感提示は特にミクロ粗さを得意とし，マクロ粗さもある程度表現可能であるが，それ以外の触感の再現は得意ではない．

そこでまずマクロ粗さ（ごつごつ，形）の再現について考える．最初に述べた力覚提示装置であれば，指の位置姿勢を変化させることによって形の表現は容易である．しかし力覚提示装置という，ロボットアームに類する大型の装置が必要となる．より小型の装置で凹凸感を再現できないかと考えたとき，凹凸に関する感覚の一部を，指を水平に動かした際の皮膚感覚が担っているという知見が重要となる（Robles-De-La-Torre & Hayward, 2001）．これを利用して，なぞる対象表面の摩擦を動的に変化させることで凹凸感を表現する手法が提案された．その1つは指が接触する板自体を超音波領域で振動させて摩擦を低減させる手法であり（Nara et al., 2001），もう1つは板に高電圧を加えることにより皮膚との間に静電気力を発生させて摩擦を増加させる手法である（Bau et al., 2010）．いずれも現在，情報端末における触覚提示手法の次世代方式として活発な開発が行われている．使用形態は図6-7-1(b) の卓上型となる．

摩擦変調による触感提示は，変調周波数を変えることによってミクロ粗さ，マクロ粗さ，摩擦を提示でき，しかも摩擦変調という仕組みは対象物表面の性状を変化させるものであるため，触感が自然になりやすい（対応する物理的な実体を想起しやすい）．一方で摩擦変調型の触覚提示装置は基本的になぞる指が動くことによってはじめて感覚を生じ，動かなければ何も感じることはない．このため情報提示機器としては従来の振動提示と組み合わせることが前提となる．振動提示と摩擦変調を組み合わせることで，前者は主に鉛直方向の振動を，後者は主に接面方向の振動を表現し，特に1 mm以上の空間周波数のテクスチャ表現のリアルさが向上することも見いだされている（Ito et al., 2019）．

360 ▪ 第6章　デジタル技術による質感の再現

6-7-3　硬軟感・温度の再現

摩擦変調型の触感提示で実現することの難しい触感の1つが硬軟感である．硬軟感は指の上下運動に対応した反力ないし皮膚変形によってもたらされる感覚であり，前述の力覚提示装置で提示することは容易である．これを小型の装置で提示するためには，硬軟感の一部を皮膚感覚がどのように担っているかという知見が重要となる．やわらかい物体を触った際には対象物が大変形し，接触面積が増加するという観察にもとづき，指の接触面積変化による柔軟感提示が実現された（Ambrosi et al., 1999）．それらは指をフィルムなどの柔軟物に接触させ，指の押下圧の変化に伴いそれらの柔軟物を変形させることで皮膚の接触面積を変化させている．

触感の残る要素は温度感覚である．温度感覚が対象物の材質知覚に寄与することは我々の日常体験から明らかであり，特に接触から数秒以内の皮膚の温度変化（ほとんどの場合皮膚温度は低下する）が材質判断に用いられていることがわかっている．これを利用して，ペルチェ素子等によって材質感を提示する試みが多数行われ，室温環境に置かれたゴムや木，金属など数種類の物体を容易に判別できることが明らかとなった（井野ほか，1994）．

温度感覚提示はさらに，複数のペルチェ素子を温覚，冷覚専用とすることによる高速化（Sato & Maeno, 2013），赤外線等を用いることによる非接触化（Xu, 2022），カプサイシンやメントールなど温度感覚に関係する化学物質の利用（Brooks et al., 2020）など現在盛んに研究が行われている．温度感覚は接触対象物の湿り気の感覚提示にも有効である（Shibahara & Sato, 2019）．

6-7-4　触感再現の非接触化と高密度化

以上のように，触感を再現しようとする試みはほぼすべて，その触感を生じる状況で皮膚がどのような挙動（変形や接触面積変化，温度変化といった物理的変化）を示すか観察し，その挙動のエッセンスを見極め，再現することによって行われてきたといえる．

これまでに説明した触感提示手法は，ほぼすべて接触を伴うものであった．しかし接触を伴うことは耐久性や衛生面の問題を生じる．これに対して非接触

型の触覚提示の研究が行われており，その代表的な方法は超音波によって空中に焦点（気圧が高速に変化する狭い領域）を形成し，その場所に指を置くことによって指表面に音響放射圧を生じさせることによって触覚を提示するというものである（Hoshi et al., 2010）．当初はある種の振動ないし風の流れを感じるものであったが，現在は焦点を周期的に微動させることで刺激の主観的な量を増加させて明瞭な接触感を再現する（Morisaki et al., 2021），空中に噴霧したミストを皮膚近傍で蒸散させることで温度低下を提示するといった触感を提示可能な手法となっている．

　最後に，現在の触感の再現は多くの場合，図 6-7-1 に示したように単一ないし少数の触覚提示素子を指と接触させることで，指全体に触感を提示するものである．一方でより細かな空間分布を伴う刺激による触感も確かに存在する．たとえば粗い紙やすりに触れた瞬間，なぞり動作を行うまでもなく我々は粗いと感じるが，この「触れた瞬間にわかる粗さ感」はこれまで述べた振動提示や摩擦変調提示の対象外であり，刺激の細かな空間分布を表現する手段が必要となると考えられる．こうした指表面の分布的な刺激を，たとえば指先の空間分解能のレベル（二点弁別域で 2 mm 程度）で実現することは容易ではないが，新たな駆動方式を用いた機械的な手法（Shultz & Harrison, 2023）や電気刺激を用いた手法によって高密度化が図られている．

（梶本裕之）

6-8　質感表現とファブリケーション

　3D プリンタやレーザカッタなど，デジタルデータをもとに素材を加工し，物体を形づくるデジタルファブリケーション技術や機器は，我々のものづくりへの敷居を下げ，実現できるアイディアの幅を広げてくれる．これらの研究は，ものの外形を実体化するのみならず，豊かな質感を含む物体を生み出し，さらには動的な質感提示を可能にする手段へと発展が期待される．

　本節では，デジタルファブリケーションを新たな質感の設計・表現のための

ツールとしてとらえ，先端的な取り組みや研究動向についてまとめる．

▪ 6-8-1　3D プリントにおける素材による質感表現

　まず，代表的なデジタルファブリケーション機器として 3D プリンタに着目する．3D プリンタには，加熱によりフィラメントを融かして 2 次元的な形状を積層しながら立体を造形する熱溶解積層方式や，光の照射で硬化する樹脂を用いて立体を構成する光造形方式など，さまざまな造形手法が実装されている．

　造形に用いる素材は，熱溶解積層方式ではアクリロニトリル（A），ブタジエンゴム（B），スチレン（S）を主成分とする ABS やポリ乳酸（PLA）などの熱可塑性プラスチック，光造形方式では UV レジンとよばれる光硬化性樹脂が一般的である．同時に，用いることができる素材はこれらに限らず，素材の選択性を高める取り組みがなされている．たとえば PBF（粉末床溶融結合）方式では，金属粉末にレーザや電子ビームを照射し粉末を融解しながら積層することで金属製の立体が造形できる．またインクジェット方式の 3D プリンタでも，液体金属を素材として用いることで金属製の物体を出力できる．熱溶解積層方式でも，金属粉や木粉を混合した熱可塑性樹脂を用いることでさまざまな素材の風合いをもつ物体が得られる．

　さらに，ガラス繊維や炭素繊維を混ぜた樹脂フィラメントは，造形物の硬度や耐熱性を高め，熱可塑性ポリウレタン（TPU）や熱可塑性エラストマ（TPE），ポリブチレンアジペートテレフタレート（PBAT）など軟質なフィラメントは，造形物に高い柔軟性や耐衝撃性，靭性を付与する．このように造形材料の選択肢の広がりが造形物の質感の幅を広げてくれる．さらに 3D プリンタの中には，複数種類の材料を切り替えて出力できる機種がある．これらの技術の先に，色や透明度，硬度など素材特性を精緻に切り替えながら配置する質感豊かな物体造形が期待できる．

▪ 6-8-2　構造による質感の設計・付与

　上記の素材による質感表現に加えて，構造の工夫によっても造形物に質感を付与できる．構造，形状，または微細な組成を通じて，物体に多様な機械的挙動を与えるものをメカニカル・メタマテリアル（mechanical metamaterials）

とよぶ.

　これは，複雑な素材の切り替えや組み立てを経ずに，柔軟性を含めた多様な質感をもつプロダクトを製造する手段として産業応用が期待される．例えば 3D プリントシューズは，アディダス，ナイキをはじめ多くの企業が取り組んでいる．スニーカのソールやアッパーなど，素材や生地のクッション性や柔軟性を 3D プリントでカスタマイズし，意匠性や快適性，環境適合性などさまざまな観点でデザインの革新が試みられている．またタイヤメーカーは，3D プリント技術を活用して空気を充塡しないエアレスタイヤの研究開発を進めている．ミシュランは，リサイクル可能な素材を用い，3D プリントでホイールと一体化して造形されたハニカム構造をもつタイヤのコンセプトモデルを示した（MI-CHELIN: The VISION Concept, 2017）．これは，3D プリンタでトレッドの形状を変更したり消耗部を補塡することで，道路状況やニーズに合わせた走行感を生み出すことができるというユニークなシナリオの提案で，本節で扱うデジタルファブリケーションによる質感設計に通じる．

　メカニカル・メタマテリアルの研究として，Human Computer Interaction（HCI）分野では直感的な設計手法の開発が進む．Baudisch らのグループは，3D プリンタで一体造形可能なメカニカル・メタマテリアルの設計ツール Metama-terial Mechanisms を発表した（Ion et al., 2016）．これは GUI ベースのソフトウェアを通して，規則的に並ぶ 3 次元的なセル構造で構成される物体に対し，一部に剪断方向に変形するセルを挿入することで，外力に対する変形を設計できる．たとえば，本手法で一体造形されたドア・ハンドルは，ハンドル部分の回転運動が内部構造の中でラッチの直線運動へと変換され，造形後の部品の組み立て等を要することなくドアロックの開閉ができる．

　他の例として，Ou らは 3D プリンタで毛状の構造を出力できる手法 Cilllia を開発した（Ou et al., 2016）．本手法では，円錐状の微細な構造を「毛」として出力することで，毛状の表面を有する立体物を一体造形する．構造のパラメータ調整により毛の密度や硬さを設計でき，さまざまな見た目や触り心地の実現に加えてインタフェース応用も期待される.

図 6-8-1　ラティス構造にもとづく 3D プリントソフトセンサ LattiSense（Sakura et al., 2023）

▪ 6-8-3　実体の質感を活かす入力インタフェース

　上記のようにデジタルファブリケーションで質感を設計・付与された物体は，技術とともにその活用方法が探索されている．特にここでは，HCI の視点でコンピュータと接続されるインタフェースとしての活用可能性について述べていく．

　HCI 研究の中でも，特に物理的に実体を有するものを介してコンピュータを操作するフィジカルインタフェースの研究が以前から盛んに行われている．特に近年やわらかいものの変形を入力とするデフォーマブル・インタフェース（deformable interface）の研究（Boem & Troiano, 2019）が注目を集める．その 1 つのアプローチとして，佐倉らは 3D プリントしたメカニカル・メタマテリアル物体に電極を挿すだけで変形センサとして利用する LattiSense の研究を進める（Sakura et al., 2023; 図 6-8-1）．

　この研究は，ラティス構造とよばれる枝状につながる格子で構成される微細構造を有し，握ったり潰したりという圧縮入力に対して柔軟に変形する特性をもつ．造形には，熱溶解積層方式の 3D プリンタと，導電性と柔軟性を有する TPU フィラメントを素材として用いる．造形された物体に 1 対の電極を取り付けて，圧縮や剪断方向に力をかけるとその変形に応じて電極間の抵抗値が変化し，この値の変化をトリガとしてコンピュータの操作を行うという仕組みである．本インタフェースでは，全体形状のみならず，ラティス構造の各格子の形状やサイズ，柱の太さなどを変更することで，インタフェースの硬さや変形方向を変化させることができる．

図 6-8-2 ExpandFab の加熱前（左）と加熱膨張後（右）

応用例として，歩行の際の加圧情報を取得できる靴底や，個人の手のサイズや用途に合わせてカスタマイズして設計できるゲームコントローラ，教育用途などのタンジブルインタフェースなどの実装を行っている．今後，より人間の感性に沿ったインタフェース設計への応用が期待される．

■ 6-8-4 動的な質感変化の制御と表現

次に出力インタフェースとして，造形した物体の質感を動的に変化させる手段を紹介する．外部刺激を通してものの質感を変化させる代表的なアプローチの1つとして，4D プリンティングがある．Skylar Tibbits らによって提唱されたこの考え方（Tibbits, 2014）は，立体（3D）であることに加えて，時間によって形状や特性が変化するという機能を有するもののファブリケーションや制御を扱うものである．人力で組み立てることなく造形したり，状況に応じて形状をカスタマイズするなど，材料・ロボティクス・デザインなど分野を越えて多くの研究がなされている．

開元らが中心となって進める ExpandFab は，造形後に加熱により膨張変形する 4D プリンティングである．これは熱膨張性のマイクロカプセルを含む材料を用いて 3D プリントを行い，造形後に外部から加熱することで物体をさらに膨張変形させて，そのサイズを約 3 倍まで変化させることができる（Kaimoto et al., 2020; 図 6-8-2）．このアプローチの研究が進めば，小さく造形して格納・輸送し，必要な際に形状やテクスチャをカスタマイズしながら膨らませて使う

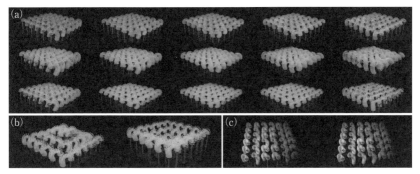

図6-8-3 3Dプリントモジュールの傾斜制御による形状ディスプレイの質感表現
(a) 上から色変化,テクスチャ変化,疎密変化の様子.(b) 形状変化の様子.(c) システムを用いたパターン表示.

という,ものの新たな流通・適応・利用のシナリオが描ける.

上述のExpandFabではものの変形は1回きりだが,ものの質感を何度も動的に変化させる別のアプローチとして,3Dプリントした物体と機械的アクチュエータを組み合わせ,動的に質感が変化する形状ディスプレイの研究がある.形状ディスプレイ(shape display)とは,コンピュータからの出力として物理的に形状を変化させるディスプレイで,近年HCI領域で活発に研究が進められている.その形態の1つとしてしばしば採用されるのが,上下動するアクチュエータを2次元的に並べたピンアレイ型の形状ディスプレイである.各ピンの高さを制御することで2.5次元的な形状を動的に表現することができる.

今村らが研究を進めるHelixels(今村・筧,2023)という形状ディスプレイは,特に質感変化制御に着目するもので,ピンアレイ型の型式をとりながら図6-8-3(口絵も参照)のように2本のアクチュエータを架橋するようにスプリング状のモジュールを取り付ける.モジュールは3Dプリンタ等で造形され,スプリングの各層に異なる色や形状が配置される.対になるアクチュエータの高さの差によりモジュールの傾きが変わることで,上部に見える層が変わり,色やテクスチャ,疎密などを動的に変化させることができる.これらは既存の形状ディスプレイに組み込むこともでき,モジュールの多様化やインタラクションの実装を通して動的質感表現の基盤としてさらなる発展・活用が期待される.

▪ 6-8-5 まとめ

本節では，3D プリンタを中心とするデジタルファブリケーション技術を通して，ものの質感を設計・造形する技術について，さらには質感を設計された物体のヒューマンインタフェース応用や，動的に質感を変化させるものづくりの動向についてまとめた．

デジタルファブリケーション技術はまさに日進月歩の進化を見せている．今後，デジタルファブリケーション技術と人間の感性に寄り添う質感研究がより深く出会うことで，我々の深奥質感に働きかける人間中心のものづくりとしての発展が期待できる．

(筧　康明)

6-9　メタバースにおける質感

メタバースは，"meta" と "universe" を組み合わせた用語である．1992 年出版の小説『Snow Crash』の中で初めて使われた．簡単にいえば，コンピュータによってつくられる仮想世界を指している（廣瀬，2023）．バーチャルリアリティ（Virtual reality, VR）や拡張現実（Augmented reality, AR）は，その具現化例の一部である．

メタバースでは，実世界のように物理現象や自然現象をもとに世界が構築されるわけではない．そのため，図 6-9-1 に示されるように，実世界の制約を超えて，人やモノに関する模倣と仮想の体験が創出される．これは実世界では起きない体験である．このような体験にも，質感は自然に誘発されるのか？　以下では，その疑問に挑んだ研究事例を紹介する．

▪ 6-9-1　身体

仮想世界では，物理世界に制約されない新しい身体をもつことができる．新たな身体を自分のものと感じることができるかについて，多くの研究が行われ

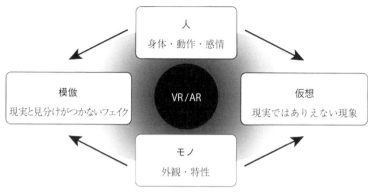

図6-9-1 メタバースにおける人やモノの変容

ている.たとえば,6-1節のヘッドマウントディスプレイ(Head-Mounted Display, HMD)を装着したVR体験において,性別や人種のような属性が変わったときや,牛や木のような動植物に変わったときの感覚について調べられている(Slater・板谷,2023).研究の結果,人型だけでなく,元の身体とは大きく異なるような場合でも,自分の身体として錯覚することが知られている.また,2名のユーザで1体の身体を共有して動かす場合や,1名のユーザで2体の身体を動かす場合における研究も進んでいる(Fribourg et al., 2021).

一方,実空間と仮想空間の両方を提示する6-1節のAR HMDを介した体験でも,同じように仮想身体に対する所有感が得られることが報告されている(Genay et al., 2022).さらにこのような身体の変容を,HMDを装着せずに,プロジェクションマッピングを用いて実現するものも報告されている.これは,拡張された身体を自身だけでなく,周囲の人とも,デバイスを装着しない自然な形で共有できる点が大きく異なる.たとえば,顔へのプロジェクションマッピングは,主にエンターテインメント分野で利用されているが,近年では化粧への転用も始まっている.既存の塗る化粧とは,実現形態が大きく異なるにもかかわらず,体験したユーザからは高い評価が得られることが示されている(Tsurumi et al., 2023).

▪ 6-9-2　行動の変容

　メタバースの新たな身体が，行動に影響を及ぼすことが知られている．たとえば，仮想身体の容姿や身長が変化することで，コミュニケーションにおける積極性が変わることが報告された（Yee & Bailenson, 2007）．また，自分とは異なる身体を体験することで，他者への共感を誘発できる可能性がある．たとえば，異なる人種を仮想体験することで，人種的偏見が低下することが報告された（Slater・板谷，2023）．ほかにも，アルツハイマー型認知症の視覚症状や，視覚障害，生理症状の不快感を体験することで，その症状への理解と共感を深める研究も始まっている（Guarese et al., 2023）．

▪ 6-9-3　運動・作業

　メタバースでは，実世界と同じ移動形態をとる必要がない．たとえば，VR HMD を装着したユーザが，実際には部屋内で周回しているにもかかわらず，仮想空間内ではまっすぐ移動しているように錯覚させる研究が実施されている（Nilsson et al., 2018）．これによって，実空間のスペースよりも広大な仮想空間を楽しむことができる．

　実世界のような空間・物理・身体制約がない状況下でのスポーツを探る試みも始まっている（栗田・稲見，2020）．たとえば，AR HMD を装着して，仮想のボールを投げあうドッジボールを拡張したような競技などがある．ほかにもプロジェクションマッピングによって，エアホッケーのパックが物理法則を無視した動きをするような未知のスポーツ体験を提供する研究がある（Sato et al., 2022）．

　また，医療やスポーツのトレーニングをメタバースで代替する試みがある（Li et al., 2017）．医療の作業支援に関して，VR 空間での患者の行動を機械学習によって解析することで，病院に行くことなく，効率的に症状をスクリーニングするための研究も行われている（Robles et al., 2022）．

　さらに，ユーザの感情を AR 空間で可視化することでコミュニケーションにおける認知的共感性を向上させる試みや，ユーザの気分を VR 空間のカラーデザインによって誘導する試みも行われている（Valente et al., 2022）．

370 ▪ 第 6 章　デジタル技術による質感の再現

■ 6-9-4 素材

視覚研究において，両眼視差，動き，色などが，光沢知覚に重要であることが報告されている（Wendt et al., 2010）．このような知見より，メタバースにおける素材の質感を再現するうえで，その忠実性の向上が重要であると考えられる．このような試みの一部は6-6節で紹介されている．このほかにも，プロジェクションマッピングでは，対象の動きや観測視点に整合するように，反射・屈折・陰影などの光学プロセスを瞬時に計算した画像を投影することで，実体の素材の知覚を変容させる研究が報告されている（Nomoto et al., 2020）．また，錯覚を利用した映像投影によって，静止した物体が動いたり，固い物体がやわらかくなったりしているように知覚させる試みもある（Kawabe et al., 2016）．さらに，視覚の残像特性を利用することで，実物の素材を自由に空間配置・融合して視覚提示する事例もある（Asahina et al., 2021）．

（渡辺義浩）

第6章　文献

欧　文

Akeley K, Watt SJ, Girshick AR *et al.* (2004) A stereo display prototype with multiple focal distances, *ACM Transactions on Graphics* **23**(3): 804–813.

Ambrosi G, Bicchi A, De Rossi D *et al.* (1999) The role of contact area spread rate in haptic discrimination of softness, *Proc IEEE Int Conf Robotics and Automation*: 305–310

Asahina R, Nomoto T, Yoshida T *et al.* (2021) Realistic 3D swept-volume display with hidden-surface removal using physical materials, *Proc IEEE Conference on Virtual Reality and 3D User Interfaces.*

Bao P, She L, McGill M *et al.* (2020) A map of object space in primate inferotemporal cortex, *Nature* **583**(7814): 103–108.

Barnes C, Shechtman E, Finkelstein A *et al.* (2009) PatchMatch: A randomized correspondence algorithm for structural image editing, *ACM Trans Graph* **28**(3): 24: 1–24: 11.

Bashivan P, Kar K and DiCarlo JJ (2019) Neural population control via deep image synthesis, *Science* **364**(6439), eaav9436.

Bau O, Poupyrev I, Israr A *et al.* (2010) Tesla-touch: Electro vibration for touch surfaces, *Proc ACM Symposium on User Interface Software and Technology*: 283–292.

Boem A and Troiano GM (2019) Non-Rigid HCI: A review of deformable interfaces and input, In *Proceedings of DIS '19*, *ACM*: 885–906.

Brooks J, Nagels S and Lopes P (2020) Trigeminal-based temperature illusions, *Proc Conference on Human Factors in Computing Systems*: 1–12.

Dehghani M, Djolonga J, Mustafa B *et al.* (2023) Scaling vision transformers to 22 billion parameters. In *International Conference on Machine Learning*: 7480–7512. PMLR.

Dobashi Y, Iwasaki K, Yue Y *et al.* (2017) Visual simulation of clouds, *Visual Informatics* **1**(1): 1–8, ISSN 2468-502X.

Dobashi Y, Nishita T and Yamamoto T (2002) Interactive rendering of atmospheric scattering effects using graphics hardware, *Proc Graphics Hardware 2002*: 99–108.

Dobashi Y, Yamamoto T and Nishita T (2003) Real-time rendering of aerodynamic sound using sound textures based on computational fluid dynamics, *ACM Trans on Graphics* **22**(3) (*Proc. SIGGRAPH2003*): 732–740.

Ebert DS, Musgrave F, Peachey D *et al.* (2002) *Texturing and Modeling: A Procedural Approach* (*3rd. ed.*). Morgan Kaufmann Publishers Inc., San Francisco, CA, USA.

Fribourg R, Ogawa N, Hoyet L *et al.* (2021) Virtual co-embodiment: Evaluation of the sense of agency while sharing the control of a virtual body among two individuals, *IEEE Trans Visual Comput Graphics* **27**(10): 4023–4038.

Fukumoto M and Sugimura T (2001) Active click: Tactile feedback for touch panels, *Extended Abstracts on Human Factors in Computing Systems*: 121–122.

Galin E, Guérin E, Peytavie A *et al.* (2019) A review of digital terrain modeling, *Comput Graph Forum* **38** (2): 553–577.

Gatys L, Ecker AS and Bethge M (2015) Texture synthesis using convolutional neural networks, *Proc NIPS '15*: 262–270.

Genay A, Lécuyer A and Hachet M (2022) Being an avatar "for real": A survey on virtual embodiment in augmented reality, *IEEE Trans Visual Comput Graphics* **28**(12): 5071–5090.

Goodfellow I (2016) Nips 2016 tutorial: Generative adversarial networks, arXiv preprint arXiv:1701.00160.

Guarese R, Pretty E, Fayek H *et al.* (2023) Evoking empathy with visually impaired people through an augmented reality embodiment experience, *Proc IEEE Conference Virtual Reality and 3D User Interfaces.*

Hayashi R and Nishimoto S. (2013) Image reconstruction from neural activity via higher-order visual features derived from deep convolutional neural networks, *Proceedings of the 43rd Annual Meeting of the Society for Neuroscience.*

Heeger DJ and Bergen JR (1995) Pyramid-based texture analysis/synthesis, *Proc ACM SIGGRAPH '95*: 229–238.

Heilig ML (1962) Sensorama simulator, *US PAT. 3,050,870.*

Higgins I, Chang L, Langston V *et al.* (2021) Unsupervised deep learning identifies semantic disentanglement in single inferotemporal face patch neurons. *Nat Commun* **12**(1): 6456.

Ho J, Jain A and Abbeel P (2020) Denoising diffusion probabilistic models. *Advances in Neural Information Processing Systems* **33**: 6840–6851.

Hoffman DM, Girshick AR, Akeley K *et al.* (2008) Vergence–accommodation conflicts hinder visual performance and cause visual fatigue, *J Vis* **8**(3): 33.

Hoshi T, Takahashi M, Iwamoto T *et al.* (2010) Noncontact tactile display based on radiation pressure of airborne ultrasound, *IEEE Trans Haptics* **3**(3): 155–165.

Igaue T and Hayashi R (2023) Signatures of the uncanny valley effect in an artificial neural network, *Comput Hum Behav* **146**: 107811.

Ion A, Frohnhofen J, Wall L *et al.* (2016) Metamaterial mechanisms, In *Proceedings of UIST '16, ACM*: 529–539.

Ito K, Okamoto S, Yamada Y *et al.* (2019) Tactile texture display with vibrotactile and electrostatic friction stimuli mixed at appropriate ratio presents better roughness textures, *ACM Trans Appl Percept* **16**(4): 20: 1–20: 15.

Itoh Y, Langlotz T, Sutton J *et al.* (2021) Towards indistinguishable augmented reality: A survey on optical seethrough head-mounted displays, *ACM Computing Surveys* (*CSUR*) **54**(6): 1–36.

Kaimoto H, Yamaoka J, Nakamaru S *et al.* (2020) ExpandFab: Fabricating objects expanding and changing shape with heat, In *Proceedings of TEI '20, ACM*: 153–164.

Kar K, Kubilius J, Schmidt K *et al.* (2019) Evidence that recurrent circuits are critical to the ventral stream's execution of core object recognition behavior, *Nat Neurosci* **22**(6): 974–983.

Karras T, Laine S and Aila T (2019) A style-based generator architecture for generative adversarial networks, *Proceedings of the IEEE/CVF Conference on Computer Vision and Pattern Recognition*: 4401–4410.

Kawabe T, Fukiage T, Sawayama M *et al.* (2016) Deformation lamps: A projection technique to make static objects perceptually dynamic, *ACM Trans Appl Percept* **13**(2): Article 10.

Klatzky RL, Loomis JM, Beall AC *et al.* (1998) Spatial updating of self-position and orientation during real, imagined, and virtual locomotion. *Psychol Sci* **9**(4): 293-298.

Kodama D, Mizuho T, Hatada Y *et al.* (2023) Effects of collaborative training using virtual co-embodiment on motor skill learning, *IEEE Trans Visual Comput Graphics* **29**(5): 2304-2314.

Kondo R, Sugimoto M, Minamizawa K *et al.* (2018) Illusory body ownership of an invisible body interpolated between virtual hands and feet via visual-motor synchronicity, *Sci Rep* **8**: 7541.

Krizhevsky A, Sutskever I and Hinton GE (2012) ImageNet classification with deep convolutional neural networks, *Advances In Neural Information Processing Systems* **25**: 1097-1105.

Kubilius J, Schrimpf M, Nayebi A *et al.* (2018) Cornet: Modeling the neural mechanisms of core object recognition, *BioRxiv*, 408385.

Kunkel T and Reinhard E (2010) A reassessment of the simultaneous dynamic range of the human visual system, *Proc ACM Symposium on Applied Perception in Graphics and Visualization*: 17-24.

Kwatra V, Essa I, Bobick A *et al.* (2005) Texture optimization for example-based synthesis, *ACM Trans Graph* **24**(3): 795-802.

Li L, Yu F, Shi D *et al.* (2017) Application of virtual reality technology in clinical medicine, *American Journal of Translational Research* **9**(9): 3867-3880.

Liao C, Sawayama M and Xiao B (2023) Unsupervised learning reveals interpretable latent representations for translucency perception, *PLOS Comput Biol* **19**(2): e1010878.

Lotter W, Kreiman G and Cox D (2020) A neural network trained for prediction mimics diverse features of biological neurons and perception, *Nat Mach Intell* **2**: 210-219.

Masaoka K, Nishida Y, Sugawara M *et al.* (2013) Sensation of realness from high-resolution images of real objects, *IEEE Transactions on Broadcasting* **59**(1): 72-83.

MICHELIN (2017) The VISION Concept. https://www.michelin.com/en/innovation/vision-concept/ (2024 年 3 月現在)

Milgram P, Takemura H, Utsumi A *et al.* (1995) Augmented reality: A class of displays on the reality-virtuality continuum, *Telemanipulator and Telepresence Technologies* **2351**: 282-292. Spie.

Morisaki T, Fujiwara M, Makino Y *et al.* (2021) Non-vibratory pressure sensation produced by ultrasound focus moving laterally and repetitively with fine spatial step width, *IEEE Trans Haptics* **15**(3): 441-450.

Nakamae E, Harada K, Ishizaki T *et al.* (1986) A montage method: The overlaying of the computer generated images onto a background photograph, *SIGGRAPH Computer Graphics* **20**(4): 207-214.

Nakatani M, Kakehi Y, Minamizawa K *et al.* (2016): TECHTILE workshop for creating haptic content, In: Kajimoto H, Saga S, Konyo M (eds.) *Pervasive Haptics*, 185-200, Springer.

Nara T, Takasaki M, Maeda T *et al.* (2001) Surface acoustic wave tactile display, *IEEE Comput Graphics Appl* **21**(6): 56-63.

Narumi T, Nishizaka S, Kajinami T *et al.* (2011) Meta cookie+: An illusion-based gustatory display, In *Virtual and Mixed Reality—New Trends: International Conference, Virtual and Mixed Reality 2011, Proceedings, Part I 4*: 260-269, Springer.

Nilsson N, Peck T, Bruder G, *et al.* (2018) 15 years of research on redirected walking in immersive virtual environments, *IEEE Comput Graphics Appl* **38**(2): 44-56.

Nomoto T, Koishihara R and Watanabe Y (2020) Realistic dynamic projection mapping using real-time ray tracing, *Proc SIGGRAPH Emerging Technologies*.

Okabe M, Dobashi Y, Anjyo K *et al.* (2015) Fluid volume modeling from sparse multi-view images by appearance transfer, *ACM Trans Graph* **34**(4): 93: 1-93: 10.

Okabe M, Dobashi Y and Anjyo K (2018) Animating pictures of water scenes using video retrieval, *The Visual Computer* **34**(3): 1-12.

Okabe M, Noda K, Dobashi Y *et al.* (2020) Interactive video completion, *IEEE Comput Graphics Appl* **40**(1): 127-139.

Okamura AM, Cutkosky M and Dennerlein J (2001) Reality based models for vibration feedback in virtual environments, *IEEE/ASME Trans Mechatronics* **6**(3): 245-252.

Open AI (2023) GPT-4 Technical Report, arXiv: 2303.08774.

Ou J, Dublon G, Cheng C-Y *et al.* (2016) Cilllia: 3D printed micro-pillar structures for surface texture, actuation and sensing, In *Proceedings of CHI '16. ACM*: 5753-5764.

Perlin K (1985) An image synthesizer, In *Proceedings of the 12th annual conference on Computer graphics and interactive techniques* (*SIGGRAPH '85*), 287-296.

Ponce CR, Xiao W, Schade PF *et al.* (2019) Evolving images for visual neurons using a deep generative network reveals coding principles and neuronal preferences, *Cell* **177**(4): 999-1009.

Portilla J and Simoncelli EP (2000) A parametric texture model based on joint statistics of complex wavelet coefficients, *Int J Comput Vis* **40**(1): 49-70.

Prusinkiewicz P and Lindenmayer A (1990) *The algorithmic beauty of plants*, Springer-Verlag, Berlin, Heidelberg.

Radford A, Kim J, Hallacy C *et al.* (2021) Learning transferable visual models from natural language supervision, In *International Conference on Machine Learning*, 8748-8763. PMLR.

Radford A, Wu J, Child R *et al.* (2019) Language models are unsupervised multitask learners, *OpenAI blog* **1**(8): 9.

Ramesh A, Dhariwal P, Nichol A *et al.* (2022) Hierarchical text-conditional image generation with clip latents, arXiv preprint arXiv: 2204.06125.

Richardson E, Alaluf Y, Patashnik O *et al.* (2021) Encoding in style: A stylegan encoder for image-to-image translation, In *Proceedings of the IEEE/CVF Conference on Computer Vision and Pattern Recognition*: 2287-2296.

Robles M, Namdarian N, Otto J *et al.* (2022) A virtual reality based system for the screening and classification of autism, *IEEE Trans Visual Comput Graphics* **28**(5): 2168-2178.

Robles-De-La-Torre G and Hayward V (2001) Force can overcome object geometry in the perception of shape through active touch, *Nature* **412**: 445-448.

Rombach R, Blattmann A, Lorenz D *et al.* (2022) High-resolution image synthesis with latent diffusion models. In *Proceedings of the IEEE/CVF Conference on Computer Vision and Pattern Recognition*: 10684-10695.

Sakura R, Han C, Lyu Y *et al.* (2023) LattiSense: A 3D-printable resistive deformation sensor with lattice structures, In *Proceedings of SCF2023. ACM*, Article 2: 1-14.

Sato K and Maeno T (2013) Presentation of rapid temperature change using spatially divided hot and cold stimuli, *J Robotics and Mechatronics* **25**(3): 497-505.

Sato K, Terashima H, Nishida S *et al.* (2022) E.S.P.: Extra-sensory puck in air hockey using the projection-based illusion, *Proc SIGGRAPH Asia 2022 Emerging Technologies*, Article 3: 1-2.

Schrimpf M, Kubilius J, Hong H *et al.* (2018) Brain-score: Which artificial neural network for object recognition is most brain-like? *BioRxiv*: 1-9.

Shibahara M and Sato K (2019) Illusion of wetness by dynamic touch, *IEEE Trans Haptics* **12**(4): 533-541.

Shultz C and Harrison C (2023) Flat panel haptics: Embedded electroosmotic pumps for scalable shape displays, *Proc Conference on Human Factors in Computing Systems*: 1-16.

Skarbez R, Smith M and Whitton MC (2021) Revisiting Milgram and Kishino's reality-virtuality continuum, *Frontiers in Virtual Reality* **2**, 647997.

Surman P and Sexton I (2012) Emerging autostereoscopic displays, *Handbook of Visual Display Technology*: 2652-2667.

Sutherland IE *et al.* (1965) The ultimate display, In *Proceedings of the IFIP Congress* **2**: 506-508, New York.

Tessendorf J (2001) Simulating ocean waters, In *SIGGRAPH* course notes (course 47).

Tibbits S (2014) 4D printing: Multi-material shape change, *Architectural Design* **84**(1): 116-121.

Tsurumi N, Ohishi K, Kakimoto R *et al.* (2023) Rediscovering your own beauty through a highly realistic 3D digital makeup system based on projection mapping technology, *Proc International Federation of Societies of Cosmetic Chemists*.

Valente A, Lopes D, Nunes N *et al.* (2022) Empathic AuRea: Exploring the effects of an augmented reality cue for emotional sharing across three face-to-face task, *Proc IEEE Conference on Virtual Reality and 3D User Interfaces*.

Wei L-Y and Levoy M (2000) Fast texture synthesis using tree-structured vector quantization, In *Proceedings of the 27th Annual Conference on Computer Graphics and Interactive Techniques* (*SIGGRAPH '00*), ACM Press/Addison-Wesley Publishing Co., USA: 479-488.

Wendt G, Faul F, Ekroll V *et al.* (2010) Disparity, motion, and color information improve gloss constancy performance, *J Vis* **10**(9): 7.

Wilkie A, Vevoda P, Bashford-Rogers T *et al.* (2021) A fitted radiance and attenuation model for realistic atmospheres, *ACM Trans Graph* **40**(4), 135: 14.

Xu J, Yoshimoto S, Ienaga N *et al.* (2022) Intensity-adjustable non-contact cold sensation presentation based on the vortex effect, *IEEE Trans Haptics* **15**(3): 592-602.

Yamins DLK, Hong H, Cadieu CF *et al.* (2014). Performance-optimized hierarchical models predict neural responses in higher visual cortex, *Proc Natl Acad Sci USA* **111**(23): 8619-8624.

Yang L, Zhang Z, Song Y *et al.* (2022) Diffusion models: A comprehensive survey of methods and applications. *ACM Computing Surveys*.

Yao HY and Hayward V (2006) An experiment on length perception with a virtual rolling stone, *Proc Eurohaptics*: 325-330.

Yee N and Bailenson J (2007) The proteus effect: The effect of transformed self-representation on behavior, *Hum Commun Res* **33**(3): 271-290.

Yem V, Okazaki R and Kajimoto H (2016) Vibrotactile and pseudo force presentation using motor rotational acceleration, *Proc IEEE Haptics Symposium*: 47-51

Zhang C, Zhang C, Zhang M *et al.*（2023）Text-to-image diffusion model in generative ai: A survey, arXiv preprint arXiv:2303.07909.

Zheng C and James DL（2009）Harmonic fluids, In *ACM SIGGRAPH 2009 papers*（*SIGGRAPH '09*）, Article 37: 1-12.

Zhong F, Jindal A, Yöntem AÖ *et al.*（2021）Reproducing reality with a high-dynamic-range multi-focal stereo display, *ACM Transactions on Graphics* **40**(6): Article 241（14 pages）.

Zhuang C, Yan S, Nayebi A *et al.*（2021）Unsupervised neural network models of the ventral visual stream, *Proc Natl Acad Sci USA* **118**(3): e2014196118.

和　文

赤羽克仁，長谷川晶一，小池康晴ほか（2004）10 kHz の更新周波数による高解像度ハプティックレンダリング，日本バーチャルリアリティ学会論文誌 **9**(3): 217-226.

井野秀一，泉隆，高橋誠ほか（1994）物体接触時の皮膚温度変化に着目した材質感触覚ディスプレイ方式の提案，計測自動制御学会論文集 **30**(3): 345-351.

今村知美，筧康明（2023）質感の変化・取り替え可能な形状ディスプレイの基礎検討，情報処理学会インタラクション: 942-946.

栗田雄一，稲見昌彦（2020）超人スポーツ協会とその活動，日本ロボット学会誌 **38**(4): 345-349.

Slater M, 板谷玲哉（2023）VR 研究の軌跡と未来展望，人工知能学会誌 **38**(4): 449-453.

舘章（2001）シミュレーションとバーチャルリアリティ，計測と制御 **40**(11): 777-782.

永野光，岡本正吾，山田陽滋（2011）触覚的テクスチャの材質感次元構成に関する研究動向，日本バーチャルリアリティ学会論文誌 **16**(3): 343-353.

林隆介（2022）第 3 章「深層学習による脳機能の解明」，認知科学講座 2 巻，川合伸幸編，69-93，東京大学出版会.

廣瀬通孝（2023）メタバースのこれまでとこれから，電子情報通信学会誌 **106**(8): 698-704.

吉田俊介，矢野澄男，安藤広志（2010）全周囲より観察可能なテーブル型裸眼立体ディスプレイ：表示原理と初期実装に関する検討，日本バーチャルリアリティ学会論文誌 **15**(2): 121-124.

索　引

［あ行］

赤土　279
アクティブタッチ　212
圧縮ひずみ　230
圧知覚　58
アパレル　210
油絵具　272, 279
編み物　216
綾織　222
粗さ　51, 60, 146, 202
粗さ知覚　43
アルツハイマー型認知症　262
アントシアニン　176
意思決定　69
痛み　61
一眼レフカメラ　102
一次嗅覚野　67
一次鉱物　159
一次視覚野（V1）　18, 340
一次体性感覚野　60
一般物体認識　341
異方性光学特性　223
イメージ　145
イメージング系　102, 311
医療　370
色ガラス　290
色恒常性　165
色コントラスト　116
岩絵具　272
陰影　274
インクジェット方式　363
因子分析　33
インバースレンダリング　94
インパルス応答　29
ヴィーガンレザー　251
ウィーナー（Wiener）推定法　104, 312
ウェアラブルセンサ　148

ウェット感　13
浮世絵　281
うなり　36
漆　281, 295
ウルシオール　295
漆工芸　303
液胞　177
エコレザー　252
江戸切子　292
エネルギー（Energy）　127
絵具　272
膠脂　282
延髄　76
エントロピー（Entropy）　127
鉛白　272
おいしさ　231
応答時間　15
凹凸　309
凹凸感　129
オオゴマダラ　175
オノマトペ　235, 304
オノマトペマップ　236
オパール　175
重さ　357
織物　216, 222
織り構造　213
オルソネーザル経路　64
音圧（レベル）　25
温感　60
音源　27, 136
音質　34, 40, 136
音質評価指標（sound quality metrics）　143
音声伝送指標（STI）　30, 141
温度　52
　——感覚　361
　——刺激　54
音量　136
温冷　47, 147

■ 379

[か行]

絵画　272
回折　28, 137
回折格子　172
快適性　247
外有毛細胞　38
快楽　75
快楽中枢　77
香り　63
下丘中心核　40
家具　244
拡散反射　2, 113, 199
拡散反射物体　94
拡散モデル（diffusion model）　343, 349
拡張現実（感）（AR）　325, 368
可視光域　98
カシュー　303
加飾　296
画像生成（レンダリング）　6
画像統計量　13, 21, 115, 197
下側頭皮質　22, 72, 340
硬さ　146, 357
価値　68
価値判断　69
カーネーション　178
カプサイシン　75
花弁　176
ガボールウェーブレット　19
窯　284
紙　235
髪の毛　200
唐織　226
ガラス　288
ガラス玉　289
カラーチェッカー　105
加齢　74, 260
カロテノイド　177, 194
革　250
皮　250
感覚間相互作用　232
干渉　258
感情空間表現法　143

干渉性光輝材　111
慣性（Inertia）　127
感性的質感　68, 210, 230, 248
岩石　158, 328
間接光　9
関節点位置　131
間接路　71
完全拡散反射モデル　7
官能評価実験　254
顔料　257, 272, 279
記憶　151
擬音語　305
機械学習　370
機械刺激　54
機械受容器　50, 54
機械受容チャネル　55
機械受容ユニット　44
幾何減衰項　8
希少性　247
擬態語　305
基底膜　35, 38
輝度　94
輝度ヒストグラム　13
絹（織物）　222
機能的磁気共鳴画像法（fMRI）　22
基本五味　75, 229
肌理　244, 261
嗅覚受容体　64
嗅球　64
吸収　28
吸収係数　4
嗅上皮　64
嗅神経　64
共感　370
教師あり学習　341
教師なし学習　114, 341
共分散行列　104
鏡面ハイライト　14
鏡面反射　2, 113, 199
鏡面反射モデル　224
切子　292
均質性（Local homogeneity）　127
金属光沢　175, 181

380 ▪ 索　引

均等色空間　100
銀面　250
空間印象　35
空間解像度　353
空間周波数　21, 198
空間周波数特性　129
口当たり　287
クック・トランス（Cook-Torrance）モデル　315
屈折　28
屈折率　172, 257
国絵図　280
クラフトペーパー　237
グランシ紙　237
クレヨン　272
黒漆　295
クロスモーダル効果　323
クロボク土　162
黒み　297
クロロフィル　177
蛍光　165, 282
　　——指紋　166
　　——色　165
　　——成分　166
　　——タンパク質　166
　　——発光　168
経時的優位感覚法（TDS）　233
形状知覚　58
形状ディスプレイ　367
毛皮　217
化粧　369
化粧品　255
嫌悪反応　78
『源氏物語』　305
現状維持修理　306
検反　212
コアガラス　290
光学異方性反射測定装置　224
光学的シースルー　326
光学特性　13
高級感　219, 247, 252
工芸品　244
光源色　3

後索 – 内側毛帯路　59
合成紙　235
光線追跡法　315
構造色　171
光沢　22, 94, 222, 273, 309, 371
　　——感　13, 114, 229, 237, 248, 253, 297
　　——検出　114
　　——知覚　20
　　——度　112
硬軟　45
硬軟感　361
合板　244, 246
降伏　184
降伏関数　188
広葉樹　244
高齢者　260
国際照明委員会（CIE）　98
黒質　79
国宝　306
コーシーの応力原理　186
孤束核　76
個体差　73
言葉　237
ゴニオフォトメーター　253
細かさ　198
コミュニケーション　370
混合臭　64
コンシステンシー　164
コントラスト　201
コンピュータグラフィックス（CG）　6, 327, 332, 352
コンピュータビジョン　94, 118

［さ行］

再帰型ニューラルネットワーク　345
彩色手順　273
彩度　100, 160
サウンドスケープ　144
雑音駆動音　32
錯覚　50, 371
薩摩切子　292
砂土　164
座標普遍性　188

サブバンドコントラスト　116
酸化マンガン　160
残響　29, 38
　　──音　29, 38, 137
　　──時間（reverberation time）　141
三原組織　222
珊瑚　166
三刺激値　98
三刺激値直読法　100
3次元形状　14
3次元計測　307
3次元行動計測　132
3次元反射モデル　315
3次元メッシュモデル　133
散乱光　4, 331
散乱反射光　179
シェーディング　12
紫外線　194
視覚版チューリングテスト　355
視覚腹側路　262
視覚野　340
時間重み特性　138
時間重心（T_S）　30, 141
時間振幅包絡線　31
時間振幅包絡線情報　143
視感反射率　99
時間微細構造　31
時間微細構造情報　39
視感評価　220
磁器　284
色域　356
色覚　18
色材　176, 278
色素　171, 176
色相　100, 160
色素斑（シミ）　193
色度（図）　99
糸球体　64
嗜好反応　78
自己教師あり学習　135
自己相関関数　104
自己投射性　322
支持体　272, 278

視触覚経験　23
下地　296
漆器　295
湿潤感　259
しっとり感　259
室内インパルス応答（RIR）　137
シボ　211, 250
シャープネス（鋭さ）　36, 144
朱　280
自由エネルギー原理　345
集合体恐怖　229
自由視点　355
重埴土　164
自由神経終末　52
柔組織　177
重点的サンプリング　10
周波数重み特性　138
周波数変調（FM）　26
修復　274
朱子織　222
樹種　244
受容野　18
純音　24
瞬時位相　31
瞬時振幅　31
順応　353
上オリーブ外側核・内側核　39
焦点ぼけ　354
情動　61, 71
情動体験　80
照度差ステレオ法　313
初期減衰時間（EDT）　30, 141
食質感　261
触探索動作　149
触動作　149
食品　228
植物　329
植物繊維　235
食味　234
触覚　23, 43, 54, 144, 258, 357
触感　43, 49, 219, 357
視力　198
シルト　159

新奇性恐怖　231
神経終末器官　55
信号対雑音比　138
人工大理石　246
人工皮革　251
辰砂　279
真珠　175
深層学習　15, 114, 131
深層生成モデル　349
深層ニューラルネットワーク　339
身体　145
振動子　359
振動周波数　50
振動触覚提示　358
振動知覚　58
真皮　193, 250
振幅変調（AM）　26
人物行動計測　130
針葉樹　244
心理知覚量　100
水煙　307
水銀朱　280
水彩絵具　272
水彩画　309
推定年齢　197
スキャナ　311
スキン・ストレッチ　49
透け感　212
スチレンボード　246
ステアラブルピラミッド　333
スティック・スリップ現象　49
ステンドグラス　290
砂　159
スペクトル・時間受容野（STRF）　42
スペクトログラム　41
スポーツ　370
スポドソル　161
スポンジ層　177
スマートフォンカメラ　102
3D プリンタ　363
ずり粘稠化　191
ずり流動化　191
製作技法　274

精神・神経疾患　74
生成モデル　342
生体触覚センサ　55
生体用ガラス　294
静電気力　360
正反射　112
生物発光　171
石英　161
脊髄視床路　60
積分球照明　108
施朱　280
炻器　284
セマンティックディファレンシャル（SD）
　　法　33, 211, 220, 233, 234
セラミックス　288
セリシン　222
セルロース　236
繊維　222
繊維製品　219
線形最小 2 乗誤差（LMMSE）推定法　104
選好性　69
潜在拡散モデル（LDM）　351
線条体　69
せん断変形　49, 187
鮮度　229
前頭眼窩皮質　70
セントポーリア　182
染料　282
掃引正弦波（TSP）　140
相関（Correlation）　127
装飾品　289
双方向散乱面反射率分布関数（BSSRDF）
　　11, 97
双方向テクスチャ関数（BTF）　95, 96, 125,
　　212, 226
双方向反射率分布関数（BRDF）　7, 94, 118,
　　125, 171, 198, 212, 226, 300, 315
相輪　307
側坐核　80
側頭野　68
素材　235
　　──空間　237
　　──同定　262

──認識　15
──の識別　23
素地　296
ソーダ　289
粗面（rough surface）　313

[た行]

ダイアモンドダスト　178
帯域通過フィルタ　35, 38
大気　331
対照学習　341
褪色　175
体積散乱　4
ダイナミックレンジ　112, 353
大脳基底核　70
大脳視覚野　17
大脳皮質　17, 42
対比　52
ダイポールモデル　11
多角度分光反射計測　109
多感覚的な質感認知　23
多感覚統合　15, 230
多重散乱　256
多層膜干渉　172
畳み込み（型）ニューラルネットワーク　129,
　　340
経糸　222
タマムシ　175
ダミーヘッド　144
ダモクレスの剣　323
タルク　258
タンジブルインタフェース　366
単色光　107
弾性体　46
弾性率　259
短繊維　222
弾粘塑性　185
チェルノーゼム　162
知覚的質感　248
知覚的リアリズム　352
茶道具　285
茶碗　285
中隔野　77

忠実性　371
鋳造　308
中脳　69
超音波　362
聴覚フィルタ　35, 38, 144
聴覚フィルタバンク　31
聴神経　39
長繊維　222
超弾性　188
直接音　137
直接光　9
直接路　71
直線偏光　113
痛覚　230
土　158, 278
──の色　158, 160
──の手触り　163
ツヤ（艶，つや）　113, 195, 257, 295
ディスプレイ　352
泥炭　162
ディープニューラルネットワーク　335
テカリ　113, 195
テキスタイル　210, 216
テキスト　346
テキスト指示による画像生成　350
敵対的生成ネットワーク（GAN）　343, 349
テクスチャ（texture）　21, 34, 40, 53, 59, 124,
　　149, 201, 210, 230, 255, 332
──画像　126
──画像合成　335
──合成　130, 213
──特徴　126
──マッピング　124
テクセル（texel）　128
デザイナー　236
デジタルアーカイブ　308, 309
デジタルファブリケーション　362
デフォーマブル・インタフェース　365
テラロッサ　161
点照射　107
展色剤　272, 278
伝統文化　283
天然皮革　251

島（皮質）　60, 76
透過　28
同化　50
陶器　284
陶磁器　283
同時生起行列（GLCM）　127
等色　100
等色関数　98
胴摺り　296
頭部インパルス応答（HRIR）　142
頭部伝達関数（HRTF）　137
等方性反射　3
等方性反射物体　95
透明感　195, 273
土器　283
土壌　158
土性　163
ドーパミン　69, 77
ドメインギャップ　132
ドメイン適応　135

［な行］

内臓感覚　71, 76
内部反射　121
内有毛細胞　38
ナビエ・ストークス（Navier-Stokes）方程
　式　189, 330
なめし　252
滑らか感　259
滑らかさ　300
匂い　63, 261
　──地図　66
　──の生得性　66
　──の連合記憶　67
　──物質　63
二次嗅覚野　67
2次元行動計測　131
2次元フーリエ変換　128
二次鉱物　159
二次体性感覚野　60
2色性反射　311
2色性反射モデル　3, 113, 195
2度視野等色関数　99

日本画　282
日本産業規格（JIS）　112
日本食　287
入力インタフェース　365
ニュートン流体　189
認知症　262
布　211, 216
布織物　199
塗り　296
塗り立て　296
音色　32, 40
熱溶解積層方式　363
粘性　13, 185, 357
粘土　159, 283
脳内報酬系　75
野焼き　283

［は行］

場　35
配光分布　126
背側視覚経路　20
ハイダイナミックレンジ（HDR）　356
ハイライト　124, 178, 222
萩焼　285
パーキンソン病　262
白色光　107
博物館法　308
薄膜　258
薄膜干渉　172
薄明視　354
バーコフの美的測度　214
パストレーシング（法）　9, 11
肌　193
　──触り　287
　──年齢　113
　──の色　193
　──の質感　193
パターン照射　107
パチニ小体　57, 215
バーチャルファッション　212
バーチャルリアリティ（VR）　322, 368
パッシブタッチ　212
発色　176

索　引 ▪ 385

発達 74
パッチの最近傍探索と最適化 335
パート・ド・ヴェール 293
花の色 176
パピルス 235
バラ 178
パーリンノイズ（Perlin Noise） 332
パール顔料 258
パルプ 236
パレイドリア 262
パンジー 181
反射 27, 38
——音 38, 137
——光 331
——成分 2, 166
——率 3, 300
半透明 4
——感 14
——材質 11
——物体 4
非晶質固体 293
皮革 250
皮下組織 193
光 292
——散乱 256
——受容細胞 17
——造形方式 363
——ファイバー 294
非均質誘電体 113
ピクセル分解能 112
鼻腔 64
美術鑑賞 277
ヒストグラム 115
ピスポーク 213
歪速度 187
ピッチ 32
ビデオシースルー 326
非等方性反射物体 94
皮膚 54, 193, 255, 261
——の質感 193
——変形 51
被覆力 281
ヒューリスティクス 13

標準白色物体 101
標準比視感度曲線 99
表皮 193
表皮細胞 177
表面粗さ 3, 59
表面下散乱 4
表面反射光 179
表面反射特性 20
表面ムラ 254
平織 222
品質 229
——管理 304
——特定 166
フィブロイン 222
フィラメント糸 222
フィルタ 29
風合い 211, 216, 222
風味 64, 233
4D プリンティング 366
フォトニック結晶 175
フォトリアリズム 352
吹きガラス 290
不気味の谷 342
複合音 24
複合臭 68
複雑流体 183
複素ウェーブレット係数 334
腹側高次視覚野 22
腹側視覚経路 19, 342
腐植 159
不織布 216
物質点法 186
仏像 306
物体消去 336, 338
物体色 98
フラクタル 128
フラクチュエーションストレングス（変動強
度） 36, 144
フラボノイド 177
プリズム 293
プリニウスの博物誌 288
不良設定問題 350
フレネル効果 225

フレネル透過　120
フレネル反射　120
フレネル反射率　8
フレーバー　230
フローカーブ　189
プロジェクションマッピング　369
文化芸術基本法　308
文化財　303
分光　107
　　——イメージング（S. I.）　110
　　——エネルギー分布　98
　　——カメラ　317
　　——感度関数　102
　　——測色法　100
　　——反射率　98, 317
ヘアライン加工　4
平均顔　255
ベゴニア・レックス　180
ヘッドマウントディスプレイ（HMD）　323,
　　369
ヘテプヘレスの椅子　242
紅花　281
ベネチアングラス　290
ヘマタイト　160
ヘモグロビン　194
ベルベット　178
ヘルムホルツ・コールラウシュ（H-K）効果
　　115
辺縁系　71
ベンガラ　279
変形勾配　188
偏光　5, 107, 113, 122
変調伝達関数（MTF）　40, 141
変調パワー・スペクトル（MPS）　42
扁桃体　66, 71, 77
変分オートエンコーダ（VAE）　343
方位選択性　19
放射輝度率（radiance factor）　315
報酬系　68
報酬の価値予測　68
紡錘状回　22
宝石　289
法線分布関数（NDF）　8

本物感　253

[ま行]

マイクロスケール　199
マイクロファセット（微小な面）　7, 119
マイクロファセットベース BRDF（Microfacet-
　　Based BRDF）　7
マイクロホン　139
マイスナー小体　57, 215
蒔絵　295
マグニチュード推定法　117
マクロ粗さ　43, 360
マクロスケール　202
摩擦　48, 147, 360
　　——係数　259
　　——変調　360
抹茶　285
マッチング刺激　117
マルチバンド　311
マルチバンドイメージング系　317
マンセル土色帳　160
味覚　75, 229
味覚受容体　75, 229
ミクロ粗さ　44, 360
味細胞　75
味質　231
無彩色　99
ムリーニ　290
メイクアップ　256
明所視　354
明度　99, 100, 160
メカニカル・メタマテリアル　363
メカノトランスダクション　58
メゾスケール　200
メタバース　323, 368
メタメリズム　108
メタリック　178
メタリック・パール色　110
メトリック彩度　101
メトリック色相角　101
メラニン　194
メルケル細胞　57, 215
面照射　107

面法線 313
毛髪 256
木材 242
木造建築 242
木目 244
モーションキャプチャ 131
モノ 237, 304
モノクロカメラ 311
ものつくり 303
モノづくり 304
モルフォ蝶 174
モンテカルロ積分 10

[や行]

薬師寺東塔 306
やわらかさ 60
有色鉱物 159
有色体 177
釉薬 284
遊離酸化鉄 160
油彩画 309
緯糸 222
予測符号化理論 345
欲求 75
撚り構造 213

[ら行]

ライトフィールド 353
ラウドネス（大きさ） 32, 36, 144
楽茶碗 285
ラジオシティ法 9
ラックカイガラムシ 282
螺鈿 295
ラフネス（粗さ） 36, 144
ランバート反射モデル 119
力覚提示装置 357
梨状皮質 67
理想多層膜構造 174
流体 183, 330, 337
流動 183
流動則 188
両眼視差 116, 355
両耳間時間差 39

両耳間レベル差 39
リラックス感 247
ルフィニ終末 57, 215
レオロジー 183
レーザ変位計 313
レーザレンジファインダ 311
レティチェロ 291
レトロネーザル経路 64
レビー小体型認知症 262
連合学習 62
レンズ 293
レンダリング 2, 94
呂色磨き 296
轆轤 284

[わ行]

歪度 115

[欧文]

AM（Amplitude Modulation） →振幅変調
AR（Augmented Reality） →拡張現実（感）
bispectral radiance factor 168
Bispectral 観察 168
Brain Score 340
BRDF（Bidirectional Reflectance Distribution Function） →双方向反射率分布関数
BBRRDF（Bispectral Bidirectional Reflectance and Reradiation Distribution Functions） 171
BSSRDF（Bidirectional Scattering Surface Reflectance Distribution Function） →双方向散乱面反射率分布関数
BTF（Bidirectional Texture Function） →双方向テクスチャ関数
BTF 計測装置 97
CG（Computer Graphics） →コンピュータグラフィックス
CIE（Commission Internationale de l'Eclairage） →国際照明委員会
CIEDE2000 101
CLIP 342, 348
C 線維 52
C 値（clarity, C_{80}） 30, 141

DNN（Deep Neural Network） 340

D 値（Deutlichkeit, D_{50}） 30, 141

EDT（Early Decay Time） →初期減衰時間

FM（Frequency Modulation） →周波数変調

fMRI（functional Magnetic Resonance Imaging） →機能的磁気共鳴画像法

FTI（Fishbone Tactile Illusion） 59

GAN（Generative Adversarial Neural network） →敵対的生成ネットワーク

GLCM（Gray Level Co-occurrence Matrix） →同時生起行列

GRBAS 尺度 142

GU（Gloss Unit） 112

G 値（sound strength） 30

HCI（Human Computer Interaction） 364

HDR（High Dynamic Range） →ハイダイナミックレンジ

HMD（Head-Mounted Display） →ヘッドマウントディスプレイ

HOG（Histogram of Oriented Gradients） 131

HRIR（Head-Related Impulse Response） →頭部インパルス応答

HRTF（Head-Related Transfer Function） →頭部伝達関数

JIS（Japanese Industrial Standards） →日本産業規格

KES（Kawabata Evaluation System） 215, 217

$L^*a^*b^*$ 表色系 100

LDM（Latent Diffusion Model） →潜在拡散モデル

LMMSE（Linear Minimum Mean-Square Error）推定法 →線形最小 2 乗誤差推定法

L-System 329

MDF（Medium Density Fiberboard） 246

MPS（Modulation Power Spectrum） →変調パワー・スペクトル

MR（Mixed Reality） 325

MTF（Modulation Transfer Function） →変調伝達関数

M 系列信号 140

NDF（Normal Distribution Function） →法線分布関数

Oren-Nayar 反射モデル 123

Perlin Noise 328

Phong 反射モデル 7

Piezo2 チャネル 55

q_{max}（熱流束の最大値）217

RGB カメラ 102

RIR（Room Impulse Response） →室内インパルス応答

SCE（Specular Component Excluded） 108

SCI（Specular Component Included） 108

SD（Semantic Differential）法 →セマンティックディファレンシャル法

Sheen 光沢 200

S.I.（Spectral Imaging） →分光イメージング

silk-like 繊維 224

STI（Speech Transmission Index） →音声伝送指標

STRF（Spectro-Temporal Receptive Field） →スペクトル・時間受容野

StyleGAN 343

TDS（Temporal Dominance of Sensations） →経時的優位感覚法

TE 野 343

Transformer 345

TRP チャネル 48

TSP（Time Stretched Pulse） →掃引正弦波

U-Net 350

V1（野） →一次視覚野

V2 野 19

V4 野 19, 341

VAC（Vergence-Accommodation Conflict） 326

VAD 空間表現 143

VAE（Variational Auto Encoder） →変分オートエンコーダ

VR（Virtual Reality） →バーチャルリアリティ

VR 酔い 326

XYZ 表色系 100

編者略歴

小松英彦（こまつ　ひでひこ）
1982 年　大阪大学大学院基礎工学研究科博士課程修了（工学博士）
1995 年　生理学研究所教授，総合研究大学院大学教授（併任）
2017 年　玉川大学脳科学研究所教授・所長
現　在　玉川大学脳科学研究所客員教授，基礎生物学研究所特別協力研究員，生理学
　　　　研究所名誉教授
著　書　『質感の科学』（編著，朝倉書店，2016 年）

富永昌二（とみなが　しょうじ）
1975 年　大阪大学大学院基礎工学研究科博士課程修了（工学博士）
1986 年　大阪電気通信大学工学部教授
2006 年　千葉大学工学部教授（2007 年融合科学研究科教授，2011 年同研究科長）
現　在　NTNU 非常勤教授，長野大学客員研究員，大阪電気通信大学名誉教授
著　書　『新編 色彩科学ハンドブック 第 3 版』（編集委員，東京大学出版会，2011 年）

西田眞也（にしだ　しんや）
1990 年　京都大学大学院文学研究科博士後期課程研究指導認定退学（1996 年文学博士）
1992 年　NTT 基礎研究所研究員
2012 年　NTT コミュニケーション科学基礎研究所上席特別研究員・グループリーダー
現　在　京都大学大学院情報学研究科教授
著　書　『質感の科学』（分担執筆，朝倉書店，2016 年）

質感科学ハンドブック

2025 年 1 月 10 日　初　版

［検印廃止］

編　者　小松英彦・富永昌二・西田眞也

発行所　一般財団法人　東京大学出版会

代表者　中島隆博

153-0041 東京都目黒区駒場4-5-29
https://www.utp.or.jp/
電話　03-6407-1069　Fax 03-6407-1991
振替　00160-6-59964

組　版　有限会社プログレス
印刷所　株式会社ヒライ
製本所　牧製本印刷株式会社

© 2025 Hidehiko Komatsu, Shoji Tominaga and
Shin'ya Nishida, Editors
ISBN 978-4-13-060325-6　Printed in Japan

[JCOPY]〈出版者著作権管理機構　委託出版物〉
本書の無断複写は著作権法上での例外を除き禁じられています．
複写される場合は，そのつど事前に，出版者著作権管理機構
（電話 03-5244-5088，FAX 03-5244-5089，e-mail: info@
jcopy.or.jp）の許諾を得てください．

高木幹雄 下田陽久 監修	新編　画像解析ハンドブック	菊判	36,000 円
後藤倬男 田中平八 編	錯視の科学ハンドブック	菊判	15,000 円
日本色彩学会編	新編　色彩科学ハンドブック　第3版	菊判	40,000 円
小川英光著	擬似双直交性理論 信号・画像処理および機械学習への応用	A5判	8,900 円
廣瀬通孝編	サービス VR の挑戦 バーチャルリアリティからメタバースへ	46判	3,400 円

ここに表示された価格は本体価格です．御購入の
際には消費税が加算されますので御了承下さい．